劉惠銘・吳玉琛・陳順基

儀器分析

國家圖書館出版品預行編目資料

儀器分析 / 劉惠銘, 吳玉琛, 陳順基著. -- 1 版. -- 臺北市：臺灣東華, 2016.09

456 面； 19x26 公分.

ISBN 978-957-483-877-6（平裝）

1. 儀器分析

342　　　　　　　　　　　　　　105018456

儀器分析

著　　者	劉惠銘、吳玉琛、陳順基
發 行 人	謝振環
出 版 者	臺灣東華書局股份有限公司
地　　址	臺北市重慶南路一段一四七號三樓
電　　話	(02) 2311-4027
傳　　眞	(02) 2311-6615
劃撥帳號	00064813
網　　址	www.tunghua.com.tw
讀者服務	service@tunghua.com.tw

2028 27 26 25 24　HJ　9 8 7 6 5 4 3

ISBN　　978-957-483-877-6

版權所有 · 翻印必究

序

　　本書係根據專技院校與科技大學「儀器分析」課程編著而成，全書共分十四章，本書可供一年或一學期的課程教學之用。

　　本書的內容編寫以物質的分離、鑑定及成分定量分析的認知與應用為主，內容除包含儀器分析的常見章節之外，本書增加核磁共振光譜分析與熱分析的介紹，因此，本書不但適合為大專院校修習儀器分析的教學教材，對於材料分析等相關領域的讀者而言，也是一本值得參考的教科書。

　　在本書的撰寫過程中，作者們本著多年來從事教學之心得撰寫，介紹各種儀器分析方法的原理與應用，以圖文並茂的方式呈現其觀念與內涵。本書不僅在內容中都有範例以說明實際的應用之外，在每一章的後面，也有從相關的國家考試選錄出一些重要觀念的練習題，以加強讀者的學習成效。

　　首先，本人非常感謝東華書局相關編輯人員在校對、編排以及印刷上的協助，使得本書能夠順利出版；當然更感謝參與撰寫的吳玉琛教授與陳順基教授，他們能夠基於教育的熱忱，在百忙之中利用教學、研究的閒暇以完成本書的撰寫；期盼本書的出版能夠為學生、教師與相關領域的讀者在儀器分析的學習上有所助益。

本書雖經多次仔細校閱，但是儀器分析日新月異，讀者在閱讀本書的過程中，如果發現有任何不足、遺漏或錯誤之處，敬請不吝賜教，以使本書能夠更加完善與實用。

弘光科技大學

劉惠銘 謹誌

目錄

序 　　　　　　　　　　　　　　　　　　　　　　　　　　　　iii

第一章　儀器分析緒論　　　　　　　　　　　　　　　　　1

　1.1　何謂儀器分析　　　　　　　　　　　　　　　　　　1
　1.2　儀器分析的分析方法　　　　　　　　　　　　　　　2
　1.3　儀器分析的數據評估　　　　　　　　　　　　　　　4
　1.4　儀器分析法的定量方法　　　　　　　　　　　　　 10
　1.5　儀器分析法的優點與限制　　　　　　　　　　　　 15
　1.6　儀器分析未來的發展趨勢　　　　　　　　　　　　 15
　參考資料　　　　　　　　　　　　　　　　　　　　　　17
　本章重點　　　　　　　　　　　　　　　　　　　　　　17
　本章習題　　　　　　　　　　　　　　　　　　　　　　18

第二章　光譜分析法　　　　　　　　　　　　　　　　　 23

　2.1　電磁輻射的性質　　　　　　　　　　　　　　　　 23
　2.2　光譜分析法分類　　　　　　　　　　　　　　　　 28
　2.3　吸收定律(比爾定律)　　　　　　　　　　　　　 31

2.4	光譜儀應用	33
2.5	比爾定律的限制	34
參考資料		38
本章重點		39
本章習題		40

第三章 紫外光-可見光光譜法 — 43

3.1	前言	43
3.2	儀器組件	47
3.3	紫外線-可見光吸收光譜	57
3.4	紫外線-可見光吸收光譜之影響因素	59
3.5	紫外線-可見光吸收光譜之定量分析 – 比爾定律	62
3.6	多成分的定量分析	64
3.7	定量分析方法	67
3.8	光度滴定分析方法	72
參考資料		79
本章重點		79
本章習題		81

第四章 螢光光譜法 — 85

4.1	前言	85
4.2	儀器組件	92
4.3	態能階圖	97
4.4	螢光與磷光之差異	100
4.5	影響螢光與磷光特性之因素	101
4.6	螢光光譜分析法的應用	104
參考資料		107
本章重點		107
本章習題		108

第五章 紅外線吸收光譜法 — 113

- 5.1 基本原理 — 113
- 5.2 紅外線光譜儀組件 — 121
- 5.3 傅立葉轉換紅外線光譜儀 — 125
- 5.4 調減全反射 — 127
- 5.5 官能基的紅外線吸收波數範圍 — 128
- **參考資料** — 132
- **本章重點** — 132
- **本章習題** — 133

第六章 原子吸收光譜法 — 137

- 6.1 原子吸收光譜的原理與譜線輪廓 — 137
- 6.2 原子吸收光譜的元件 — 140
- 6.3 原子吸收分光光度計 — 153
- 6.4 原子吸收光譜的干擾 — 154
- 6.5 常見原子吸收光譜的定量方法 — 160
- 6.6 原子吸收光譜法的評價數字 — 163
- 6.7 常見原子吸收光譜法的應用 — 165
- **參考資料** — 166
- **本章重點** — 167
- **本章習題** — 169

第七章 原子發射光譜法 — 175

- 7.1 原子發射光譜法之原理 — 175
- 7.2 原子發射光譜儀之基本構造 — 177
- 7.3 感應耦合電漿原子發射光譜儀之基本構造 — 183
- 7.4 感應耦合電漿原子發射光譜儀在分析上之應用 — 187
- **參考資料** — 191

本章重點		191
課後習題		193

第八章 電位分析法 — 197

8.1	電化學分析法的概述	197
8.2	電化學基本原理	197
8.3	電位分析法	203
8.4	參考電極	204
8.5	指示電極	207
8.6	直接電位測量法	220
8.7	電位滴定法	221
8.8	電位分析法的應用	226
參考資料		228
本章重點		229
本章習題		231

第九章 電解分析與庫侖分析法 — 235

9.1	概述	235
9.2	電解分析法	236
9.3	庫侖分析法	243
9.4	極譜分析法	250
9.5	電流滴定分析法	257
9.6	伏安法	259
參考資料		262
本章重點		263
本章習題		265

第十章　氣相層析法 ——————————— **271**

10.1 層析分析法	272
10.2 氣相層析儀原理	281
10.3 氣相層析儀的基本構造	282
10.4 氣相層析管柱的固定相	291
10.5 氣相層析操作條件的選擇	294
10.6 氣相層析法的應用	295
10.7 GC 與 MS 結合的分析法	298
參考資料	300
本章重點	301
課後習題	303

第十一章　液相層析與離子層析法 ——————— **309**

11.1 液相層析法分類與分離原理	310
11.2 高效能液相層析管柱 (固定相) 的選擇	315
11.3 高效液相層析法	318
11.4 離子交換層析法	325
參考資料	331
本章重點	332
本章習題	334

第十二章　質譜分析法 ——————————— **339**

12.1 前言	339
12.2 儀器組件	341
12.3 質譜儀的解析度	360
12.4 質譜儀的定性分析	362
12.5 質譜儀的定量分析	368

參考資料 369
本章重點 369
本章習題 371

第十三章 核磁共振光譜分析法 — 375

- 13.1 前言 375
- 13.2 儀器組件 379
- 13.3 核磁共振光譜和有機分子結構 381
- 13.4 ^{13}C 核磁共振光譜 394

參考資料 396
本章重點 396
本章習題 398

第十四章 熱分析 — 401

- 14.1 熱分析方法的概述 401
- 14.2 熱重量分析 403
- 14.3 示差熱分析法 410
- 14.4 示差掃描量熱法 417
- 14.5 熱機械分析法 421
- 14.6 動態機械分析 426
- 14.7 熱分析技術的未來發展趨勢 429

參考資料 430
本章重點 431
本章習題 433

索引 437

第一章

劉惠銘

儀器分析緒論

1.1 何謂儀器分析

　　近年來的食安風暴讓人們意識到一個正確而且快速的食品成分分析之重要性，而要達成此目標，選擇一個適合的儀器分析方法是必備的。儀器分析 (instrumental analysis) 是利用分析儀器測定物質的物理性質或化學性質，以獲得物質的組成、含量及結構等資訊的方法。它可以應用在食品檢驗、環境檢測、工業、農業、國防等方面，生命科學、材料科學、食品科學等各學科領域。

　　我們一般將儀器分析的應用分為定性分析與定量分析兩方面：

1. 定性分析 (qualitative analysis)：所謂定性分析是用各種構造分析儀器測定物質的性質，以鑑定 (identification) 新成分或是未知物 (unknown；或是目標測定物，target) 的結構；由於化合物的性質與其官能基有關，也就是說與其化合物的結構有關，因此，定性分析通常可以獲得未知物的官能基與結構資訊。所以，經由定性分析可以推斷未知物是何種元素或化合物。

2. 定量分析 (quantitative analysis)：所謂定量分析是指測定樣品的成分含量或是濃度，我們若是已知未知物為何種物質，通常可以直接利用儀器來分析樣品中的待測物含量。

儀器分析是一種快速、準確度及精密度高的現代分析方法，是利用儀器來獲得未知物(或是目標測定物)定性或定量的方法，目前許多的儀器可達成定性分析及定量分析的目的，在此書中，我們將介紹有關各種分析儀器進行分析所根據的理論及其應用。儀器分析的流程是將利用分析儀器來測定物質的性質，並以分析信號(analytical signals)表示之，並藉轉換器(transducer)將上述的分析信號換成電子信號(electrical signal)或機械信號(mechanical signal)，經由信號處理器(signal processor)來產生輸出信號(output signal)，並且與記錄器(recorder)連接，再以指針刻度、數字或圖表示出來。典型的儀器分析的流程如圖1.1所示。

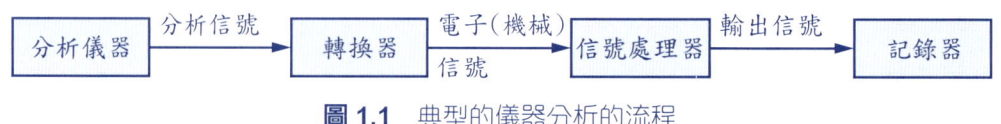

圖 1.1 典型的儀器分析的流程

1.2 儀器分析的分析方法

現今的儀器分析方法種類很多，如表1.1第三欄所列出的。一般依測量性質分類，大體上可分成：光譜分析法(spectral analytical method)、電化學分析法(electrochemical analytical method)、色層分析法(chromatographic analytical method)與其他分析方法等，如表1.1所示。

1. 光譜分析法

光譜分析法是基於輻射(光)作用於物質之後，應用其產生的輻射訊號或是引起的變化以進行分析的方法，通常又可區分為光譜法和非光譜法兩類。

光譜法是基於物質對光的吸收、放射和拉曼散射等作用，通過檢測交互作用後的光譜波長和強度變化等各項而建立的光譜分析方法。光譜法又可區分為原子光譜法和分子光譜法等兩大類。

表 1.1　儀器分析方法的分類

方法的分類	量測的性質	儀器分析方法
光譜分析法	輻射之放射	紫外線、可見光、螢光、磷光、X-射線等發射光譜分析法及放射化學分析法
	輻射之吸收	紫外線、可見光、紅外線、X-射線等光譜光度分析法、核磁共振、電子自旋共振光譜分析法
	輻射之折射	折射分析法及干涉分析法
	輻射之繞射	X-射線繞射分析法及電子繞射分析法
	輻射之散射	濁度分析法、拉曼光譜分析法、散射測濁分析法
	輻射之旋轉	旋光測定法、旋光分散法
電化學分析法	電量	庫侖法(恆電流法、恆電位法)
	電阻	電導測定法
	電流	極譜法、電流滴定法、伏安分析法
	電位	離子選擇電極法
色層分析法	兩相之間的分配	氣相層析法
		液相層析法
		離子層析法
		超臨界流體層析法
其他分析方法	熱性質	熱分析法
	質荷比	質譜分析法

　　非光譜法是指通過測量光的反射、折射、干涉、繞射和偏振等變化所建立的分析方法，包括有折射法、干涉法、旋光法、X射線繞射法等。

2. 電化學分析法

　　是以欲分析之試樣溶液為電池的一部分，量度此電池的性質，例如電壓、電流、電導等與其溶液的成分、濃度之關係，作為定性或定量分析依據的方法，是依據物質在溶液中的電化學性質及其變化來進行分析的分析方法。例如：常見的循環伏安分析法與極譜法。

3. 色層分析法

色層分析法是利用混合物中各組成分在不互溶的兩相(靜相和流動相)之間的吸附能力、分配係數，或是其他親和作用之差異而建立的分離方法。依據流動相的不同可以區分為：氣相層析法、液相層析法、離子層析法以及超臨界流體層析法。

4. 其他分析法

例如常見的熱分析法與質譜分析法。熱分析法是利用熱學原理對物質的物理性能或成分進行分析的總稱，也就是在程式控制溫度下，測量物質的物理性質隨溫度變化的一類技術，主要應用於材料分析與鑑定方面。質譜分析法是鑑定物質結構的重要技術，其原理是利用離子的質荷比之不同，加以分離各個離子，並測量其分子量，應用範圍涵蓋食品檢驗、空氣汙染與水汙染偵測、化學和生物醫學研究等領域。

1.3 儀器分析的數據評估

在分析時也能偵測到不是來自於樣品本身的訊號，我們稱之為空白值(blank)。空白值的來源有分析環境、試劑、實驗用器皿、分析者之疏忽及不良的分析技術等。

由於測定時會有許多因素干擾，因此，有可能會有懷疑的數據出現，此時可以經由「Q-test」來決定可能有問題的分析數據實驗，並判斷測出的數據合理性。首先找出有問題(或是偏離最大)的實驗數據帶入下列公式：

$$Q_{exp} = (X_n - X_q) / W \tag{1-1}$$

X_q 為懷疑的數據；X_n 是最靠近 X_q 的數據；W 是全部數據的分布範圍，即最大的數據值減去最小的數據值 (Max-Min)；如果 $Q_{exp} > Q_{crit}$，則此懷疑的數據應刪除。Q_{crit} 值是在 90% 可信度之下，應捨棄的最低值。

表 1.2 可捨棄的最低 Q_{crit} 值

測定次數	可捨棄的最低 Q_{crit} 值（在 90% 可信度之下）
3	0.94
4	0.76
5	0.64
6	0.56
7	0.51
8	0.47
9	0.44

範例

王同學以原子吸收光譜儀測定某位勞工的血中鉛五次，得到數據：10 ppb、14 ppb、12 ppb、12 ppb、12 ppb，懷疑的數據 14 ppb 是否應該刪除？

解答

$Q_{exp} = (X_n - X_q)/W = (14 - 12)/(14 - 10) = 0.5$

測定次數為五次，由上表知 Q_{crit} 為 0.64，0.5 < 0.64，所以，懷疑的數據 14 ppb 不應刪除。

在上一節中我們介紹了許多的儀器分析方法，而針對某一分析問題，如何選擇一個適當的儀器方法是十分重要的；通常對於一個儀器分析方法的適宜與否，我們會以評估數字 (figures of merit) 的數值來決定，例如：精密度、準確度、偏差、靈敏度、偵測極限、動力線性範圍、選擇性等；經由各個的評估數字的定量描述，可以幫助我們選擇適當的儀器。接著將分別介紹之。

1. 精密度

在進行儀器分析時，我們通常要多次測量以得到較正確的數據，重複測定值間的接近的程度，我們稱之為精密度 (percision)。分析數據精密度時，標準偏差 (standard deviation) 是最常使用的統計評估方法，對於一個儀器分析方法之

精密度的評估數字包含下列各項：

(1) 絕對標準偏差 (standard deviation, SD)：也常簡稱為標準偏差，能評估測定值的分散程度，也代表各測定值的接近程度，絕對標準偏差用於表示重複測定值的離散程度；例如重複測量樣品 N 次，其值分別為 $X_1, X_2, ... X_n$，絕對標準差計算如下：在公式 (1-1) 中，$\bar{x}$ = 平均數，SD = 樣本標準偏差，x_i = 數據的個別值，$i = 1 \sim n$。

$$SD = \sqrt{\frac{\sum(x_i - \bar{x})^2}{n-1}} \tag{1-2}$$

(2) 相對標準偏差 (relative standard deviation, RSD)

$$RSD = SD/\bar{x} \tag{1-3}$$

(3) 變異係數 (coefficient of variation, CV)：

CV 變異係數的定義是計算標準偏差相對於算術平均數的百分比；

$$CV = (SD/\bar{x}) \times 100\% \tag{1-4}$$

計算式中的 SD 為標準偏差，$\bar{x}$ 代表算術平均數。CV 越大，代表重複測定值越分散，而其精密度越差。

範例

王同學以原子吸收光譜儀測定某位勞工的血中鉛五次，得到數據：10 ppb、14 ppb、12 ppb、12 ppb、12 ppb，已知此樣品的真值為 12 ppb，求五次測定的 (1) 標準偏差 (2) 相對標準偏差 (3) 變異係數？

解答

此五次的測量值的平均值為 12 ppb

(1) 標準偏差 = 1.414

(2) 相對標準偏差 = 1.414/12 = 0.1178

(3) 變異係數 = (1.414/12) × 100% = 11.78%

2. 準確度

準確度 (accuracy) 指測定值或一組測定值之平均值與其真值 (true value)、或是公認值 (可接受值、accepted value) 間之接近程度，通常，準確度可由分析濃度經確認過之標準品來認定。測定值與真值的接近程度，其差異稱之為誤差 (error)；誤差值越大，表示其儀器分析 (或其方法) 的準確度越低。

一般日常分析樣品時，大多無法進行多次實驗以求得平均值及標準偏差來改善分析結果的品質，則可用標準參考物質分析法以增加分析結果的準確度。

已知某一工廠排出的廢水的鎳含量為 60 ppb，今日使用兩種儀器來測定，若使用儀器 A 連續監測六次得到的鎳平均含量為 62 ppb，利用儀器 B 連續監測六次得到的鎳平均含量為 65 ppb，何者儀器具有較佳的準確度？

解答

就偵測鎳濃度的準確度而言，使用儀器 A 來測定廢水的鎳含量，得到的誤差為 2 ppb，低於儀器 B 得到的誤差 5 ppb；因此，就連續監測廢水的鎳含量而言，儀器 A 的準確度高於儀器 B。

依據誤差的來源可以分成兩種，已定誤差與未定誤差。

(1) 已定誤差 (determinate error)

已定誤差又稱系統誤差 (systematic error)，此種誤差通常可被測定且也能避免及被校正。已定誤差的來源包含下列各項：

(A) 儀器誤差：由於不良的儀器，或是未有良好校正的儀器等造成的不準確測定值。

(B) 操作誤差：由於分析人員的操作錯誤或是疏失造成的不準確測定值。例如分析人員的滴定終點判斷誤差。

(C) 方法誤差：此種誤差是來自分析方法本身而造成不準確的測定值，或是由於分析環境的因素，例如：錯誤的分析方法、實驗室環境溫

度或壓力的極小變化，實驗使用的玻璃器皿、試劑、水、化學試藥的品質不符合要求等因素。

(2) 未定誤差 (indeterminate error)

此種誤差通常無法被測定，而且也無法避免與被校正，正誤差和負誤差的出現機率相等；因此，未定誤差又稱為隨機誤差 (accidental or random error)。

3. 偏差

所謂**偏差** (bias) 是指分析方法的系統誤差的測量值，其公式為

$$Bias = \mu - X_t \tag{1-5}$$

在上式中，μ 為樣品中分析濃度之平均值，X_t 是樣品真正濃度。

4. 靈敏度

對分析物濃度值的微小差異的區別能力，亦即同一物質濃度很相近時，以此儀器分析方法是否可區分出來。**靈敏度** (sensitivity) 有兩種，分析靈敏度與校正靈敏度：

(1) 分析靈敏度 (analytical sensitivity)

$r = m/S_S$，m 為校正靈敏度 (校正曲線上之斜率)，S_S 為重複測量訊號的標準偏差。

(2) 校正靈敏度 (calibration sensitivity)

$S = mc + S_b$，m 為校正靈敏度，S 為量測的訊號，c 為分析物的濃度，S_b 為空白時的儀器訊號。

5. 偵測極限

一般所謂**偵測極限** (detection limit, DL) 有定量極限值 LOQ (limit of quantization) 與線性極限值 LOL (limit of linearity)。LOQ 是指在已知之可信度內，可測到的分析物的最小濃度或質量值；LOL 是可接受的精度 (重複性) 和準確性測試的規定條件之下，能確定的分析物之最低濃度。通常 LOQ 約為濃

度為零時之標準偏差的十倍；LOD 是濃度為零時之標準偏差的三倍。

$DL = S_{bl} + KS_b$

$K = 3$，S_{bl} 為 blank 的平均值，S_b 為 blank 的標準偏差。

範例

使用火焰原子吸收光譜儀器來測定某一市售茶飲料中的鎘含量，重複測量後的數據經過最小平方分析法可得下式：$ABS = 3.67 \times C_{cd} + 0.49$。其中的 C_{cd} 是鎘濃度 (ppm)，ABS 是鎘的吸光度。

Cd (ppm)	重複次數	S平均值	標準偏差
20.0	10	21.02	0.23
10.0	10	11.32	0.17
0.000	20	0.0073	0.0077

試計算：

(a) 此儀器分析法的校正靈敏度。

(b) 鎘在 20 和 10 ppm 時的分析靈敏度。

(c) 此儀器分析法的偵測極限。

(a) 校正靈敏度為 3.67。

(b) 20 ppm Cd 時，分析靈敏度 = 3.67/0.23 = 16.0 ppm。

10 ppm Cd 時，分析靈敏度 = 3.67/0.17 = 21.6 ppm。

(c) $Sm = 0.0073 + 3 \times 0.0077 = 0.0304$

$Cm = (0.0304 - 0.0073)/3.67 = 0.0063$ ppm

偵測極限包括儀器偵測極限與方法偵測極限，儀器偵測極限 (IDL) 係重複分析空白樣品經統計所得標準偏差值，IDL 係在最佳狀態下分析亦即較無基質因素之下測得，所以，故理論上 IDL 比 MDL 低；再者，方法偵測極限 MDL 係統計值，乃是依方法、儀器、基質、操作者等因素不同。

6. 動力線性範圍

一個分析方法之適用濃度範圍，通常稱之為**動力線性範圍** (linear dynamic range)，簡稱為線性範圍，是介於定量極限值 LOQ 到線性極限值 LOL 之間；一個好的分析方法約有 10^5~10^6 大小之適用濃度範圍。

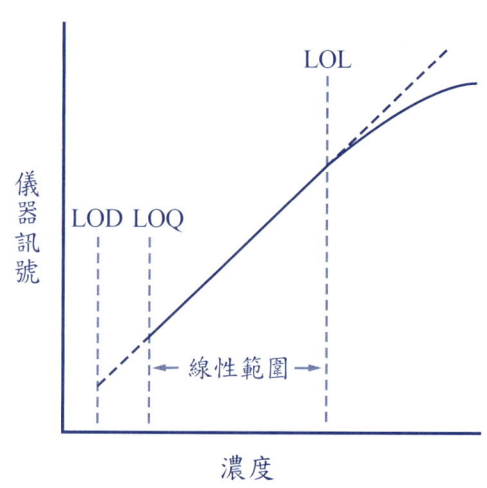

圖 1.2
線性範圍

7. 選擇性

一個分析方法之**選擇性** (selectivity) 是指不受樣品中其他物種所干擾之程度。然而，沒有任何一個分析方法能完全不受其他物種之影響，因此，需經常採取一些步驟以使干擾的效應降到最低。

1.4　儀器分析法的定量方法

為了決定出測量得到的分析訊號與分析物濃度之間的關係，最常用的定量方法有下列三種。

1. 外標準法

外標準法又稱校正曲線 (calibration curve) 法，即利用一條校正曲線即可同時分析大批試樣，校正曲線又稱檢量線或是稱標準曲線 (standard curve)。由於有些儀器 pH 計與濁度計可以利用空白樣本及標準液來校正儀器，便可直接量測樣品，而其他的儀器，無法採用直接讀值顯示之形態，而是顯示目前所測樣品之某項特性，如 AAS 便是顯示樣品在某波長下之吸收光能強度，在此種的狀況下，便需製作檢量線。

此項操作流程是先確認試樣的分析對象後，精確配製一系列不同濃度的標準溶液 (standard solution)，再以一系列已知濃度待測物標準品與其相對應之儀器訊號值間之關係，製備成曲線或計算校正因子或感應因子。

檢量線，是利用已知濃度之 5 個 (至少 5 個) 或更多個標準液，在特定的情況下之儀器反應間的關係曲線，利用線性迴歸以求出一條直線，如圖 1.3 所示。

檢量線均由校正最低點與校正最高點之間構成校正範圍 (calibration range)。使用時，不得使用外插法 (extrapolation method)，亦即不得在校正範圍外之區域作量測使用，所以，可將樣品經稀釋或濃縮，使其含量在此校正範圍內再量測。

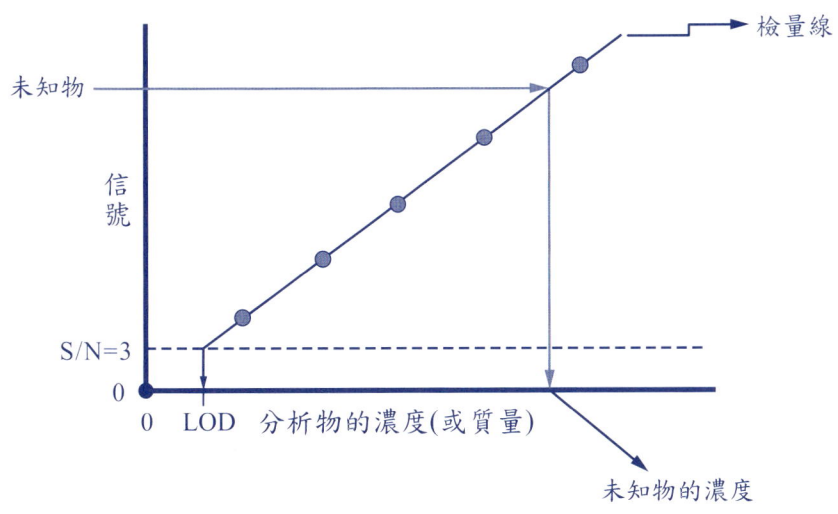

圖 1.3　檢量線

檢量線的線性迴歸方法，是利用線性迴歸校正法 (linear regression)，製備最適直線之檢量線，最常用者為最小平方法 (least squares method)，求得各測定值之最適迴歸線，迴歸線之最適性，以其相關係數 (correlation coefficient) r 來評估，此值介於 1 和 0 之間，若 r 越趨近於 1，表示迴歸資料非常接近直線，如果 r 愈小，表示各點數據與迴歸直線相距愈遠。迴歸線之線性相關係數 r 應大於或等於 0.995。

檢量線經由線性迴歸方法得到的校正公式 $C = AX + B$，用電腦化儀器能直接將濃度數據讀出，同時可以校正之最適公式作為定量之量測。

範例

五組不同濃度標準銅金屬溶液 (單位 ppm)，注入原子吸收光譜儀得到五組吸光度讀值，分別如下，利用線性迴歸方法求此組數據的檢量線與相關係數 r

標準金屬銅濃度 (ppm)	0.5	1	2	3	4
吸光度	0.003	0.012	0.027	0.044	0.064

解答

檢量線為 $y = 0.0171X - 0.006$

相關係數 r 為 0.9986

2. 標準添加法

標準添加法 (standard addition method) 是在同樣大小的樣品溶液中，持續加入一份或多份遞增量的標準溶液，此過程稱為添加 (spiking) 樣品。然後再分別測量原始樣本溶液，以及添加標準溶液後的樣本溶液。

每一個定量瓶都加入 5 mL 的未知溶液

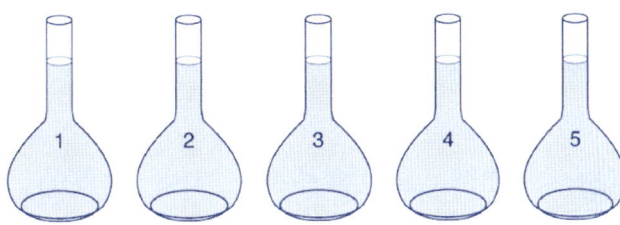

將溶劑加入每個體積瓶至 50 mL 刻度處並混合

圖 **1.4**
標準添加法之步驟

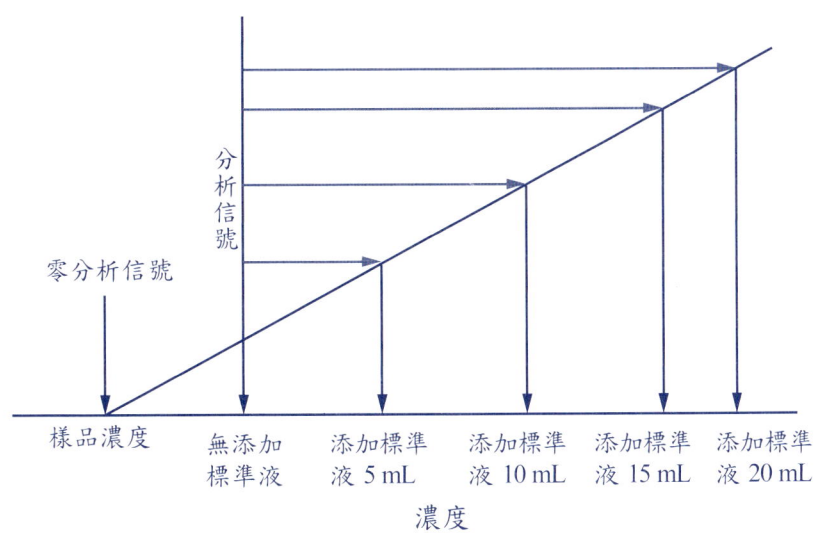

圖 **1.5** 標準添加法定量

範例

原子發射分析儀測定含 Na⁺ 的血清，得到 4.27 mV 的信號。將 5.00 毫升 2.08 M 氯化鈉加入到 95.0 毫升的上述的血清，而後得到 7.98 mV 的信號。原始樣品中的 Na⁺ 濃度是多少？

解答

$[X]_f = [X]_i (95/100) = 0.950 [X]_i$

$[S]_f = [S]_i (V_s/V_f) = (2.08 \text{ M})(5 \text{ mL}/100 \text{ mL}) = 0.104 \text{ M}$

$[\text{Na}^+]_i /(0.104 \text{ M} + 0.950[\text{Na}^+]_i) = 4.27 \text{ mV}/7.98 \text{ mV}$

$[\text{Na}^+]_i = 0.113 \text{ M}$

所以，原始樣品中的 Na⁺ 濃度是 0.113 M。

3. 內標準法

在每一瓶標準品以及樣品都添加相同濃度的另一個參考物質 (即內標準品，internal standard)，之後以分析物訊號／內標準品訊號的比值為縱軸，分析物為橫軸作圖，由圖形利用樣品溶液之比例值計算出待分析物之濃度。

內標準法 (internal standard method) 與外標準法相比，內標準法必須以重複的方法在樣品中加入內標準物這個流程，雖然計算上較複雜，但是可以修正一些誤差，而添加的內標準物功能則可補償隨機誤差與系統誤差。例如：如果使用手動注射，由於每次的注射量可能會有少許不同，但是因為是使用比值作計算，所以不受注射量影響。

必須尋找合適的內標準物是此方法的困難之處，內標準品的性質必需與待測成分相近，而且內標準品必須是試樣中所沒有的成分，同時內標準品是安定、不起化學反應的物質。此外，應用內標準法時，每次分析都要準確稱量樣品及內標準物，所以，內標準法不適宜作快速分析定量。

由於內標準法沒有試樣注入體積誤差的困擾，特別適用於微量注入體積的層析分析，以及當樣品成分不能全部出現層析峰，或是偵測器無法對各成分產

生響應值 (response)，而我們僅需測定樣品中幾個成分的含量時，此時，更適合使用內標準法。有關內標準法的定量計算，我們將在層析章節再詳細介紹。

1.5 儀器分析法的優點與限制

儀器分析法有許多優點，例如：

1. 儀器分析法操作簡單，分析速度快，易於進行自動化操作。
2. 儀器分析法的靈敏度高，偵測極限低，所使用的樣品量很少，目前的樣品使用量已由化學分析的 mL、mg 級降低到 µL、µg 級，預測未來將會更低。因此，它比較適合應用於微量、痕量和超痕量的分析。
3. 儀器分析法的選擇性好，因為很多儀器方法可以透過選擇和調整偵測條件，使共存的組成分在測量時，不會互相造成干擾，因此可以簡化分離過程，增加其選擇性。

但是儀器分析法有下列局限性：

1. 儀器設備複雜，投資大，對環境要求高 (空調、無塵、除濕等條件)，並需要有一定水準的操作人員及維護人員。
2. 儀器分析是一種相對分析法，需要與標準物進行比較；然而，標準物的標定又需要借助古典化學分析法。
3. 不適用於常量及高含量之分析，因其相對誤差較大。

1.6 儀器分析未來的發展趨勢

由於 3C 科技的發展與近代物理學、電子學、生物學等的科技新成就，以

及微波等新技術，使得許多新的儀器分析方法有更佳的智慧化與自動化的發展基礎。因此，儀器分析在不同的領域之未來發展趨勢如下：

1. 痕量分析

儀器分析方法的靈敏度和選擇性將進一步提高，未來將建立許多的微量分析方法及超微量分析技術。

2. 遠端遙測分析

由於目前的紅外線遙測技術已可應用在大氣汙染、煙塵排放等測量，加上各種新型感測器之研發，相信未來將會有更適宜的儀器分析方法應用於環境監測，工業製程的自動監控及遙控檢測等。

3. 活體動態分析

目前的電化學探針可用來檢測細胞內的物質，如動物神經傳遞物質的擴散過程，與進行活體分析。

4. 更細微結構分析

儀器分析法將更廣泛應用於物質的結構分析、狀態分析、價態分析、表面分析，並應用於新材料科學、犯罪防治科學等領域中。

5. 串聯技術分析

不同分析儀器的聯合使用，將進一步發揮各種分析方法的效能，成為解決複雜分析問題的更佳選擇。例如目前的氣相層析譜與紅外線光譜結合之分析儀，氣相層析譜與質譜的結合分析儀，可應用於複雜的環境科學之偵測及評估。

6. 生物晶片分析

生物晶片結合微電子、微流體與生物技術的微型裝置，而且可以即時定量，目前，生物晶片成功將龐大數量資料微縮數位化成體積相當小的空間使用，未來將運用在生命科學並結合 IC 的運用，預估適用的範圍將擴展非常大。

未來儀器分析儀器在技術上將朝向數字化、網路化、微型化方向發展，此

外，透過區域網路與國際網路結合，可以使儀器分析的資訊能更有效的傳遞，相信這些發展可使儀器分析的應用範圍更廣泛以及分析結果更準確。

參考資料

1. Dougls A. Skoog & James J. Leary, *Principles of Instrumental Analysis*, Fourth Edition, Harcourt Brace Jovanovich College Publisher, 1992. Chap. 1.
2. Gary D. Christian & James E. O'Reilly, *Instrumental Analysis*, Second Edition, Allyn and Bacon, Inc., 1986. Chap.1.
3. Zuka, J. *Instrumentation in Analytical Chemistry*, 1992, Ellis Horwood Ltd.
4. 儀器分析，方嘉德審閱，2011 年 1 版，滄海出版社。
5. 儀器分析，林志城、梁哲豪、張永鍾、薛文發、施明智，總校閱：林志城，2012 年 1 版，華格那出版社。
6. 儀器分析，孫逸民等著，1997 年 1 版，全威圖書股份有限公司。
7. 儀器分析，柯以侃等著，文京圖書出版社。

本章重點

1. 儀器分析是利用分析儀器測定物質的物理性質或化學性質，以獲得物質的組成、含量及結構等資訊的方法。所謂定性分析是用各種構造分析儀器測定物質的性質，以鑑定成分或是未知物的結構。所謂定量分析是指測定樣品的成分含量或是濃度，若已知未知物為何種物質，可直接利用儀器來分析樣品中的待測物含量。
2. 一般依測量性質分類，大體上可分成：光譜分析法、電化學分析法、色層分析法與其他分析方法。
3. 對於可能有問題的分析數據，可以經由 Q-test 來判斷數據的合理性。
4. 一個儀器分析方法的適宜與否，可以評估數字的數值來決定，評估數字包含：精密度、準確度、偏差、靈敏度、偵測極限、動力線性範圍、選擇性。

5. 多次測量以得到較正確的數據,重複測定值間的接近的程度,稱之為精密度;一個儀器分析方法之精密度的評估數字包含絕對標準偏差、相對標準偏差與變異係數。

6. 準確度是指測定值或一組測定值之平均值與其真值、或是公認值間之接近程度,準確度可由分析濃度經確認過之標準品來認定,其差異稱之為誤差;依據誤差的來源可以分成已定誤差與未定誤差兩種。

7. 靈敏度是對分析物濃度值的微小差異的區別能力,靈敏度有分析靈敏度與校正靈敏度兩種。

8. 偵測極限有定量極限值與線性極限值。定量極限值是指在已知之可信度內,可測到的分析物的最小濃度或質量值;線性極限值是可接受的精度和準確性之下,能確定的分析物之最低濃度。定量極限值約為濃度為零時之標準偏差的十倍。

9. 一個分析方法之選擇性是指不受樣品中其他物種所干擾之程度。

10. 儀器分析最常用的定量方法有校正曲線法、標準添加法與內標準法。

本章習題

一、單選題

1. 一般日常分析樣品時,大多無法進行多次實驗以求得平均值及標準偏差來決定分析結果之品質,則可用何種方法以確定分析結果之準確度?
   (1) 檢量線法
   (2) 標準參考物質分析法
   (3) 重複分析法
   (4) 內標準定量法

   答案:(2)

2. 用於決定任意誤差之方法為？

(1) 系統空白分析　　　　　　(2) 重複分析

(3) 品管樣品分析　　　　　　(4) 標準樣品分析

答案：(2)

3. 下列何種儀器特性用於表示數據間的再現性？

(1) 靈敏度　　　　　　　　　(2) 偵測極限

(3) 準確度　　　　　　　　　(4) 精密度

答案：(4)

4. 連續測定血中鉛 20 次，測定數據的平均值為 100 ppb，SD 為 4，其變異係數 (CV) 為？

(1) 0.8%　　　　　　　　　　(2) 0.4%

(3) 1.25%　　　　　　　　　 (4) 4%

答案：(4)

5. 下列何種儀器特性用於表示儀器可測得之最小量？

(1) 靈敏度　　　　　　　　　(2) 偵測極限

(3) 準確度　　　　　　　　　(4) 精密度

答案：(2)

6. 下列何種儀器之分析原理與其他三種儀器不同？

(1) 核磁共振分析儀　　　　　(2) 熱分析法

(3) 原子吸收光譜儀　　　　　(4) 紫外線分光光譜儀

答案：(2)

7. 利用各種構造分析儀器來推斷、鑑定新成分或化合物的結構是

(1) 定量分析　　　　　　　　(2) 古典分析法

(3) 定性分析　　　　　　　　(4) 以上皆非

答案：(3)

8. 根據統計原理，誤差可分為隨機性和系統性兩種誤差，哪一種屬於絕對誤差？

(1) 隨機誤差 　　　　　　　　　　(2) 系統誤差

(3) 兩種都是 　　　　　　　　　　(4) 兩種都不是

答案：(2)

9. 偏差 (bias) 是屬於哪一種誤差？

(1) 隨機誤差 　　　　　　　　　　(2) 系統誤差

(3) 兩種都是 　　　　　　　　　　(4) 兩種都不是

答案：(2)

10. 下列那一項屬於已定誤差？

(1) 儀器經校正後還存在的誤差

(2) 灰塵掉落所導致的誤差

(3) 技術好且熟練之分析者也會發生的誤差

(4) 可用回收百分比評量的誤差

答案：(4)

二、複選題

1. 下列哪些分析方法屬於光譜法

(1) 熱分析法 　　　　　　　　　　(2) 核磁共振法

(3) X 射線繞射法 　　　　　　　　(4) 折射法

答案：(2)(3)(4)

2. 下列四個圖示哪些正確？

(1) 圖示 1 其準確度高，精確度高 　　(2) 圖示 2 其精確度高，準確度低

(3) 圖示 3 其準確度低，精確度高 　　(4) 圖示 4 其精確度低，準確度低

答案：(1)(3)(4)

3. 下列有關誤差的圖示,哪些正確?

(1)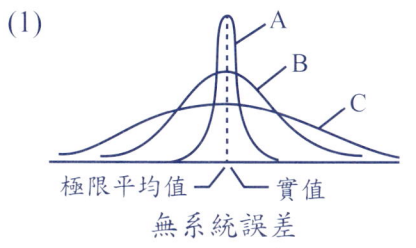
無系統誤差

(2)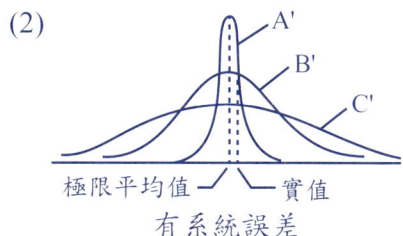
有系統誤差

(3)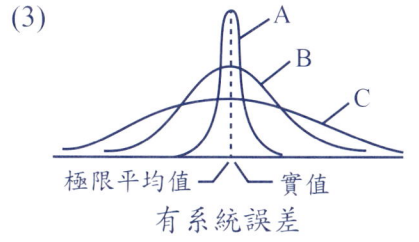
有系統誤差

(4)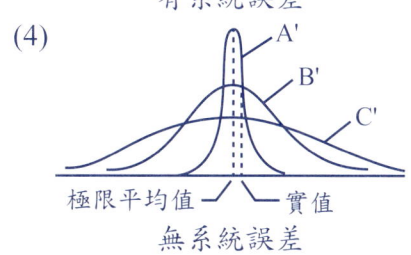
無系統誤差

答案:(1)(2)

4. 下列哪些是無機分析需要進行空白實驗的目的?
(1) 提高精密度　　　　　　(2) 提高準確度
(3) 消除系統誤差　　　　　(4) 消除偶然誤差

答案:(2)(3)

5. 下列有關隨機誤差的敘述,哪些正確?
(1) 在分析中無法避免　　　(2) 正誤差和負誤差出現機率相等
(3) 具有單向性　　　　　　(4) 係由一些不確定的偶然因素造成

答案:(1)(2)(4)

6. 下列有關無機樣品的品管分析,哪些敘述正確?
(1) 精密度以變異係數表示　(2) 準確度以相對誤差表示
(3) 準確度以變異係數表示　(4) 精密度以相對誤差表示

答案:(1)(2)

7. 下列那些屬於隨機誤差?
(1) 儀器經校正後還存在的誤差
(2) 灰塵掉落所導致的誤差
(3) 技術好且熟練之分析者也會發生的誤差
(4) 可用回收百分比評量的誤差

答案:(1)(2)(3)

8. 下列敘述，何者正確？
   (1) 錯誤的分析方法屬於固定誤差
   (2) 不定誤差會影響測定值的精確度
   (3) 精確度高，準確度一定高
   (4) 準確度高，精確度一定高
   答案：(1)(2)

9. 下列哪些屬於已定誤差？
   (1) 滴定終點判斷誤差
   (2) 儀器經校正後還原存在的誤差
   (3) 錯誤的分析方法
   (4) 藥品品質不符合要求
   答案：(1)(3)(4)

10. 下列有關未定誤差之敘述，何者正確？
    (1) 此類差異一般難以察覺及避免
    (2) 包括人為、方法及儀器上之誤差
    (3) 與分析者技巧之熟練程度有關
    (4) 為同一個人在相同條件下，於一系列觀察中產生的些微差異
    答案：(1)(3)(4)

第二章　光譜分析法

吳玉琛

　　光學光譜分析法是以研究物質發射的輻射，或輻射與物質的相互作用為基礎而建立的分析方法。近年來由於電子、生化、醫學、光電等各領域蓬勃發展，因此，使用光譜儀來分析材料的各種光物理、光化學現象的需求日益增加。光譜分析的特點包括非破壞性、具化學鑑別力、具波長變通性、靈敏度高及分析速度快。本章對電磁輻射的性質、電磁輻射與物質的相互作用及吸收定律扼要的介紹。

　　由於近代光譜學的進步，可以幫助我們利用光譜學的一些性質來分析及鑑定二種物質是否相同並可決定某分子的結構。例如在分子結構的研究上，可利用質譜來測定分子量，利用可見光、紫外線及紅外線的吸收光譜、X射線繞射等來推斷分子的結構式。

2.1　電磁輻射的性質

　　磁輻射是在空間以極高速度傳播的一種能量。電磁輻射 (electromagnetic radiation) 可視為能量單元以波 (wave) 的形式傳播，它具有下列的一些性質：

電磁波是橫波，可用電場強度向量E和磁場強度向量H來表徵。這兩個向量以相同的位相在兩個相互垂直的平面內以正弦曲線振動，並同時垂直於傳播方向 (如圖 2.1)。電磁輻射的傳播具有波動性質，可用速度 C、波長 λ、頻率 v 和波數 σ 等參數加以描述。波長 (wavelength, λ) 是指在波傳播路徑上具有相同振動位相的兩點之間的距離，二波峰或二波谷間的距離，如圖 $\gamma-$ 射線和 $X-$ 射線常用 Å，可見光與紫外光及真空紫外光常用 nm，紅外光常用 μm 和波數 cm^{-1} 表示。

頻率 (frequency, v) 是指單位時間內電磁振動的周數。單位是秒$^{-1}$或為赫茲 (Hz)。頻率與波長換算為：

$$v = \frac{C}{\lambda} \qquad 其中 C 為光速，等於 3.00 \times 10^{10} \text{ cm/s}$$

波數 (wavenumber, σ) 為波長的倒數，常用於紅外光譜中，單位為 cm^{-1}，表示每厘米長度中波的數目。

範例

波長 $\lambda = 10$ μm 的紅外光，頻率 v 和波數 σ 為多少？

解答

頻率 $v = 3.00 \times 10^{10}$ cm s^{-1} / 10^{-3} cm $= 3.00 \times 10^{13}$ s^{-1}
波數 $\sigma(cm^{-1}) = 10^4/10$ cm^{-1} $= 1000$ cm^{-1}

當一束電磁輻射通過一物質時，該電磁輻射可被吸收或透過，由分子之結構及電磁輻射的頻率來決定。電磁輻射的能量 (E) 與頻率成正比，與波長成反比，即

$$E = hv = \frac{hc}{\lambda}$$

其中 h 為蒲朗克常數 (Planck's constant)，其值為 1.58×10^{-34} cal·s 或 6.626×10^{-34} J·s。

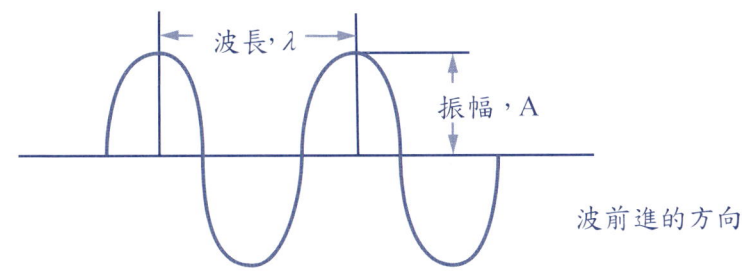

圖 2.1　電磁波的波動曲線

波長 λ = 600 nm 的紫外光，電磁輻射能量為多少？

頻率 $v = 3.00 \times 10^{10}$ cm s^{-1} / 6.00×10^{-5} cm $= 5.00 \times 10^{14}$ s^{-1}

能量 $E = hv = (6.626 \times 10^{-34}$ J·s$)(5.00 \times 10^{14}$ s$^{-1}) = 3.3125 \times 10^{-19}$ J

1. 電磁輻射區域的劃分

電磁輻射是一種波動的能量。電磁輻射說明電磁波的發射和傳播，是透過空間或介質傳遞其能量。電磁輻射依頻率一般區分為無線電波、微波、紅外光、可見光、紫外光、X 射線和伽瑪射線等幾種形式。電磁輻射不論其波長如何，基本上是相似的，全部輻射的範圍稱為電磁光譜 (electromagnetic spectrum)，如圖 2.2 所示。

(1) 無線電波 (radio)

無線電波是一種電磁波，在電磁波譜中，其範圍波長為 15 cm~2 km 的電磁波。無線電波常被用於長距離的通訊，如電視機、收音機等頻道都是運用到無線電波不易被阻擋、折射、變頻等特性。現今也用無線電波來探索宇宙遙遠處的奧祕。

(2) 微波 (microwave)

微波是一種電磁波，在電磁波譜中，其範圍波長為 0.1~15 cm 的電磁波。微波常被用於短距離的通訊或遙控，如電視機、冷氣機、音響等遙控器都是運用到微波的原理。

(3) 紅外光 (infrared)

紅外光是一種電磁波，在電磁波譜中，其範圍自波長為 7000 Å 的紅光到波長為 0.1 cm 的微波。紅外光是 M. Herschel 於 1800 年所發現的。紅外光有著顯著的熱效應，可用溫差電偶、光敏電阻或光電管等儀器探測。按波長略可分成 0.75~3 μm 的近紅外區、3~30 μm 的中紅外區和 30~1000 μm 的遠紅外區等三段。紅外光譜可應用在研究分子結構、固態物質的光學性質、夜視環境等，用途極大。

(4) 可見光 (visible-light)

可見光是一種電磁波，其範圍波長約為 4000~7000 Å。透過稜鏡可得知可見光的組成顏色，通常界定波長約為 4000~4500 Å 的光為紫光；波長約為 4500~5200 Å 的光為藍光；波長約為 5200~5600 Å 的光為綠光；波長約為 5600~6000 Å 的光為黃光；波長約為 6000~6250 Å 的光為橘光；波長約為 6250~7000 Å 的光為紅光。

(5) 紫外光 (ultraviolet)

紫外光是一種電磁波，在電磁波譜中，其範圍波長為 100~4000 Å 的電磁波。這一範圍開始於可見光的短波極限，而與長波 X 射線的波長相重疊。紫外光是 J. W. Ritter 於 1801 年所發現的。應用上，在測定氣體或液體中如氯、二氧化硫、二氧化氮、二硫化碳、臭氧、汞等特定分子，以及各種不飽和化合物的成分的紫外吸收光譜，用途很大。

(6) X 射線 (X-ray)

X 射線是一種穿透力很強的電磁波，在電磁波譜中，其範圍波長為 0.1~100 Å 的電磁波。X 射線是倫琴 (W. Rongen) 於 1895 年所發現的，所以 X 射線又被稱為「倫琴」射線。X 射線通常是由高速電子與固體碰撞而產生的，或是強光照射下所產生的「螢光效應」也會有少量的 X 射線呈現。因為它的強穿透力較不會損傷周遭組成物質，所以可用來作非

破壞性物品等材料檢驗，以及動物的身體內部骨骼等醫學檢查。

(7) 伽瑪射線 (γ-ray)

γ 射線的特徵和 X 射線極為相似，是一種輻射能量高且穿透力極強的電磁波，在電磁波譜中，其範圍波長為 0.1 Å 以下的電磁波。γ 射線是維拉德 (P. Villard) 於 1900 年所證實的。γ 射線通常是由極高速電子與原子核碰撞而產生。

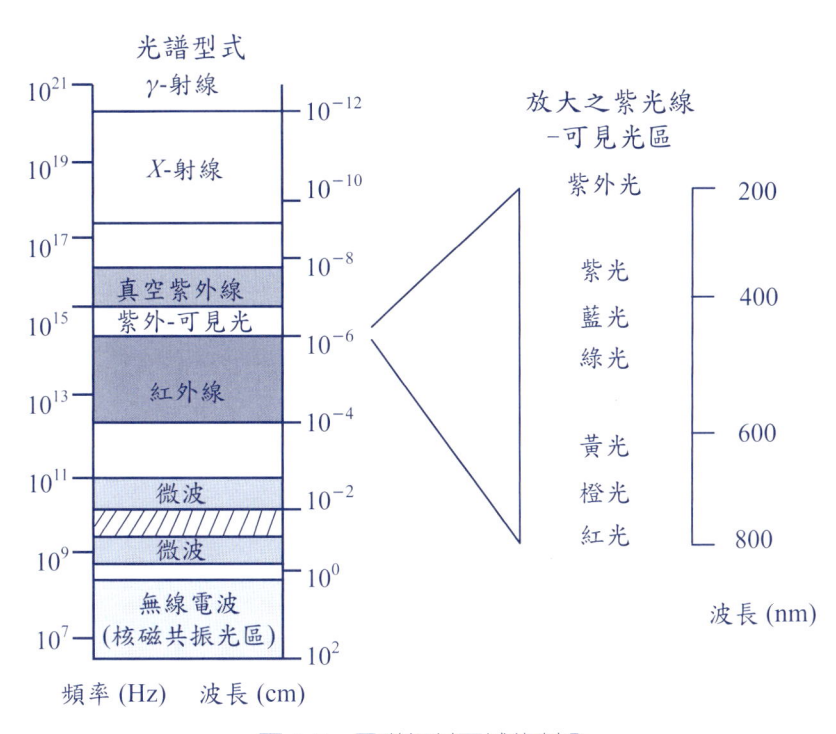

圖 2.2 電磁輻射區域的劃分

範例

下列電磁波是屬於何種光譜區？

(1) 波長為 80 cm　(2) 波長為 3×10^6 cm　(3) 波長為 10^4 nm　(4) 波長為 1×10^{14} Hz

解答

(1) 微波　(2) 無線電波　(3) 紅外光　(4) 紅外光

2.2 光譜分析法分類

按產生光譜的基本粒子的不同可分為原子光譜和分子光譜，由於原子和分子結構不同，產生光譜的特徵亦不同。另根據輻射能量傳遞的方式，光譜方法又可分為發射光譜、吸收光譜、螢光光譜、拉曼光譜等等。

1. 原子光譜與分子光譜

(1) 原子光譜 (atomic spectrum)

原子光譜 (包括離子光譜) 主要由於外電子在不同能階間躍遷而產生的輻射或吸收，它的表現形式為線光譜。在光譜學中把原子所有各種可能的能階狀態用能階圖 (energy level diagrams) 的形式表示。

原子光譜法為近代微量分析的一個重要方法，是一種應用快速而有效的方法。原子光譜法分為兩種，一種是原子吸收光譜法 (atomic absorption spectroscopy, AAS)，一種是原子發射光譜法 (atomic emission spectroscopy, AES)，前者是計算待測物質吸收多少波長的光來提升到激發態 (excited state)，後者是用火焰、電弧或電漿給予待測物質能量讓其提升到激發態後，再測量其回到基態後所放出的特性輻射來定性，並利用比爾定律 (Beer's law) 來定量，有些元素 AES 偵測極限較低、有些則是 AAS 較低，兩種方法都常用。屬於這類分析方法的有原子發射光譜法 (AES)、原子吸收光譜法 (AAS)、原子螢光光譜法 (AFS) 以及 X 射線螢光光譜法 (XFS) 等。

原子光譜法之所以如此熱門，因為有高選擇性、低的偵測極限 (ppm~ppb)、分析速度快、可偵測多種原子 (70 種以上) 等優點。其中高選擇性與低偵測極限是因為原子能階沒有轉動與震動能階，只有單純的電子能階，使光譜譜線非常尖銳，對定性與定量的靈敏度大幅提升。而分析速度快是因為原子不管是從基態 (ground state) 躍遷到激發態 (AAS)，或是從激發態回到基態 (AES) 速度都非常快。尤其是在原子放射光譜中，每種原子的特性波長不同以及譜線十分尖銳，因此可以同

時分析多種元素。例如可以在數分鐘內同時對數十種元素進行定性與定量的實驗，相比核磁共振光譜儀 (NMR)、X 光繞射儀、IR、……都快得多。

(2) 分子光譜 (molecular spectrum)

分子光譜是由分子在不同能階間轉移 (或稱躍遷) 而產生光譜。分子內部運動可分為價電子運動，分子內原子在其平衡位置附近的振動和分子本身繞其重心的轉動，因此分子具有電子能階、振動能階和轉動能階。

分子在輻射能的作用下能量改變為：

$$\Delta E = \Delta E_e + \Delta E_v + \Delta E_\gamma$$

式中 ΔE_e 為外層電子躍遷所引起內能變化，ΔE_v 是振動能量變化，ΔE_γ 是轉動能量變化。

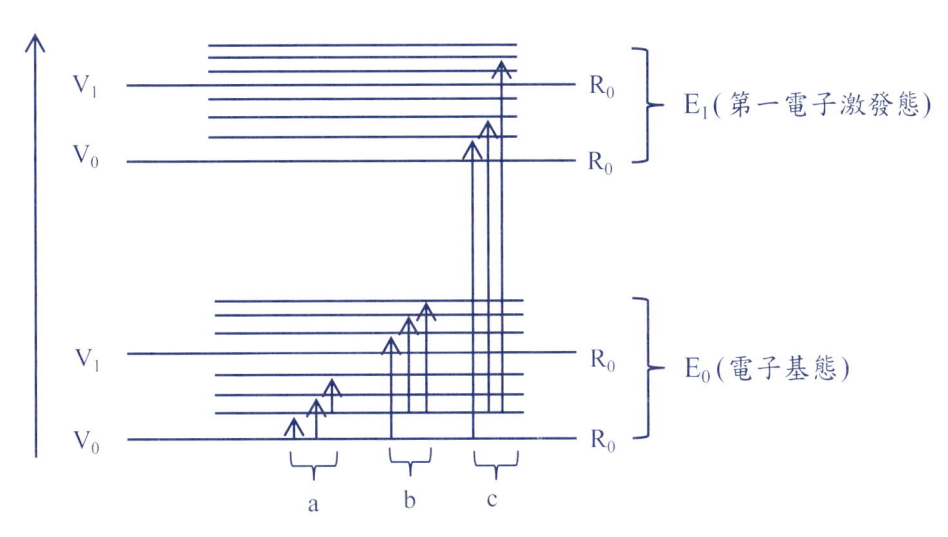

圖 2.3 分子能階 (E)、振動能階 (V) 和轉動能階 (R) 以及相應躍遷示意圖

分子吸收一個光子，會使得分子從「低能量電子態」改為進入「高能量電子態」，或者相反，分子放出一個光子，其電子從「高能量電子態」改為進入「低能量電子態」，上述即為電子轉移 (electronic transition)，更清楚的描述是分子的電子從一種排列組合變為另一種排列組合。基本上，分子要進行電子轉移，需要吸收紫外線與可見光的光子。分子也會用振動與旋

轉的方式將吸收的能量移轉成化學鍵的運動。當分子的原子團吸收能量後會在平衡位置的特定範圍內振動；分子系統內的原子團振動的空間範圍，等於吸收到分子上的電磁光譜紅外線區域的光子群的能量，分子系統內的原子們有量化的振動能階。分子也會旋轉，並且有量化的旋轉能階，分子旋轉的空間範圍，等於吸收到分子上的電磁光譜微波區域的光子們的能量。屬於這類分析方法的有紫外光-可見分光光度法 (ultraviolet-visible spectroscopy, UV-Vis)、紅外光譜法 (IR)、分子螢光光譜法 (MFS) 和分子磷光光譜法 (MPS) 等。

2. 吸收光譜與發散光譜

當一束電磁波通過一物質時，可能被吸收、透過或散射，視該電磁波之頻率 (或能量) 及物質分子結構而定。電磁波之能量與頻率有關，頻率越高則其能量越大。當一束電磁波通過一物質時，該原子或分子上的電子能階由低能階提升至高能階，而呈激發態，稱為該原子或分子被激起或被激發 (excited)，大部分物質其原子或分子在最低能階的狀態，稱為基態。

根據輻射能傳遞的情況，光譜又可分為吸收光譜和發散光譜。當物質所吸收的電磁輻射能與該物質的原子核、原子或分子的兩個能階間躍遷所需的能量滿足 $\Delta E = h\nu$ 的關係時，將產生吸收光譜。物質通過電致激發、熱致激發或光致激發等激發過程獲得能量，變為激發態原子或分子 M^*，當從激發態過渡到低能態或基態時產生發射光譜；通過測量物質的發射光譜的波長和強度來進行定性和定量分析的方法叫做發射光譜分析法。

(1) 吸收光譜

當電磁輻射從真空射到物質表面時，輻射的電場向量就會與物質相互作用，輻射可能被透射、散射、反射或折射，輻射也可能被物質所吸收。

由於各種粒子的能階數目及能量均不同，因此對輻射的吸收也不同，因此可得到各物質的特性光譜，即為吸收光譜。因此由各物質的特定吸收光譜可來進行物質的成分及結構分析。原子吸收光譜一般用線光源測定，其波長與原子能階有關，一般位於紫外-可見-近紅外光譜區；分子吸收光譜一般用連續光源，其特徵的吸收波長與分子的電子能階、振動

能階和轉動能階有關。因此在不同波譜輻射作用下可產生紫外、可見和紅外光吸收光譜區。

(2) 發散光譜

當物質的粒子吸收能量而躍遷至較高能階後，將返回基態或更低能階的過程為鬆弛 (relaxtion)，並發射出相應的光譜，稱為輻射的發射 (emission of radiation)。

光激發視通過吸收光子而激發，其中光激發所發射的第二次光子稱為螢光 (fluorescence) 或磷光 (phosphorescence)。當吸收第一次光子與發射第二次光子之間的時間落後很短 ($10^{-8} \sim 10^{-5}$ s) 為螢光，當時間落後較長 ($10^{-2} \sim 100$ s) 為磷光。

根據原子或分子的特徵螢光光譜來研究物質的結構及其組成的方法稱為螢光光譜分析法。分子螢光光譜通常用紫外光激發，原子螢光用高強度輻射源來激發。

原子受高能輻射激發，其內層電子能階躍遷，即發射出特徵 X 射線，稱為 X 射線螢光。用 X 射線管發生的一次 X 射線來激發 X 射線螢光是最常用的方法。測量 X 射線的能量 (或波長) 可以進行定性分析，測量其強度可以進行定量分析。

2.3 吸收定律 (比爾定律)

若一束平行輻射通過吸收物種溶液之光路為 b cm，而溶液濃度為 (g/L)，則溶液之吸光度 (absorbance) A 與溶液濃度 c 及溶液厚度 b 之關係式為

$$A = abc$$

式中 A 為溶液之吸光度。

a 為吸光係數 (absorptivity)，$L^{-1}\text{cm}^{-1}$

b 為溶液厚度 (即樣品槽之厚度) 又稱光徑長度，cm

c 為溶液濃度，g/L

關係式的關係成為比爾定律 (Beer's law)

吸光度 A 定義為

$$A = -\log T = -\log \frac{P}{P_0} = \log \frac{P_0}{P}$$

式中 P_0 為入射光束的功率，P 為通過 b cm 厚度溶液後的功率，透光度或稱穿透率 (transmittance) T 為入射光束通過溶液其功率減少的分率，即

$$T = \frac{P}{P_0} \text{ , } T\% = \frac{P}{P_0} \times 100\%$$

透光度通常用百分率 $T\%$ 表示。

當溶液濃度 c 以 mol/L 表示時，即吸光度 A 為

$$A = \varepsilon bc$$

式中 ε 稱為莫耳吸光係數 (molar absorptivity)，其單位為 $L\ mol^{-1} cm^{-1}$。

比爾定律亦可應用於含有一種以上吸光物種的溶液。只要在不同物種間無相互作用，則多成分系統的總吸光度 A_t 為

$$\begin{aligned} A_t &= A_1 + A_2 + \cdots + A_n \\ &= \varepsilon_1 bc_1 + \varepsilon_2 bc_2 + \cdots + \varepsilon_n bc_n \end{aligned}$$

式中的下標 1，2，$\cdots$ n 等代表吸收輻射的物種。

比爾定律並不適用各種狀況，只適用在某些前提與限制下：

(1) 溶液必須是一個均質的溶液，不能存在不均勻的現象。

(2) 溶液當中的分子彼此之間不互相作用，例如稀薄溶液。

(3) 溶質分子不會因入射光的照射而進行反應。

(4) 溶液必須是澄清的，也就是說不能產生散射現象。

(5) 僅考慮光的吸收，忽略光的散射、反射等行為。

(6) 光源使用單色的平行光。也就是每一束光是相同的波長，且通過相同長

度的介質溶液，因為莫耳吸收係數會隨著波長而有所不同。

範例

某溶液含 X 成分，以 1.0 cm 吸光槽測得其透光率為 0.70，當使用 2.0 cm 吸光槽測得透光率為多少？

解答

透光率 **0.49**

2.4 光譜儀應用

光譜儀是基於測量輻射的波長及強度，這些光譜是由於物質的原子或分子的特定能階的躍遷所產生的，根據其特徵光譜的波長可進行定性分析；而光譜的強度與物質的含量有關，可進行定量分析。

1. 光譜定性分析

各種元素的原子結構不同，在光源的激發作用下，各種元素所發射的譜線不盡相同，即每種元素都有自己的特徵光譜。光譜定性分析就是根據樣品中各元素原子所發射的特徵光譜是否出現，來判斷樣品中該元素存在與否。

2. 光譜定量分析

光譜定量分析主要是根據比爾定律。光譜定量分析方法常用的有標準曲線法和標準加入法，其中標準曲線法最為常用。

製備一系列已知不同濃度的測定物溶液，按一定方法顯色後，分別用分光光度計測得吸光度。以吸光度為縱座標、濃度為橫座標，繪製 $A\text{-}c$ 曲線，即標準曲線。在相同條件下，測定被測溶液得吸光度，從標準曲線上可找出相應的濃度。標準曲線製作與測定管的測定應在同一儀器上進行。

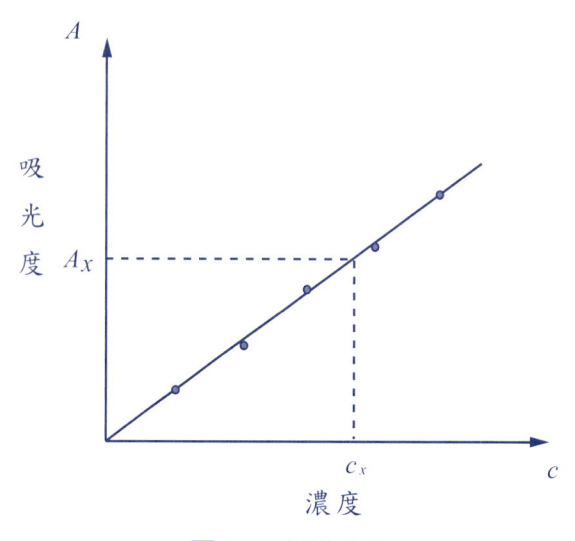

圖 2.6 標準曲線

注意： 標準樣品不得少於 3 個。為了減少誤差，提高測量的精度和準確度，每個標樣及分析樣品一般應平行測量三次，取其平均值。

優點： 準確度高，適應於常規分析。在常規分析中，只要分析條件基本不變，一次製作工作曲線後，可長期使用，只需定期檢查工作曲線，必要時進行斜率校正。

當測定低含量元素時，找不到合適的基質來配製標準樣品時，一般採用標準加入法。設樣品中被測元素含量為 c_x，在幾份樣品中分別加入不同濃度 c_1、c_2、c_3 的被測元素；在同一實驗條件下，激發光譜，然後測量樣品與不同加入量樣品分析線對的強度比 R。在被測元素濃度低時，自吸係數 $b = 1$，分析線對強度 $R \propto c$，R-c 圖為一直線，將直線外推，與橫座標相交截距的絕對值即為樣品中待測元素含量 c_x。

2.5 比爾定律的限制

吸收值與濃度所呈現出線性比例關係，經常會出現偏差現象，有些是無法

避免的實質偏差，造成比爾定律適用上的限制，大致分為：
1. **化學偏差**：因為濃度質改變帶來的化學變化所導致比爾定律的偏差。
2. **儀器誤差**：因為測量吸收值的方式所導致比爾定律的偏差。

1. 化學偏差

當在高濃度時 (通常 > 0.01 M)，溶質-溶劑之間的作用，溶質-溶質之間的作用，以及氫鍵等各項作用力的大小都會影響到分析物的化學環境和它的吸收係數。因為在高濃度時，發生吸收行為的分子間平均距離變短，會互相影響其相鄰分子的電荷分布，而這種溶質-溶質之間的作用力將會改變分子吸收波長，使得吸收值與濃度之間的線性關係發生偏差。另外，低濃度吸收物質旁有高濃度物種，特別指電解質時，靜電作用會改變此吸收物質的莫耳吸收係數，也會產生線性關係的偏差。

例如：

(1) 化學平衡

$$Cr_2O_7^{2-} + H_2O \rightarrow 2HCrO_4^- \rightarrow 2H^+ + 2CrO_4^{2-}$$

(2) 物質與溶劑發生結合、解離

$$Cu^{2+} + 4Cl^- - CuCl_4^{2-}$$

當 Cl^- 的濃度發生變化時，依勒沙特列原理，$CuCl_4^{2-}$ 亦會發生濃度變化，進而影響溶液的吸光度值。

(3) 酸鹼平衡

需要添加緩衝溶液，以固定吸收物質濃度。

(4) 聚合

有時候吸收物質並非以單體 (monomer) 存在，可能以二聚體 (dimer) 或三聚體 (trimer) 型態存在，出現不同的吸收波長，而造成吸收值與濃度的線性關係偏差。

2. 儀器誤差

(1) 多色輻射的儀器誤差

唯有當使用最大吸收值位置之單一波長時，才能夠嚴格遵守比爾定律。實際上分析之光源，係經由光柵或濾光鏡所分離出略帶對稱性的光譜譜帶，如圖 2.7 所示。在譜帶 A 的 λ_{A1} 或 λ_{A2} 的吸光度值皆為 0.5，然而在譜帶 B 的 λ_{B1} 或 λ_{B2} 的吸光度值分別為 0.26 及 0.35。譜帶 A 在波長範圍 $\lambda_{A1} \sim \lambda_{A2}$，所測得之濃度與吸收值的關係就比較符合比爾定律的線性關係，譜帶 B 的波長範圍 $\lambda_{B1} \sim \lambda_{B2}$，同一濃度的吸收值變化卻有將近 0.1 的誤差，因此所測得之濃度與吸收值的關係就會發生比爾定律線性關係的偏差，如圖 2.8 所示。

(2) 散亂輻射存在下的儀器誤差

由單色器所引起的散亂輻射，與主要輻射波長相差很多，當散亂輻射情形愈嚴重，將導致比爾定律的負偏差，如圖 2.9 所示。

P_s：光束未通過樣品槽之散亂輻射功率

P_0：光束未通過樣品槽之輻射功率

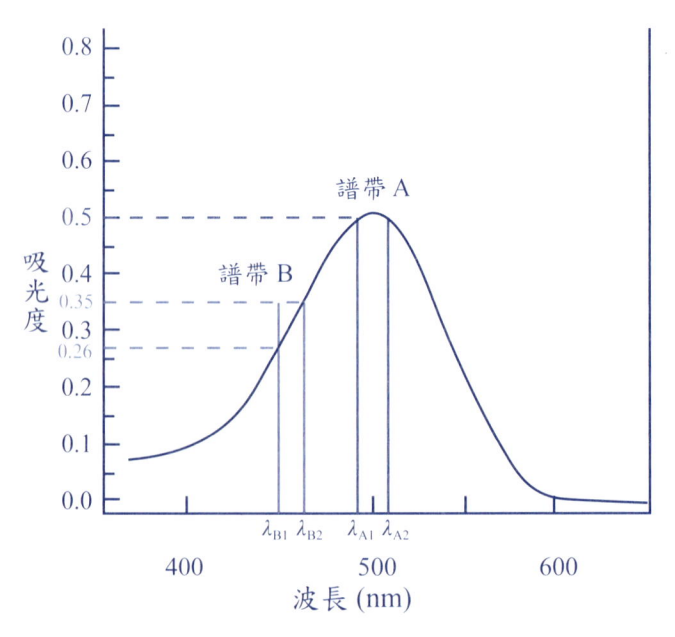

圖 2.7 在不同波長位置，譜帶 A 及譜帶 B 其吸收值的變化

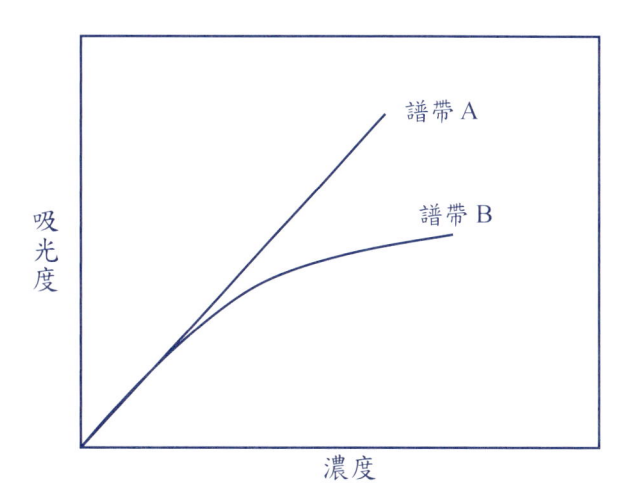

圖 2.8
譜帶 A 濃度與吸收值符合比爾定律的線性關係，譜帶 B 則發生偏離誤差

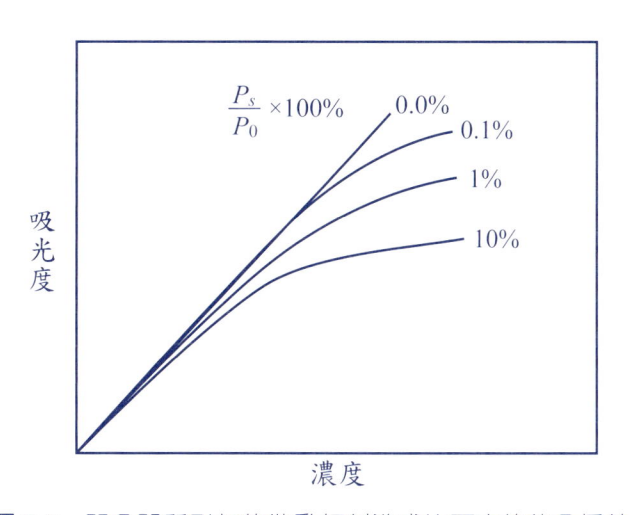

圖 2.9 單色器所引起的散亂輻射造成比爾定律的負偏差

(3) 儀器雜訊造成的儀器誤差

常見的儀器雜訊有強生雜訊、射出雜訊及閃爍雜訊。

(A) 強生雜訊 (Johnson noise)：N_{thermo}

亦稱為熱雜訊或白雜訊，主要是儀器電子元件受熱擾動影響而產生之雜訊，即使沒有電流通過電阻元件，該熱電阻仍然存在，在絕對零度 (0 K) 才會沒有強生雜訊，因此強生雜訊僅與溫度有關。

$$N_{thermo} = \sqrt{\frac{4kTR}{t_R}}$$

k：波茲曼常數

T：絕對溫度

R：電阻

t_R：儀器回應時間

 (B) 射出雜訊 (signal shot noise)

  電子通過儀器接合處所產生的雜訊，此雜訊通常很小，與強生雜訊相比，可忽略不計。

 (C) 閃爍雜訊 (flicker noise)

  它是由於材料而產生的一種基本現象。閃爍雜訊大小與訊號頻率成反比，在低頻時閃爍雜訊將變大。

(4) 狹縫寬度造成的儀器誤差

 狹縫寬度愈寬，則樣品吸收愈不遵守比爾定律。

參考資料

1. Dougls A. Skoog & James J. Leary, *Principles of Instrumental Analysis*, Fourth Edition, Harcourt Brace Jovanovich College Publisher, 1992.
2. Gary D. Christian & James E. O'Reilly, *Instrumental Analysis*, Second Edition, Allyn and Bacon, Inc., 1986.
3. 儀器分析，方嘉德審閱，2011 年 1 版，滄海出版社。
4. 儀器分析，林志城、梁哲豪、張永鍾、薛文發、施明智，總校閱：林志城，2012 年 1 版，華格那出版社。
5. 儀器分析，孫逸民等著，1997 年 1 版，全威圖書股份有限公司。
6. 儀器分析，柯以侃著，1996 年 1 版，文京圖書股份有限公司。
7. 儀器分析，林志城等著，2012 年 2 版，華格那圖書出版社。

本章重點

1. 利用光譜學的一些性質來分析及鑑定兩種物質是否相同並可決定某分子的結構。在分子結構的研究上，可利用質譜來測定分子量，利用可見光、紫外線及紅外線的吸收光譜、X 射線繞射等來推斷分子的結構式。

2. 當一束電磁輻射通過一物質時，該電磁輻射可被吸收或透過，由分子之結構及電磁輻射的頻率來決定。電磁輻射的能量 (E) 與頻率成正比，與波長成反比，即

$$E = hv = \frac{hc}{\lambda}$$

其中 h 為蒲朗克常數，其值為 1.58×10^{-34} cal·s 或 6.626×10^{-34} J·s。

3. 由產生光譜的基本粒子的不同可分為原子光譜和分子光譜，原子光譜 (包括離子光譜) 主要由於和外電子在不同能階間躍遷而產生的輻射或吸收，它的表現形式為線光譜。分子光譜是由分子在不同能階間轉移 (或稱躍遷) 而產生光譜。

4. 根據輻射能傳遞的情況，光譜又可分為吸收光譜和發散光譜。當物質所吸收的電磁輻射能與該物質的原子核、原子或分子的兩個能階間躍遷所需的能量滿足 $\Delta E = hv$ 的關係時，將產生吸收光譜。物質通過電致激發、熱致激發或光致激發等激發過程獲得能量，變為激發態原子或分子 M^*，當從激發態過渡到低能態或基態時產生發射光譜。通過測量物質的發射光譜的波長和強度來進行定性和定量分析的方法叫做發射光譜分析法。

5. 比爾定律：若一束平行輻射通過吸收物種溶液之光徑為 b (cm)，而溶液濃度為 (g/L)，則溶液之吸光度 A 與溶液濃度 c 及溶液厚度 b 之關係式為

$$A = abc$$

6. 光譜是由於物質的原子或分子的特定能階的躍遷所產生的，根據其特徵光譜的波長可進行定性分析；而光譜的強度與物質的含量有關，可進行定量分析。

本章習題

一、單選題

1. 所謂真空紫外區，所指的波長範圍是
   (1) 200~400 nm
   (2) 400~800 nm
   (3) 1000 nm
   (4) 10~200 nm

   答案：(4)

2. 一儀器的波長範圍為 185~3000 nm，試求其頻率的範圍為多少？
   (1) 1.62×10^{15} Hz~1.00×10^{14} Hz
   (2) 1.62×10^{13} Hz~1.00×10^{14} Hz
   (3) 1.62×10^{14} Hz~1.00×10^{15} Hz
   (4) 1.62×10^{14} Hz~1.00×10^{13} Hz

   答案：(1)

3. 某一 5 mL 溶液含 3.8 ppm Fe(III)，用過量 KSCN 處理，並稀釋至 10 mL，置於 1 cm 儲液槽中，於 580 nm 的 T%？已知其莫耳吸光係數為 7.0×10^3 L mol^{-1} cm^{-1}。
   (1) 23.7%
   (2) 42.2%
   (3) 57.8%
   (4) 76.3%

   答案：(3)

4. 某溶液含 X、Y 兩成分，於 370 nm 之吸光度為 0.950，於 660 nm 則為 0.700，若濃度 1 mM "X" 之吸光度分別為 0.355，0.290；1 mM "Y" 之吸光度分別為 0.600，0.300，則溶液中 X 之濃度 (mM) 為？
   (1) 0.8
   (2) 1.2
   (3) 2.0
   (4) 2.4

   答案：(3)

5. 以標準添加法分析水中重金屬，若原樣品之吸光度為 0.115，加入 1.0 mg/L 後之吸光度為 0.180，加入 2.0 mg/L 後之吸光度為 0.243，若體積之變化可不計，則樣品之濃度為 (mg/L)？

(1) 1.7　　　　　　　　　　　　(2) 1.8
(3) 1.9　　　　　　　　　　　　(4) 2.0

答案：(2)

6. 某溶液含 X 成分，其濃度為 0.12 mM，以 2.0 cm 吸光槽測得其穿透率為 0.11，當使用 1.0 cm 吸光槽測得另一溶液之穿透率為 0.22 時，則其 X 之濃度為 (mM)？

(1) 0.145　　　　　　　　　　　(2) 0.165
(3) 0.175　　　　　　　　　　　(4) 0.185

答案：(2)

7. 某溶液含 X 成分，以 1.0 cm 吸光槽測得其穿透率為 0.70，當使用 2.0 cm 吸光槽測得穿透率為？

(1) 0.56　　　　　　　　　　　(2) 0.49
(3) 0.35　　　　　　　　　　　(4) 0.30

答案：(2)

8. 用普通分光光度法測得標準液的透光度為 20%，樣品溶液的透光度為 12%；若以示差分光光度法測定，以標準液為參比，則樣品溶液的透光度為？

(1) 40%　　　　　　　　　　　(2) 50%
(3) 60%　　　　　　　　　　　(4) 70%

答案：(3)

9. 下列何者為比爾吸收定律？

(1) $\log P/P_o = abc$　　　　　　(2) $P/P_o = \log abc$
(3) $\log P/P_o = (abc)$　　　　　(4) $\log P_o - \log P = abc$

答案：(4)

10. 將光或化學訊號變成電訊號的裝置為下列何者？

(1) 記錄器　　　　　　　　　　(2) 偵測器
(3) 放大器　　　　　　　　　　(4) 整流器

答案：(2)

二、複選題

1. 下列哪些測量與透光度有關？

(1) 比色法　　　　　　　　　(2) 紅外光分光光度法

(3) 原子吸光法　　　　　　　(4) 原子螢光法

答案：(1)(2)(3)

2. 下列有關「光譜分析法」的敘述，哪些錯誤？

(1) 輻射能之頻率，通常以「λ」表示

(2) 頻率愈高，能量愈低

(3) 紫外光波長單位常以 nm 表示

(4) 紅外光波數愈大，能量愈高

答案：(1)(2)

3. 下列何者光譜分析法與電子能階的轉移有關？

(1) 傅立葉轉換紅外線光譜法　(2) 紅外線光譜法

(3) 原子吸收光譜法　　　　　(4) 原子放射光譜法

答案：(1)(3)(4)

4. 以下有關分光光譜儀之敘述，何者正確？

(1) 縮減單色光器之狹縫可增加解析度

(2) 增寬單色光器之狹縫會增加雜訊

(3) 增寬單色光器之狹縫可增加解析度

(4) 縮減單色光器之狹縫會減少解析度

答案：(2)(3)(4)

5. 下列何者不屬於吸收光譜？

(1) 拉曼光譜　　　　　　　　(2) 質譜

(3) 螢光光譜　　　　　　　　(4) 紅外光光譜

答案：(1)(2)(3)

三、簡答題

1. 一儀器的波長範圍為 200~2000 nm，試求其波數及頻率的範圍為何？

2. 試比較原子光譜與分子光譜。

第三章 紫外光-可見光光譜法

陳順基

3.1 前言

電磁輻射 (electromagnetic radiation) 是一種兼具電場與磁場的能量，在空間中以光速前進。依量子理論，電磁輻射是由光子形成，光子兼具粒子與波動的雙重性，電磁波前進方向 (X 軸) 與磁場 (Y 軸) 及電場 (Z 軸) 互相垂直，如圖 3.1 電磁輻射示意圖所示。

我們可由蒲朗克-愛因斯坦方程式 (Planck-Einstein relation)，得知電磁輻射光子能量與其波長頻率之間的關係為

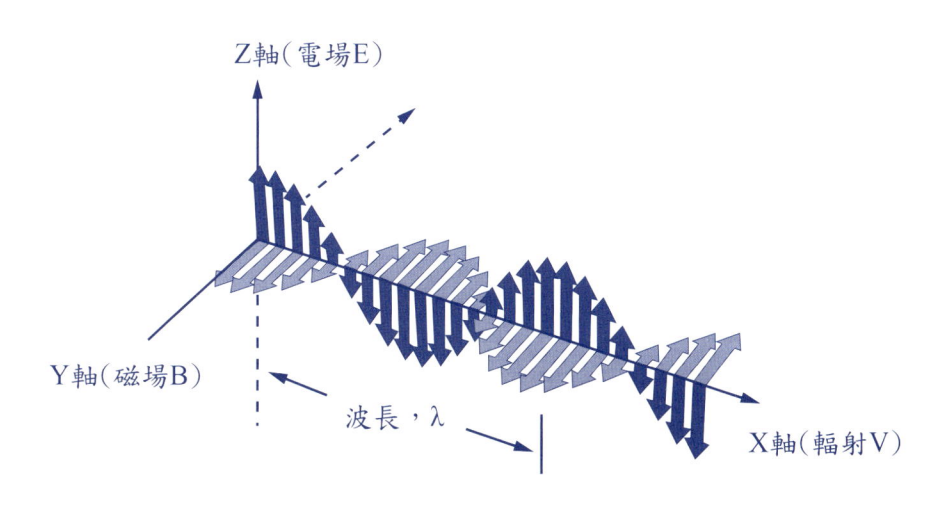

圖 3.1 電磁輻射示意圖

$$E = h\upsilon = hc/\lambda = hc\bar{\upsilon}$$

式中，E：電磁波光子的能量

h：蒲朗克常數 (Planck's constant) $= 6.626 \times 10^{-27}$ erg·s $= 6.626 \times 10^{-34}$ J·s

υ：電磁波頻率

c：光速 $= 3.0 \times 10^8$ m/s

λ：電磁波波長

$\bar{\upsilon}$：電磁波波數

範例

計算 (1) N_2 雷射產生的波長 337.1 nm (2) 紅寶石雷射產生的波長 694.3 nm，其頻率 (Hz) 及每莫耳光子能量 (kcal/mol) 各為多少？

解答

(1) N_2 雷射產生的波長 337.1 nm

   $\upsilon = c/\lambda$

   $E = h\upsilon = hc/\lambda = hc\bar{\upsilon}$

   $h: = 6.626 \times 10^{-27}$ erg·s $= 6.626 \times 10^{-34}$ J·s

   $c: 3.0 \times 10^8$ m/s

   $\upsilon = (3.0 \times 10^8 \text{ m/s})/(337.1 \times 10^{-9} \text{ m}) = 8.9 \times 10^{14} \text{ s}^{-1} = 8.9 \times 10^{14}$ Hz

   $E = nh\upsilon = (6.02 \times 10^{23} \text{ mol}^{-1}) \times (6.626 \times 10^{-34} \text{ J·s}) \times (8.9 \times 10^{14} \text{ s}^{-1})$

   $= 355.0$ kJ/mol $= (355.0 \text{ kJ/mol}) \times (0.239 \text{ kcal/kJ}) = 84.8$ kcal/mol

(2) 紅寶石雷射產生的波長 694.3 nm

   $E = h\upsilon = hc/\lambda = hc\bar{\upsilon}$

   $h: = 6.626 \times 10^{-27}$ erg·s $= 6.626 \times 10^{-34}$ J·s

   $c: 3.0 \times 10^8$ m/s

   $\upsilon = (3.0 \times 10^8 \text{ m/s})/(694.3 \times 10^{-9} \text{ m}) = 4.3 \times 10^{14} \text{ s}^{-1} = 4.3 \times 10^{14}$ Hz

   $E = nh\upsilon = (6.02 \times 10^{23} \text{ mol}^{-1}) \times (6.626 \times 10^{-34} \text{ J·s}) \times (4.3 \times 10^{14} \text{ s}^{-1})$

   $= 171.5$ kJ/mol $= (171.5 \text{ kJ/mol}) \times (0.239 \text{ kcal/kJ}) = 41.0$ kcal/mol

圖 3.2 電磁波光譜圖

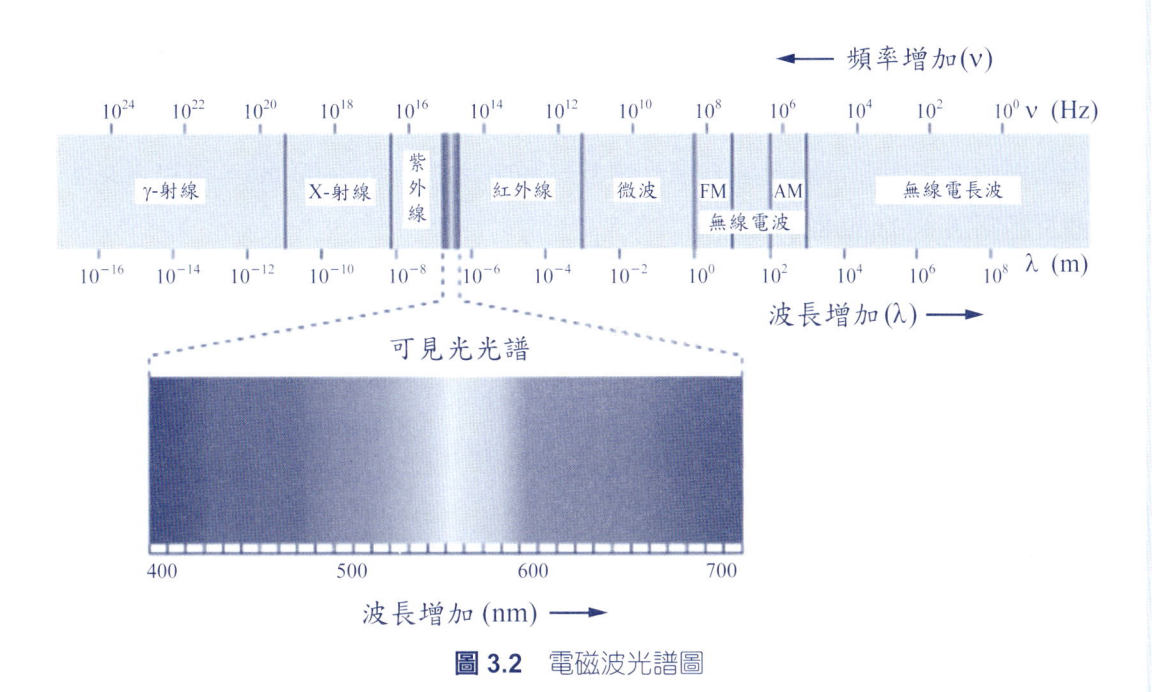

在各種電磁輻射中依其頻率 (v) 由高到低或波長 (λ) 由低到高，可區分為「γ 射線 (γ-ray)」、「X 射線 (X-ray)」、「紫外線 (UV)」、「可見光 (visible)」、「紅外線 (IR)」、「微波 (microwave)」、「無線電波 (FM、AM)」、「無線電長波」等，如圖 3.2 電磁波光譜圖及表 3.1 電磁波光譜區段產

表 3.1 電磁波光譜區段產生來源

波長區域	頻率指數 log v (Hz)	能量 E (J/mol)	來源
γ 射線	19	10^{10}	高能量不穩定原子核，經核衰變釋放能量所產生 γ-ray。
X 射線	17	10^{8}	原子內層電子被打出，外層電子往內遞補，而由高能階轉變成低能階的狀態，能量便藉由 X-ray 的方式產生。
紫外線	15	10^{6}	電子能階躍遷 ($S_0 \rightarrow S_1$，$S_0 \rightarrow S_2$，$\cdots S_0 \rightarrow S_n$)，再由高能階 ($S_n$) 轉變成低能階的狀態，能量便藉由紫外線、可見光的方式產生。
可見光	13	10^{4}	
紅外線	12	10^{3}	振動能階與轉動能階躍遷，由高能階轉變成低能階的狀態，能量便藉由紅外線的方式產生。
微波	10	10	電子旋轉共振產生微波。
無線電波	6	10^{-3}	核磁共振產生無線電波。

生來源所示。

紫外線與可見光的波長單位為 nm，由圖 3.2 電磁波光譜圖及表 3.1 電磁波光譜區段產生來源得知，紫外線光譜波長範圍為 100 nm~400 nm，可見光光譜波長範圍為 400 nm~800 nm。

一個分子的總能量包括電子能量、振動能量與轉動能量之總和，能量大小依序為電子能量＞振動能量＞轉動能量。分子吸收紫外線或可見光的能量之後，使得分子的價電子躍遷而造成電子能量的改變，產生激發態之分子，亦即電子能階躍遷 ($S_0 \rightarrow S_1$，$S_0 \rightarrow S_2$，…$S_0 \rightarrow S_n$)，再由高能階 (S_n) 經過緩解過程回到基態分子 (S_0)。

紫外線或可見光的吸收通常是由於鍵結電子的激發作用，因此吸收峰的波長與分子的鍵結型態有關。一般有機化合物分子的紫外線或可見光吸收通常是 σ、π 與 n 電子躍遷，如圖 3.3 所示。鑭系與錒系過渡金屬的吸收則為 d 與 f 電子躍遷，另外如果有電子供給者與接受者之電荷轉移亦會吸收紫外線或可見光，即電荷轉移光譜，例如錯合物內部的氧化還原反應。

σ、π 與 n 電子躍遷，說明如下：

(1) $\sigma \rightarrow \sigma^*$ 電子躍遷需要很大能量，相當於真空紫外線光區的輻射頻率範圍，在一般紫外線光區是看不到的。

(2) $n \rightarrow \sigma^*$ 電子躍遷所需要的能量比 $\sigma \rightarrow \sigma^*$ 少，若有未鍵結電子對則可進行 $n \rightarrow \sigma^*$ 電子躍遷，波長範圍為 150 nm~250 nm。

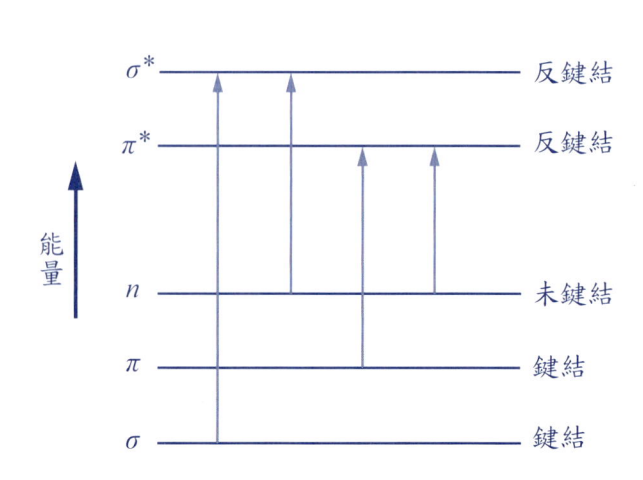

圖 3.3
σ、π 與 n 電子躍遷

(3) 進行紫外線或可見光吸收的大部分有機化合物分子，通常具有發色團 (chromophore) 的官能基，即提供 π 軌域的不飽和官能基，進行 $n \rightarrow \pi^*$ 與 $\pi \rightarrow \pi^*$ 電子躍遷，波長範圍為 200 nm~700 nm。

3.2 儀器組件

紫外線-可見光光譜儀 (UV-Vis spectrophotometer) 主要由五種組件所構成：

1. 光源：穩定的輻射能量光源裝置；
2. 波長選擇器：可分離光源及選擇量測所用之波長範圍裝置；
3. 樣品槽：一個或多個樣品容器裝置；
4. 偵測器：將輻射能量轉換成電子訊號之裝置；
5. 訊號處理器與輸出裝置。

紫外線-可見光光譜儀主要有三種設計模式：(A) 單光束分光光度計 (single-beam spectrophotometer)、(B) 雙光束分光光度計 (double-beam spectrophotometer)、(C) 二極體陣列式分光光度計 (diode-array spectrophotometer)，如圖 3.4 所示。

前二種為傳統之組合模式，依序為「(1) 光源」→「(2) 波長選擇器」→「(3) 樣品」→「(4) 偵測器」，依光源經波長選擇器分光後，是否經過「分光鏡 (beam splitter)」形成雙光束，可分為 (A) 單光束分光光度計、(B) 雙光束分光光度計。

第三種設計模式為目前最常用的多頻道 (multichannel) 模式，依序為「(1) 光源」→「(3) 樣品」→「(2) 波長選擇器」→「(4) 偵測器」，偵測器係矽二極體偵測器 (silica diode detector) 陣列排列組合而成，所以稱為二極體陣列式分光光度計。

A. 單光束分光光度計(single-beam spectrophotometer)

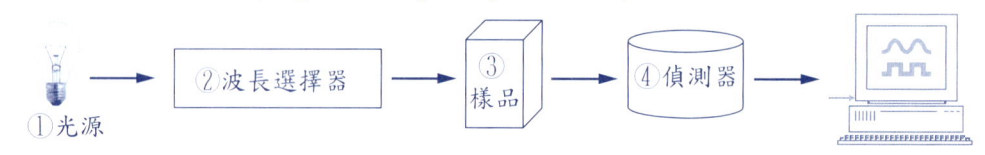

①光源 → ②波長選擇器 → ③樣品 → ④偵測器 → 🖥

B. 雙光束分光光度計(double-beam spectrophotometer)

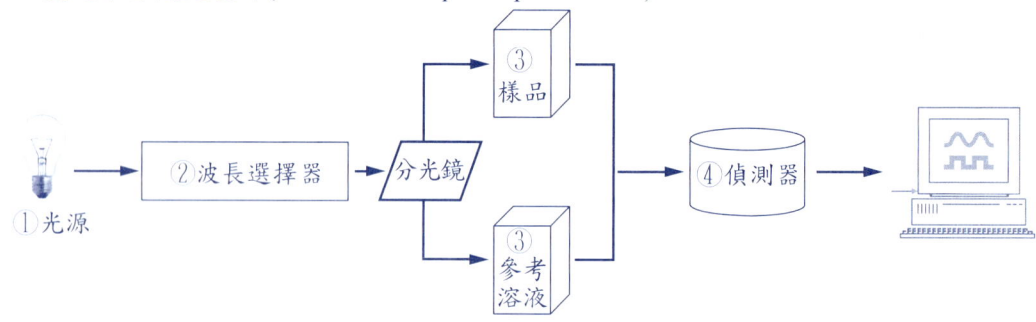

①光源 → ②波長選擇器 → 分光鏡 → ③樣品 / ③參考溶液 → ④偵測器 → 🖥

C. 二極體陣列式分光光度計(diode-array spectrophotometer)

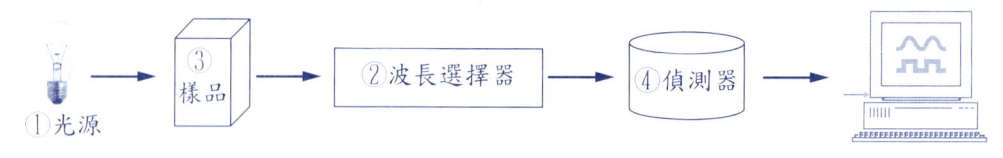

①光源 → ③樣品 → ②波長選擇器 → ④偵測器 → 🖥

圖 3.4 紫外線-可見光光譜儀之示意圖

雖然有三種組合模式，分析原理是相同的，即進入樣品槽之入射光與通過樣品槽之輻射光皆在同一方向且相同的一直線光徑上，偵測器是用來量測樣品吸收來自波長選擇器篩選之輻射量所衰減之情形。

雙光束分光光度計的優點是 P_0 及 P 同時量測，可補償電磁波以外的變化，如來自樣品背景值、光源、偵測器等誤差，因此雙光束分光光度計在此三種分光光度計中其靈敏度 (sensitivity)、解析度 (resolution) 最高，如果僅針對固定波長吸收量測分析，單光束分光光度計就比較好用，量測速度快且維護容易。

二極體陣列式分光光度計的優點是以矽二極體偵測器陣列排列組合，可同時一次取得樣品吸收光譜之全光譜資料分析數據，透過光柵密集刻痕數及矽二極體陣列大小，可達到 2 nm 以下之解析度，掃描波長再現性高，為目前定性定量分析上最常用之紫外線-可見光光譜儀。

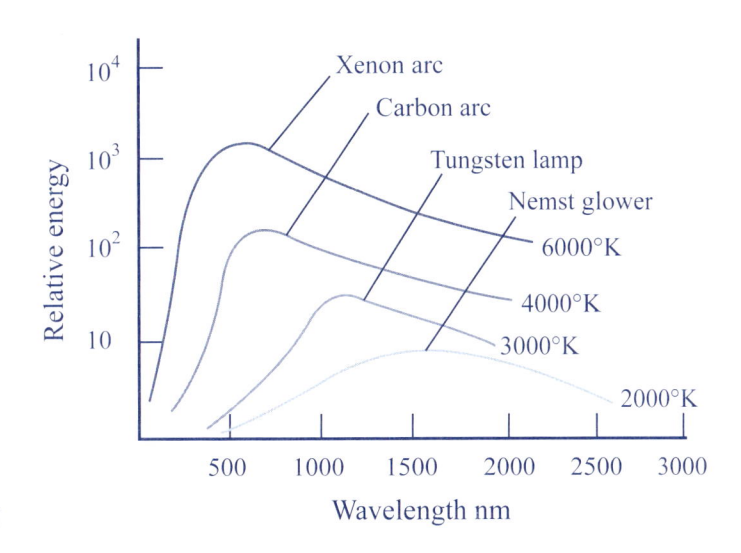

圖 3.5
不同固體的黑體輻射

1. 光源

一般光譜分析法的輻射源所需基本要件為可分析之 (1) 特定波長區域 (2) 輻射能量強度 (3) 穩定輸出功率。

紫外線-可見光光譜儀之光源為熱輻射源。當固體受熱達 1000 K 以上溫度時，會產生連續的輻射線，此現象稱之為「黑體輻射 (black body radiation)」，光源因不同的固體加熱至白熱時，將放出不同範圍之輻射波長，圖 3.5 為不同固體的黑體輻射。

紫外線-可見光光譜儀之光源，其輻射波長為連續的性質，屬於連續光源，表 3.2 為紫外線-可見光光譜儀之各種型態光源。

表 3.2 紫外線-可見光光譜儀之各種型態光源

波長區域	型態	輻射材質	波長範圍	功率 (Wcm^{-2} nm^{-1}s^{-1})
UV-Vis	Xenon arc lamp	arc discharge in 10atm Xe	200 nm~1000 nm	10^{-1}
	Quartz-Iodine lamp	WI$_2$ Tungsten filament	200 nm~3000 nm	5×10^{-2}
	鎢絲燈 (Tungsten)	Tungsten filament at 2000K	320 nm~2500 nm	10^{-2}
	H$_2$ 或 D$_2$ lamp	arc discharge in H$_2$、D$_2$	180 nm~370 nm	5×10^{-3}

2. 波長選擇器

波長選擇器依設計原理不同可分為：單色器與濾光鏡。

(1) 單色器 (monochromator)

將光源之輻射光加以分離，只選擇單色光 (單一波長) 進行分析，此將多色光分離為單色光的裝置，稱之為單色器，一般單色器可以分為稜鏡 (prism) 和光柵 (grating)。

(A) 稜鏡單色器 (prism monochromator)

依材質可分石英稜鏡及玻璃稜鏡。

分離的原理為「光在不同介質時，光的頻率維持不變 (固定)」，由蒲朗克 - 愛因斯坦方程式得知 $E = hv = hc/\lambda$ 中，頻率 v 不變，則光速 c 正比於波長 λ。假設介質 1 為空氣，其介質 1 的折射率為 n_1，介質 1 的波長 λ_1，介質 2 為石英，其介質 2 的折射率為 n_2，介質 2 的波長 λ_2，當一束光束由空氣 (介質 1) 以介面法線夾角 θ_1 進入石英稜鏡 (介質 2)，在介質 2 產生折射角 θ_2，如圖 3.6 通過二種介質之折射示意圖所示。

折射率公式：$\dfrac{\sin\theta_1}{\sin\theta_2} = \dfrac{v_1}{v_2} = \dfrac{n_2}{n_1}$

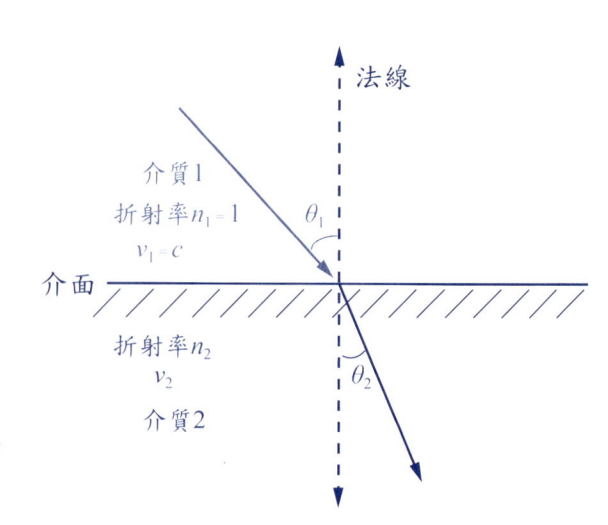

圖 3.6
通過二種介質之折射示意圖

第三章　紫外光-可見光光譜法

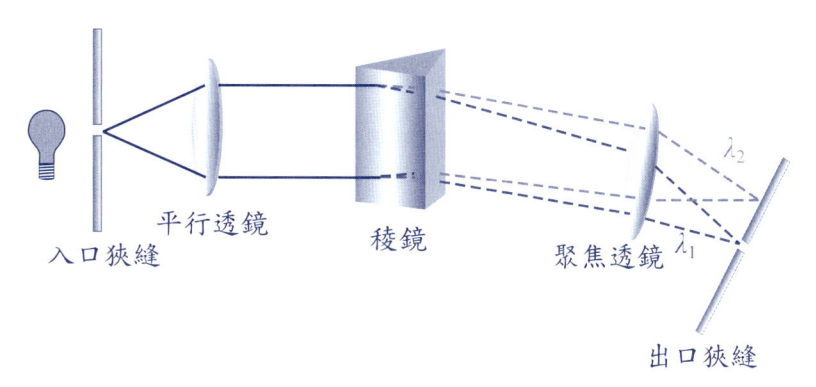

圖 3.7　稜鏡單色器示意圖

將 $v_1 = c$，$n_1 = 1$ 代入

得 $v_2 = c/n_2$

光在不同介質時，光的頻率維持不變 (固定)，因此 $\dfrac{c}{\lambda_1} = \dfrac{v_2}{\lambda_2}$，得

$v_2 = c\lambda_2/\lambda_1$

最後得 $\lambda_2 = \lambda_1/n_2$

即當光束由空氣進入石英時，其在石英的波長 (λ_2) 將變小，其值為光在空氣的波長 (λ_1) 除以石英的折射率 (n_2)。因此，稜鏡利用折射率的變化將光源之輻射光加以分離，達到選擇單色光 (單一波長) 進行分析的目的，如圖 3.7 為稜鏡單色器示意圖。

(B) 光柵單色器 (grating monochromator)

利用繞射的原理，如圖 3.8 光柵繞射原理示意圖，當入射光徑 ($d \times \sin\alpha$) 與反射光徑 ($-d \times \sin\beta$) 之間的光徑差，如果光徑差 ($d \times (\sin\alpha + \sin\beta)$) 為波長的整數倍 ($n\lambda$)，則會產生繞射加強的效果 ($n$ 為級數，$n = 1$ 為 1 級，$n = 2$ 為 2 級…)，繞射公式為 $n\lambda = d \times (\sin\alpha + \sin\beta)$，光柵的解析力公式為 $R = \lambda/\Delta\lambda = nN$，$N$ 光柵上刻痕數，因此單位長度刻痕數越密集解析力越高。

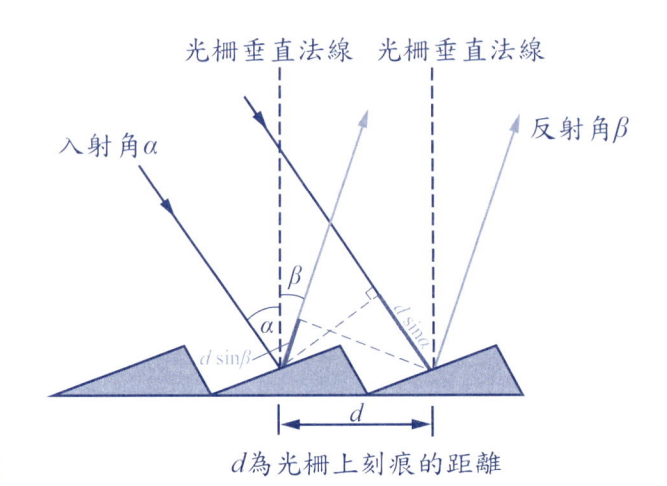

圖 3.8
光柵繞射原理示意圖

d 為光柵上刻痕的距離

光柵利用繞射的原理，旋轉光柵角度將光源之輻射光加以分離，達到選擇單色光 (單一波長) 進行分析的目的，如圖 3.9 為光柵單色器示意圖。

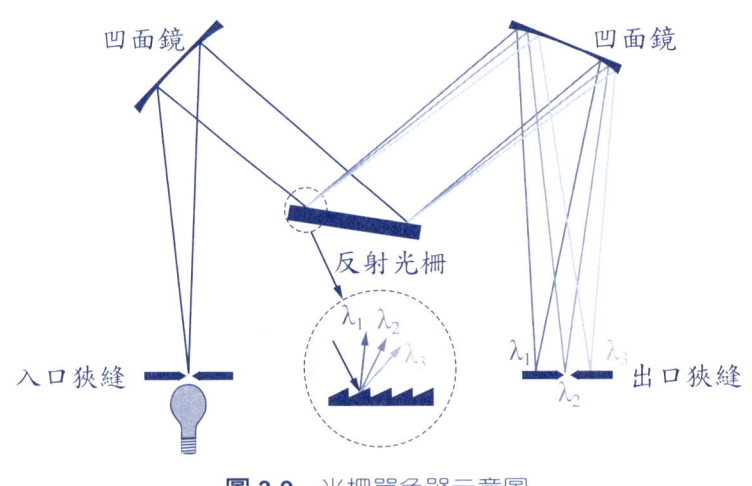

圖 3.9 光柵單色器示意圖

範例

如果要設計一組光柵，使得波長 600 nm 以入射角 = 60°，反射角 = 40°，產生 1 倍波長繞射加強的效果，則此光柵每 1 cm 要規劃幾條刻痕？(lines/cm)

> **解答**
>
> 繞射公式：$n\lambda = d \times (\sin\alpha + \sin\beta)$
>
> $$d = \frac{1 \times 600 \text{ nm}}{\sin(60°) + \sin(-40°)}$$
>
> $d = 2.7 \times 10^{-4}$ cm/line
>
> 此光柵每 1 cm 要規劃刻痕數 $1/d = 1/2.7 \times 10^{-4} = 3721$ lines/cm

(2) 濾光鏡 (filter)

將光源之大部分輻射光加以過濾擋住，讓未過濾之其他單色光通過，稱之為濾光鏡，一般濾光鏡可以分為吸收濾光鏡 (absorption filter) 和干涉濾光鏡 (interference filter)。

(A) 吸收濾光鏡

以可吸收特定波長之顏色玻璃，將光源特定波長之輻射光吸收過濾，讓未過濾之其他單色光通過，吸收濾光鏡有效帶寬 30 nm~250 nm。

(B) 干涉濾光鏡

由二片金屬薄膜玻璃板組成，當通過第一層之金屬薄膜玻璃板之光束，與通過第一層但第二層反射之光束，將會產生干涉破壞而抵消，利用光學干涉原理，產生比吸收濾光鏡更窄的光帶，圖 3.10 為吸收濾光鏡與干涉濾光鏡示意圖。

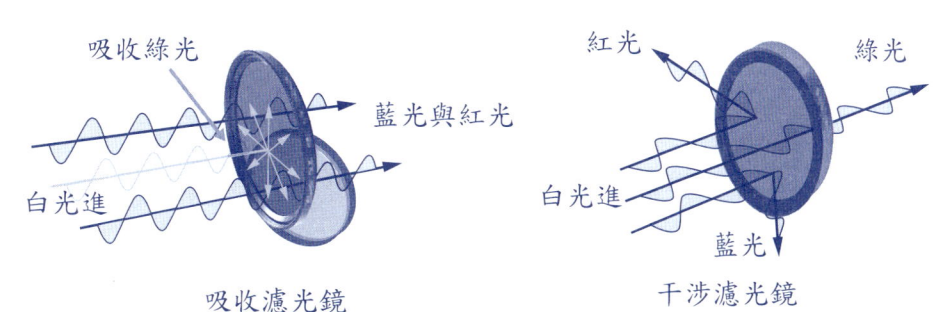

圖 3.10 吸收濾光鏡與干涉濾光鏡示意圖

3. 樣品槽

樣品槽 (sample cell) 必須使用可透過所欲分析光譜區域的材料，表 3.3 為紫外線-可見光光譜儀之各種材質的樣品容器裝置。

表 3.3　各種材質的樣品容器及適用範圍

材質種類	適用範圍
石英或熔融矽	紫外線 (350 nm 以下) 及可見光區
矽酸鹽玻璃	350~2000 μm
塑膠容器	可見光區

4. 偵測器

紫外線-可見光光譜儀之偵測器為光子偵測器 (photo detector)，主要有四種類型：光電池、光電管、光電倍增管與矽二極體偵測器。

(1) 光電池 (photovoltaic cell)

原理：矽有四個價電子，常用於矽的摻雜物有三價與五價的元素。當只有三個價電子的三價元素如硼 (boron) 摻雜至矽半導體中時，硼扮演的即是受體的角色，摻雜了硼的矽半導體就是 P 型半導體。反過來說，如果五價元素如磷 (phosphorus) 摻雜至矽半導體時，磷扮演施體的角色，摻雜磷的矽半導體成為 N 型半導體。

光電池包括一 P-N 半導體夾在兩金屬電極之間，當光子輻射至光電池表面，在半導體表面層電子被提升至傳導帶，達到偵測光子的目的，波長範圍為 150 nm~1000 nm。缺點是感度較低，不易放大輸出訊號，如圖 3.11 為光電池示意圖。

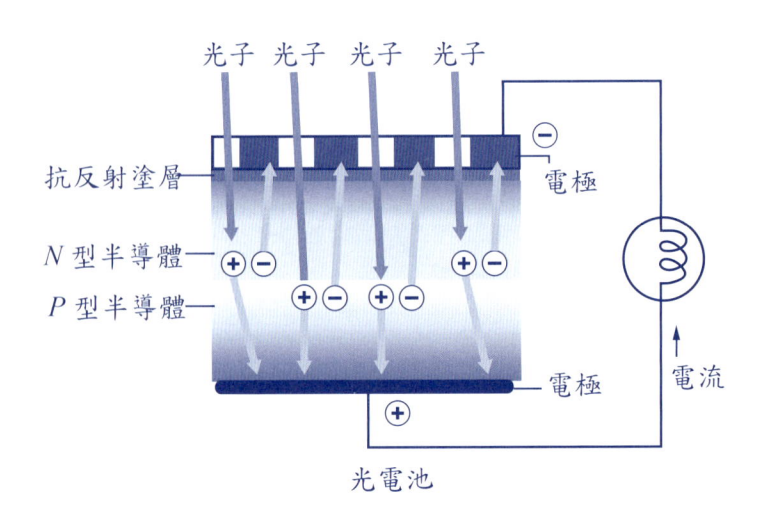

圖 3.11
光電池示意圖

(2) 光電管 (phototube)

原理：陰極表面塗有光電發射物質，當輻射撞擊陰極表面時，電子被激發出來，並加速至陽極，產生的電流正比於輻射功率，波長範圍為 150 nm~1000 nm。優點為高感度且容易放大訊號，缺點當無輻射時仍存在暗電流 (dark current)，如圖 3.12 為光電管示意圖。

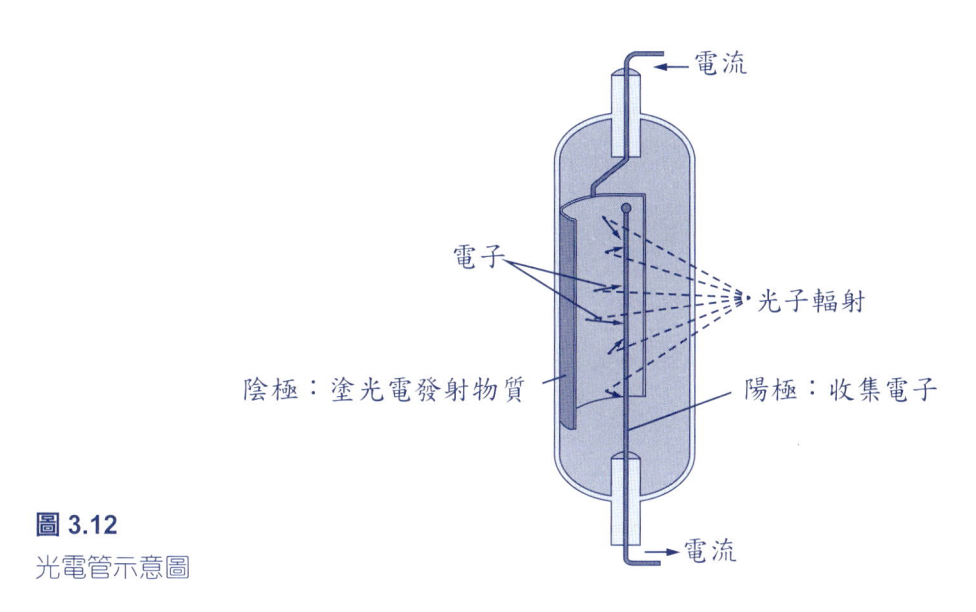

圖 3.12
光電管示意圖

(3) 光電倍增管 (photomultiplier tube, PMT)

原理：陰極表面塗有光電發射物質，光電倍增管內含有很多組的二極管 (dynodes)，當電子撞擊二極管時則產生更多電子，所產生的電子再撞擊下一個二極管再產生更多電子，通常一個光子可產生 10^6~10^7 個電子，波長範圍為 150 nm~1100 nm。優點在四種類型偵測器中感度為最高，高於光電管，容易放大訊號且感應時間快，缺點為容易由熱效應造成暗電流，如圖 3.13 為光電倍增管示意圖。

(4) 矽二極體偵測器 (silica diode detector)

原理：三價元素如硼摻雜至矽半導體中時，為 P 型半導體。五價元素如磷摻雜至矽半導體時，為 N 型半導體。矽二極體偵測器即為一矽片上由逆偏壓 PN 半導體所構成，波長範圍為 150 nm~1000 nm。優點為高感

度，高於光電管，但低於光電倍增管，如圖 3.14 為矽二極體偵測器示意圖。

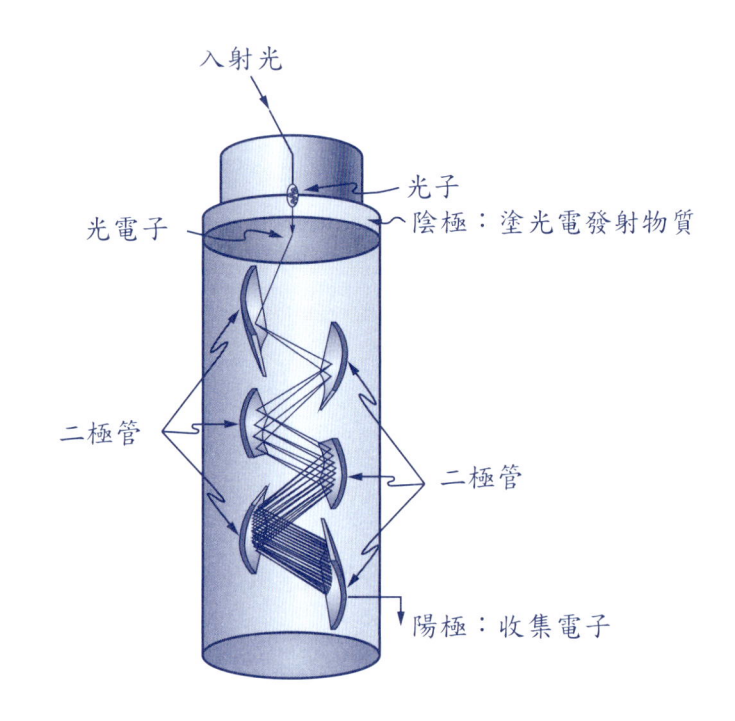

圖 3.13
光電倍增管示意圖

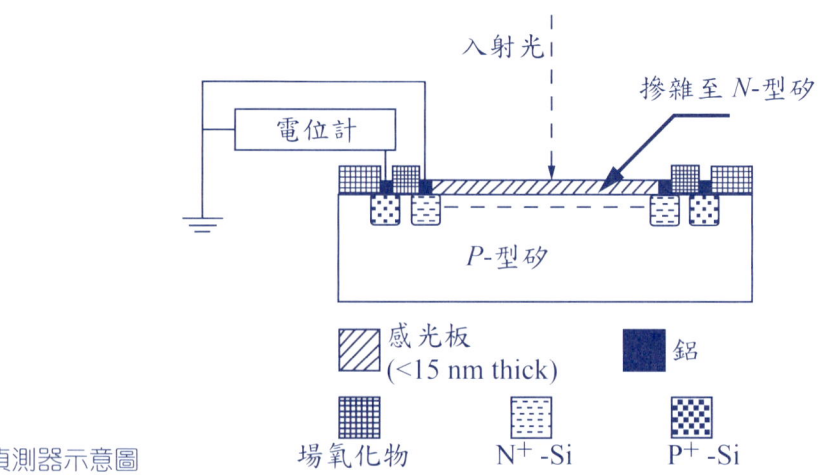

圖 3.14
矽二極體偵測器示意圖

3.3 紫外線-可見光吸收光譜

一般有機化合物分子的紫外線或可見光吸收通常是 σ、π 與 n 電子躍遷，根據波茲曼分布，在室溫下大部分物質粒子是處在最低能量狀態，亦即基態 (ground state)，當輻射通過此物質粒子被吸收時，表示此物質粒子吸收某特定頻率的光子，造成此物質粒子能量由基態提升至激發態 (excited state)，因此紫外線-可見光光譜儀即為在紫外線及可見光波長範圍內，量測某特定頻率的光被物質粒子吸收之情形。

波茲曼分布 (Boltzmann distribution)：各能階在熱平衡狀態下，各能階粒子數目係依據波茲曼定率分布，即

$$\frac{N_i}{N_0} \propto e^{\frac{-\Delta E}{KT}}$$

式中，

N_i：激發態能階的粒子數

N_0：基態能階的粒子數

k：波茲曼常數，1.38×10^{-23} J/K

當輻射通過由分子為介質時，部分頻率的光會被吸收，因為分子除了有電子能階的躍遷之外，尚包括分子之振動能階及轉動能階，所以分子吸收能階之總能量為電子能階加上振動能階及轉動能階。當然電子能階差須符合 $hv = \Delta E$ 及選擇律 (selection rule)，每個電子能階含數個振動能階 (v_0, v_1, v_2, ……, v_n)，而每個振動能階含數個轉動能階。

總能量 (E) = 電子能階 (E_e) + 振動能階 (E_v) + 轉動能階 (E_r)

ΔE_e (電子能階) $>>$ ΔE_v (振動能階) $>$ ΔE_r (轉動能階)

一般而言，可見光吸收與紫外線吸收為電子能階躍遷 ($S_0 \rightarrow S_1$, $S_0 \rightarrow S_2$)，紅外線吸收則為振動能階與轉動能階躍遷。

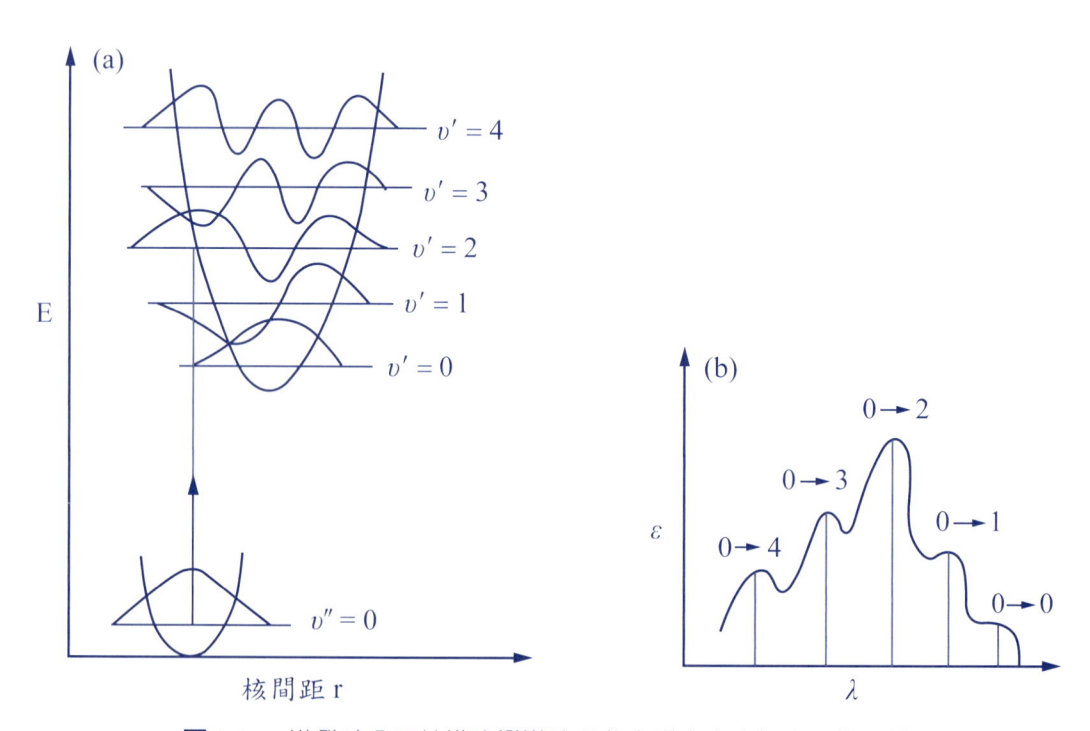

在室溫，大部分的分子處於基態 (S_0) 的最低振動能級 ($v'' = 0$)，當吸收適當的光能後可提升到 S_1 和 S_2 等能量較高的電子激發態的某一個振動能級 ($v' = 0$, 1, 2...)，使得吸收光譜具有振動細微結構 (vibrational fine structure)。通常 $v'' = 0 \rightarrow v' = 0$ 稱為 (0，0) 帶，$v'' = 0 \rightarrow v' = 1$ 稱為 (0，1) 帶，依此類推。量子力學中描述各振動能級間躍遷的機率大小，是取決於各振動能級間波函數 (wave function) 的淨正值重疊 (net positive overlap)，正值重疊積分愈大表示躍遷的機率愈大，也就是此能量的吸收或發光強度愈大，重疊的不佳則表示弱的交互作用及躍遷機率。以圖 3.15 為例，根據弗蘭克－康登 (Franck-Condon) 原理，吸收極大值出現在以基態的 $v'' = 0$ 振動能級垂直躍遷至振動重疊積分最大者的激發態 $v' = 2$。類似的考慮也適用於發光光譜，根據卡莎規則 (Kasha's rule)，由於在凝相中往往在發光前已達熱平衡，所以發光的起始態大多為最低激發態 (low-lying excited state) 的最低振動能級 ($v' = 0$)。

圖 3.15 激發時分子結構改變導致吸收光譜中產生振動細微結構

3.4　紫外線-可見光吸收光譜之影響因素

一般有機化合物分子的紫外線或可見光吸收，通常探討其 $n \to \pi^*$ 與 $\pi \to \pi^*$ 電子躍遷行為。

1. 溶劑對吸收峰波長的影響

分子具有 $\pi \to \pi^*$ 電子躍遷的吸收峰，當溶劑的極性增加時，有增加激發態 π^* 電子的穩定作用，因而躍遷能量減少，表現為吸收帶的紅位移 (red shift 或 bathochromic shift)。

分子具有 $n \to \pi^*$ 電子躍遷的吸收峰，當溶劑的極性增加時，未鍵結電子 (n) 在極性溶劑的溶合作用增加，因而降低未鍵結電子 (n) 的軌域能階，$n \to \pi^*$ 電子躍遷所需能量增加，使得吸收向較短的波長位移，稱之為藍位移 (blue shift 或 hypsochromic shift)。

對於酮類 (n, π^*) 而言，激發時偶極距會有少量減少，預期會有少量的藍移。由於極性溶劑穩定 (π, π^*) 態以及去穩定 (n, π^*) 態，因此，如果分子的 (n, π^*) 及 (π, π^*) 能階相近，有可能會導致能階反轉，如圖 3.16 所示，這也意味著光化學反應途徑有可能利用溶劑的極性變化加以調控。例如 2-naphthaldehyde 及 anthracene-9-carbaldehyde，在乙醇溶劑中 (為 π, π^*) 發螢光，但在庚烷中 (為 n, π^*) 則幾乎不發螢光。

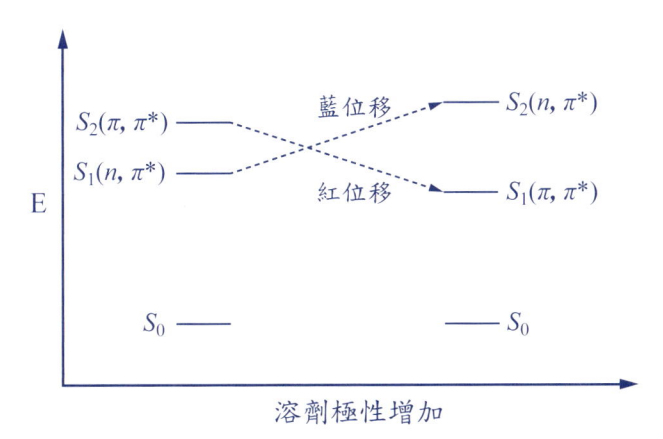

圖 3.16　溶劑極性效應對 (n, π^*) 及 (π, π^*) 態的影響

2. 發色團的共軛效應

由於 π 電子的共軛效應，π 電子活動空間加大而被非定域化 (delocalized)，使得反鍵結 π^* 電子軌域能階下降，造成吸收向較長的波長位移之紅位移。

例子：

⟋⟍⟋⟍，hexa-1,5-diene 有 2 對非共軛之 π 鍵，其最大吸收峰為 λ_{max}^{hexane} = 185 nm。

⟋⟍⟋，buta-1,3-diene 有 2 對共軛之 π 鍵，其最大吸收峰為 λ_{max}^{hexane} = 217 nm。

3. 發色團上官能基的影響

發色團 (chromophore) 上官能基如果有未鍵結電子對參與 π 電子的共軛效應，亦會造成吸收向較長的波長位移之紅位移。

例子：–OH，–OR，–NH$_2$，–NR$_2$。

以 buta-1,3-diene ⟋⟍⟋ λ_{max}^{hexane} = 217 nm，以此當主體架構時，所衍生之 buta-1,3-diene 化合物，λ_{max}^{hexane} = 217 nm 值加上有以下之規則所增加之波長 (nm)，可大約計算估計該化合物之 λ_{max}^{hexane} 值。

(1) 當 ⟋⟍⟋ 是屬於同一環內時：+36 nm。
(2) 當 ⟋⟍⟋ 上有 alkyl group 時：每個 alkyl group + 5 nm。
(3) 環外非共軛雙鍵：每個雙鍵 +5 nm。
(4) 延伸之共軛雙鍵：每個雙鍵 +30 nm。
(5) –OR：+6 nm。
(6) –SR：+30 nm。
(7) –Cl、–Br：+5 nm。
(8) –NR$_2$：+30 nm。

範例

有一結構如下之化合物，請預測在 n-hexane 溶劑可能最大吸收峰 λ_{max}^{hexane} 值。

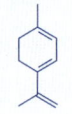

解答

符合 (1) 當 /\/ 是屬於同一環內時：+36 nm。

符合 (2) 當 /\/ 上有 alkyl group 時：
每個 alkyl group + 5 nm，總共有 4 個 alkyl group，即 +(4×5) nm = +20 nm。

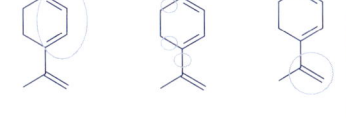

符合 (4) 延伸之共軛雙鍵：每個雙鍵 +30 nm。

因此，該化合物之 λ_{max}^{hexane} 可計算估計為

λ_{max}^{hexane} = 217 nm + 36 nm + 20 nm + 30 nm = 303 nm。

(1)　　(2)　　(4)

至於無機物之紫外線可見光吸收常發生在過渡金屬之 d 與 f 電子軌域的電子躍遷，第 1 與第 2 過渡金屬元素的吸收為 d-d 電子躍遷，鑭系與錒系的吸收為 f-f 電子躍遷，無機物元素含量分析常應用在其錯合離子 (complexion ion) 的「光度滴定分析方法 (spectrophotometric titration method)」。

f-f 電子躍遷因 f 軌域電子不易受分子振動影響，其吸收光譜範圍較窄，d-d 電子躍遷 d 軌域電子容易受分子振動影響，吸收波長受結晶場分裂能量 (10 Dq) 大小的影響，結晶場分裂能量大小依配位基種類而有強、弱場大小之排列，依序為：$I^- < Br^- < Cl^- < F^- < OH^- < C_2O_4^{2-} \sim H_2O < SCN^- < NH_3 <$ 乙二胺 $(C_2H_4(NH_2)_2) <$ 鄰二氮菲 $(C_{12}H_8N_2) < NO_2^- < CN^-$。

例如 Co^{3+} 與 Cl^-、F^-、H_2O、NH_3、乙二胺 (en)、CN^- 分別形成 $[CoCl_6]^{3-}$、$[CoF_6]^{3-}$、$[Co(H_2O)_6]^{3+}$、$[Co(NH_3)_6]^{3+}$、$[Co(en)_6]^{3+}$、$[Co(CN)_6]^{3-}$ 錯合離子，其最大吸收波長依序如下所示。

$[CoCl_6]^{3-}$　　　λ_{max} = 700 nm

$[CoF_6]^{3-}$　　　λ_{max} = 600 nm

$[Co(H_2O)_6]^{3+}$　　　λ_{max} = 540 nm

$[Co(NH_3)_6]^{3+}$　　　λ_{max} = 435 nm

$[Co(en)_6]^{3+}$　　　λ_{max} = 415 nm

$[Co(CN)_6]^{3-}$　　　λ_{max} = 295 nm

3.5 紫外線-可見光吸收光譜之定量分析 – 比爾定律

當特定波長之光束通過一裝有樣品溶液之樣品槽時，其通過樣品槽後之輻射功率 (P) 比原先未通過樣品槽之輻射功率 (P_0) 為低時，此現象稱之為吸收，如圖 3.17 表示。

圖 3.17 特定波長之光束通過一裝有樣品溶液之樣品槽

穿透率 (T) = P/P_0

吸收值 (A) = 光密度 ($O.D.$) = $-\log T = \log(P_0/P)$

$T = 10^{-A}$

P_0：原本光束未通過樣品槽之輻射功率

P：光束通過樣品槽後之輻射功率

在比爾早期的研究中指出單一波長光束之吸收值與通過樣品槽光徑上樣品粒子數成比例關係，以圖 3.18 表示可導出 (3-1) 式。

$$\log \frac{P_0}{P} = \varepsilon bc \tag{3-1}$$

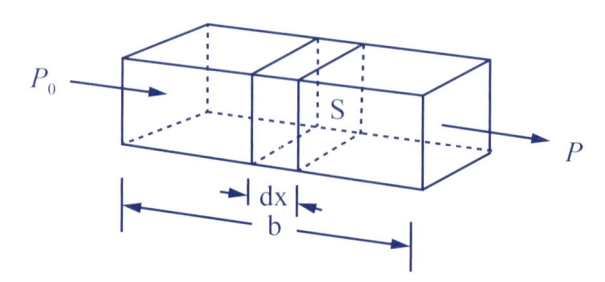

圖 3.18 原本光束未通過樣品槽之輻射功率 (P_0) 通過固定光徑 b 公分之裝有每公升 c 莫耳樣品之樣品槽，光束通過樣品槽後被吸收減為輻射功率 (P)

因此吸光度 $(A) = \log \dfrac{P_0}{P}$ 代入公式 (3-1)。得

$$A = \varepsilon bc \tag{3-2}$$

式中 A：吸光度

ε：莫耳吸光係數 (molar extinction coefficient 或 molar absorptivity)，L mol^{-1} cm^{-1}

b：光束通過樣品槽之光徑長度，cm

c：樣品濃度，mol L^{-1}

公式 (3-2) 的關係式不僅適用於溶液，也適用於氣體及固體。當長度 (b) 固定時，溶液的吸光度直接與樣品濃度 (c) 成正比，此定律稱之為比爾定律，運用此定律之線性關係可作為定量分析。

範例

範例：呋喃 (furan) 最大吸收波長為 250 nm，當光通過裝有 10^{-2} M 呋喃 10 cm 光徑之樣品槽時，有 20% 光子被吸收。請問：

(1) 吸收值 $(A) = ?$
(2) 樣品槽改為 20 cm 光徑，其他條件不變，穿透率 $(T) = ?$ %
(3) 呋喃在 250 nm 波長的莫耳吸光係數 $(\varepsilon) = ?$ L mol^{-1} cm^{-1}

解答

(1) 吸收值 (A)

穿透率 $(T) = P/P_0$

吸收值 $(A) =$ 光密度 $(O.D.) = -\log T = \log(P_0/P)$

$T = 10^{-A}$

20% 光子被吸收，穿透率 $(T) = P/P_0 = 80/100$

吸收值 $(A) = -\log(80/100) = 0.0969 \fallingdotseq 0.1$

(2) 當莫耳吸光係數 (ε) 與樣品濃度 (c) 不變時，吸光度 (A) 正比於樣品槽光徑長度 (b)，即 10 cm 時穿透率 (T) = 80%，吸收值 (A) = 0.1，當改為 20 cm 時，吸收值 (A) = 0.2，穿透率 (T) = 10^{-A} = $10^{-0.2}$ = 63.1%

(3) 呋喃在 250 nm 波長的莫耳吸光係數 (ε)

吸收值 (A) = 0.1

b = 10 cm

$c = 10^{-2}$ M = 10^{-2} mol L^{-1}

$\varepsilon = A/bc = 0.1/(10 \text{ cm} \times 10^{-2} \text{ mol L}^{-1}) = 1$ L mol^{-1} cm^{-1}

3.6 多成分的定量分析

含有一種以上的成分溶液，只要成分彼此不起化學變化，同樣可運用比爾定律進行定量分析，即總吸光度 (A_{total}) = 各成分吸光度 (A_1、$_2$、$_3$、…$_n$) 之加總，以公式 (3-3) 表示。

$$A_{\text{total}} = A_1 + A_2 + A_3 + \cdots\cdots + A_n$$
$$= \varepsilon_1 bc_1 + \varepsilon_2 bc_2 + \varepsilon_3 bc_3 + \cdots\cdots + \varepsilon_n bc_n \quad (3\text{-}3)$$

其中下標代表成分 1、成分 2、成分 3、……、成分 n。

現有兩種成分 M 及 N，單獨配製成待測樣品溶液，其中，M 成分溶液濃度為 C_M，其最大吸收峰之波長為 λ_1，N 成分溶液濃度為 C_N，其最大吸收峰之波長為 λ_2，若是將此兩種成分藥品 M 及 N 混合配製成待測樣品溶液，其濃度亦分別為 C_M、C_N，則其總吸光度 (A_{total}) 遵守比爾定律 $A_{\text{total}} = A_M + A_N = \varepsilon_M bc_M + \varepsilon_N bc_N$，其吸收光譜為成分 M 及 N 的光譜之加總，如圖 3.19 所示。

第三章 紫外光-可見光光譜法

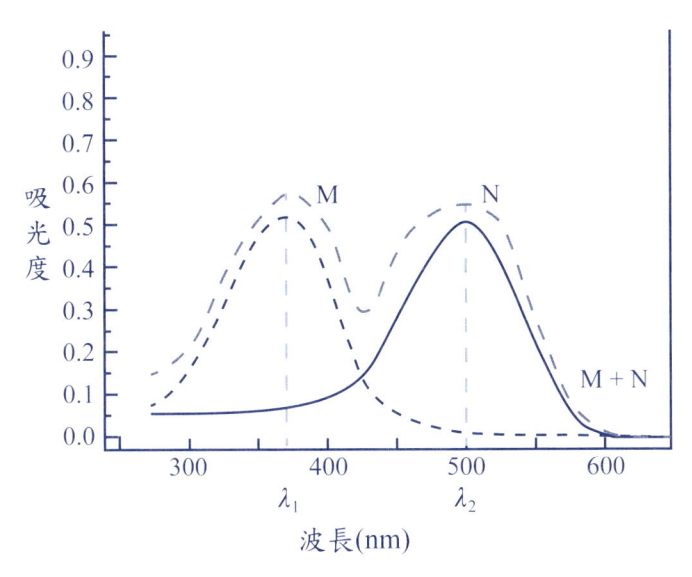

圖 3.19 吸收光譜為成分 M 及 N 的光譜之加總

範例

鈷和鎳可與 2,3-quinoxalinedithiol 形成錯合物,並吸收可見光,在 505 nm 其個別錯合物的莫耳吸光係數 ε,鈷錯合物 $\varepsilon_{\text{Co-complex}} = 3.6 \times 10^4$ Lmol^{-1} cm^{-1} 與鎳錯合物 $\varepsilon_{\text{Ni-complex}} = 5.6 \times 10^3$ Lmol^{-1} cm^{-1},及在 645 nm 其鈷錯合物 $\varepsilon_{\text{Co-complex}} = 1.2 \times 10^3$ Lmol^{-1} cm^{-1} 與鎳錯合物 $\varepsilon_{\text{Ni-complex}} = 1.8 \times 10^4$ Lmol^{-1} cm^{-1}。現有固態樣品 0.5g,完全溶解於含 2,3-quinoxalinedithiol (1.0×10^{-3} M) 之 100 mL 溶劑中,將此溶液置於 1.0 cm 光徑樣品槽中,在 505 nm 下測得吸光度為 0.5,在 645 nm 下測得吸光度為 0.3,鈷原子量 58.93 g/mol,鎳原子量 58.69 g/mol,請問此固態樣品中所含鈷和鎳之重量百分比各為多少?

解答

含有一種以上的成分溶液,只要成分彼此不起化學變化,同樣可運用比爾定律進行定量分析,即總吸光度 (A_{total}) = 各成分吸光度 (A_1、$_2$、$_3$、$\ldots_n$) 之加總。

$$A_{\text{total}} = A_1 + A_2 + A_3 + \cdots\cdots + A_n$$
$$= \varepsilon_1 b c_1 + \varepsilon_2 b c_2 + \varepsilon_3 b c_3 + \cdots\cdots + \varepsilon_n b c_n$$

假設此 100 mL 溶液中，鈷濃度為 C_{Co}，鎳濃度為 C_{Ni}。

$$0.5 = 3.6 \times 10^4 \times C_{Co} + 5.6 \times 10^3 \times C_{Ni} \tag{1}$$

$$0.3 = 1.2 \times 10^3 \times C_{Co} + 1.8 \times 10^4 \times C_{Ni} \tag{2}$$

由 (1)、(2) 解聯立方程式，可得

$$C_{Co} = 1.1 \times 10^{-5} \text{ M}$$

$$C_{Ni} = 1.6 \times 10^{-5} \text{ M}$$

固態樣品中所含鈷之重量百分比
= $(1.1 \times 10^{-5} \text{ mol/L}) \times (0.1 \text{ L}) \times (58.93 \text{ g/mol})/(0.5 \text{ g 樣品}) = 0.01\%$

固態樣品中所含鎳之重量百分比
= $(1.6 \times 10^{-5} \text{ mol/L}) \times (0.1 \text{ L}) \times (58.69 \text{ g/mol})/(0.5 \text{ g 樣品}) = 0.02\%$

範例

有一指示劑 (HIn) 在波長 550 nm 之莫耳吸光係數 $\varepsilon_{HIn(550\ nm)}$ 為 5×10^2 Lmol^{-1} cm^{-1}，HIn 在波長 650 nm 之莫耳吸光係數 $\varepsilon_{HIn(650\ nm)}$ 為 1×10^4 Lmol^{-1} cm^{-1}，其共軛鹼 (In$^-$) 在波長 550 nm 之莫耳吸光係數 $\varepsilon_{In^-(550\ nm)}$ 為 5×10^4 Lmol^{-1} cm^{-1}，In$^-$ 在波長 650 nm 之莫耳吸光係數 $\varepsilon_{In^-(650\ nm)}$ 為 1×10^1 Lmol^{-1} cm^{-1}。指示劑 (HIn) 的酸解離常數 (Ka) 為 2×10^{-5}，請問當指示劑 (HIn) 總濃度為 1×10^{-5} M 時，於 1 cm 樣品槽，在波長 550 nm 之吸光度為？在波長 650 nm 之吸光度為？

解答

$\text{HIn} \rightleftharpoons \text{H}^+ + \text{In}^-$

$[\text{HIn}] + [\text{In}^-] = 1 \times 10^{-5}$ M

$Ka = \dfrac{[\text{H}^+][\text{In}^-]}{[\text{HIn}]} = 2 \times 10^{-5}$

$[\text{H}^+] = [\text{In}^-]$

$$\frac{[\text{In}^-]^2}{(1\times 10^{-5} - [\text{In}^-])} = 2\times 10^{-5}$$

$$[\text{In}^-]^2 + 2\times 10^{-5}[\text{In}^-] - 2\times 10^{-10} = 0$$

$$[\text{In}^-] = 7.3 \times 10^{-6}$$

$$[\text{HIn}] = 1\times 10^{-5} - 7.3\times 10^{-6} = 2.7\times 10^{-6}$$

在波長 550 nm 之吸光度

$$\begin{aligned}A_{550\text{ nm}} &= \varepsilon_{\text{HIn}(550\text{ nm})} \times 1 \times C_{\text{HIn}} + \varepsilon_{\text{In}^-(550\text{ nm})} \times 1 \times C_{\text{In}^-}\\ &= 5\times 10^2 \times 2.7\times 10^{-6} + 5\times 10^4 \times 7.3\times 10^{-6}\\ &= 0.366\end{aligned}$$

在波長 650 nm 之吸光度

$$\begin{aligned}A_{650\text{ nm}} &= \varepsilon_{\text{HIn}(650\text{ nm})} \times 1 \times C_{\text{HIn}} + \varepsilon_{\text{In}^-(650\text{ nm})} \times 1 \times C_{\text{In}^-}\\ &= 1\times 10^4 \times 2.7\times 10^{-6} + 1\times 10^1 \times 7.3\times 10^{-6}\\ &= 0.027\end{aligned}$$

3.7 定量分析方法

光譜的定量分析方法有校正曲線法、標準添加法及內標準法，分別說明如下。

1. 校正曲線法 (calibration curve method)

製備一系列濃度遞增的標準溶液，然後量測此一系列濃度標準溶液之個別吸光度值，繪製濃度及其對應吸光度值之工作曲線 (working curve)，取其線性迴歸後，可得一校正曲線 (calibration curve)。接著量測未知濃度樣品之吸光度值，內插於此校正曲線即可得知樣品之濃度值，如果樣品之濃度值需要外插才能得到，則須重新製備標準溶液使其符合使用內插方式得到樣品之濃度值。考

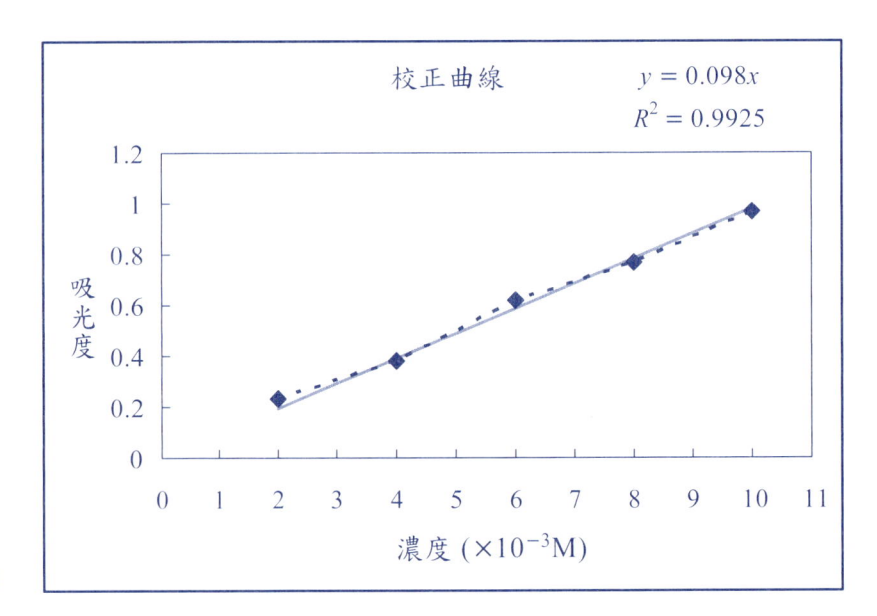

圖 3.20
校正曲線

慮樣品基質互相匹配 (或相當) 當作標準溶液之基質，或者量測樣品基質的吸光度值，以減少樣品基質的干擾所造成之誤差。

例如製備一系列濃度分別為 (1) 2×10^{-3} M (2) 4×10^{-3} M (3) 6×10^{-3} M (4) 8×10^{-3} M (5) 10×10^{-3} M 標準溶液，經測得分別對應之吸光度值為 (1) 0.23 (2) 0.38 (3) 0.62 (4) 0.77 (5) 0.97，定義濃度值為 x，吸光度值為 y，可繪製濃度及其對應吸光度值之工作曲線，取其線性迴歸後，可得一校正曲線，及其線性方程式 $y = 0.098x$，與迴歸可解釋變異量比 R^2 值，R^2 值越接近 1.0，各組 (x, y) 越接近線性相關，即當 x 值遞增時，y 值亦會以線性比例遞增，如圖 3.20 所示。

2. 標準添加法

使用**標準添加法** (standard addition method) 必須遵守比爾定律，添加一系列濃度遞增的標準溶液於樣品分析物中，然後量測各溶液的吸光度，將稀釋標準溶液濃度對加入標準物之後的吸光度作圖，外插至 x 軸，所得 x 絕對值即為樣品分析物稀釋後的濃度。

未添加標準物時，其吸光度值為

$$A_x = \varepsilon b C_x$$

添加標準物後，其吸光度值為

$$A_t = \varepsilon b(C_x + C_s)$$

其中 C_x 及 C_s 是樣品加入標準物之前與之後的稀釋濃度，A_x 及 A_t 是樣品加入標準物之前與之後的吸光度，將上述兩式相除，即可得到

$$C_x = (A_x C_s)/(A_t - A_x)$$

將稀釋標準溶液濃度 (C_s) 對加入標準物之後的吸光度 (A_t) 作圖，再外插至 x 軸，亦即 $A_t = 0$ 時，$C_x = (A_x C_s)/(A_t - A_x)$ 變為 $C_x = -C_s$，所得 x 絕對值 ($|-C_s|$) 即為樣品分析物稀釋後的濃度。

例如添加一系列濃度 (1) 2×10^{-3} M (2) 4×10^{-3} M (3) 6×10^{-3} M (4) 8×10^{-3} M (5) 10×10^{-3} M 標準溶液與樣品分析溶液等體積比 (v/v = 1:1) 混合，即 C_s 稀釋濃度 (稀釋 2 倍) 為 (1) 1×10^{-3} M (2) 2×10^{-3} M (3) 3×10^{-3} M (4) 4×10^{-3} M (5) 5×10^{-3} M，經測得加入標準物之後的吸光度為 (1) 0.31 (2) 0.39 (3) 0.51 (4) 0.58 (5) 0.68，定義濃度值為 x，吸光度值為 y，可繪製濃度及其對應吸光度值之工作曲線，取其線性迴歸後，外插至 x 軸，所得 x 絕對值即為樣品分析物稀釋後的濃度 (約為 2.3×10^{-3} M)，樣品分析物濃度為 $2.3 \times 10^{-3} \times 2 = 4.6 \times 10^{-3}$ M，如圖 3.21 所示。

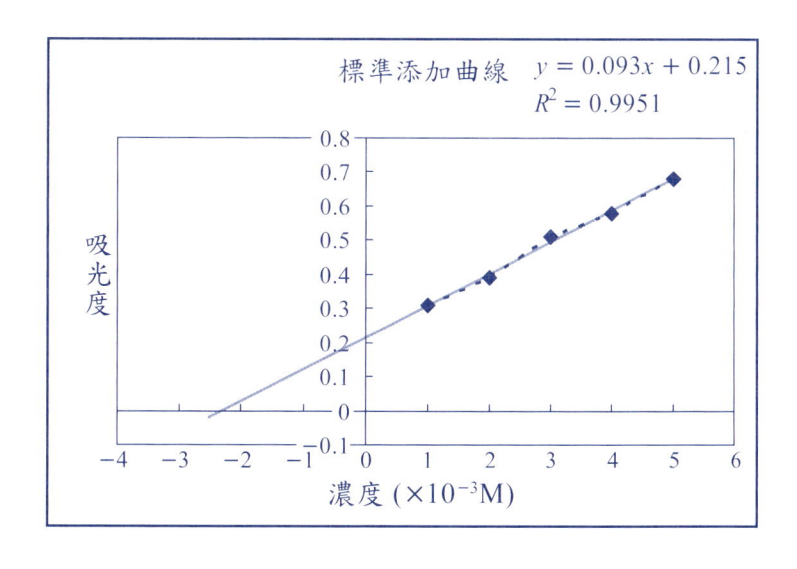

圖 3.21
標準添加曲線

範例

今將樣品含未知濃度鐵試液，固定 10 mL 分別加入 5 個 50 mL 空容器中，再將不同體積 0.0 mL、10.0 mL、20.0 mL、30.0 mL、40.0 mL 之鐵標準試液 (10 ppm) 分別加入此 5 個 50 mL 容器中 (每個容器含 10 mL 未知濃度鐵試液)，每個容器最後稀釋至 50 mL，以 580 nm 量測此 5 種溶液之吸光度分別為 0.197、0.301、0.395、0.505、0.596，試問此樣品含鐵濃度為多少 ppm ？

解答

添加 0.0 mL 鐵標準試液 (10 ppm)：

$$濃度為\ 10\,ppm \times \left(\frac{0.0\,mL}{50\,mL}\right) = 0.0\,ppm\ ，A = 0.197$$

添加 10.0 mL 鐵標準試液 (10 ppm)：

$$濃度為\ 10\,ppm \times \left(\frac{10.0\,mL}{50\,mL}\right) = 2.0\,ppm\ ，A = 0.301$$

添加 20.0 mL、30.0 mL、40.0 mL 鐵標準試液 (10 ppm)：依照上面的計算，濃度分別為 4.0 ppm、6.0 ppm、8.0 ppm。

將稀釋標準溶液濃度 (C_s) 對加入標準物之後的吸光度 (A_t) 作圖，再外插至 x 軸，亦即 $C_x = -C_s$，所得 x 絕對值 ($|-C_s|$) 即為樣品分析物稀釋後的濃度。
$C_x = 4.0$ ppm

$$原本樣品含鐵濃度 = 4.0\,ppm \times \left(\frac{50.0\,mL}{50\,mL}\right) = 20.0\,ppm$$

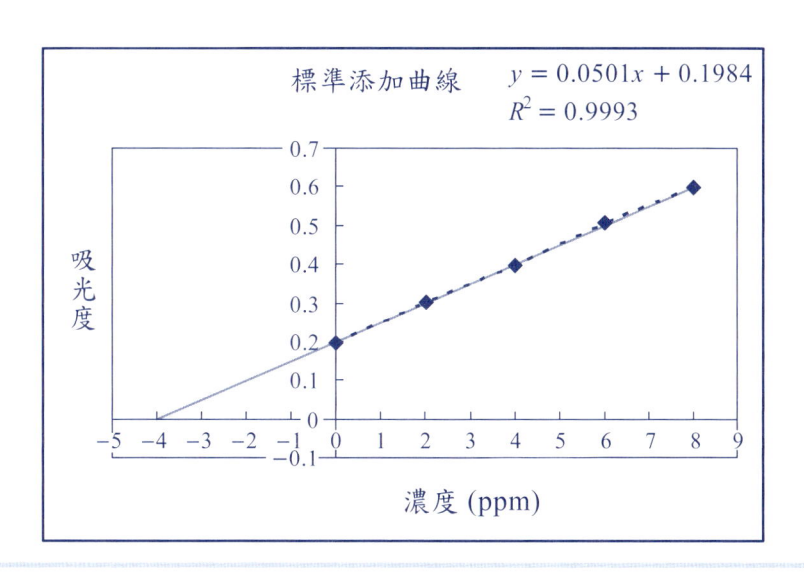

標準添加曲線　　$y = 0.0501x + 0.1984$
　　　　　　　　$R^2 = 0.9993$

3. 內標準法 (internal standard method)

　　為了降低因為實驗條件變化所產生之誤差，在樣品、標準品和空白試樣中添加已知量之標準物質 (內標準)，此標準物質 (內標準) 須不同於樣品、標準品之成分，同時量測樣品分析物及標準品的訊號或積分值，其原理是添加已知量標準物質的樣品溶液，或者添加已知量標準物質的標準品溶液，當樣品溶液或標準品溶液在分析時產生體積損失，或產生濃度改變時，已知量之標準物質(內標準) 的損失或濃度亦會跟著改變，利用內標準法就可降低此一方面之誤差，計算方式如下。

$$\frac{C_x / C_i}{C_s / C_i} = \frac{A_x / A_i}{A_s / A_i}$$

樣品、內標準、標準品之濃度分別為 C_x、C_i、C_s。

樣品、內標準、標準品之吸光度值分別為 A_x、A_i、A_s。

3.8 光度滴定分析方法

被滴定物、生成物及滴定劑三者之中,至少必須有一種能在選定特定波長下吸收輻射,利用光度測量或分光光度測量可分析樣品溶液吸光度的變化,以定出滴定當量點 (equivalent point),此一當量點係反應物或生成物濃度發生變化的位置,由「吸光度」及「滴定劑之滴定體積」作圖,可得「光度滴定曲線」,而曲線圖中之折點即為滴定當量點。

光度滴定曲線圖通常至少包含兩條斜率不同的直線,一條由起點開始,一條則位於當量點之後,兩條斜率不同直線的延長線交叉點,所對應滴定劑之滴定體積即為「終點」。

例如:以 EDTA 滴定含有 Bi(III) 及 Cu(II) 的樣品溶液,以波長 745 nm 光度測量滴定時之吸光度變化,因為 Bi^{3+} 與 EDTA 形成之錯合物較 Cu^{2+} 與 EDTA 形成之錯合物穩定 (比較形成常數 K_f 大小),圖 3.22 為含 Bi(III)、Cu(II) 樣品溶液,波長 745 nm 之 EDTA 光度滴定曲線。在 Bi 終點之前,滴定劑 EDTA 先與 Bi^{3+} 作用形成錯合物,此時在 745 nm 莫耳吸光係數 $\varepsilon_{Bi^{3+}} = \varepsilon_{Cu^{2+}} = \varepsilon_{EDTA} = \varepsilon_{EDTA-Bi} = 0$,因此 745 nm 無吸收,直至 Bi^{3+} 耗盡,在 Bi 終點之後,加入的 EDTA 與 Cu^{2+} 形成錯合物,且在 745 nm 有吸收,$\varepsilon_{EDTA-Cu} > 0$,所以光度測量隨著滴定過程,吸光度隨著錯合物濃度增加而增加,直至所有的 Cu^{2+} 皆與 EDTA 形成錯合物。

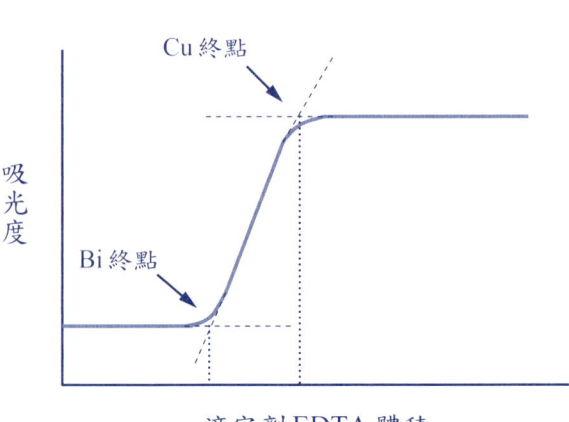

圖 3.22
含 Bi(III)、Cu(II) 樣品溶液,波長 745 nm 之 EDTA 光度滴定曲線

範例

釷 (Th) 和銅 (Cu) 可用 EDTA 以光度滴定定量 ($\log K_{ThY} = 23.2$，$\log K_{CuY^{2-}} = 18.8$)。

以濃度 0.1 M 滴定劑 EDTA 在波長 625 nm 光度滴定含有 Th^{4+} 和 Cu^{2+} 離子之某樣品，只有 CuY^{2-} 錯合離子在波長 625 nm 有吸收，測其吸光度所得結果如下：

EDTA (mL)	2.00	6.00	8.00	12.00	14.00	16.00	18.00	20.00	22.00	26.00	28.00	30.00
吸光度 (A)	0.050	0.050	0.050	0.100	0.150	0.200	0.250	0.300	0.350	0.360	0.360	0.360

試問此樣品中釷 (Th) 和銅 (Cu) 各含多少毫克 (mg)？(原子量 Cu = 63.54，Th = 232.04)

解答

因為 Th 與 EDTA 形成之錯合物較 Cu 與 EDTA 形成之錯合物穩定 (比較形成常數 K_f 大小，$\log K_{ThY} = 23.2$，$\log K_{CuY^{2-}} = 18.8$)，在 Th 終點之前，滴定劑 EDTA 先與 Th 作用形成錯合物，此時 $\varepsilon_{Th} = \varepsilon_{Cu} = \varepsilon_{EDTA} = \varepsilon_{EDTA-Th} = 0$，直至 Th 耗盡，之後加入的 EDTA 與 Cu 形成錯合物，$\varepsilon_{EDTA-Cu} > 0$，吸光度隨著錯合物濃度增加而增加，直至所有的 Cu 皆與 EDTA 形成錯合物。

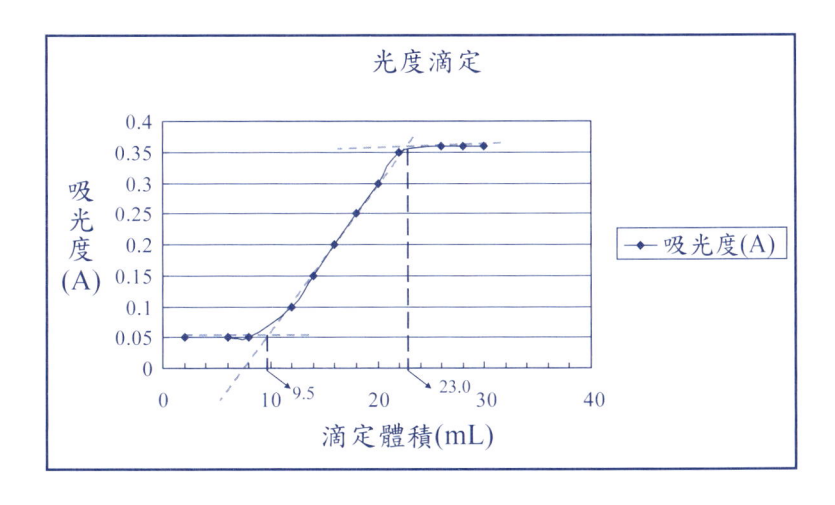

光度滴定

樣品中釷 (Th) 含量 $= 9.5 \times 0.1 \times 232.04 = 220.438$ mg

樣品中銅 (Cu) 含量 $= (23.0-9.5) \times 0.1 \times 63.54 = 85.779$ mg

常見的六種光度滴定曲線類型，如圖 3.23 至圖 3.28 所示：

1. 只有滴定劑吸收光 ($\varepsilon_{滴定劑} > 0$)，反應物及產物不吸收光 ($\varepsilon_{反應物} = \varepsilon_{產物} = 0$)。例如：以 Br_2 滴定 As(III)。

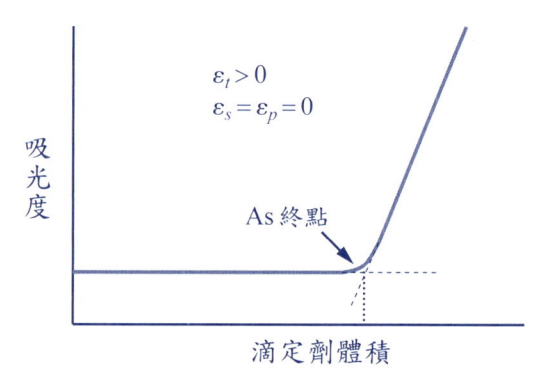

圖 3.23 含 As(III) 樣品溶液之 Br_2 光度滴定曲線

2. 只有產物吸收光 ($\varepsilon_{產物} > 0$)，反應物及滴定劑不吸收光 ($\varepsilon_{反應物} = \varepsilon_{滴定劑} = 0$)。例如：以 EDTA 滴定 Cu(II)。

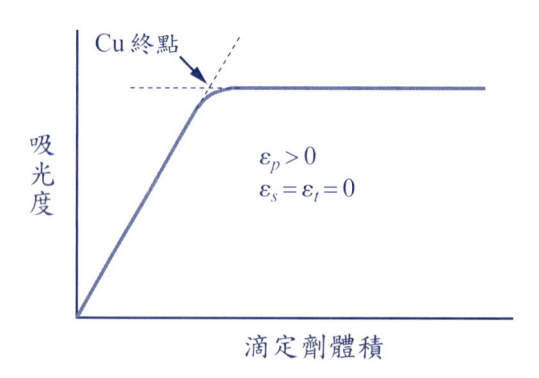

圖 3.24 含 Cu(II) 樣品溶液之 EDTA 光度滴定曲線

3. 只有反應物吸收光 ($\varepsilon_{反應物} > 0$)，滴定劑及產物不吸收光 ($\varepsilon_{滴定劑} = \varepsilon_{產物} = 0$)。

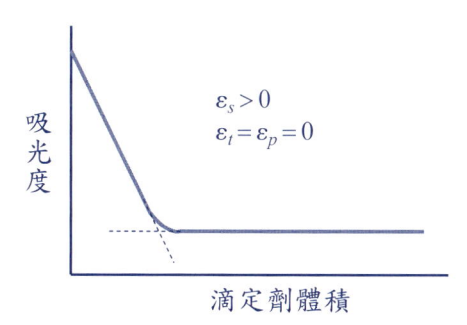

圖 3.25　只有反應物吸收之光度滴定曲線

4. 反應物不吸收光 ($\varepsilon_{反應物} = 0$)，滴定劑及產物吸收光 ($\varepsilon_{滴定劑} > 0$，$\varepsilon_{產物} > 0$)，此時有二種可能：(A) $\varepsilon_{滴定劑} > \varepsilon_{產物} > 0$，(B) $\varepsilon_{產物} > \varepsilon_{滴定劑} > 0$。

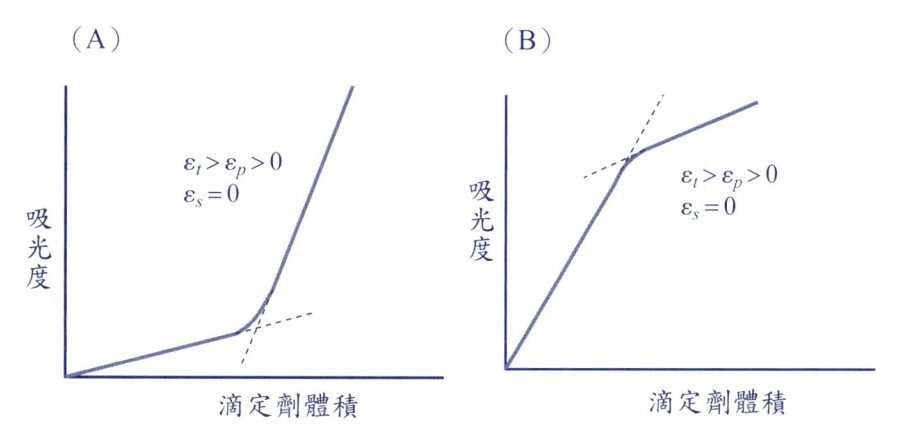

圖 3.26　反應物不吸收光，滴定劑及產物吸收光之光度滴定曲線

5. 產物不吸收光 ($\varepsilon_{產物} = 0$)，反應物及滴定劑吸收光 ($\varepsilon_{反應物} > 0$，$\varepsilon_{滴定劑} > 0$)，此時有二種可能：(A) $\varepsilon_{反應物} > \varepsilon_{滴定劑} > 0$，(B) $\varepsilon_{滴定劑} > \varepsilon_{反應物} > 0$。

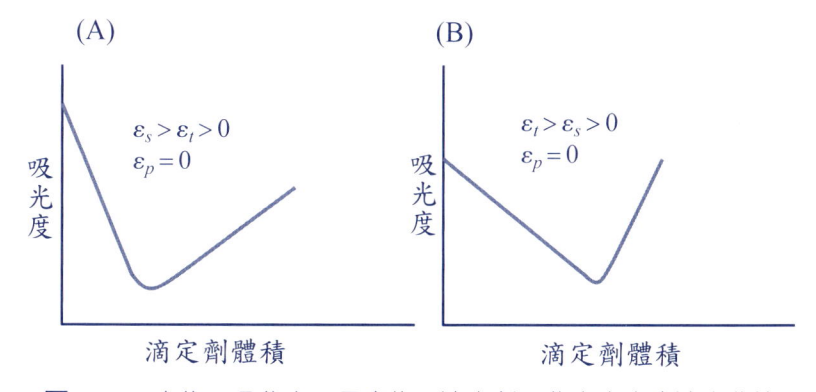

圖 3.27　產物不吸收光，反應物及滴定劑吸收光之光度滴定曲線

6. 可能是金屬離子 (M) 與滴定劑 (L) 形成二種以上的金屬錯合物 (ML + ML$_2$)，$\varepsilon_M = \varepsilon_L = \varepsilon_{ML_2} = 0$，$\varepsilon_{ML} > 0$，此時吸光度值會有一最高點，如圖 3.28 所示。例如：$M + L \rightarrow ML$，$ML + L \rightarrow ML_2$。

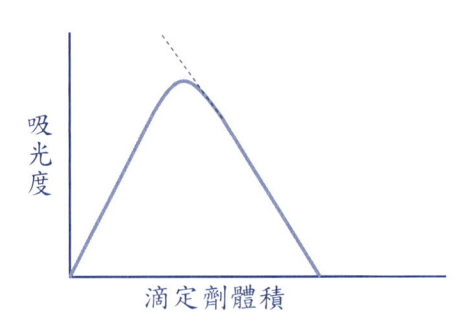

圖 3.28 形成 2 種以上金屬錯合物之光度滴定曲線

利用光度滴定分析方法可決定錯合物的組成，最常使用的方法有二種：**莫耳比法** (the mole-ratio method)、**連續變化法** (the method of continuous variation) 亦稱賈伯斯法 (Job's method)。

1. 莫耳比法

考慮金屬離子 M 與配位基 L 的反應 $xM + yL \rightleftharpoons M_xL_y$。

將金屬離子 M 濃度 (C_M) 固定，改變配位基的濃度 (C_L)，將每一種配位基的濃度 (C_L) 對固定金屬離子 M 濃度 (C_M) 比值對所量測對應之吸光度作圖，其折點可視為形成每單位金屬離子 M 形成錯合物可結合之最大配位基數目。

即在折點位置時，相當於莫耳比 (y/x)：

配位基濃度 (C_L) ／金屬離子 M 濃度 (C_M) ＝ 配位基數 (y) ／金屬離子數 (x)

範例

金屬離子 M 濃度固定為 1×10^{-4} M，逐步增加配位基 L 濃度並測其吸光度，另一實驗中金屬離子 N 濃度亦固定為 1×10^{-4} M，逐步增加配位基 L 濃度並測其吸光度，綜合如下表所示，求此金屬離子錯合物之組成 M_xL_y 及 $N_{x'}L_{y'}$？

第三章　紫外光-可見光光譜法

配位基 L 濃度 (M)	MxLy 錯合物吸光度	Nx'Ly' 錯合物吸光度
0	0.4	0
1.5×10^{-5}	0.5	0.05
3.0×10^{-5}	0.6	0.075
5.0×10^{-5}	0.7	0.14
7.0×10^{-5}	0.8	0.19
8.5×10^{-5}	0.9	0.25
1.0×10^{-4}	0.95	0.3
1.2×10^{-4}	1	0.35
1.8×10^{-4}	1	0.5
2.0×10^{-4}	1	0.55
2.2×10^{-4}	1	0.6
3.0×10^{-4}	1	0.65
4.0×10^{-4}	1	0.7

解答

將上述之表格「配位基 L 濃度」轉換成「配位基濃度 (C_L) / 金屬離子 M 濃度 (C_M)」，並對吸光度作圖，如下所示。

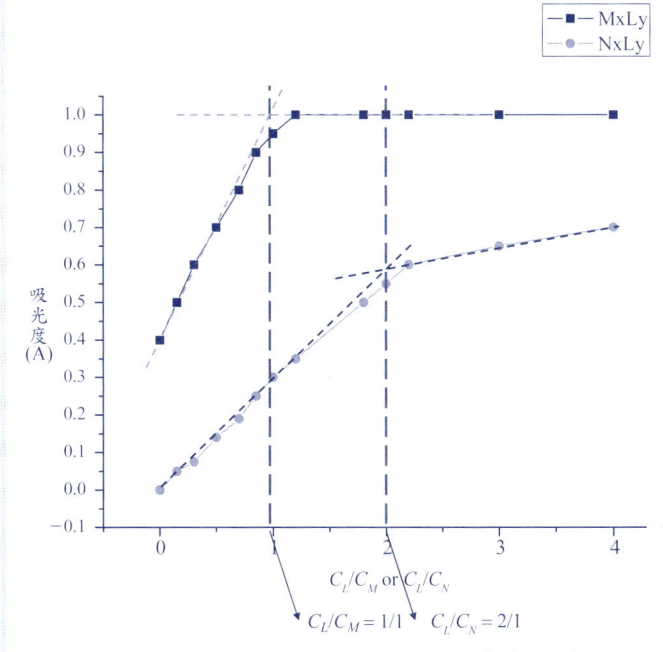

$(C_L)/(C_M)$ 或 $(C_L)/(C_N)$	MxLy 錯合物吸光度	Nx'Ly' 錯合物吸光度
0	0.4	0
0.15	0.5	0.05
0.30	0.6	0.075
0.50	0.7	0.14
0.70	0.8	0.19
0.85	0.9	0.25
1.00	0.95	0.3
1.20	1	0.35
1.80	1	0.5
2.00	1	0.55
2.20	1	0.6
3.00	1	0.65
4.00	1	0.7

C_L/C_M or C_L/C_N

$C_L/C_M = 1/1$　$C_L/C_N = 2/1$

由圖中折點位置得知，二種金屬錯合物組成分別為 ML 及 NL_2。

2. 連續變化法

連續變化法亦稱賈伯斯法 (Job's method)，考慮金屬離子 M 與配位基 L 的反應 $xM + yL \rightleftharpoons M_xL_y$。

將金屬離子 M 與配位基 L 的總濃度 (C_M+C_L) 固定，改變配位基的濃度 (C_L)，將每一種配位基的濃度 (C_L) 對總濃度 (C_M+C_L) 比值對所量測對應之吸光度作圖，其折點可視為形成每單位金屬離子 M 形成錯合物可結合之最大配位基數目。

即在折點位置時，相當於配位基 L 的莫耳分率 $(y/(x+y))$：

配位基濃度 (C_L) / 總濃度 (C_M+C_L)
= 配位基數 (y) / (金屬離子數 (x) + 配位基數 (y))

範例

金屬離子 M 與配位基 L 的總濃度 (C_M+C_L) 固定為 $2\times10^{-4}M$，逐步增加配位基 L 濃度並測其吸光度，如下表所示，求此金屬離子錯合物之組成 M_xL_y？

配位基 L 濃度 ($\times10^{-4}$M)	0.00	0.20	0.40	0.60	0.80	1.00	1.20	1.40	1.60	1.80	2.00
M_xL_y 錯合物吸光度	0.000	0.111	0.222	0.333	0.444	0.555	0.666	0.760	0.555	0.222	0.000

解答

將上述之表格「配位基 L 濃度」轉換成「配位基 L 的莫耳分率 $(y/(x+y))$」，並對吸光度作圖，如下所示。

配位基 L 的莫耳分率 $(y/(x+y))$	0.00	0.10	0.20	0.30	0.40	0.50	0.60	0.70	0.80	0.90	1.00
M_xL_y 錯合物吸光度	0.000	0.111	0.222	0.333	0.444	0.555	0.666	0.760	0.555	0.222	0.000

$$\frac{[L]}{[M]+[L]} = 0.75$$

$[L] = 3[M]$

所以此金屬離子錯合物之組成為 ML_3

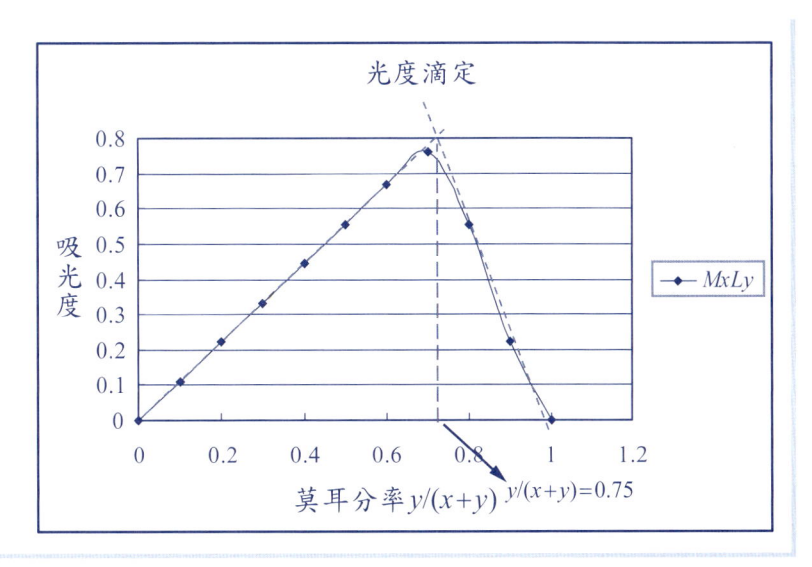

光度滴定

吸光度 vs 莫耳分率 $y/(x+y)$，$y/(x+y)=0.75$，曲線標示為 M_xL_y

參考資料

1. *Principles of photochemistry*. J.A.Barltrop, Oxford University, J.D.Coyle, The Open University, Milton Keynes.
2. 最新儀器分析總整理，何雍編著，鼎茂圖書出版股份有限公司。

本章重點

1. 電磁輻射是一種兼具電場與磁場的能量，在空間中以光速前進。依量子理論，電磁輻射是由光子形成，光子兼具粒子與波動的雙重性，電磁波前進方向(X軸)與磁場(Y軸)及電場(Z軸)互相垂直，由蒲朗克－愛因斯坦方程式，得知電磁輻射光子能量與其波長頻率之間的關係為 $E = h\nu = hc/\lambda = hc\bar{\nu}$。

2. 紫外線光譜波長範圍為 100 nm~400 nm，可見光光譜波長範圍為 400 nm~800 nm。分子吸收紫外線或可見光的能量之後，使得分子的價電子躍遷而造成電子能量的改變，產生激發態之分子，亦即電子能階躍遷 ($S_0 \to S_1$，$S_0 \to S_2$，$\cdots S_0 \to S_n$)，再由高能階 (S_n) 經過緩解過程回到基態分子 (S_0)。紫外線或可見光的吸收通常是由於鍵結電子的激發作用，因此吸

收峰的波長與分子的鍵結型態有關。。

3. 紫外線-可見光光譜儀主要有三種設計模式：單光束分光光度計、雙光束分光光度計與二極體陣列式分光光度計。雖然有三種組合模式，分析原理是相同的，即進入樣品槽之入射光與通過樣品槽之輻射光皆在同一方向且相同的一直線光徑上，偵測器是用來量測樣品吸收來自波長選擇器篩選之輻射量所衰減之情形。

4. 總能量 (E) = 電子能階 (E_e) + 振動能階 (E_v) + 轉動能階 (E_r)，ΔE_e (電子能階) >> ΔE_v (振動能階) > ΔE_r (轉動能階)，一般而言，可見光吸收與紫外線吸收為電子能階躍遷 ($S_0 \rightarrow S_1$，$S_0 \rightarrow S_2$)，紅外線吸收則為振動能階與轉動能階躍遷。

5. 一般有機化合物分子的紫外線或可見光吸收，通常探討其 $n \rightarrow \pi^*$ 與 $\pi \rightarrow \pi^*$ 電子躍遷行為。無機物之紫外線可見光吸收常發生在過渡金屬之 d 與 f 電子軌域的電子躍遷。

6. 比爾定律公式：$A = \varepsilon bc$

   式中　A：吸光度

   　　　ε：莫耳吸光係數，L mol^{-1} cm^{-1}

   　　　b：光束通過樣品槽之光徑長度，cm

   　　　c：樣品濃度，mol L^{-1}

   適用於氣體及固體。當長度 (b) 固定時，溶液的吸光度直接與樣品濃度 (c) 成正比，運用此定律之線性關係可作為定量分析。

7. 多成分的定量分析：含有一種以上的成分溶液，只要成分彼此不起化學變化，同樣可運用比爾定律進行定量分析，即總吸光度 (A_{total}) = 各成分吸光度 ($A_{1、2、3、...n}$) 之加總，以公式 $A_{total} = A_1 + A_2 + A_3 + \cdots\cdots + A_n = \varepsilon_1 bc_1 + \varepsilon_2 bc_2 + \varepsilon_3 bc_3 + \cdots\cdots + \varepsilon_n bc_n$ 表示。

8. 光譜的定量分析方法有 (1) 校正曲線法 (2) 標準添加法 (3) 內標準法。

9. 光度滴定分析方法：利用光度測量或分光光度測量可分析樣品溶液吸光度的變化，以定出滴定當量點，此一當量點係反應物或生成物濃度發生變化的位置，由「吸光度」及「滴定劑之滴定體積」作圖，可得「光度滴定曲

線」，而曲線圖中之折點即為滴定當量點。
11. 利用光度滴定分析方法亦可決定錯合物的組成。最常使用的方法有兩種：
    (1) 莫耳比法
    (2) 連續變化法亦稱賈伯斯法

本章習題

一、單選題

1. 哪一種紫外線-可見光光譜儀有較佳的感度？(使用相同偵測器)
   (1) 單光束分光光度計 (single-beam spectrophotometer)
   (2) 雙光束分光光度計 (double-beam spectrophotometer)
   答案：(2)

2. 哪一種紫外線-可見光光譜儀之偵測器有較佳的感度？
   (1) 光電池 (photovoltaic cell)
   (2) 光電管 (phototube)
   (3) 光電倍增管 (photomultiplier tube, PMT)
   (4) 矽二極體偵測器 (silica diode detector)
   答案：(3)

3. 哪一種紫外線-可見光光譜儀其分析多頻道波長有較快之反應速度？
   (1) 單光束分光光度計 (single-beam spectrophotometer)
   (2) 雙光束分光光度計 (double-beam spectrophotometer)
   (3) 二極體陣列式分光光度計 (diode-array spectrophotometer)
   答案：(3)

4. 哪一種紫外線-可見光光譜儀適合固定波長之快速分析？
   (1) 單光束分光光度計 (single-beam spectrophotometer)
   (2) 雙光束分光光度計 (double-beam spectrophotometer)
   (3) 二極體陣列式分光光度計 (diode-array spectrophotometer)
   答案：(1)

5. 哪一種紫外線-可見光光譜儀有較佳的解析度？

(1) 單光束分光光度計 (single-beam spectrophotometer)

(2) 雙光束分光光度計 (double-beam spectrophotometer)

(3) 二極體陣列式分光光度計 (diode-array spectrophotometer)

答案：(2)

6. 哪一種偵測器組件並不適合作為紫外線-可見光光譜儀之偵測器？

(1) 光電池 (photovoltaic cell)

(2) 光電管 (phototube)

(3) 光電倍增管 (photomultiplier tube, PMT)

(4) 光導電度偵測器 (photoconductivity detector)

(5) 矽二極體偵測器 (silica diode detector)

答案：(4) 光導電度偵測器，波長範圍為 750 nm~3000 nm，適合用於紅外線吸收光譜儀 (infrared spectrometer, IR)。

7. 下列化合物中哪一個化合物並無發色團？

(1) alkyne　　　　　　　　(2) alkene

(3) alkane　　　　　　　　(4) nitro

(5) nitrate

答案：(3)

8. 一化合物具有 $\pi \to \pi^*$ 電子躍遷的吸收峰，當溶劑的極性增加時，吸收波長位移的方向為？

(1) 短波長位移（藍位移）　　　(2) 長波長位移（紅位移）

答案：(2)

9. 一化合物具有 $n \to \pi^*$ 電子躍遷的吸收峰，當溶劑的極性增加時，吸收波長位移的方向為？

(1) 短波長位移（藍位移）　　　(2) 長波長位移（紅位移）

答案：(1)

10. 有一反應式 $A+B \to C$，其中只有產物 C 在波長 500 nm 有吸收，請問下圖中哪一個圖是符合該條件之光度滴定之結果？

(1) 吸光度 / 滴定劑體積

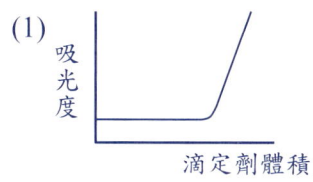

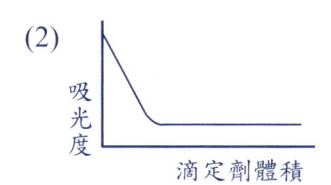

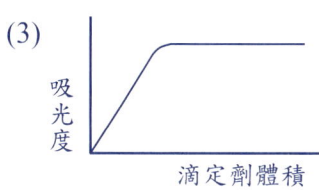

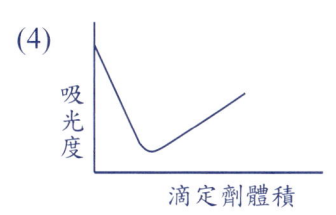

(2) 吸光度 / 滴定劑體積

(3) 吸光度 / 滴定劑體積

(4) 吸光度 / 滴定劑體積

答案：(3)

二、複選題

1. 下列哪些樣品槽適合用於紫外線-可見光光譜儀可見光波長範圍之量測？

(1) NaCl (2) 石英

(3) 玻璃 (4) ZnSe

答案：(2)(3)

2. 光電倍增管為適合哪些波長範圍之偵測器？

(1) Ultraviolet (2) Visble

(3) Infrared (4) Far-infrared

答案：(1)(2)

3. 下列哪些偵測器組件適合作為紫外線-可見光光譜儀之偵測器？

(1) 矽二極體偵測器 (silica diode detector)

(2) 熱電偶 (thermocouple)

(3) 光電管 (phototube)

(4) 光導電度偵測器 (photoconductivity detector)

(5) 光電倍增管 (photomultiplier tube, PMT)

答案：(1)(3)(5)

4. 一般有機化合物分子的紫外線或可見光吸收是包含哪些電子躍遷行為？

(1) $n \to \pi^*$ (2) d-d transition

(3) $\pi \to \pi^*$ (4) f-f transition

答案：(1)(3)

5. 一般單色器可以分為？
　　(1) 吸收濾光鏡 (absorption filter)　　(2) 稜鏡 (prism)
　　(3) 干涉濾光鏡 (interference filter)　　(4) 光柵 (grating)

答案：(2)(4)

第四章 螢光光譜法

陳順基

4.1 前言

在探討螢光 (fluorescence) 與磷光 (phosphorescence) 之前，應該先瞭解分子鍵結之軌域能階，分子鍵結的基本架構來自於原子軌域之混成 (hybridization)，對於任何分子，如果了解它的分子軌域和能階，就可以經由原子軌域而得到分子結構，並聯繫到分子性質的系統解釋。原子軌域有四個主要量子數，分別為「主量子數 (n)」、「角動量量子數 (l)」、「磁量子數 (m_l)」及「自旋量子數 (m_s)」。

依據分子軌域理論 (molecular orbital theory, MO)，分子軌域可由原子軌域線性組合得到 (linear combination of atomic orbitals, LCAO)，分布在整個分子之中，由此可衍生出鍵結 (bonding)、反鍵結 (antibonding) 和未鍵結 (nonbonding) 軌域的概念，分子鍵結由原子軌域之混成，形成混成軌域前後的總能量及軌域數目不變，圖 4.1 為 2 個 H 原子軌域混成為 H_2 分子軌域。

H_2 分子軌域為同核雙原子混成分子軌域中最簡單之例子，依據**構築原理** (Aufbau principle)，電子由低能階到高能階依序填入，依據**包立不相容原理** (Pauli exclusion principle)，一個軌域最多只能容納 2 個自旋方向相反的電子，因此 σ_{1s} 軌域中的 2 個電子，其 m_s 分別為 $+1/2$ 與 $-1/2$，其分子自旋量子數

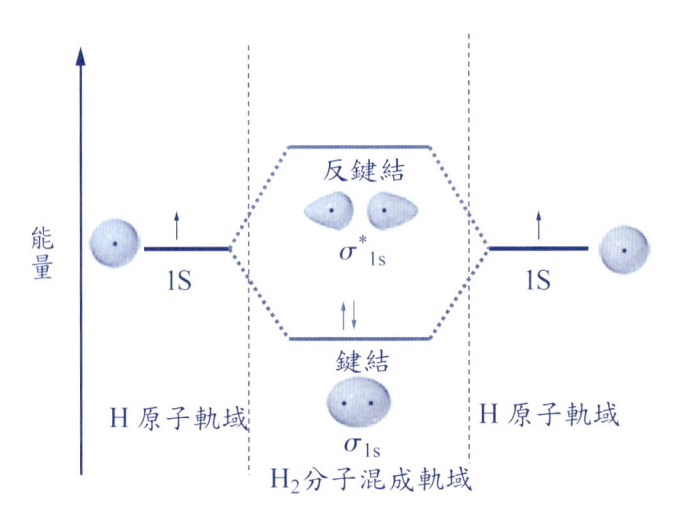

圖 4.1 2 個 H 原子軌域混成為 H$_2$ 分子軌域之示意圖

s = Σm_s，即 s = (+1/2) + (−1/2) = 0，依據罕德最大多重度規則 (Hund's rule of maximum multiplicity) S = 2s + 1，此 H$_2$ 分子之最大多重度 S = 2s + 1 = 2 × 0 + 1 = 1，表示為單重態，因此，此分子能階為單重態基態能階 (singlet ground state)。

n = 2，l = 1，m_l = −1、0、1，有 3 個軌域 (2p$_{-1}$、2p$_0$、2p$_1$)，其中在 z 軸方向之 2p$_z$ − 2p$_z$ 混成，將形成 σ$_{2p}$ 鍵結軌域與 σ$^*_{2p}$ 反鍵結軌域，如圖 4.2 所示。

2p$_x$ 會在 xz 面與另一同核原子軌域 2p$_x$ 相互作用，形成 π$_{2px}$ 鍵結軌域及

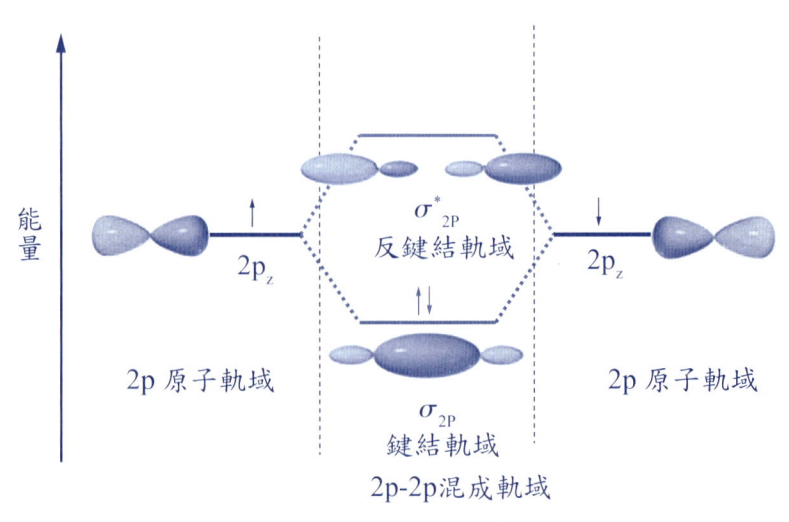

圖 4.2 2p$_z$ − 2p$_z$ 混成 σ$_{2p}$ 鍵結軌域與 σ$^*_{2p}$ 反鍵結軌域之示意圖

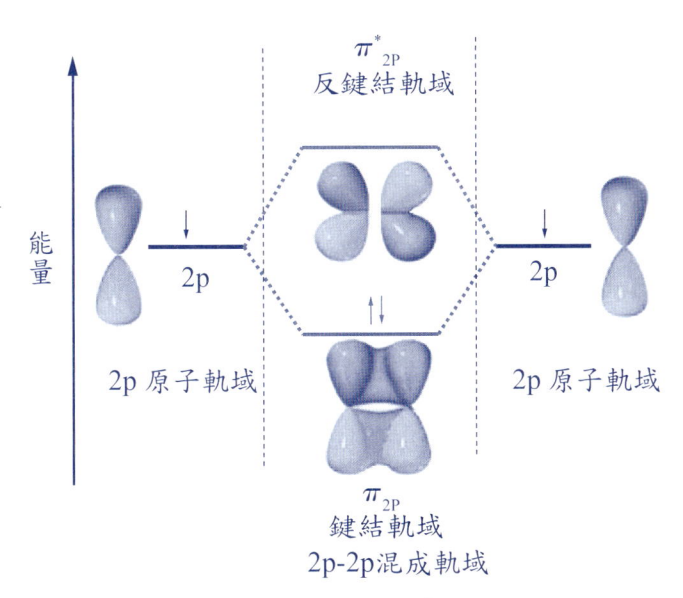

圖 4.3 2p-2p 混成 π_{2p} 鍵結軌域與 π^*_{2p} 反鍵結軌域之示意圖

π^*_{2px} 反鍵結軌域，同理 $2p_y$ 會在 yz 面與另一同核原子軌域 $2p_y$ 相互作用，形成 π_{2py} 鍵結軌域及 π^*_{2py} 反鍵結軌域，而在 π 鍵結軌域上的這 2 個能階相同 (π_{2px} 與 π_{2py})，簡併成一個較低的鍵結能階，在 π^* 反鍵結軌域上的這 2 個能階相同 (π^*_{2px} 與 π^*_{2py})，簡併成一個較高的反鍵結能階，圖 4.3 為 2p-2p 混成 π_{2p} 鍵結軌域與 π^*_{2p} 反鍵結軌域之示意圖。

描述多電子原子的基態電子組態 (electronic configuration) 所遵循的三項原則：包立不相容原理、構築原理、罕德定則 (Hund's rule) 分述如下。

1. 包立不相容原理

一個軌域最多只能容納 2 個電子，而且同一軌域中的 2 個電子有不同自旋量子數。

2. 構築原理

電子由低能階到高能階依序填入。

3. 罕德定則

數個電子要進入同能階的同型軌域時，電子必須先填入空軌域，等所有空軌域皆填入 1 個電子時 (皆半滿)，且各半填滿軌域的電子自旋方向相同，再填

入半滿軌域,而所填入電子自旋方向必須符合包立不相容原理,即與原軌域內電子自旋方向相反。

另外罕德最大多重度規則,可判定此軌域能階是屬於單重態 (singlet state) 亦或是叁重態 (triplet state)。當分子的基態如果是單重態時,表示電子在基態的自旋狀態都是配對的,即每一軌域皆有 2 個電子,且 m_s 分別為 $+1/2$ 與 $-1/2$,其分子自旋量子數 $s = \sum m_s$,$s = (+1/2) + (-1/2) = 0$,其最大多重度 $S = 2s + 1 = 1$。通常分子軌域的外層電子 (價殼層) 最容易被激發,如果是 π 軌域之電子被激發,則為 $\pi \to \pi^*$ 能量轉移,如果是未鍵結 (nonbonding) 電子被激發,則為 $n \to \pi^*$ 能量轉移。

當電子被激發至較高能階之激發態時,可能形成單重態的激發態 (singlet excited state),或者此被激發之電子,經由系統間穿越 (intersystem crossing) 能量轉移,使得電子自旋改變 $m_s (-1/2) \to m_s (+1/2)$,其分子自旋量子數 $s = \sum m_s = (+1/2) + (+1/2) = 1$,最大多重度 $S = 2s + 1 = 3$,產生叁重態的激發態 (triplet excited state)。圖 4.4 係以 π 軌域電子被激發之情形為例,單重態的基態、π 軌域電子被激發產生單重態的激發態及叁重態的激發態之示意圖。

單重態基態以符號 S_0 表示,最低激發的單重態 (即第 1 激發單重態) 以符號 S_1 表示,第 2 激發單重態以符號 S_2 表示,以此類推,叁重態的第 1 激發態則以符號 T_1 表示。大部分的螢光發生在能階由 $S_1 \to S_0$ 時放出螢光,而磷光則發生在能階由 $T_1 \to S_0$ 時放出磷光。

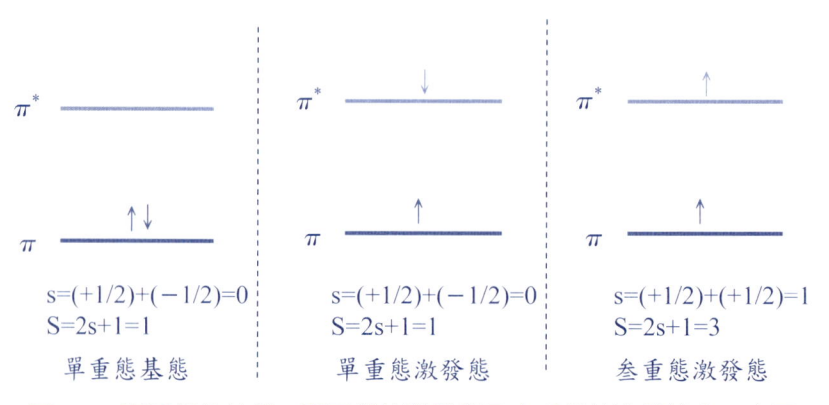

圖 4.4 單重態的基態、單重態的激發態及叁重態的激發態之示意圖

具有未鍵結電子對基團之有機化合物，如具羰基 (carbonyl group) 之甲醛 (formaldehyde)，C＝O 鍵上的 π 電子及 O 原子上的未鍵結電子，皆有可能被激發，如果被激發之電子，經由系統間穿越能量轉移，使得電子自旋改變，就可能有四種電子能量轉移之情形：

1. 單重態的 (n, π^*)，表示為 $^1(n, \pi^*)$。
2. 叁重態的 (n, π^*)，表示為 $^3(n, \pi^*)$。
3. 單重態的 (π, π^*)，表示為 $^1(\pi, \pi^*)$。
4. 叁重態的 (π, π^*)，表示為 $^3(\pi, \pi^*)$。

3 個原子以上分子軌域混成，則以相鄰 2 個原子之鍵結表示，如 C＝O 上之 σ 鍵結分子軌域以 σ_{CO} 表示，C＝O 上之 π 鍵結分子軌域以 π_{CO} 表示，圖 4.5 為甲醛分子軌域單重態的基態、單重態的 (n, π^*) 及叁重態的 (n, π^*) 之示意圖。

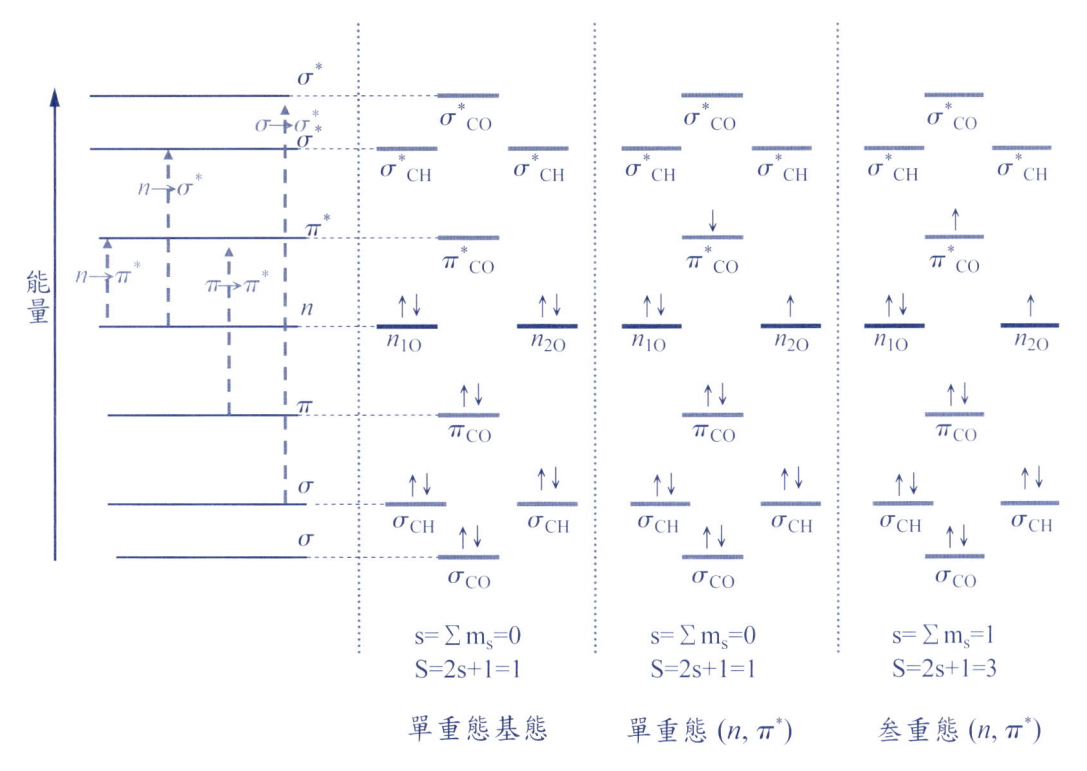

圖 4.5 甲醛分子軌域單重態的基態、單重態的 (n, π^*) 及叁重態的 (n, π^*) 之示意圖

由分子軌域除了可瞭解在基態時為「『單重態』或『叁重態』」之外，從分子軌域的電子組態也可知道另外兩項訊息「『順磁性 (paramagnetism)』或『反磁性 (diamagnetism)』」與「鍵級 (bond order)」。

1. **「單重態」或「叁重態」**

    即最大多重度 $S = 1$ 為單重態，$S = 3$ 為叁重態。

2. **「順磁性」或「反磁性」**

    當物質置於外加磁場 H 時，它的磁化強度 M 將會發生變化。兩者之間的關係可以下列公式表示

    $$M = \chi H$$

χ 稱為物質的磁化率 (magnetic susceptibility)，表示物質磁化難易的程度。

    (1) 順磁性

    分子軌域的電子組態中有「不成對之電子」時，使順磁性物質中每個原子的淨磁矩並不為零，但由於原子與原子之間的磁矩方向不一而互相抵消，所以整體而言順磁性物質的淨磁矩為零，而不具有磁性。但是當外加一磁場時，這種不成對的電子易受外加磁場的影響而旋轉，使這些原子磁矩「順著外加磁場方向而排列」，因而產生了與外加磁場方向相同的淨磁矩。

    (2) 反磁性

    分子軌域的電子組態中每一個電子軌域上的電子都是「成對的」，亦即每一個軌域上都有 2 個自旋相反的電子，個別電子繞行原子核所產生的磁矩會相互抵消，因此使得反磁性物質本身並不具有磁性，且其淨磁矩為零。當外加一磁場於此物質時，軌域上的電子會失去平衡，使電子的軌域角動量改變而產生一淨磁矩 m，由愣次定律 (Lenz's law)，此淨磁矩的方向應與外加磁場的方向相反。

3. **鍵級**

    當電子填入分子軌域能階圖中，我們可利用鍵級判斷分子的穩定性，鍵級

數值越大,分子或離子越穩定,鍵級越大,鍵長越短,鍵能越大。

$$鍵級 = (鍵結軌域電子數 - 反鍵結軌域電子數)/2$$

範例

氧 (O) 原子的的電子組態為 $1S^2 2S^2 2P^4$,以下問題請作答:
(1) 請畫出氧 (O_2) 的分子軌域及電子填入情形?
(2) 請判斷氧 (O_2) 分子的基態能階是「單重態」或是「叄重態」?
(3) 氧 (O_2) 分子是「順磁性」或是「反磁性」?
(4) 氧 (O_2) 分子的鍵級?

解答

(1)

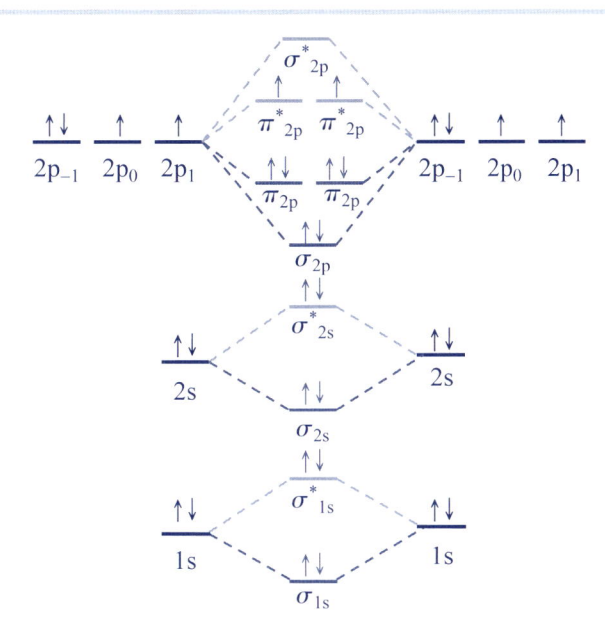

圖 4.6 氧分子的叄重態基態能階示意圖

(2) 在 π^* 反鍵結軌域上,因罕德定則,數個電子要進入同能階的同型軌域時,電子必須先填入空軌域,等所有空軌域皆填入 1 個電子時 (皆半滿),且各半填滿軌域的電子自轉方向相同,再填入半滿軌域,而所填入電子自轉方向必須符合包立不相容原理,與原軌域內電子自轉方向相反。

因此，各半填滿軌域的電子自轉方向相同為 m_s (+1/2)，其分子自旋量子數 $s = \Sigma m_s = (+1/2) + (+1/2) = 1$，最大多重度 $S = 2s + 1 = 3$，判斷氧分子的基態能階是「叁重態」。

(3) π^*_{2p} 反鍵結軌域上，有 2 個「不成對之電子」，判斷氧分子是順磁性。

(4) 鍵級 = (鍵結軌域電子數 − 反鍵結軌域電子數) / 2

鍵結軌域電子數 = 10

反鍵結軌域電子數 = 6

鍵級 = (10 − 6)/2 = 2

4.2　儀器組件

　　螢光光譜儀 (spectrofluorometer) 與紫外線-可見光光譜儀 (UV-Vis spectrophotometer) 構造組成類似，組件也幾乎相同，除了雷射光源將於本章節介紹之外，其他組件可參考紫外線-可見光光譜儀，不再於本章節重複介紹。螢光光譜儀主要仍由五種組件所構成：

1. 光源：穩定的輻射能量光源裝置
2. 波長選擇器：可分離光源及選擇量測所用之波長範圍裝置
3. 樣品槽：一個或多個樣品容器裝置
4. 偵測器：將輻射能量轉換成電子訊號之裝置
5. 訊號處理器與輸出裝置

　　目前所有的螢光光譜儀皆採用雙光束設計模式 (即雙光徑型光學組合)，主要是抵消光源功率之擾動干擾，組合模式依序為「光源」→「波長選擇器」→「樣品」→「波長選擇器」→「偵測器」，雙光徑型光學組合是透過「分光鏡 (beam splitter)」形成雙光束。

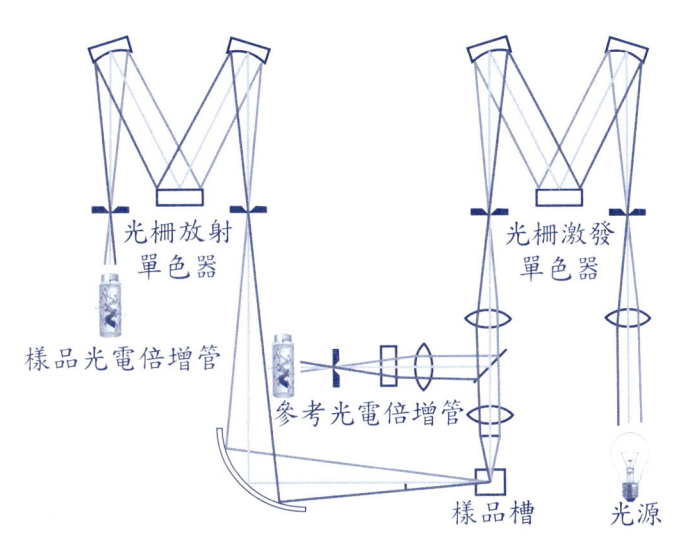

圖 4.7 螢光光譜儀光徑路線示意圖

　　螢光光譜的原理是光源激發分析物(樣品)，當樣品的激發態回到基態時釋出螢光而得到其螢光光譜。光源進入樣品槽與偵測器檢測之方向一般呈 90 度，其可避免光源干擾樣品所釋出之螢光，此與紫外線-可見光光譜儀之光源與偵測器具有相同的直線光徑明顯不同，螢光光譜儀光徑路線如圖 4.7 所示。

　　簡單螢光光譜儀組件裝置如圖 4.8 所示，在樣品之前之波長選擇器是作為激發單色器用，可選擇不同波長以激發樣品，亦可量測該樣品之激發光譜，在樣品之後之波長選擇器是作為發射單色器用，可量測該樣品之發射光譜，如螢光光譜與磷光光譜。

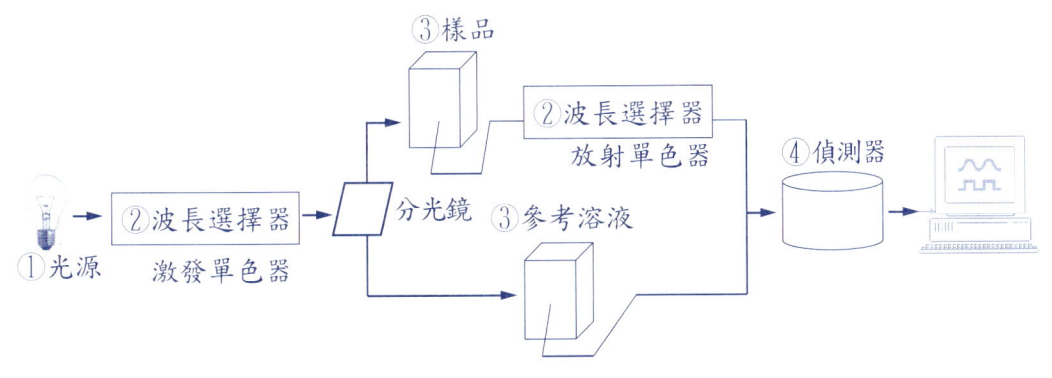

圖 4.8 螢光光譜儀組件裝置示意圖

1. 光源

螢光光譜儀所使用的光源可以是：

(1) Xenon arc lamp

(2) Quartz-Iodine lamp

(3) 鎢絲燈 (H_2 或 D_2 lamp)

(4) 雷射

其中雷射光源強度是所有光源中強度最強，靈敏度最大。雷射 (light amplification by stimulated emission of radiation, LASER) 顧名思義即以激發發射的方式使光的輻射強度放大，利用「分布反轉 (population inversion)」使得激發態粒子分布遠大於基態粒子分布，因此產生高強度單色光輻射，如圖 4.9 三能階系統粒子分布反轉示意圖所示。

圖 4.9 之左圖為物質吸收電磁輻射激發躍遷至較低的激發態 E_1 及部分的高能激發態 E_2，由於 E_2 或 E_1 的生命期非常短，遠低於基態 E_0 被激發躍遷的時間，因此，$N_0 >> N_1$ 或 $N_0 >> N_2$。圖 4.9 之右圖為為三能階系統的粒子分布反轉，物質先吸收電磁輻射被直接激發躍遷至高能激發態 E_2，因為粒子在 E_2 的生命期非常短，所以在高能階 E_2 的粒子多數會緩解到次低能階之 E_1，使得 E_1 粒子有較長的生命期，如此使得 E_1 的粒子數會比 E_0 的粒子數多，因此產生高強度單色光輻射。

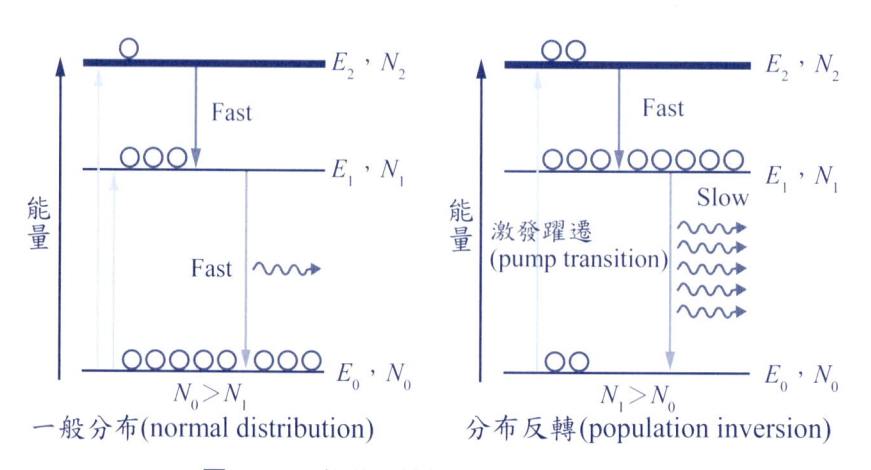

圖 4.9 三能階系統粒子分布反轉示意圖

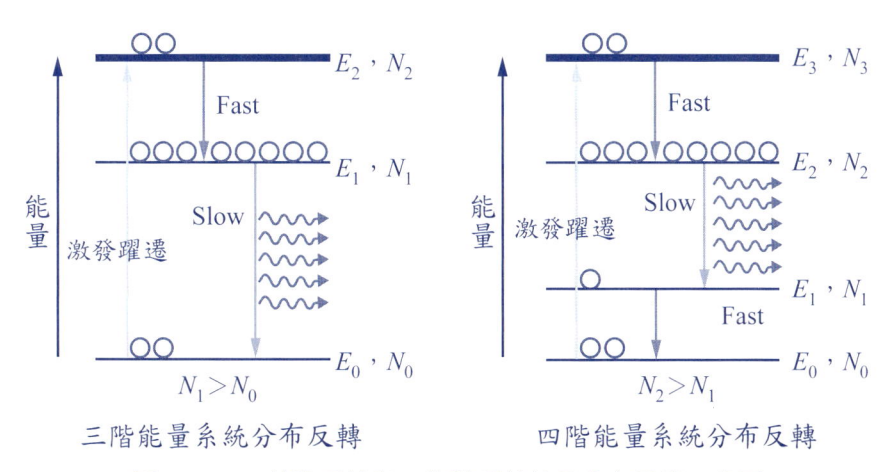

圖 4.10 三能階系統與四能階系統粒子分布反轉示意圖

　　在四能階系統中，激發發射的產生是在激發態 E_2 與激發態 E_1 之間，E_1 粒子的生命期必須非常短，即激發態 E_1 回到基態 E_0 的速度是快速的，以便確保激發態 E_2 之粒子數 N_2 與激發態 E_1 之粒子數 N_1 為分布反轉，四能階系統會比三能階系統更能達到分布反轉，如圖 4.10 三能階系統與四能階系統粒子分布反轉示意圖所示。

　　雷射裝置主要有一組共振腔，共振腔中粒子經脈衝燈管激光至高能態後，在部分反射鏡及全反射鏡之間來迴振盪，最終達到共振放大強度的效果，圖 4.11 為固態雷射 (Nd:Yag) 裝置示意圖。

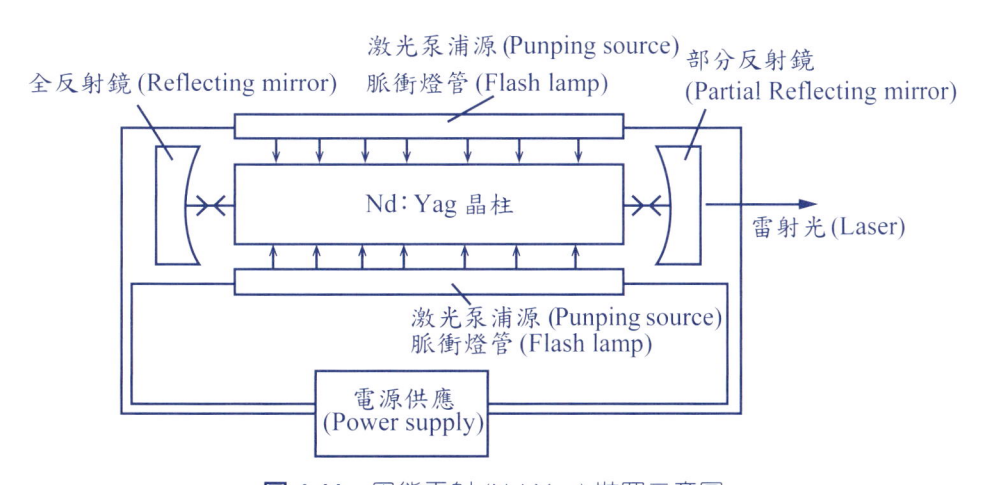

圖 4.11 固態雷射 (Nd-Yag) 裝置示意圖

雷射的種類主要可分成固態雷射、氣態雷射與染料雷射三種。

(1) 固態雷射

    (A) 紅寶石雷射 (ruby laser)：主要是 Al_2O_3 含有約 0.05% 的 Cr(III) 分散於鋁的晶格中，Cr(III) 才是真正產生雷射的物種，波長為 694.3 nm，屬於三能階雷射系統。

    (B) Nd:Yag 雷射：Nd 在釔鋁石榴石晶體 Yttrium Aluminium Garnet ($Y_3Al_5O_{12}$) 的晶格中，屬於四能階雷射系統，因此較紅寶石雷射三能階雷射系統，更能達到分布反轉，雷射強度很強，波長在 1064 nm 紅外雷射光。

(2) 氣態雷射

    (A) 中性原子雷射 (neutral atom laser)：He-Ne 雷射最常見，波長為 632.8 nm。

    (B) 離子雷射 (ion laser)：Ar^+ 雷射產生的波長為 488.0 nm(blue)，514.5 nm (green)，屬於四能階雷射系統。

    (C) 分子雷射 (molecular laser)：N_2 雷射產生的波長為 337.1 nm，CO_2 雷射產生的波長在 900 cm^{-1} 至 1100 cm^{-1} 紅外線光區。

    (D) 準分子雷射 (eximer laser)：主要是 He、F 和惰性氣體混合，通電會產生 ArF^+ eximer。

(3) 染料雷射

染料雷射其波長為可調的，屬於四能階雷射系統。

2. 波長選擇器

(1) 單色器 (monochromator)

稜鏡 (prism) 和光柵 (grating)，大部分的螢光光譜儀配有 2 組光柵，分別裝置在樣品槽之前、後，作為激發單色器與發射單色器之用途。

(2) 濾光鏡 (filter)

吸收濾光鏡 (absorption filter) 和干涉濾光鏡 (interference filter) 都可應用在螢光光譜儀。

3. 樣品槽

雖然石英或熔融矽、矽酸鹽玻璃與塑膠容器都可當作螢光光譜儀所使用之樣品槽的材質，但是考慮到紫外線 (350 nm 以下) 被矽酸鹽玻璃與塑膠容器吸收，因此常採用四面都是石英材質的樣品槽。

當然除了材質考量之外，還有為了量測低溫的螢光與磷光，而有特殊杜瓦 (Dewar) 設計之樣品槽。

範例

為什麼螢光光譜儀所使用之樣品槽常採用四面都是石英材質的樣品槽？

解答

樣品槽常採用四面都是石英材質的理由：
(1) 進入樣品槽之入射光與偵測樣品槽之輻射光之方向呈 90 度垂直方向，呈 90 度是為了避免光源干擾樣品所釋出之螢光，四面都是必須可讓光輻射通過。
(2) 材質必須不吸收 350 nm 以下之光源輻射，石英材質最為恰當。

4. 偵測器

螢光光譜儀之偵測器為光子偵測器 (photo detector)，主要有四種類型：光電池 (photovoltaic cell)、光電管 (phototube)、光電倍增管 (photomultiplier tube, PMT) 與矽二極體偵測器 (silica diode detector)。可參考紫外線-可見光光譜儀，不再於本章節贅述。

4.3　態能階圖

分析物質之特定官能基吸收紫外線或可見光譜線輻射之能量，經過適當之

弛緩過程 (relaxation processes)，當單重態激發態 (S_1) 回到單重態基態 (S_0) 所放出之輻射，稱之為螢光光譜。當單重態激發態 (S_1) 經由系統間穿越 (intersystem crossing, ISC)，其能量將轉移至同能量位階之叁重態激發態 (T_1)，再由叁重態激發態 (T_1) 回到單重態基態 (S_0) 所放出之輻射，稱之為磷光光譜。

在光化學中常利用態能階圖 (state energy diagram) 來描述分子在光激發前後能量狀態及變化過程。例如圖 4.12 為典型的 Jablonski 圖，可說明基態分子吸收光能激發到激發態，以及激發態多種能量的弛緩過程。圖 4.12 中單重態用符號「S」表示，按能量由低至高分別加上 0, 1, 2... 的下標，叁重態則以符號「T」表示。當基態分子 (S_0) 吸收適當的光能後，可提升到 S_1 和 S_2 等能量較高的電子激發態的某一個振動能級，此時雖然產生兩個未配對的電子，它們的自旋性仍然是相反的，因此仍為單重態「S」，此一吸收過程約需 10^{-15}~10^{-14} 秒。在較高能階的激發態可藉無輻射 (radiationless) 的內轉換 (internal conversion, IC) 方式以及振動弛緩 (vibration relaxation, VR) 過程，振動弛緩約需 10^{-11}~10^{-10}

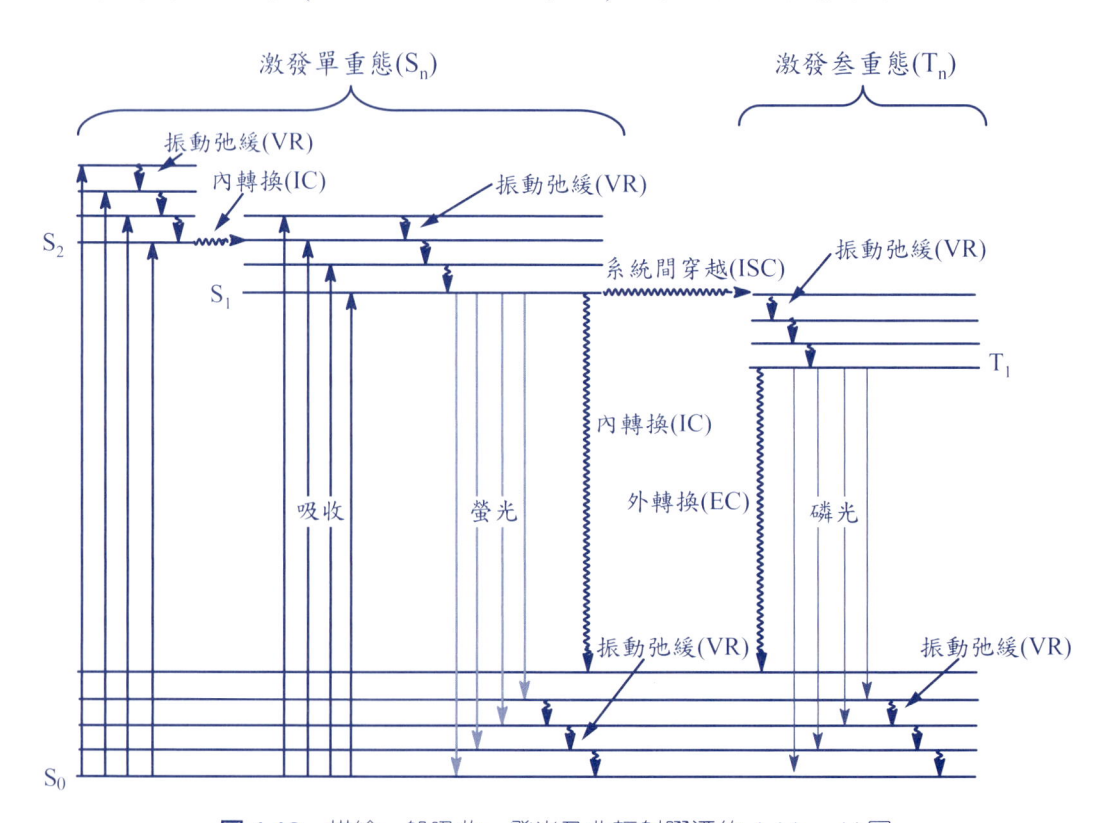

圖 4.12 描繪一般吸收、發光及非輻射躍遷的 Jablonski 圖

秒，把部分能量轉移至溶劑，而降低到最低能量的激發態 S_1，然後以內轉換方式或者以發光的方式 (稱為螢光) 降回 S_0，螢光衰減時間約需 10^{-9}~10^{-7} 秒。因為在發射螢光之前已有一部分能量被消耗，因此所發螢光的能量要比吸收能量小，亦即螢光的發光波長比吸收波長要長。

圖 4.13 顯示 (a) 從基態 $v'' = 0$ 吸收和 (b) 從 $v' = 0$ 發射到各自的振動能級之位能曲線，產生的鏡像對稱的吸收及發光光譜如 (c) 所示。

另外，在激發態的分子也可藉系統間穿越 (ISC) 轉入叁重態如 T_1、T_2 等不同振動能級的激發態。同樣的，較高能階的激發叁重態亦可藉內轉換 (IC) 以及振動弛緩 (VR) 降至 T_1，然後以外轉換 (EC) 方式回到 S_0，或以發光的方式 (稱為磷光) 回到 S_0，磷光衰減時間約需 10^{-4}~10 秒。由量化的觀點來看，系統間穿越是自旋禁止的 (spin-forbidden)，電子自旋改變 $m_s (-1/2) \rightarrow m_s (+1/2)$，因此在激發單重態 S_1 的分子不易進入激發叁重態 T_1，同樣的道理，由 T_1 回到 S_0 也是自旋禁止的，電子自旋改變 $m_s (+1/2) \rightarrow m_s (-1/2)$，因此磷光發光速率常數比螢光發光速率常數要小幾個數量級。

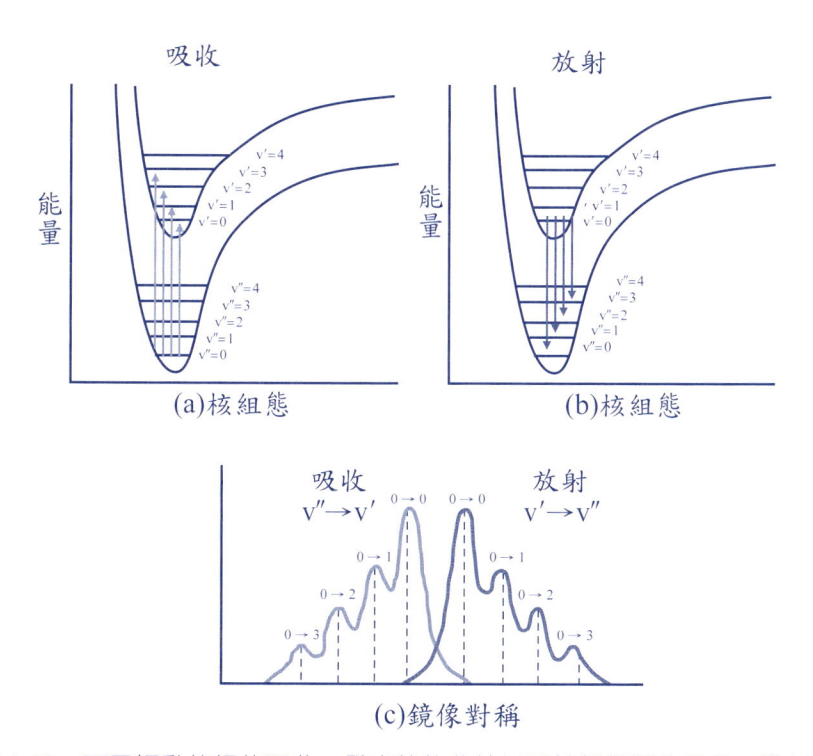

圖 4.13 不同振動能級的吸收、發光位能曲線以及鏡像對稱的吸收、發射光譜

處於電子激發態的分子,其變化途徑還有可能發生光化學反應以及能量傳遞,前者是由活性很高的 S_1 或 T_1 狀態參與反應而將能量轉換為化學能,後者則是一種雙分子過程,例如淬熄劑 (quencher) 接收了激態分子的能量形成激發態、複合體 (complex)、激態雙體 (excimer)、激態複合體 (exciplex) 等。

範例

下列哪些敘述是屬於由激發單重態能量轉移至激發叁重態?

(A) 內轉換 (internal conversion, IC)

(B) 振動弛緩 (vibration relaxation, VR)

(C) 系統間穿越 (intersystem crossing, ISC)

(D) 自旋禁止的 (spin-forbidden)

解答

(C)(D)

4.4 螢光與磷光之差異

螢光與磷光的主要差異,如表 4.1 所示。基態的氧為叁重態,因此如果溶劑中有溶氧存在下,當具有磷光物質由 $T_1 \rightarrow S_0$ 放出磷光能量時,很可能被叁態氧 ($^3O_2$) 所淬熄,而看不到磷光,另外一個原因是磷光機制是先有螢光機制達到激發態單重態 (S_1),經由系統間穿越轉入激發態叁重態 (T_1),再回到基態單重態 (S_0),放出磷光,因此一般磷光量子產率遠小於螢光量子產率,這就是為什麼磷光比螢光更不容易被觀察到的原因。通常去除掉溶劑中的叁態氧干擾,以及降低溫度,則較有機會觀察到磷光現象。

表 4.1　螢光與磷光之差異

	螢光 (F)	磷光 (P)
放光機制	$S_1 \to S_0$	$T_1 \to S_0$
生命期	$10^{-9} \sim 10^{-7}$ 秒	$10^{-4} \sim 10$ 秒
可觀察到的情況	liquid solution	rigid media，low T
放光波長	shorter	longer
量子產率	$\dfrac{\phi_F}{\phi_P} = 10^5$ or 10^6	

1. 量子產率

量子產率 (quantum yield) 又稱為量子效率 (quantum efficiency) ϕ，螢光或磷光之量子產率為放出的光子數與吸收的光子數之比值，以 ϕ_F 或 ϕ_P 表示。

$$量子產率 = \frac{放出的光子數}{吸收的光子數}$$

2. 生命期

當濃度衰減為最初濃度之 (1/e) 倍時的時間為**生命期** (life time)，以 τ 表示。

4.5　影響螢光與磷光特性之因素

影響螢光與磷光特性之因素有「共軛雙鍵結構」、「分子內重原子效應」、「溶劑效應」、「溫度效應」、「取代基效應」、「剛性結構」，分別敘述如下。

1. 共軛雙鍵結構 (conjugated double bonds structure)

可提供 π 電子共軛軌域之分子，如苯環或多重共軛雙鍵的化合物，由於非

定域化的 π 電子軌域可穩定激發態單重態電子，使得螢光量子產率增加。因此，具有多環芳香類化合物的螢光量子產率大於單環芳香類化合物 (如苯環)。

2. 分子內重原子效應 (internal heavy atom effect)

分子若有鹵素取代基時，隨著鹵素取代基原子序的增加，分子的螢光越來越弱，磷光則越來越強，這是因為分子中引入相對原子量較大的原子 (通常指 Cl、Br 或 I) 會使得螢光分子中自旋軌域耦合作用增加，造成分子激發態的單重態和叁重態電子在能量上更加接近 (即兩者之間的能量差減小)，促進系統間穿越 (ISC)，導致產生螢光的機率下降，而產生磷光的機率增大。這種因為重原子的取代，而出現的螢光減弱現象就是所謂的重原子效應。例如：

螢光：

$$\text{2-氯萘} > \text{2-溴萘} > \text{2-碘萘}$$

磷光：

$$\text{2-氯萘} < \text{2-溴萘} < \text{2-碘萘}$$

3. 溶劑效應 (solvent effect)

是指溶劑與發光團的相互作用對螢光的影響，主要為螢光團的螢光光譜的位移。當分子接受光子由基態躍遷至激發態時，可產生相當大的幾何構型與分子中電荷分布變化，並引起溶劑以及溶劑分子中的電子重新分布，這種發光團與溶劑之間的相互作用會影響激發態與基態之間的能量差，從而導致螢光光譜的位移。如果發光團與溶劑分子間的特殊化學作用，會產生特殊的溶劑效應，產生的光譜位移將更大。

例如有機化合物具有未鍵結電子對基團之結構，如羰基，極性溶劑會穩定未鍵結電子軌域之能量，造成 (n, π^*) 能階差變大，使其吸收帶的最大吸收峰波長往短波長方向移動，此現象稱為藍位移 (blue shift 或 hypsochromic shift)。但

如果是有機化合物具有 π 電子之結構，如萘 (naphthalene)，極性溶劑會穩定 π^* 軌域之能量，造成 (π, π^*) 能階差變小，使其吸收帶的最大吸收峰波長往長波長方向移動，此現象稱為紅位移 (red shift 或 bathochromic shift)。

4. 溫度效應 (temperature effect)

溫度升高將導致螢光分子速度增加，導致有效碰撞機會增加；而加快速度也會具有較高的動能，使分子間碰撞的強度加劇；並且溫度升高亦使溶劑的黏度減小；這些皆會提高外轉換的機率，因而降低螢光的強度。所以，降低溫度更能夠觀察到螢光的發射。

5. 取代基效應 (substituent group effect)

通常具供電子效應的取代基，可使 π 電子發生未定域化增強其螢光性。例如苯環上有 -NH$_2$，-OH，-R(烷基) 等取代基會使增強螢光。反之具有拉電子效應的取代基會降低螢光性，例如：-Cl、-Br、-COOH、-NO$_2$ 等取代基會降低螢光。

6. 剛性結構 (rigid structure)

分子結構愈剛性 (rigid)，愈有助於螢光，因為分子振動或轉動受到結構的限制而減少，因此可減少無輻射過程的機會，使得螢光量子產率增加。例如茀 (fluorene) 及聯苯 (biphenyl) 的螢光量子產率分別為 1.0 及 0.2，這是由於茀分子結構上的亞甲基橋接而增加其結構的剛性，使螢光增強。

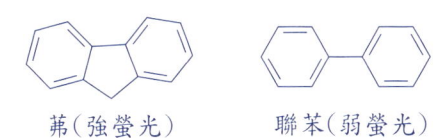

茀（強螢光）　　聯苯（弱螢光）

對有些有機鉗合劑而言，其與金屬離子錯合時會增強其螢光，也是結構剛性增加的結果。例如弱螢光性的 8- 羥基喹啉 (8-Hydroxyquinoline) 與鋅離子形成錯合物時，會使螢光增強。

4.6 螢光光譜分析法的應用

1. 定性分析

分子之螢光光譜包含激發光譜與發射光譜,可做為定性分析的參考。

(1) 螢光之激發光譜 (excitation spectrum):試樣之激發強度隨入射光波長變化之圖譜;一般在最大螢光強度的發射波長下,掃描不同波長入射光之激發強度,可得到螢光之激發光譜。

(2) 螢光之發射光譜 (emission spectrum):試樣之螢光強度隨發射光波長變化之圖譜;以特定激發波長(一般為最大吸收波長或是最大激發波長)的入射光照射,掃描不同發射波長下之螢光強度,可得到螢光之發射光譜。

2. 定量分析

當試樣以激發波長的入射光照射,並在特徵發射波長下偵測螢光強度,利用螢光輻射強度 F 與入射光束的功率 P_0 及濃度 c 的關係式可進行定量分析:

$$F = k\phi P_0(1 - 10^{-\varepsilon bc})$$
$$= k\phi P_0[2.303\,\varepsilon bc - (2.303\,\varepsilon bc)^2/2! + (2.303\,\varepsilon bc)^3/3! - (2.303\,\varepsilon bc)^4/4! + \cdots]$$

當 $2.303\,\varepsilon bc < 0.05$ 時,則上式括號內第二項以後的數值可忽略,即

$$F = 2.303\,k\phi P_0 \varepsilon bc$$

當入射光束的功率 P_0 為常數時,則

$$F = k'c$$

在低濃度範圍(即 $2.303\,\varepsilon bc < 0.05$),試樣的螢光強度 F 與濃度 c 存在線性關係,可用於試樣之定量分析。在高濃度時 $(2.303\,\varepsilon bc > 0.05)$,則原式中之高次項不能忽略,因此螢光強度隨濃度增加的趨勢將減緩而偏離線性關係,如圖 4.14 所示。

螢光強度

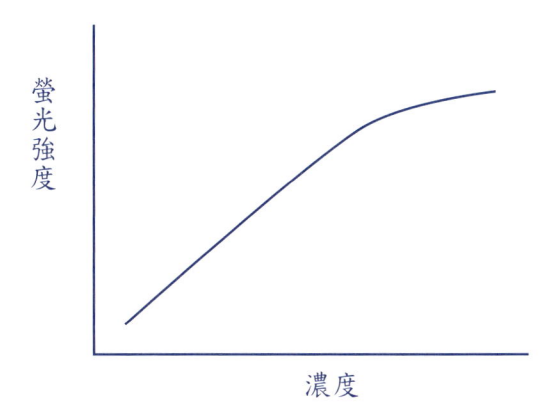

濃度

圖 4.14 試樣螢光強度隨濃度之變化

在高濃度時會出現線性關係的負偏離現象尚有兩個因素，即螢光物種的自消光 (self-quenching) 及自吸收 (self-absorption)。自消光為激發分子彼此間互相碰撞的結果，導致螢光減弱。而當所發射的螢光波長與吸收波長重疊時，則會發生自吸收現象，亦導致螢光強度的減弱。

範例

某一化合物 A 配成一系列標準溶液，其在 450 nm 激發波長，測得下列的螢光強度 F 如下表所示，試作出其檢量線，並求出一未知溶液螢光強度 F 為 10.45 的濃度。

濃度 (mM)	螢光強度 (F)
0.050	3.20
0.100	6.03
0.150	8.99
0.200	11.95
0.250	14.91
0.300	17.86

> 以螢光強度 (F) 對濃度作圖，得檢量線方程式，將 $F = 10.45$ 代入方程式得濃度為 0.0174 mM。
>
> 檢量線圖：$y = 588x + 0.2$，$R^2 = 0.9999$，縱軸為螢光強度 (F)，橫軸為濃度 (mM)。

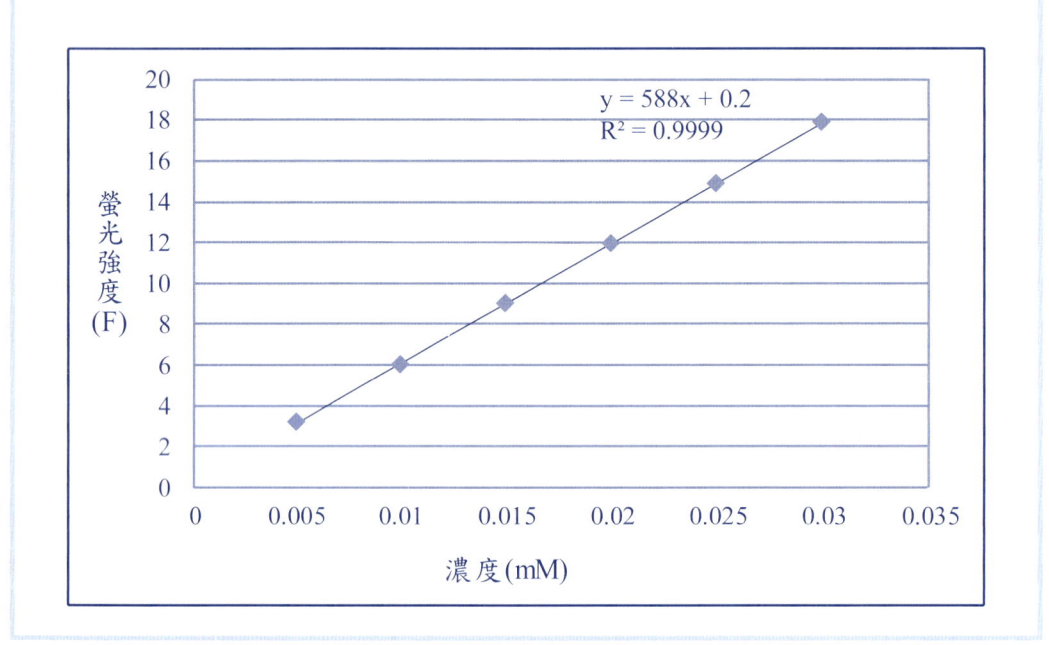

3. 螢光光譜分析法的特性

螢光光譜分析法具有相當高的靈敏度，對低濃度試樣溶液的分析，螢光光譜法可定量的最低濃度約為吸收光譜法的 10^{-3} 倍，這主要是由於螢光強度值是儀器檢測的直接訊號，當測定極低濃度的試樣時，仍可藉由偵測器將訊號放大；而吸收光譜則是檢測光束透過空白溶液與試樣溶液的強度差異，在溶液濃度很稀時，此測定值的差異將小至與雜訊相當，因此螢光分析法比吸收光譜法更適合低濃度試樣的定量分析。

在光譜訊息方面，具螢光性質的試樣以螢光光譜法分析時，可得到試樣螢光之激發光譜與發射光譜，而同試樣以吸收光譜法分析時，僅能得到吸收光譜。特定螢光物質的激發光譜會與吸收光譜之波峰類似，但螢光除激發光譜外，另有發射光譜，因此螢光光譜法比吸收光譜法能提供更多的光譜訊息。

參考資料

1. *Principles of photochemistry*. J.A.Barltrop, Oxford University, J.D.Coyle, The Open University, Milton Keynes.
2. 最新儀器分析總整理，何雍編著，鼎茂圖書出版股份有限公司

本章重點

1. 分子軌域理論，分子軌域可由原子軌域線性組合得到，可衍生出鍵結、反鍵結和未鍵結軌域的概念，分子鍵結由原子軌域之混成，形成混成軌域前後的總能量及軌域數目不變。
2. 描述多電子原子的基態電子組態遵循的三項原則有：包立不相容原理、構築原理與罕德定則。
3. 當電子被激發至較高能階之激發態時，則可能形成單重態的激發態，分子自旋量子數 $s = \Sigma m_s = 0$，最大多重度 $S = 1$，或者此被激發之電子，可能由系統間穿越能量轉移，使得電子自旋改變 $m_s(-1/2) \rightarrow m_s(+1/2)$，其分子自旋量子數 $s = 1$，最大多重度 $S = 3$，產生參重態的激發態。
4. 分子軌域除了可瞭解在基態時為「單重態」或「參重態」之外，從分子軌域的電子組態也可知道「順磁性」或「反磁性」與鍵級。
5. 幾乎所有的螢光光譜儀採用雙光束設計模式(即雙光徑型光學組合)，主要是抵消光源功率之擾動干擾，組合模式依序為「光源」→「波長選擇器」→「樣品」→「波長選擇器」→「偵測器」，光源進入樣品槽與偵測器檢測之方向一般呈 90 度，其可避免光源干擾樣品所釋出之螢光。
6. 在光化學中常利用態能階圖來描述分子在光激發前後能量狀態及變化過程。例如 Jablonski 圖，可說明基態分子吸收光能到激發態，以及激發態多種能量的弛緩過程。
7. 螢光與磷光的主要差異有：放光機制、生命期、可觀察到的情況、放光波長與量子產率。

8. 量子產率：螢光或磷光之量子產率為放出的光子數與吸收的光子數之比值，生命期：當濃度衰減為最初濃度之 (1/e) 倍時的時間為生命期，以 τ 表示。
9. 影響螢光與磷光特性之因素有：共軛雙鍵結構、分子內重原子效應、溶劑效應、溫度效應、取代基效應與剛性結構。

本章習題

一、單選題

1. 以下分光螢光儀所使用的光源中何者有最好的靈敏度？
   (1) Xenon arc lamp
   (2) Quartz-Iodine lamp
   (3) 鎢絲燈 (H_2 或 D_2 lamp)
   (4) 雷射

   答案：(4)

2. 分光螢光儀中進入樣品槽之入射光與偵測樣品槽之輻射光之方向呈多少度？
   (1) 30 度
   (2) 60 度
   (3) 90 度
   (4) 180 度

   答案：(3)

3. 當一個分子由單重態激發態能量回到單重態基態之能量，而放出光子之光物理過程，稱之為：
   (1) 內轉換 (internal conversion)
   (2) 系統間穿越 (intersystem crossing)
   (3) 振動弛緩 (vibration relaxation)
   (4) 吸收 (absorption)
   (5) 螢光 (flourescence)

   答案：(5)

4. 當一個分子由單重態激發態能量轉移到叄重態激發態之能量，此光物理過程，稱之為：

(1) 內轉換 (internal conversion)

(2) 系統間穿越 (intersystem crossing)

(3) 振動弛緩 (vibration relaxation)

(4) 吸收 (absorption)

(5) 磷光 (phosphorescence)

答案：(2)

5. 當一個分子由叁重態激發態能量回到單重態基態之能量，而放出光子之光物理過程，稱之為：

(1) 內轉換 (internal conversion)

(2) 系統間穿越 (intersystem crossing)

(3) 振動弛緩 (vibration relaxation)

(4) 磷光 (phosphorescence)

(5) 螢光 (flourescence)

答案：(4)

6. 下列描述螢光的敘述何者正確？

(1) 經由化學反應產生螢光

(2) 由叁重態激發態回到單重態基態而放出螢光

(3) 增加激發光源的強度可增加螢光的訊號

(4) 由單重態激發態到叁重態激發態而放出螢光

答案：(3)

7. 下列描述磷光的敘述何者正確？

(1) 經由化學反應產生磷光

(2) 由叁重態激發態回到單重態基態而放出磷光

(3) 由單重態激發態回到單重態基態而放出磷光

(4) 由單重態激發態到叁重態激發態而放出磷光

答案：(2)

8. 分子若有鹵素取代基時，隨著鹵素取代基原子序的增加，下列敘述何者正確？

(1) 分子的螢光越來越強

(2) 螢光與磷光皆變弱

(3) 分子的磷光越來越強

(4) 不容易由單重態激發態到叁重態激發態

答案：(3)

9. 苯環有下列哪個取代基會增加其螢光？

(1) -NO$_2$ (2) -Cl

(3) -OH (4) -COOH

答案：(3)

10. 苯環有下列哪個取代基會減弱其螢光？

(1) -NH$_2$ (2) -Br

(3) -OCH$_3$ (4) -CH$_3$

答案：(2)

二、複選題

1. 下列有關包立不相容原理的敘述哪些正確？

(1) 一個軌域最多只能容納 2 個電子

(2) 一個軌域最多只能容納 1 個電子

(3) 同一軌域中的 2 個電子有不同自旋量子數 m_s

(4) 同一軌域中的 2 個電子可以有相同自旋量子數 m_s

答案：(1)(3)

2. 下列有關罕德定則的敘述哪些正確？

(1) 數個電子要進入同能階的同型軌域時，電子必須先填入空軌域

(2) 數個電子要進入同能階的同型軌域時，電子必須先填滿軌域後再填入下一個空軌域

(3) 等所有空軌域皆填入 1 個電子時 (皆半滿)，再將自轉相反電子填入半滿軌域

(4) 由高能階軌域依序填入低能階軌域

答案：(1)(3)

3. 下列關於為螢光與磷光的敘述哪些正確？

(1) 螢光的生命期較長 (2) 磷光的生命期較長

(3) 螢光的波長較長 (4) 磷光的波長較長

答案：(2) (4)

4. 激發態 (n, π^*) 之分子，當溶劑極性增加時，吸收帶的最大吸收峰波長往哪種方向移動？

(1) 短波長 (2) 長波長

(3) 藍位移 (4) 紅位移

答案：(1) (3)

5. 激發態 (π, π^*) 之分子，當溶劑極性增加時，吸收帶的最大吸收峰波長往哪種方向移動？

(1) 短波長 (2) 長波長

(3) 藍位移 (4) 紅位移

答案：(2) (4)

第五章 紅外線吸收光譜法

陳順基

紅外線吸收光譜法 (infrared absorption spectrometry, IR) 是研究物質分子對紅外線輻射的吸收特性，而建立的一種定性及定量的分析方法，也是化學家用以鑑定有機化合物的有力工具之一。

5.1 基本原理

紅外線區域涵蓋範圍從波數 12800 cm^{-1} 到 10 cm^{-1}，或波長 0.78 cm 至 1000 μm 的輻射。從應用及儀器設計的觀點，一般區分紅外線光譜為近 (near)、中 (middle) 及遠 (far) 紅外線光區，而目前應用最多的區域主要是在中-紅外線光區，波數範圍 4000 cm^{-1} 到 670 cm^{-1} (波長範圍 2.5 μm 至 15 μm)，如表 5.1 所示。

表 5.1 紅外線光譜區的範圍

光區	波長範圍 μm	波數範圍 cm^{-1}	頻率範圍 Hz
近-紅外線	0.78 ~ 2.5	12800 ~ 4000	3.8×10^{14} ~ 1.2×10^{14}
中-紅外線	2.5 ~ 50	4000 ~ 200	1.2×10^{14} ~ 6.0×10^{12}
遠-紅外線	50 ~ 1000	200 ~ 10	6.0×10^{12} ~ 3.0×10^{11}
最常使用	2.5 ~ 15	4000 ~ 670	1.2×10^{14} ~ 2.0×10^{13}

紅外線輻射的能量遠小於紫外線或可見光的能量；一般而言，物質分子吸收紫外線或可見光能引起不同電子能階間的電子躍遷，而吸收紅外線輻射的能階差只存在於不同的振動或轉動能階之間，相對於電子躍遷，其僅有很小的能量差。紅外線吸收光譜因此又稱為分子振動-轉動光譜。當樣品受到頻率連續變化的紅外線照射時，分子吸收了某些頻率的輻射，並由其振動或轉動運動引起偶極矩的淨變化，產生分子振動和轉動能級從基態到激發態的躍遷，使相應於這些吸收區域的入射光強度減弱。記錄紅外線的吸光度或透光率與波數或波長關係的曲線，就得到紅外線光譜，典型的紅外線光譜圖的 y 軸以穿透率 (transmittance, %T) 表示，x 軸則為波數 (wavenumber) 如圖 5.1 所示。波數 (cm^{-1}) 是以公分為單位之波長的倒數，其值正比於頻率。在紅外線光譜中，吸收峰的波數與分子中不同鍵結原子間的振動頻率有關，可用於官能基或結構鑑定等定性分析，透過公式吸收值 (A) = $-\log$ 穿透率 (T)，將穿透率 (T) 換算成吸收值 (A)，依照比爾定律 $A = \varepsilon bc$，可用於定量分析。

1. 分子振動

分子振動可以分為兩種形式：伸縮振動 (stretching vibration) 和彎曲振動 (bending vibration)。伸縮振動是原子沿其化學鍵的方向作有規律的運動，又分為對稱與不對稱伸縮振動兩種。而彎曲振動則是改變鍵角的運動，兩化學鍵若連結一共用原子，則共用原子兩端之原子或原子基團因運動而導致鍵角的改變，彎曲振動有同平面之搖擺 (rocking) 與交剪 (scissoring)、不同平面之搖動

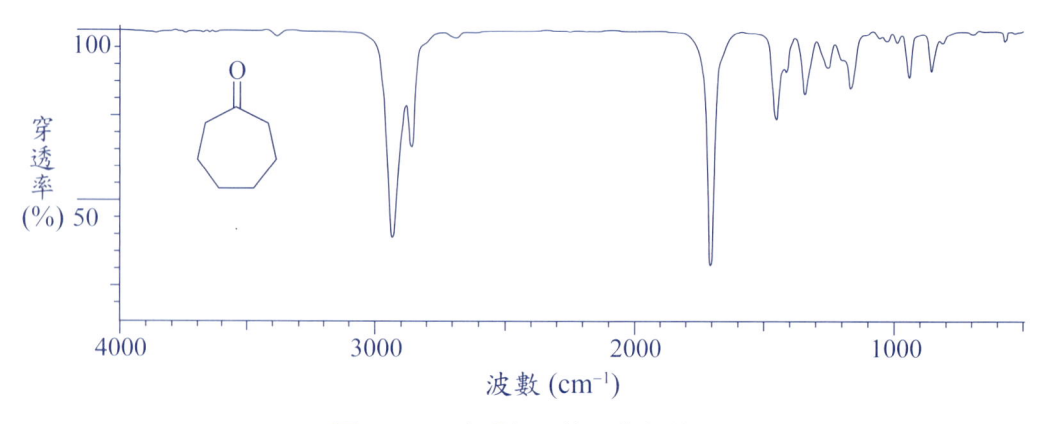

圖 5.1　環庚酮紅外線吸收光譜圖

對稱的伸縮振動　　　　　不對稱的伸縮振動
(symmetric stretching vibration)　(asymmetric stretching vibration)

同平面之搖擺 (rocking)　　同平面之交剪 (scissoring)

不同平面之搖動 (wagging)　不同平面之扭轉 (twisting)

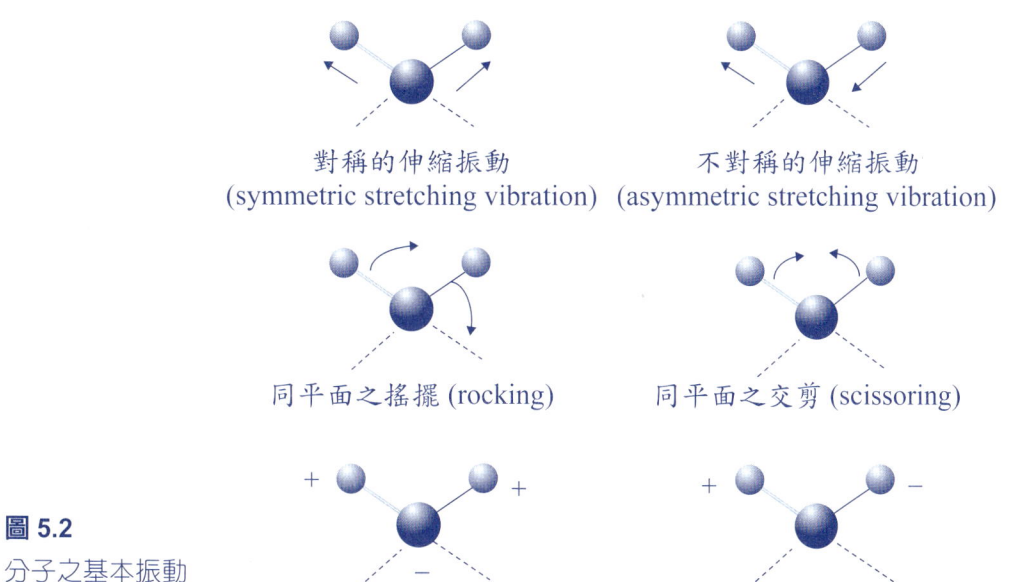

圖 5.2
分子之基本振動類型

(wagging) 與扭轉 (twisting)，各種振動類型如圖 5.2 所示。

2. 雙原子分子伸縮振動之力學模型

原子間伸縮振動的特性能夠近似於以彈簧連結兩個質量的力學模型表示。沿著彈簧軸施加力於其中一質量，會導致振盪，即簡諧振盪 (simple harmonic oscillator) 的模型。當物體進行簡諧運動時，物體所受的力跟位移成正比，並且力總是指向平衡位置。考慮將單一質量連接於懸吊彈簧下如圖 5.3 所示，沿彈簧軸施加一個力，使單一質點從平衡位置移動距離為 x，如果用 F 表示質點受到的回復力，則此時回復力 F 會正比於移動距離 x，此即是虎克定律 (Hooke's law)，可用下式來表示：

$$F = -kx \qquad (5\text{-}1)$$

式中 k 為力常數 (force constant)，與彈簧之剛硬度 (stiffness) 有關，負號則表示回復力的方向總是跟物體位移的方向相反。此時位能 E 為

$$E = \frac{1}{2}kx^2 \qquad (5\text{-}2)$$

簡諧振盪之位能曲線為一拋物線，隨著彈簧沿 x 方向變形 (不論拉伸還是壓

縮)，位能相應增加，當彈簧被拉伸或壓縮至最大振幅時，其位能最大，彈簧回復至平衡位置時，其位能為零。

由古典力學 (classical mechanics) 可以推導出單一質量振動的自然頻率 v_m 為

$$v_m = \frac{1}{2\pi}\sqrt{\frac{k}{m}} \tag{5-3}$$

振動自然頻率僅隨彈簧之力常數 k 及連接體質量 m 而改變。當彈簧連接兩個質量 m_1 及 m_2 之系統時，以折合質量 (reduced mass) μ 來取代單一質量 m，即

$$\mu = \frac{m_1 m_2}{m_1 + m_2} \tag{5-4}$$

因此，此系統的振動頻率即可表示如下

$$v_m = \frac{1}{2\pi}\sqrt{\frac{k}{m}} = \frac{1}{2\pi}\sqrt{\frac{k(m_1+m_2)}{m_1 m_2}} \tag{5-5}$$

依量子力學 (quantum mechanics) 之波動方程式求解之分子振動能

$$E = (v+\frac{1}{2})\frac{h}{2\pi}\sqrt{\frac{k}{\mu}} \tag{5-6}$$

式中 h 為蒲朗克常數，v 是振動量子數，為包含零的正整數。將 (5-5) 式代入 (5-6) 式可得到分子振動頻率為 v_m 時之能量 E

$$E = (v+\frac{1}{2})hv_m \tag{5-7}$$

由於振動量子數是包含零的正整數，在室溫下，大多數之分子均處在振動基態 ($v = 0$)，因此，由 (5-7) 式，在基態振動能階的能量為

$$E_0 = \frac{1}{2}hv_m \tag{5-8}$$

激發至第一個振動激發態 ($v = 1$) 時，其能量為

$$E_1 = \frac{3}{2}hv_m \tag{5-9}$$

所需的輻射能 $\Delta E = E_1 - E_0$ 為

$$\Delta E = \frac{3}{2}hv_m - \frac{1}{2}hv_m = hv_m \tag{5-10}$$

此時輻射能的頻率 v 恰等於古典力學振動的自然頻率 v_m，亦即

$$v = v_m = \frac{1}{2\pi}\sqrt{\frac{k}{\mu}} \tag{5-11}$$

若以輻射能的波數來表達，則如下式

$$\bar{v} = \frac{1}{2\pi c}\sqrt{\frac{k}{\mu}} = 5.3 \times 10^{-12}\sqrt{\frac{k}{\mu}} \tag{5-12}$$

上式中，波數 $\bar{v}$ 的單位為 cm^{-1}，光速 c 的單位為 cm/s；若力常數 k 的單位為 dyne/cm，則折合質量 μ 單位為 g；如果力常數 k 的單位為 N/m，則折合質量 μ 單位為 kg。

由式 (5-12) 和實際觀測的紅外線吸收光譜，可以估算各種化學鍵結的力常數，如表 5.2 所示，單鍵的力常數約在 5.0×10^5 dyne/cm，而雙鍵及參鍵的力常數約為單鍵的兩倍及三倍。

表 5.2 使用虎克定律估算紅外線吸收光譜區域

化學鍵結	力常數 dyne/cm	紅外線吸收區域 (cm^{-1}) 計算值	實驗測值
C−O	5.0×10^5	1113	1000~1200
C−C	4.5×10^5	1128	1000~1200
C=C	9.7×10^5	1657	1500~1700
C=O	12.1×10^5	1731	1600~1800
C≡C	15.6×10^5	2101	2100~2200
O−H	7.0×10^5	3553	2800~3800

範例

試估計羰基 (C=O) 伸縮振動的基本吸收峰之波數及波長。

解答

碳原子質量以克表示

$$m_1 = \frac{12 \text{ g/mol}}{6.02 \times 10^{23} \text{ /mol}} = 1.99 \times 10^{-23} \text{ g}$$

氧原子質量以克表示

$$m_2 = \frac{16 \text{ g/mol}}{6.02 \times 10^{23} \text{ /mol}} = 2.66 \times 10^{-23} \text{ g}$$

∴ 折合質量

$$\mu = \frac{m_1 m_2}{m_1 + m_2} = \frac{(1.99 \times 10^{-23})(2.66 \times 10^{-23})}{(1.99 \times 10^{-23}) + (2.66 \times 10^{-23})} = 1.14 \times 10^{-23} \text{ g}$$

由表 5.2，C=O 雙鍵之力常數為 12.1×10^5 dyne/cm

∴ 波數

$$\bar{v} = \frac{1}{2\pi c} \sqrt{\frac{k}{\mu}} = 5.3 \times 10^{-12} \sqrt{\frac{k}{\mu}} = \frac{5.3 \times 10^{-12} s}{\text{cm}} \times \sqrt{\frac{12.1 \times 10^5 \text{ dyne/cm}}{1.14 \times 10^{-23} \text{ g}}}$$

$$= 1730 \text{ cm}^{-1}$$

波長

$$\lambda = \frac{1}{\bar{v}} = \frac{1}{1730 \text{ cm}^{-1}} = 5.78 \times 10^{-4} \text{ cm} = 5.78 \text{ μm}$$

由實驗測得羰基的伸縮振動吸收帶在 $1600 \sim 1800 \text{ cm}^{-1}$，與估計相符。

根據簡諧振動模型，由能階 1 至 2 或是 2 至 3 的躍遷能量，應與由能階 0 至 1 之躍遷能量相同，亦即能階是等間隔的 (如圖 5.3 曲線 1 所示)。量子理論亦指出振動量子數改變一個單位時，即選擇律 (selection rule) 所述之

$\Delta v = \pm 1$，才能發生能階的躍遷。因為振動能階等距且選擇律 $\Delta v = \pm 1$，所以對一特定分子之振動只有一個吸收峰。

然而，真實分子之振動行為與簡諧振動是有差異的，簡諧振動模型位能曲線為一拋物線，隨核間距離增加或縮小，位能都將無止境的增加；而雙原子分子的實際情形為當兩原子互相靠近時，兩原子核之庫侖排斥會產生與彈簧恢復力相同方向的力量，因此位能提升會較簡諧振動模型預測快一些，而當兩原子遠離時位能則較預測減少，直至原子間引力減至零而位能趨於常數。因此非簡諧振盪的振動能階中，相鄰兩能階的能階差並非維持定值，而是隨振動量子數 v 增加，能階間距變小 (如圖 5.3 曲線 2 所示)。

此外，真實分子並不嚴格遵守選擇律，根據簡諧振動模型，雙原子分子只能出現一條頻率為 σ 的基頻譜帶，這與實驗結果不完全相符，事實上，在 2σ, 3σ... 等位置上還可以發現強度較基頻弱得多的譜帶，這種從 $v = 0$ 至 $v = 2$ 或 3 的躍遷屬於倍頻 (overtone) 躍遷，其機率較小，只有吸收強度較高的吸收峰才會出現倍頻。

分子內有兩組以上的原子進行振動時，則彼此間可能產生交互作用，而於紅外線光譜中出現組合譜帶 (combination band) 之吸收峰，其頻率可能是兩個基頻的和或差。同樣的，這種合成或差異峰之強度一般均甚弱。

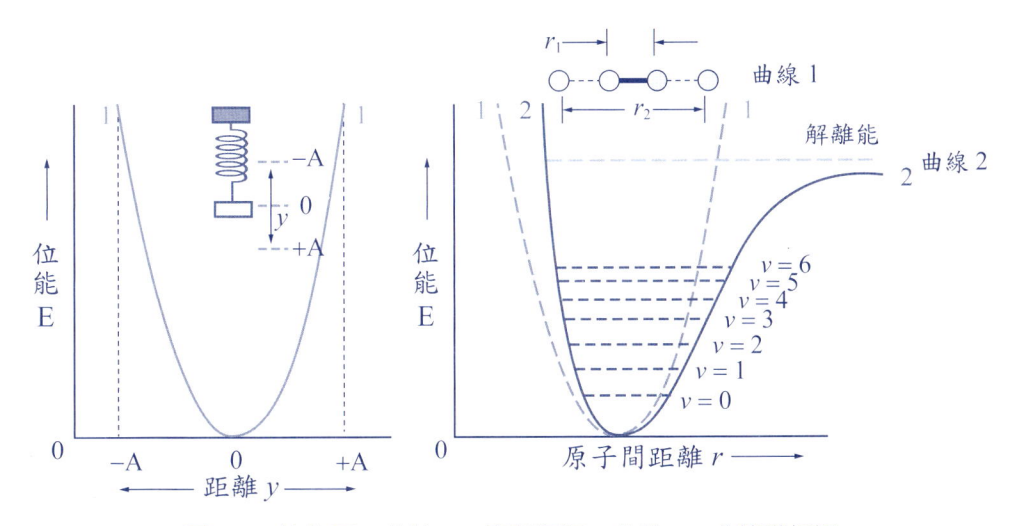

圖 5.3 位能圖。曲線 1：簡諧振盪，曲線 2：非簡諧振盪

3. 振動模式的數目

在紅外線光譜中,只有分子的偶極矩 (dipole moment) 發生改變的振動才會有吸收發生。在笛卡兒座標中每個原子具有 3 個自由度 (degrees of freedom),以描述其相對於 3 個軸之間的關係,一含有 n 個原子的分子,具有 $3n$ 的總自由度。考慮分子運動時,其 $3n$ 的自由度共包含以下三類運動模式:

(1) 移動 (translation)

整個分子在空間中移動,須 3 個自由度,即 x 軸、y 軸及 z 軸。

(2) 轉動 (rotation)

整個分子繞著重心旋轉,對於線性分子須 2 個自由度,非線性分子須 3 個自由度。

(3) 振動 (vibration)

總自由度減去移動自由度與轉動自由度即為振動自由度,對於含有 n 個原子的線性分子,其振動自由度為 $3n - 3 - 2 = 3n - 5$,對於含有 n 個原子的非線性分子,其振動自由度為 $3n - 3 - 3 = 3n - 6$。

例如甲烷 (CH_4) 為含 5 個原子之非線性分子,有 $3n - 6 = 3 \times 5 - 6 = 9$ 個基本振動模式。而二氧化碳 (CO_2) 為含 3 個原子之線性分子,則有 $3n - 5 = 3 \times 3 - 5 = 4$ 個基本振動模式。

每種基本振動模式都有其特定的振動頻率,但紅外線光譜中基頻譜帶的數目常小於振動自由度,其原因有:

(1) 簡併 (degenerate),不同的振動類型有相同的振動頻率。
(2) 非紅外線活性振動,即不改變其淨偶極矩的基本振動。
(3) 由於儀器的分辨率或靈敏度太低,或是不在測量的波長範圍內,導致有些峰不能被分辨或檢出。

除了基頻譜帶外,紅外線光譜還可能會有從 $v = 0$ 至 $v = 2$ 或 3 的倍頻躍遷,以及原子進行振動時彼此間產生交互作用的組合譜帶;此外,因振動耦合 (coupling) 或費米共振 (Fermi resonance) 等原因,亦會造成峰的分裂使譜帶增

多。

　　振動耦合是紅外線光譜的普遍現象，因此對一個有機官能基無法準確指定一特定吸收峰位置，例如 C–O 的伸縮振動頻率在甲醇中為 1034 cm^{-1}，在乙醇中為 1053 cm^{-1}，在 2-丁醇中為 1105 cm^{-1}，這是由於 C–O 的伸縮振動和鄰近的 C–H 伸縮振動及 C–C 伸縮振動耦合的結果。雖然這些振動耦合的效應導致化合物官能基鑑定的不準確，但這效應也提供了每一化合物紅外線吸收光譜獨特的特徵，用於確認一特定化合物。

5.2　紅外線光譜儀組件

　　傳統的紅外線光譜儀可以分成色散型 (dispersive type) 及非色散型 (nondispersive type) 兩種型式，目前色散型紅外線光譜儀一般採雙光束的設計，如圖 5.4 所示，採用雙光束是為了能夠補償或調整樣品光束與參考光束間的差異，以減少來自大氣中水氣、二氧化碳或者溶劑等之干擾。

　　如圖 5.4 所示，由光源發散出來之輻射，一邊是由分光鏡將光束通過樣品

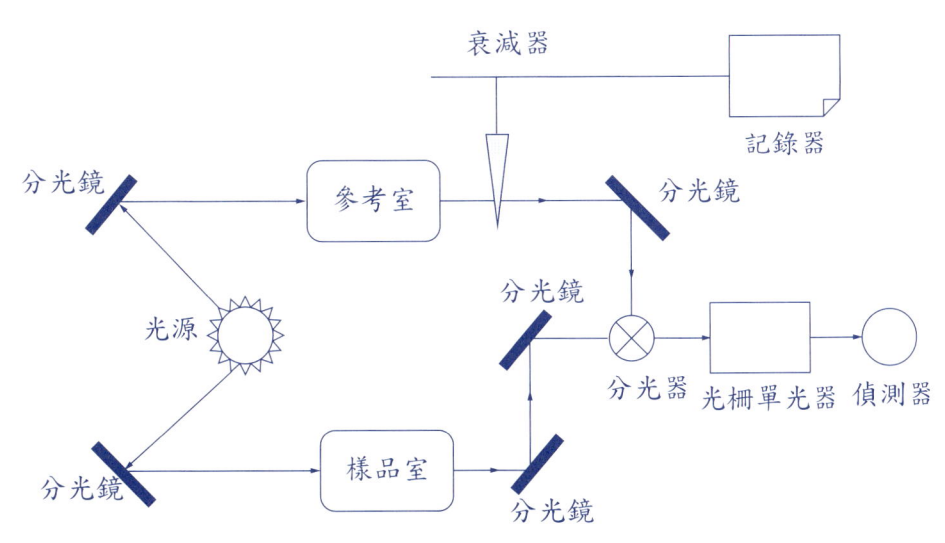

圖 5.4　色散型紅外線光譜儀之構造示意圖

室，另一邊則由另一組分光鏡將光束通過參考室，通過樣品室之樣品光束與通過參考室之參考光束經分光器交替到達光柵單光器，雙光束色散型儀器須靠光柵的轉動，以便改變不同波長的輻射，才能到達定位的偵測器上，故需花一段時間進行光譜掃描。

紅外線光譜儀的組件主要是由光源、樣品室、單色器及偵測器所組成，分述如下。

1. 光源

紅外線光譜儀的光源常用為能斯特燈 (Nernst glower) 及碳化矽發熱體 (globar)，能斯特燈是一根直徑 1~2 mm，長 20 mm 的稀土金屬氧化物製之圓柱體，碳化矽發熱體則是一根直徑 5 mm，長 50 mm 的碳化矽棒，能斯特燈與碳化矽發熱體皆靠電流加熱，所產生之波長範圍及功率如表 5.3 所列。

2. 樣品室

為避免中-紅外線光區之光束 (波數範圍 4000 cm^{-1} 到 670 cm^{-1}) 被樣品室之容器吸收，因此樣品室之容器通常以氯化鈉晶體製成，如果是固態樣品，通常先將固態樣品磨成粉末，再以溴化鉀 (KBr) 與樣品粉末混合加壓打片，再置入樣品室量測。

3. 單色器

將光源之輻射光加以分離，只選擇單色光 (單一波長) 進行分析，此種將多色光分離為單色光的裝置，稱之為單色器 (monochromator)，一般單色器可以分為稜鏡 (prism) 和光柵 (grating)。目前紅外線光譜儀皆採用光柵而不用稜鏡，因為以氯化鈉晶體製成之稜鏡容易潮解，光柵有很好的抗濕力及接近線性分光的能力，紅外線光譜儀所使用之光柵通常是覆有鋁膜之玻璃片或塑膠片。

表 5.3　紅外線光譜儀的常用光源

型態	輻射材質	波長範圍	功率 (Wcm^{-2}nm^{-1}s^{-1})
Nernst Glower	ZrO$_2$+Y$_2$O$_3$ at 1200K~2000K	0.4 μm~20 μm	10^{-4}
Globar	Silicon carbide at 1300K~1500K	1 μm~40 μm	10^{-4}

4. 偵測器

紫外光-可見光光譜法或螢光光譜法所使用之偵測器-光電倍增管 (photomultiplier tube, PMT)，並不適合當作紅外線光譜儀之偵測器，因為紅外光的能量不足以發生光電效應所以必須使用光導電度偵測器 (photoconductivity detector) 或熱偵測器 (thermal detector)。

(1) 光導電度偵測器

光導電度偵測器的原理為在石英或玻璃板上覆蓋一層硫化鉛 (PbS) 的光導材料，藉由量測導電度分析光子訊號，波長範圍為 750 nm~3000 nm，如圖 5.5 為光導電度偵測器示意圖。

(2) 熱偵測器

熱偵測器常用於紅外線光源低能量的檢測分析，主要原理是吸收低能量紅外線輻射，將微量的溫度變化轉成電位變化、導電度變化或電荷變化而達到偵檢的目的，有下列四種類型。

(A) 熱電偶 (thermocouple)

原理：二種不同金屬之連接點 (junction) 吸收熱輻射，使得連接點溫度的升高，造成所連接二種不同金屬產生電位變化，波長範圍為 1 μm~40 μm，如圖 5.6 為熱電偶示意圖。

(B) 電阻式熱偵測器 (bolometer detector)

電阻式熱偵測器的原理為溫度升高，造成半導體價帶的電子提升到

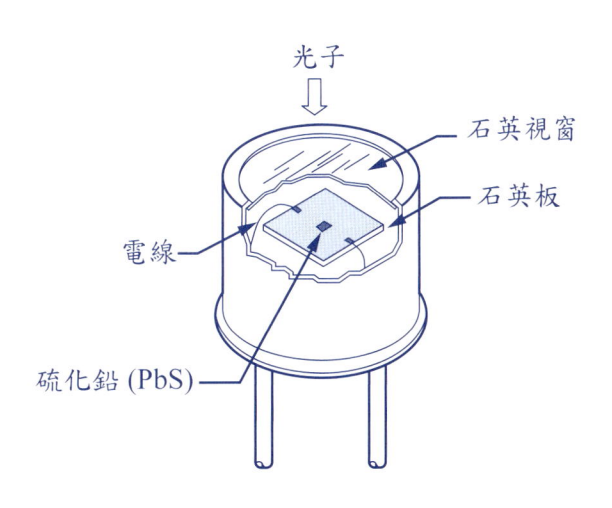

圖 5.5
光導電度偵測器示意圖

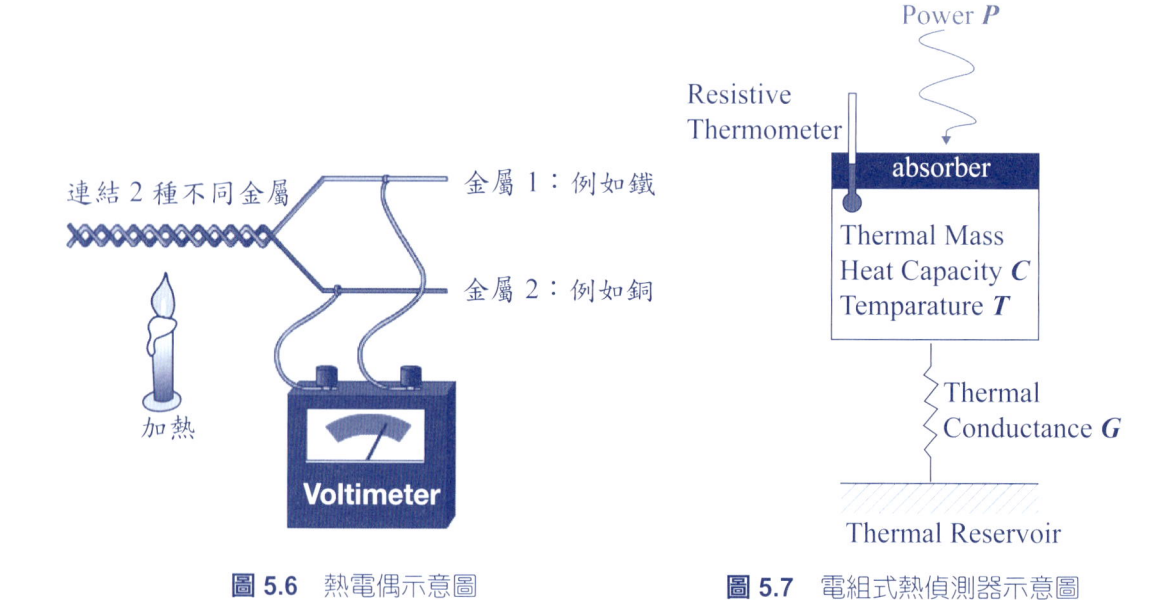

圖 5.6　熱電偶示意圖　　　　圖 5.7　電組式熱偵測器示意圖

導電帶，使得導電度增加，電阻下降，可用於紅外線光源低能量的檢測分析，如圖 5.7 為電阻式熱偵測器示意圖。

(C) 氣壓式熱偵測器 (pneumatic detector) 又稱為格雷偵測器 (Golay detector)

格雷偵測器的原理為當輻射撞擊偵測器被腔體中的氣體吸收，氣體受熱膨脹達到紅外線光源低能量的檢測分析目的，如圖 5.8 為格雷偵測器示意圖。

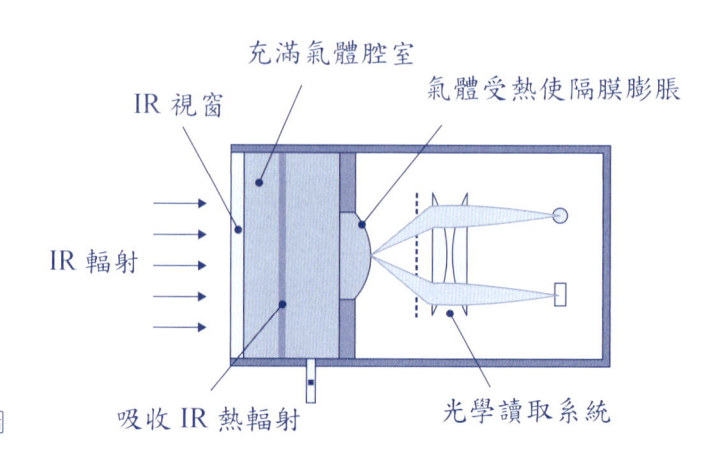

圖 5.8　格雷偵測器示意圖

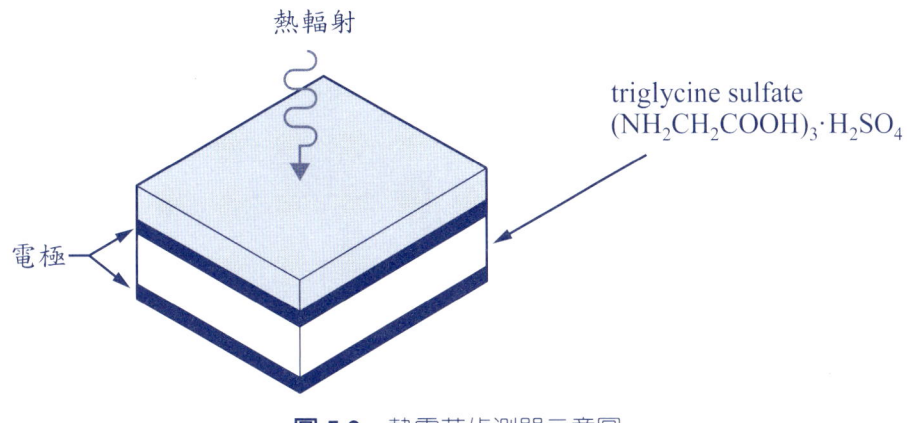

圖 5.9 熱電荷偵測器示意圖

(D) 熱電荷偵測器 (pyroelectric detector)

熱電荷偵測器主要是由 triglycine sulfate $(NH_2CH_2COOH)_3 \cdot H_2SO_4$ 所組成，熱輻射使 triglycine sulfate 板表面產生電荷變化，如圖 5.9 為熱電荷偵測器示意圖。

5.3 傅立葉轉換紅外線光譜儀

傳統的色散型紅外線光譜儀，須靠光柵的轉動以便改變不同波長的輻射才能到達定位的偵測器上，故需花一段時間進行光譜掃描，解析度一般都在 1 cm^{-1} 以上，而且為了使某一特定波長的光通過樣品，必須使用狹窄的狹縫 (slits)，大部分的光源都被擋在狹縫外而浪費掉，因此導致靈敏度差，太弱的吸收無法偵測出，這些紅外線光譜儀的問題，一直到 1881 年，邁克生 (Michelson) 發明了干涉儀 (interferometer) 才得以改善，利用干涉現象一次量測所有頻率之樣品光束而得到干涉光譜 (interferogram)，再利用數學傅立葉方程式，將干涉光譜轉換成傳統的紅外線光譜，結合 Michelson 干涉儀與傳統的紅外線光譜儀，即組成傅立葉轉換紅外線光譜儀 (Fourier transform infrared spectrometer, FTIR)，如圖 5.10 所示。

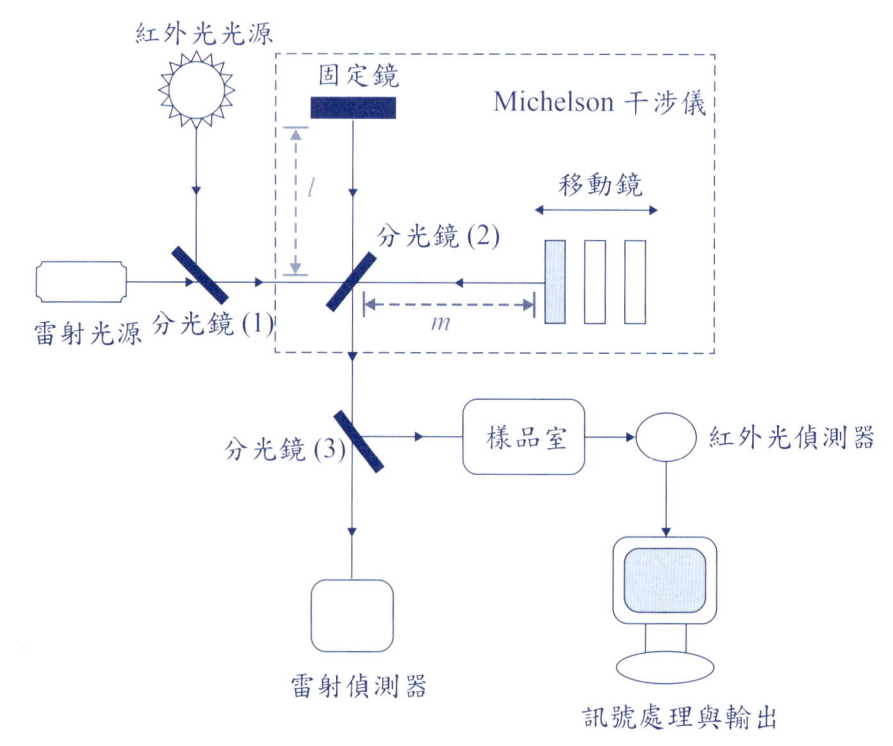

圖 5.10 傅立葉轉換紅外線光譜儀之構造示意圖

傅立葉轉換紅外線光譜儀的優點主要是同一時間內可以量測所有頻率之樣品光束，不需要像傳統的紅外線光譜儀使用光柵的轉動進行光譜掃描，而是在同一時間內，取得多次的干涉光譜並加以平均，增加雜訊比 (signal to noise, S/N)，以提高偵測靈敏度。

圖 5.10 中，光源發出的輻射光束經分光鏡分成 2 道光束，分別到達固定鏡與移動鏡後再回到分光鏡，並通過樣品室到達偵測器，而移動鏡則由一個線性驅動馬達加以移動，由於固定鏡反射光束與移動鏡反射光束會有相位差 (phase difference)，因此產生干涉現象，固定鏡至分光鏡 (2) 之光程為 l，移動鏡至分光鏡 (2) 之光程為 m，其 2 束光束之來回光程差為 $2(m-l)$，利用移動鏡的速率調整來回光程差為此一光束波長之整數倍，即 $2(m-l) = n\lambda$，以產生建設性干涉，所產生之干涉光譜，再經過傅立葉轉換成傳統之紅外線光譜。

5.4 調減全反射

當光束由較密的介質進入較疏的介質時，界面間光束會產生折射及反射的現象，當入射角(與界面法線的夾角)增大時，即入射光束與界面夾角越小時，入射光束的折射率會減少，反射率會增加，當超過某一臨界的角度時，便會造成全反射的現象。在反射過程中，事實上光束是進入較疏介質的一小段距離才會發生反射，此時穿透的輻射稱為虛波 (evanescent wave)。如果較疏介質吸收虛波的輻射，則光束會在吸收光譜的波長位置會有減弱現象，此現象即為調減全反射 (attenuated total reflectance, ATR)。

一般而言，調減全反射常應用於難處理的樣品，例如薄膜樣品、溶解度差的固體樣品、附著劑樣品及各種少量樣品，都很適合利用調減全反射量測，求得樣品材質的紅外線光譜資訊，調減全反射之構造示意圖如圖 5.11 所示。

樣品置於一有高折射率之透明晶體的兩側，通常使用溴化銫／碘化銫的混合晶體，調整輻射光束的入射角使得光束在到達偵測器之前能與樣品進行多次反射，因此僅需少量樣品即可測得樣品之紅外線光譜資訊。

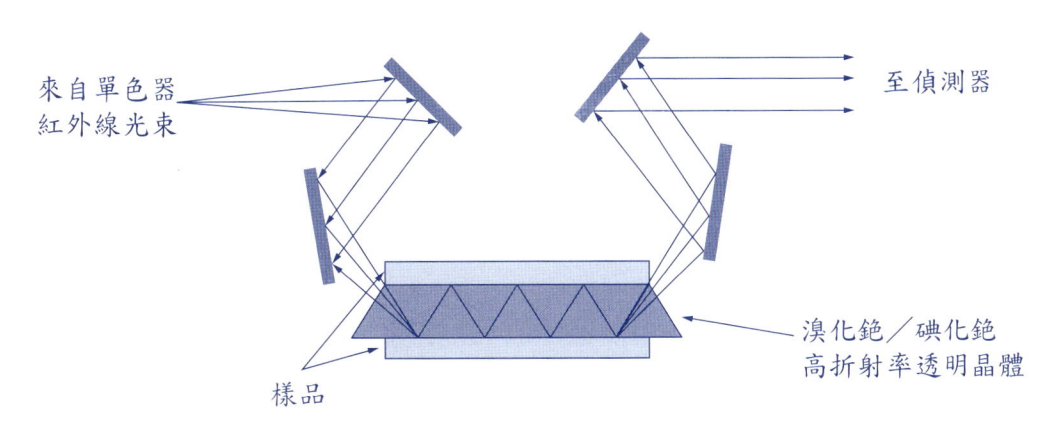

圖 5.11 調減全反射之構造示意圖

5.5 官能基的紅外線吸收波數範圍

紅外線吸收光譜法之所以成為研究物質分子的定性及定量分析方法，主要是因為物質分子的官能基反應出對紅外線輻射的吸收特性，最常量測的波數範圍為 4000 cm^{-1}~670 cm^{-1}，表 5.4 列舉常見官能基進行伸縮振動的紅外線吸收波數範圍。

表 5.4　常見官能基的紅外線吸收波數範圍

項次	官能基	波數範圍，cm^{-1}	吸收強度
1	alkane，C–H	2850～2960	中到強
2	alkene，=C–H	3020～3100	中
	alkene，C=C	1650～1670	中
3	alkyne，≡C–H	3300	強
	alkyne，C≡C	2100～2260	中
4	alkyl halide，C–Cl	600～800	強
	alkyl halide，C–Br	500～600	強
	alkyl halide，C–I	500	強
5	alcohol，–O–H	3400～3640	強，寬
	alcohol，C–O	1050～1150	強
6	aromatic，⌬–H	3030	中
	aromatic，⌬ C=C	1600，1500 (2 peaks)	強
7	amine，N–H	3300～3500	中
	amine，C–N	1030，1230 (2 peaks)	中
8	carbonyl，C=O	1670～1810	強
9	carboxylic acid，–C(=O)–O–H	2500～3100	強
10	nitrile，–C≡N	2210～2260	中
11	nitro，–NO$_2$	1540	強

此外，紅外線吸收波數亦會受到臨近官能基是否是拉電子基、推電子基、共振效應等因素影響，例如酮（R—CO—R'）之 C=O 紅外線吸收波數為 1715 cm^{-1}，若改以拉電子基 Cl 取代成為酸氯（R—CO—Cl），則其 C=O 紅外線吸收波數增加為 1800 cm^{-1}。反之，若改以推電子基 NH$_2$ 取代成為醯胺（R—CO—NH$_2$），則其 C=O 紅外線吸收波數減少為 1680 cm^{-1}。

範例

比較 R—CO—Cl、R—CO—OR'、R—CO—H、R—CO—R'、R—CO—OH、R—CO—NH$_2$ 之 C=O 紅外線吸收波數大小。

解答

拉電子基會增加 C=O 紅外線吸收波數，反之，推電子基會減少 C=O 紅外線吸收波數。

R—CO—Cl (1800 cm^{-1}) > R—CO—OR' (1735 cm^{-1}) > R—CO—H (1725 cm^{-1}) > R—CO—R' (1715 cm^{-1}) > R—CO—OH (1710 cm^{-1}) > R—CO—NH$_2$ (1680 cm^{-1})

除了進行伸縮振動的紅外線吸收之外，在 1000 cm^{-1}～670 cm^{-1} 波數範圍可量測取代基在分子平面外之彎曲振動。例如表 5.5 為烯類 (alkenes) 上 C–H 之平面外的彎曲振動紅外線吸收波數範圍。表 5.6 則為苯環上 C–H 之平面外之彎曲振動紅外線吸收波數範圍。

表 5.5 烯類上 C–H 之平面外彎曲振動的紅外線吸收波數範圍

項次	烯類上取代基位置	波數範圍, cm^{-1}
1	RHC=CHH	910，990 (2 peaks)
2	RHC=CRH (偕)	890
3	RHC=CHR	970
4	RRC=CHH	670–730
5	RRC=CHR	800–830
6	RRC=CRR	None

表 5.6 苯環上 C–H 之平面外之彎曲振動紅外線吸收波數範圍

項次	苯環上取代基位置	波數範圍, cm^{-1}
1	單取代	690～710，730～770 (2 peaks)
2	間二取代	690～710，770～810 (2 peaks)
3	鄰二取代	735～770
4	對二取代	800～850
5	1,2,4-三取代	790～830，860～890 (2 peaks)
6	1,3,5-三取代	670～700，830～910 (2 peaks)
7	1,2,3-三取代	690～720，750～780 (2 peaks)

範例

請由下圖 $C_8H_9NO_2$ 之 IR 光譜圖，推估其化合物之結構式為何？

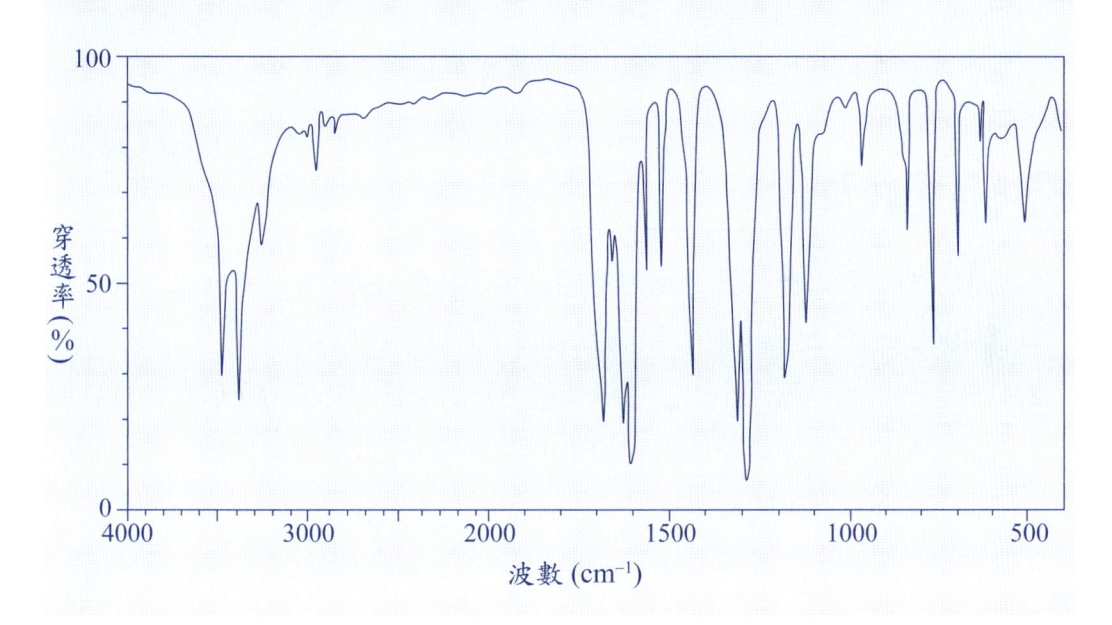

解答

$C_8H_9NO_2$ 不飽和度計算公式 = (2 × 碳的個數 + 2 − 氫的個數 − 鹵素的個數 + 氮的個數)/2 = ((2 × 8 + 2) − 9 + 1)/2 = 5，有 5 個不飽和度，苯之不飽和度 = 4，查表 5.4 之常見官能基的紅外線吸收波數範圍，對照本題之 IR 光譜圖，得知約在 2900 cm^{-1} 有 1 peak，在 1500 cm^{-1}、1600 cm^{-1} 有 2 peaks，推估有 1 苯環，且在 1700 cm^{-1} 有 1 peak，推估有 1 carbonyl group (C=O)。另外在 3300 cm^{-1} − 3500 cm^{-1} 出現 2 peaks，表示有 1 個 NH_2 group。在 800 cm^{-1} − 850 cm^{-1} 有 1 peak，表示 carbonyl group (C=O) 與 NH_2 group 分別在苯環上對位 (para) 的位置，在 1050 cm^{-1} − 1150 cm^{-1} 上有 2 個 C−O group，綜合上述資訊，可得知此一化合物為 methyl 4-aminobenzoate，結構為 $H_2N-C_6H_4-C(=O)-O-CH_3$。

參考資料

1. 儀器分析，林敬二審譯，(Principle of instrumental analysis, Dougls A. Skoog)，美亞書版股份有限公司。
2. 最新儀器分析總整理，何雍編著，鼎茂圖書出版股份有限公司。

本章重點

1. 目前紅外線吸收光譜法應用最多的區域主要是在中-紅外線光區，波數範圍 4000 cm^{-1} 到 670 cm^{-1}，波長範圍 2.5 μm 至 15 μm。
2. 紅外線輻射的能量遠小於紫外線或可見光的能量；物質分子吸收紫外線或可見光能引起不同電子能階間的電子躍遷，而吸收紅外線輻射的能量約是不同的振動或轉動的能階差。
3. 典型的紅外線光譜圖的 y 軸以穿透率表示，x 軸為波數。
4. 在紅外線光譜中，吸收峰的波數與分子中不同鍵結原子間的振動頻率有關，可用於官能基或結構鑑定等定性分析，透過公式吸收值 (A) = −log 穿透率 (T)，將穿透率 (T) 換算成吸收值 (A)，依照比爾定律 A = εbc，可用於定量分析。
5. 分子振動可以分為兩種形式：伸縮振動和彎曲振動。伸縮振動是原子沿其化學鍵的方向作有規律的運動，又分為對稱與不對稱伸縮振動兩種。彎曲振動有同平面之搖擺與交剪、不同平面之搖動與扭轉。
6. 在紅外線光譜中，只有分子的偶極矩發生改變的振動才會有吸收發生。
7. 對於含有 n 個原子的線性分子，其振動自由度為 3n − 5，對於含有 n 個原子的非線性分子，其振動自由度為 3n − 6。
8. 傅立葉轉換紅外線光譜儀 (FTIR) 主要是同一時間內量測所有頻率之樣品光束，不需要像傳統的色散型紅外線光譜儀使用光柵的轉動進行光譜掃描，而是在同一時間內，取得多次的干涉光譜並加以平均，增加雜訊比，以提高偵測靈敏度，產生之干涉光譜，再經過傅立葉轉換成傳統之紅外線光譜。

9. 調減全反射 (ATR) 常應用於難處理的樣品如薄膜樣品、溶解度差的固體樣品、附著劑樣品及各種少量樣品。樣品置於一有高折射率之透明晶體的兩側，通常使用溴化銫／碘化銫的混合晶體，調整輻射光束的入射角使得光束在到達偵測器之前能與樣品進行多次反射，因此僅需少量樣品即可測得樣品之紅外線光譜資訊。

10. 表 5.4 為研究物質分子的官能基定性的參考依據，例如 O-H 在 $3400\ cm^{-1}$ – $3640\ cm^{-1}$ 有吸收，C=O 在 $1670\ cm^{-1}$ – $1810\ cm^{-1}$ 有吸收。

本章習題

一、單選題

1. 以下敘述何者為真？
   (1) 物質分子吸收紅外線輻射能引起不同電子能階間的電子躍遷
   (2) 吸收紫外線或可見光的能階差只存在於不同的振動或轉動能階之間
   (3) 紅外線輻射的能量遠小於紫外線或可見光的能量
   (4) 以上皆是

   答案：(3)

2. carbonyl group (C=O) 紅外線吸收波數範圍為何？
   (1) $3300\ cm^{-1}$ – $3500\ cm^{-1}$　　(2) $2210\ cm^{-1}$ – $2260\ cm^{-1}$
   (3) $1670\ cm^{-1}$ – $1810\ cm^{-1}$　　(4) $800\ cm^{-1}$ – $830\ cm^{-1}$

   答案：(3)

3. 比較 $R-\overset{O}{\underset{\|}{C}}-OR'$、$R-\overset{O}{\underset{\|}{C}}-NH_2$、$R-\overset{O}{\underset{\|}{C}}-R'$ 之 C=O 紅外線吸收波數大小，何者正確？

   (1) $R-\overset{O}{\underset{\|}{C}}-OR' > R-\overset{O}{\underset{\|}{C}}-NH_2 > R-\overset{O}{\underset{\|}{C}}-R'$

   (2) $R-\overset{O}{\underset{\|}{C}}-R' > R-\overset{O}{\underset{\|}{C}}-NH_2 > R-\overset{O}{\underset{\|}{C}}-OR'$

(3) $R-\underset{\underset{O}{\|}}{C}-OR' > R-\underset{\underset{O}{\|}}{C}-R' > R-\underset{\underset{O}{\|}}{C}-NH_2$

(4) $R-\underset{\underset{O}{\|}}{C}-NH_2 > R-\underset{\underset{O}{\|}}{C}-R' > R-\underset{\underset{O}{\|}}{C}-OR'$

答案：(3)

4. 水分子 (H_2O) 的移動、轉動和振動自由度的數目分別為下列何者？

(1) 3,3,3　　　　　　　　　(2) 3,2,3

(3) 2,3,4　　　　　　　　　(4) 3,2,4

答案：(1)

5. 二氧化碳分子 (CO_2) 的移動、轉動和振動自由度的數目分別為下列何者？

(1) 3,3,3　　　　　　　　　(2) 3,2,3

(3) 2,3,4　　　　　　　　　(4) 3,2,4

答案：(4)

6. 下列何者之紅外線吸收光譜在 3300 cm^{-1} 有吸收峰？

(1) 1-丁炔　　　　　　　　(2) 2-丁炔

(3) 正丁烷　　　　　　　　(4) 異丁烷

答案：(1)

7. 下列何者之紅外線吸收光譜在近 1700 cm^{-1} 沒有吸收峰？

(1) 丁酸　　　　　　　　　(2) 丁醛

(3) 丁酮　　　　　　　　　(4) 丁烷

答案：(4)

8. 下列有關官能基紅外線吸收波數範圍之敘述，何者錯誤？

(1) carbonyl group (C=O) 紅外線吸收波數範圍為 1670 cm^{-1} ~ 1810 cm^{-1}

(2) alkene (C-H) 紅外線吸收波數範圍為 2850 cm^{-1} ~ 2960 cm^{-1}

(3) amine (N-H) 紅外線吸收波數範圍為 3300 cm^{-1} ~ 3500 cm^{-1}

(4) alcohol (O-H) 紅外線吸收波數範圍為 3400 cm^{-1} ~ 3640 cm^{-1}

答案：(2)

9. 下列何者不可當作紅外線光譜儀的偵測器？

(1) 光電倍增管 (photomultiplier tube, PMT)

(2) 光導電度偵測器 (photoconductivity detector)

(3) 熱電偶 (thermocouple)

(4) 電阻式熱偵測器 (bolometer detector)

答案：(1)

10. 下列何者波數範圍為最常使用在紅外線光譜儀中之光譜區？

(1) 12800～4000 cm^{-1} (2) 4000～670 cm^{-1}

(3) 670～200 cm^{-1} (4) 200～10 cm^{-1}

答案：(2)

二、複選題

1. 下列哪些可作為紅外線光譜儀的光源？

(1) Xenon arc lamp (2) Nernst Glower lamp

(3) H$_2$ 或 D$_2$ lamp (4) Globar lamp

答案：(2)(4)

2. 下列哪些可作為紅外線光譜儀的偵測器？

(1) 光電倍增管 (photomultiplier tube, PMT)

(2) 光導電度偵測器 (photoconductivity detector)

(3) 熱電偶 (thermocouple)

(4) 電阻式熱偵測器 (bolometer detector)

答案：(2)(3)(4)

3. 有關傅立葉轉換紅外線光譜儀 (FTIR) 之敘述哪些正確？

(1) 主要是同一時間內量測所有頻率之樣品光束，不需要像傳統色散型的紅外線光譜儀使用光柵的轉動進行光譜掃描

(2) 利用干涉儀一次量測所有頻率之樣品光束而得到干涉光譜，再將干涉光譜傅立葉轉換成傳統的紅外線光譜

(3) 同一時間內取得多次的干涉光譜，增加雜訊比，比傳統的紅外線光譜儀

有較高之偵測靈敏度

(4) 以上皆非

答案：(1)(2)(3)

4. 有關調減全反射 (ATR) 之敘述哪些正確？

(1) 常應用於難處理的樣品如薄膜樣品、溶解度差的固體樣品、附著劑樣品及各種少量樣品

(2) 樣品置於一有高折射率之透明晶體的兩側，通常使用溴化鉈／碘化鉈的混合晶體

(3) 調整輻射光束的入射角使得光束在到達偵測器之前能與樣品進行多次反射，因此僅需少量樣品即可測得樣品之紅外線光譜資訊

(4) 以上皆非

答案：(1)(2)(3)

5. 下列哪些化合物之紅外線吸收光譜在近 1700 cm^{-1} 有吸收峰？

(1) 丙酸 (2) 丙醛

(3) 丙酮 (4) 丙烷

答案：(1)(2)(3)

第六章

劉惠銘

原子吸收光譜法

　　早在 19 世紀初，原子吸收 (atomic absorption) 現象就已被科學家發現，到 1954 年澳大利亞的科學家 Alan Walsh 發表第一台原子吸收光譜儀，他隔年建立原子吸收光譜法 (atomic absorption spectroscopy) 的理論基礎，並以原子吸收光譜儀 (atomic absorption spectrometer, AAS) 當作分析元素的工具；之後 Boris V. L'vov 設計第一台的石墨爐原子吸收光譜儀，原子吸收光譜儀便成為測定微量金屬元素最可靠、也最靈敏的方法之一，目前原子吸收光譜法已廣泛運用在環境、食品及醫學等領域中的重金屬分析。

6.1　原子吸收光譜的原理與譜線輪廓

1. 原子吸收光譜的原理

　　原子吸收光譜簡稱為 AAS，是利用基態原子對特定波長光譜線吸收的光譜分析法，主要應用於微量金屬元素的定量，因此，又稱為原子吸光測定法。原子吸收光譜原理是先加熱分析物，將其化學鍵打斷，使成穩定的基態原子 (stable ground state atom)，再以特定波長之可見光光源照射，電子產生轉移而成為基態的自由原子 (free ground state atom)，自由原子吸收由入射輻射發射出

的特定波長，當通過基態原子的輻射具有的能量恰好等於該原子從基態躍遷至某激態能階所須的能量 (ΔE)，該基態原子就會吸收入射輻射能量而躍遷到激發態，因此，入射光強度會發生改變而產生原子吸收光譜；當使用狹窄譜線的光源進行原子吸收測定時，測量到的吸收值會與原子蒸氣內的基態原子數成正比關係。

$$\Delta E = h\nu = \frac{hc}{\lambda} \tag{6-1}$$

由於原子中電子所在的軌域能階是不連續的，因此，原子的外層電子由基態躍遷到第一電子激發態 (即能量最低的激發態) 時，要吸收一定頻率的光，這時所產生的吸收譜線稱為第一共振吸收譜線；由於各元素的原子結構和外層電子的排列不同，元素從基態躍遷至第一激發態時吸收的能量不同，因此，各元素的共振吸收譜線是不同的，各有其特徵，共振譜線也是元素的特徵譜線，原子吸收光譜位於光譜的紫外區和可見區。

由於各個元素的吸收光譜不同，各種元素必須用其特定波長的光源激發；所以，AAS 一次只能測定一種元素，在適當的濃度與操作條件之下，自由原子會吸收由光源所放出之特定頻率的能量，由於這些吸收在特定濃度範圍會遵循比爾定律 (Beer's law)，故可用來定量金屬元素。

$A = abc$
a：吸收係數 $(Lg^{-1}cm^{-1})$
b：光徑 (cm)
c：溶質濃度 (g/L)

通常可經由檢量線法或標準添加法來定量樣品中的待測元素濃度。

2. 原子吸收光譜的譜線輪廓

原子吸收光譜線是具有相當窄的頻率或波長範圍，即有一定的寬度，我們使用特徵吸收頻率的輻射光源照射時，會得到具有一定寬度的峰形吸收峰，稱為吸收譜線輪廓，如下圖 6.1，常用原子吸收譜線的中心波長和半高寬度來表示原子吸收光譜的輪廓；中心波長是取決於原子的能階，半高寬度是指在中心波

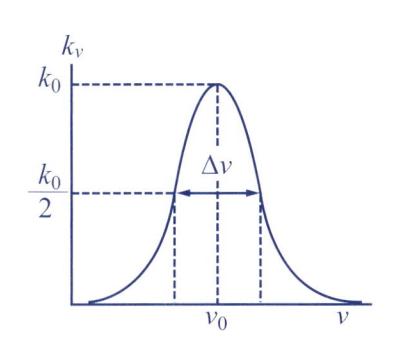

圖 6.1
吸收譜線輪廓

長的吸收係數極大值之一半，也就是吸收光譜線輪廓上兩點之間的頻率差或是其波長差。由圖 6.1 可知：在不同頻率下，吸收值係數也不同，在 v_0 處達到最大，K_0 稱為峰線吸收值係數，而 Δv 為半高寬度。

一般會影響原子吸收譜線輪廓的因素，有下列兩個主要因素：

(1) Doppler 變寬效應

　　Doppler 寬度是譜線變寬中的主要變寬現象，也稱為變寬效應，它是由原子的熱運動所引起的。Doppler 變寬效應可以達到 10^{-3} nm 數量級，但是它不造成中心頻率偏移。

　　Doppler 變寬效應是指一個運動的原子發出的光，如果運動方向遠離偵測器，則偵檢器所接收到的光頻率比靜止態原子所放射出的光頻率還低，產生「紅位移現象」；反之，原子向著偵測器運動，則偵檢器所接收的光頻率會比靜止態原子所放射出的光頻率要高，產生「藍位移現象」；這些都是 Doppler 變寬效應。

(2) 碰撞變寬

　　碰撞變寬是當原子吸收區的原子濃度夠高時，由於大量粒子相互碰撞而產生的譜線變寬現象；因為原子相互碰撞的機率與原子吸收區的氣體壓力有關，所以碰撞變寬又稱為壓力變寬效應。

　　譜線寬度僅與激發態原子的平均壽命有關，平均壽命越長，則譜線寬度越窄。原子之間的相互碰撞會導致激發態原子的平均壽命縮短，而造成譜線變寬。碰撞變寬依據相互碰撞的粒子不同，分為 Lorentz 變寬效應和 Holtsmark 變寬效應。

(A) Lorentz 變寬效應：是指待測原子和其他原子發生碰撞而引起的變寬現象，它會隨著原子區內的氣體壓力增大和溫度升高而增大。

(B) Holtsmark 變寬效應是指被測元素激發態原子與基態原子相互碰撞引起的變寬，稱為共振變寬，在通常的原子吸收測定條件下，分析元素的原子蒸氣壓力很少超過 10^{-3} mmHg，共振變寬效應可以忽略，而當蒸氣壓力達 0.1 mmHg 時，共振變寬效應才會表現出來。

此外，還有其他因素會影響譜線變寬，例如場致變寬、自身效應等。但在通常的原子吸收實驗條件下，吸收線的輪廓主要受 Lorentz 變寬效應與 Holtsmark 變寬效應的影響。在 2000~3000 K 的溫度範圍內，原子吸收線的寬度約為 10^{-3}~10^{-2} nm。在原子吸收光譜法，若使用火焰原子化器時，Lorentz 變寬是主要的影響因素；而在石墨爐原子化器時，Holtsmark 變寬是主要的影響因素。

在原子吸收光譜法，自身吸收現象變寬效應是指中空陰極燈管放射的共振譜線被燈內的同種基態原子吸收而產生自身吸收現象，一般燈管的電流越大，自身吸收現象就會越嚴重，而造成的譜線變寬。

場致變寬效應是由於外界電場、帶電粒子、離子等形成的電場與磁場的作用，而造成譜線變寬的一種現象，在一般原子吸收光譜測定，它的影響是較小的。

6.2 原子吸收光譜的元件

原子吸收光譜儀的主要元件有光源 (light source)、原子化器 (atomizer)、單光器 (monochromator)、偵測器 (detector) 與數據讀出裝置等；一般的原子吸收光譜儀的儀器簡圖如圖 6.2 所示。由下圖看出待測樣品經過適當的前處理後，被導入原子化器內進行原子化 (atomization)，形成氣態的基態原子後，以中空陰極管 (hollow cathode lamp) 照射，由單光器選擇測定的波長，經由偵測器測

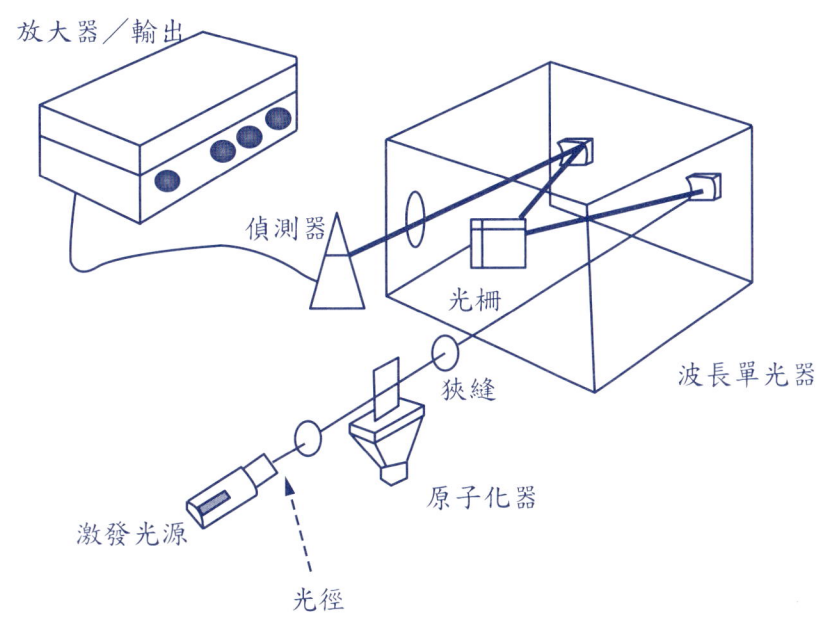

圖 6.2 原子吸收光譜儀的儀器簡圖

定光源被原子吸收前後的強度變化，以測定試樣中待測原子的吸光度。

1. 光源

AAS 的光源必須是能夠產生足夠強度的窄波帶，而且可穩定維持一段時間，常見的有中空陰極管 (HCL)、無電極放射管 (EDL)；此外，還有連續光源與可調式雷射二極體等，以下分別介紹之。

(1) 中空陰極管 (hollow cathode lamp, HCL)

中空陰極管是一種線光源，如圖 6.3，市售的 HCL 都有最高電流的限定，但是在高電流操作之下會產生元素波長的燈管自我吸收 (self-absorption) 現象，一般電流多在 10~50 mA 之間，隨元素不同而異。HCL 使用上的限制為：同一個時間內只能分析一個元素，因此，隨著待測元素不同，必須更換中空陰極管。目前原子吸收光譜分析已廣泛使用，因此，在週期表中的大多數元素都已製成 HCL 出售，不僅有單一元素的 HCL，也有多元素的 HCL 出售，例如 Ca-Mg、Cr-Fe-Ni 等燈管，其陰極是由二種或是多種具有相同性質的元素所組成。

HCL 內部填充約 1~5 torr 的惰性氣體，通常為氬氣或氖氣，一個鎢製的

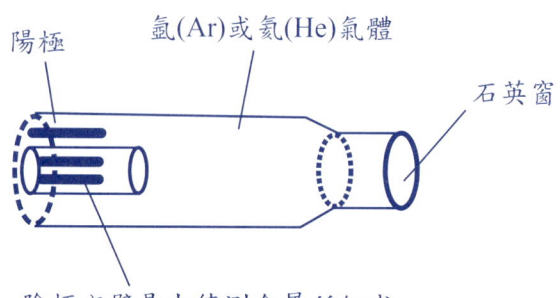

圖 6.3
中空陰極管的構造　　陰極內壁是由待測金屬所組成

陽極 (tungsten anode) 及表面鍍有待測元素的陰極 (cathode)，見圖 6.3；當燈管通電使用時，陰極和陽極之間產生的電壓會使燈管內充填的氣體離子化 $Ar_{(g)} + e^- \rightarrow Ar^+_{(g)} + 2e^-$，此時電子在電極間移動，並產生約 5~10 mA 的電流，而形成的陽離子加速撞向陰極，當 $Ar^+_{(g)}$ 離子撞擊陰極表面時，鍍於陰極表面的金屬原子會被撞出來，此現象稱為濺射 (sputtering)；部分金屬原子會被激發至激發態。因此，當激發態金屬原子回到基態時，便會發射出陰極金屬特徵波長的譜線。

其反應機制如下：$M_{(s)}$ 為陰極表面的金屬原子

$$Ar_{(g)} + e^- \longrightarrow Ar^+_{(g)} + 2e^-$$

$$M_{(s)} \xrightarrow{Ar^+} M_{(g)}$$

$$M_{(g)} \xrightarrow{e^-, Ar^+} M^*_{(g)}$$

$$M^*_{(g)} \xrightarrow{e^-, Ar^+} M_{(g)} + h\nu$$

(2) 無電極放電管 (electrodeless discharge lamp, EDL)

無電極放電管為密封的石英管，內含有少許的惰性氣體 (例如 Ar 氣體)，與金屬或其鹽類，經由磁場或是微波輻射激發而產生光譜，其光譜的能量較 HCL 強，因此需要能量供應器，其結構如圖 6.4。

無電極放電管是一種線光源，此類光源是針對揮發性、低熔點的元素所設計，目前可使用的 EDL 燈管元素有 As、Bi、Cd、Cs、Ge、Hg、K、P、Pb、Rb、Sb、Se、Sn、Te、Ti、Tl 與 Zn 等，因為這些元素容易被濺射，卻難以被激發，若是使用中空陰極燈就不太理想，而 EDL 對這些

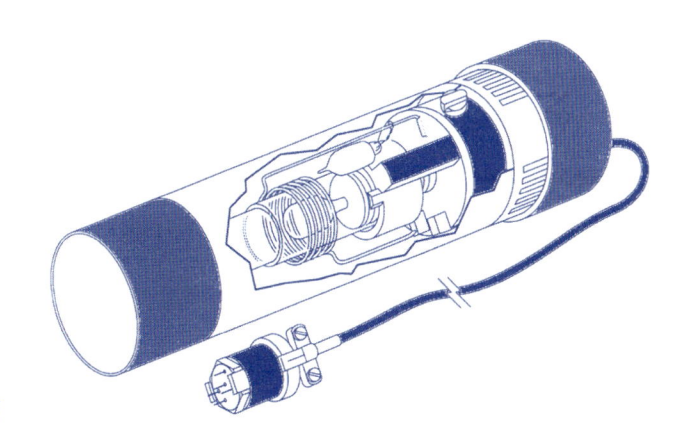

圖 6.4
無電極放電管

元素具有優良的性能。

無電極放電管具有吸收度高、壽命較長、感度較佳、燈管強度高而穩定性好的優點，雖然需較長的暖機及穩定時間，但是，無電極放電管仍是 AAS 不可缺少的光源。

(3) 連續光源 (continuous light source)

在原子吸收光譜法中使用連續光源的主要目的是希望能同時測定多元素，一個連續光源可以取代高達 60 個線光源，常使用的連續光源是高強度的氙弧燈，它常配合使用單光器或是多光器 (polychromator) 以達到合適的波帶寬 (bandpass)。

因為原子吸收譜線的寬度較狹窄，如採用連續光譜作為輻射源時，因單射光器之限制，其有效帶寬遠大於吸收譜線寬，如圖 6.5，所以，連續光源提供較差的偵測極限、線性範圍，靈敏度差與非線性的標準曲線。因此，目前的應用性較不如中空陰極管與無電極放射管廣泛。

(4) 雷射二極體 (laser diode)

雷射二極體是最近開發出的一種連續光源，是利用二極體做成的雷射，屬於半導體雷射的一種，如圖 6.6；市面上常用的紅光雷射筆是一種雷

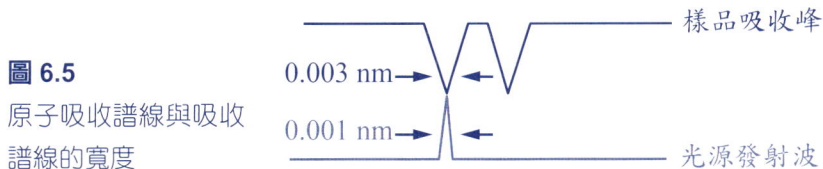

圖 6.5
原子吸收譜線與吸收譜線的寬度

0.003 nm —— 樣品吸收峰
0.001 nm —— 光源發射波

圖 6.6
雷射二極體

射二極體。

雷射二極體之優點在於使用可調式的 (tunable) 窄帶連續波長的雷射，再者，雷射光源是非常靈敏而且功率高的，所以，經由調整一個光電二極體 (photodiode) 的溫度和電流就可得到所需的波長，可以不需要單光器。因此，由於雷射二極體的穩定性佳，可用來取代 HCL 作為 AAS 的光源。

2. 原子化器

將試樣中的待測元素轉變為基態原子的過程稱為原子化，能夠完成這個轉變的裝置稱**原子化器** (atomizer)，目前較普遍使用的原子化器有兩類，分別是火焰原子化器和石墨爐，二者分別用火焰和電熱石墨爐而使試樣原子化，此外，還有冷汞蒸氣生成原子化器與氫化物生成原子化器等，以下分別介紹之。

(1) 火焰原子化器 (flame atomizer)

火焰原子化器使用於原子吸收、原子發射及原子螢光之量測上；火焰原子化器包含霧化器 (nebulizer) 和燃燒器 (burner) 所組成，其構造如圖 6.7。

霧化器的主要功用是將樣品溶液轉變成極微細的霧滴或氣溶膠，然後導入燃燒器中，並在混合室中與燃燒氣體及氧化劑充分混合，產生的火焰則會在燃燒器頂端的細長狹縫上穩定燃燒，試樣霧滴再被攜帶至火焰中，在高溫火焰中進行原子化。最常見的霧化器為同心管，高壓氧氣流經管的尖端，使得液體樣品可經由毛細管被吸入，被高壓氣流切割成不同大小的細小液滴，因此形成氣溶膠而導入火焰中，使其發生原子化。

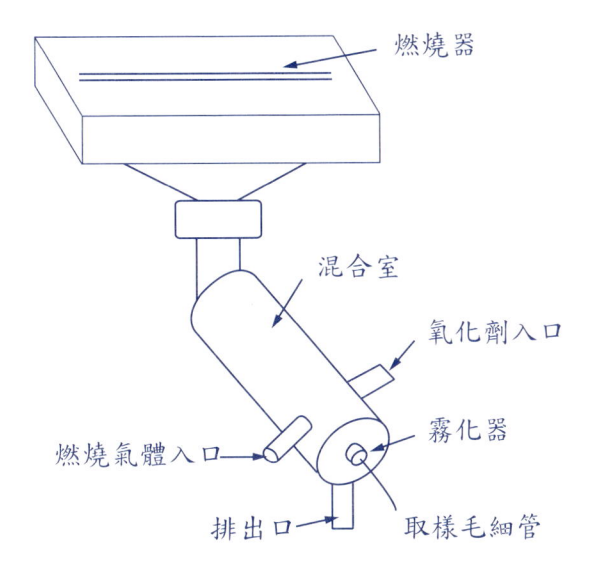

圖 6.7
火焰原子化器

火焰的性質與燃燒氣體、氧化劑的種類有關，不同火焰的溫度如表 6.1 所示。火焰原子化器一般是以乙炔 (C_2H_2, acetylene) 為燃料，常用的氧化劑有空氣，當以空氣作氧化劑時，許多燃料的火焰溫度介於 2100～2400 K，在此溫度範圍下，只是用於鹼金屬及鹼土金屬等易激發原子的發射光譜。但是對於不易激發的重金屬原子，如 Al、Be、Sc、Si、Ti、V、W 等均需用笑氣 (N_2O, nitrous oxide) 作為氧化劑，並使用乙炔作為燃料，其火焰溫度可達 2600~2800 K，才能激發這些難激發的重金屬原子。

表 6.1 一些常見火焰的溫度

燃料	氧化劑	溫度 (K)
氫氣	空氣	2000-2100
乙炔	空氣	2100-2400
氫氣	氧氣	2600-2700
乙炔	笑氣	2600-2800

因此，測定不同的元素須選擇不同的火焰溫度；例如：以空氣-丙烷火焰適合分析鈉元素，但是利用火焰式原子吸收光譜儀測定鋁金屬元素時須使用乙炔-笑氣火焰。用火焰式原子吸收光譜儀測定，各元素分析時之儀器參數如表 6.2[1]。

(2) 石墨爐 (graphite furnace) 原子化器

石墨爐原子化器是非火焰原子化器，由 L'vov 在 1956 年提出，他克服了火焰法的缺點，因此，石墨爐原子化器通常適用於樣品體積小且待測

---

[1] 表示參考資料

表 6.2　以 FAAS 分析各元素之儀器參數 [1]

元素	波長（nm）	燃料	氧化劑	火焰型式
Al	324.7	乙炔	笑氣	還原焰
Sb	<u>217.6</u>、231.1	乙炔	空氣	氧化焰
Ba	553.6	乙炔	笑氣	還原焰
Be	234.9	乙炔	笑氣	還原焰
Cd	228.8	乙炔	空氣	氧化焰
Ca	422.7	乙炔	空氣	依儀器操作條件而定
Cr	357.9	乙炔	笑氣	還原焰
Co	240.7	乙炔	空氣	氧化焰
Cu	324.7	乙炔	空氣	氧化焰
Fe	<u>248.3</u>、248.8、271.8、302.1、252.7	乙炔	空氣	氧化焰
Pb	<u>283.3</u>、217.0	乙炔	空氣	氧化焰
Li	670.8	乙炔	空氣	氧化焰
Mg	285.2	乙炔	空氣	氧化焰
Mn	<u>279.5</u>、403.1	乙炔	空氣	依儀器操作條件而定
Mo	313.3	乙炔	笑氣	還原焰
Ni	<u>232.0</u>、352.4	乙炔	空氣	氧化焰
Os	290.0	乙炔	笑氣	還原焰
K	766.5	乙炔	空氣	氧化焰
Ag	328.1	乙炔	空氣	氧化焰
Na	589.6	乙炔	空氣	氧化焰
Sr	460.7	乙炔	空氣	氧化焰
Ti	276.8	乙炔	空氣	氧化焰
Sn	286.3	乙炔	笑氣	還原焰
V	318.4	乙炔	笑氣	還原焰
Zn	213.9	乙炔	空氣	氧化焰

註：若多於一個波長，首先考慮使用劃底線者。

元素濃度低 (ppb) 的測定，以石墨爐為原子化器的原子吸收光譜法稱為石墨爐式原子吸收光譜法 (graphite furnace atomic absorption spectrometry,

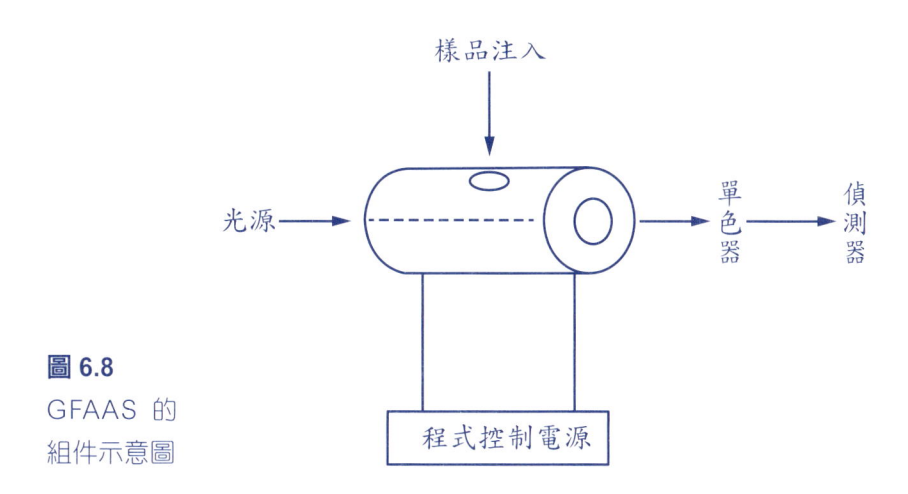

圖 6.8
GFAAS 的組件示意圖

GFAAS)，也稱電熱式原子吸收光譜法 (electrothermal atomic absorption spectrometry, ETAAS)。

GFAAS 除了所使用的原子化器是石墨爐而非火焰之外，其基本原理與 FAAS 的原理相同。GFAAS 分析時只需少量 (1~50 μL) 樣品注入石墨管內，如圖 6.8，靠石墨管和外界電位差的原理，當電流通過石墨管而產生熱能，以通過石墨管的電流大小來控制加熱溫度的高低，石墨管將依升溫程式加熱，使樣品進行乾燥、灰化、原子化等步驟，最後，將樣品完全分解成自由態的原子，並且吸收由光源所放射出之特定波長光譜線而達到激發狀態。根據比爾定律，原子的吸收強度與濃度成正比，因此可測得待測元素的含量。

由於石墨爐原子化器的裝置為密閉性且具有冷卻系統的裝置，在石墨管兩端的石英窗可讓燈管光束通過，同時藉內部氣流與外部氣流來防止石墨的氧化，此沖洗氣體是獨立分開的氣體流量，使原子化過程具有高效率及原子化完全的功能，更可延長樣品在石墨管中的時間，以增加偵測訊號；同時使用氬氣作為清除氣體，以減低石墨管表面之氧化作用及避免金屬化合物的生成。

目前針對縱向加熱式石墨管 (longitudinal heated graphite atomizer, HGA) 的缺點已發展出一套側向加熱式石墨管 (transverse heated graphite atomizer, THGA)，如圖 6.9，由於 THGA 加熱方式是從兩側加熱，提供

　　　　　(a) 縱向加熱式石墨管　　　　　(b) 側向加熱式石墨管

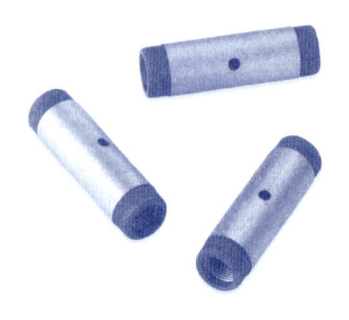

圖 6.9　縱向加熱式與側向加熱式的石墨管 (資料來源：Perkin-Elmer 公司)

較均勻的溫度分布，使石墨管的末端和中央有相同的溫度，因此可使用的原子化溫度比 HGA 低 200 至 300 度，對於測定原子化溫度較高的元素如 Mo 或 V 等，石墨管的壽命可延長。

GFAAS 的石墨爐的加溫程序包括五個重要步驟，如下：

(A) 乾燥步驟

以低電流加熱，使溶劑蒸發。樣品注入石墨管後必須先將溶劑去除，以防止在熱分解過程的急速升溫而使樣品濺出石墨管外，而造成實驗誤差。一般，以水為溶劑時，乾燥溫度一般約為 80~110°C 左右。

(B) 熱分解步驟

熱分解步驟又稱灰化步驟，其主要目的是使分析樣品在被原子化之前先移走揮發性無機或有機的成分；由於此過程中須控制溫度上升至可以將揮發性的基質移走，而又不會損失分析樣品。因此，熱分解溫度通常取決於分析物與基質的特性。

(C) 原子化步驟

此步驟之主要目的是將試樣在一定溫度下解離成氣態原子，經過燈管照射後，可測得原子吸收值；實際操作是以高電流加熱至熾熱，使待測元素在惰性氣體環境內進行原子化。在原子化時，希望在最短的時間內達到最大的功率；所以，我們將瞬間加熱時間 (ramp) 設

定為 0 秒,如此才可降低內部氣體流量,增加原子化蒸氣停留在石墨管內之時間,提高靈敏度及降低干擾現象。一般而言,原子化的溫度必須要控制,因為原子化溫度過高會縮短石墨管的使用壽命。反之,原子化溫度太低,原子吸收的信號會有拖尾現象;因此,原子化溫度的選定儘可能在最短時間內急速上升到最佳的原子化溫度,以達到最快的加溫速率。

(D) 清除步驟 (cleaning process)

原子化後石墨爐必須升高至比原子化溫度還高的溫度,以去除殘留在石墨爐中的雜質,以便利於下一次的分析。

(E) 降溫步驟 (cool-down process)

降溫步驟為降至測定下一個樣品時所事先設定之溫度,以確保下次偵測不受殘餘物所影響,通常藉著冷水和 Ar 氣體使石墨爐的溫度回到事先設定之溫度。

GFAAS 樣品的前處理,需先將樣品稀釋或微波消化,以減少樣品在注入過程中噴濺的程度。此外,由於 GFAAS 極靈敏,因此測定時的干擾問題較嚴重,而且各種元素的原子化所需之溫度不同,選擇適當的升溫程式是必要的,若未使用適當的升溫程式,就會產生化學和離子化的干擾。尤其對於基質較複雜的樣品,如何找到最佳基質修飾劑 (matrix modifiers) 是很重要的,基質修飾劑可與干擾的基質反應,形成較易揮發的產物,使能在低於分析物的原子化溫度之下先行除去。

(3) 冷蒸氣生成法 (cold vapor generation)

冷蒸氣生成法最初在 1968 年由海奇 (Hatch) 及歐特 (Ott) 等人所提出,他們最初應用此原子光譜法在汞的偵測 [2];其原理是利用 $SnCl_2$ 或 $NaBH_4$ 等還原劑將溶液中的汞離子還原成元素態汞,其反應式如下:

$$Sn^{2+} + Hg^{2+} \rightarrow Sn^{4+} + Hg^0$$

$$2BH_4^- + Hg^{2+} \rightarrow B_2H_6 + H_2 + Hg^0$$

生成的 Hg^0 之後再導入原子吸收光譜儀,在波長 253.7 nm 量測吸收光譜,冷汞蒸氣生成法的一般偵測極限為 ppb 級。

(4) 氫化物生成原子化器

以氫化物生成原子化器的原子吸收光譜稱為氫化物原子吸收光譜法 (hydride generation atomic absorption spectrometry, HGAAS),此種方法快速且簡單,適用於待測元素濃度在 ppm 以上,特別適用於揮發性高的元素如 Bi、As、Se、Te 等。HGAAS 的應用相當多,對於某些元素而言,可在酸性條件下被硼氫化鈉 ($NaBH_4$) 還原為高揮發性的氫化物,例如:四價硒可以還原為 SeH_2,三價鉍還原成為 BiH_3,四價碲反應為 H_2Te,因此這些元素可利用 HGAAS 測定之。

目前氫化物生成反應可使用批次式及連續式二種操作方式,通常 HGAAS 配合流動注入系統,以適當的氣液分離器為介面,將這些形成的氫化物由液相中分離後,輸送氣體至石英管中加熱,再導入原子吸收光譜儀偵測之,如圖 6.10 所示。

由於氫化反應在流動注入法技術配合下,可與偵測器直接連線,並可降低操作時間與減少污染的發生,此連線技術在適當的儀器配合之下,具有樣品分

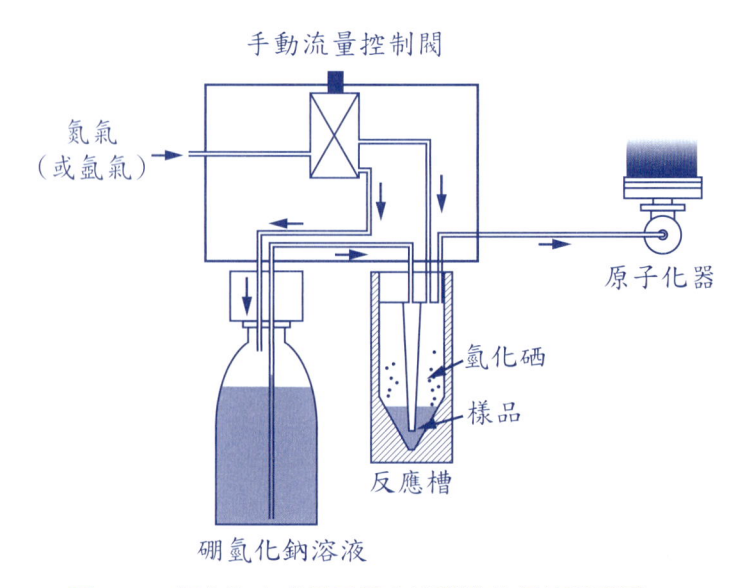

圖 6.10 氫化物生成原子吸收光譜儀的組件配置圖 [3]

析自動化、樣品分析速率高、可重複性高以及低試劑消耗等優點。

3. 單光器

由於原子吸收光譜儀使用的是狹窄譜線光源，對**單光器** (monochromator) 而言，只需要將共振譜線與鄰近譜線分開，通常使用光柵單光器，將單光器放置原子化器的後方，以防止原子化器內的放射輻射干擾進入偵測器，也可以避免偵測器的感應疲乏現象發生。如此，使來自中空陰極管的光源，於通過原子化器後，可經由單光器選擇待測原子的吸收波長，再測定待測原子的吸光度。

4. 偵測器

通常原子吸收光譜法的偵測器和讀出裝置與紫外光-可見光區分子光譜法類似；舊式的偵測器多為單管道偵測器，如光電二極體偵測器 (photodiode detector, PD) 與光電倍增管。近年來已發展出多管道偵測器，例如：光電二極體陣列偵測器 (photodiode array detector, PDA)、電荷耦合元件 (charge-coupled device, CCD)、電荷注射元件 (charge injection device, CID) 與固態光電半導體偵測器等。

(1) 單管道偵測器 (single channel detector)

單管道偵測器包含：光電二極體偵測器與光電倍增管。光電二極體偵測器是屬於單管道偵測器，是由在矽晶片的一個逆偏壓接合處所構成，當輻射照到矽晶片，會在消耗層中產生電子和電洞，同時產生與輻射功率成正比的電流。光電二極體偵測器的靈敏度較光電倍增管差，適用的光譜範圍為 190 nm 到 1100 nm。

光電倍增管主要用於 UV-VIS 區，具備可分辨來自光源的調整訊號與來自原子化器的連續訊號的電子系統；目前在市面上大部分的光電倍增管均配有微電腦系統，以控制儀器參數和資料的處理。

(2) 多管道偵測器 (multichannel detector)

多管道偵測器包含：PDA、CCD、CID 與固態光電半導體偵測器等。PDA 的原理與 PD 相同，是由 60~4096 個 chips 以 $2n$ 排列，當光源經過單光器後，每一個二極體產生一個電流，每一個電流再連接起來形成圖

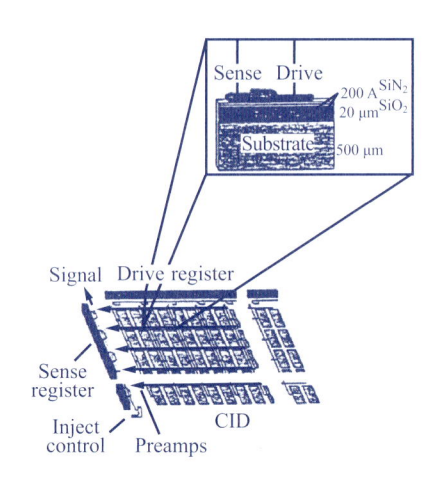

圖 6.11
CID 的設計如圖

譜。由於沒有經過掃描，所以產生圖譜的速度很快。

電荷注射元件的感應器是由二氧化矽或氮化矽的絕緣薄膜塗布在 pn 接合處的 n 層上而成的 n 個電容器所構成；它可有效消除模糊現象，以增進 S/N 值；通常電荷注射元件在紫外光及可見光的反應也相當好。CID 的設計如圖 6.11[4]。

CCD 是目前儀器常使用的偵測器；CCD 是一種矽基固態影像感測元件，CCD 影像偵測器具有百萬個像點 (pixel)，其結構為將對光極為敏感的像點，利用半導體的技術積累成二維面積陣列的形狀，CCD 的設計如圖 6.12[4]。由於 CCD 偵測器採陣列的偵測方式，可直接與光學纖維針尖耦合與較短的讀出時間，CCD 偵測器比傳統點狀或列狀的偵測方式

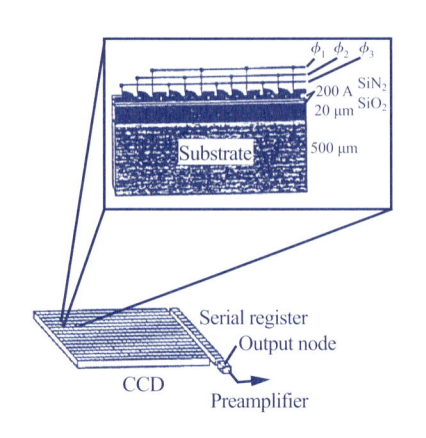

圖 6.12
CCD 的設計圖

具有大的偵測面積、高解析度、較寬廣的線性範圍、低雜訊等優點。因此，使得 CCD 偵測器成為近年來影像定量取得系統的發展主流。

固態光電半導體偵測器 [4] 是由 60 個光電二極體配合一個內鍵式低雜訊的 CMOS 電荷放大器所組成，CMOS 電荷放大器上的回饋電容可收集來自光電二極體的電荷而加以放大。此外，60 個的輸出與多重交換器相接；因此，任何八個信號可同時獨立地經過八個 A/D 轉換器，再經由一顆 32 bit Motorola 6800 微處理器同時處理。具有高量子效率、較佳訊號／雜訊的比值與低偵測極限等優點。

6.3 原子吸收分光光度計

原子吸收分光光度計依照其結構分為單光束儀器和雙光束儀器等兩種類型。

1. 單光束原子吸收光譜儀

典型的單光束原子吸收光譜儀如圖 6.13，是由光源、阻斷器 (chopper)、原子化器、單光器和偵測器所組成。其原理與分子吸收的單光束儀器相同；其中使用單光器可得到合適的波帶寬 (bandpass)。單光束儀器的結構簡單，操作方便，但是易受到光源的安定性影響，而造成基線飄移。

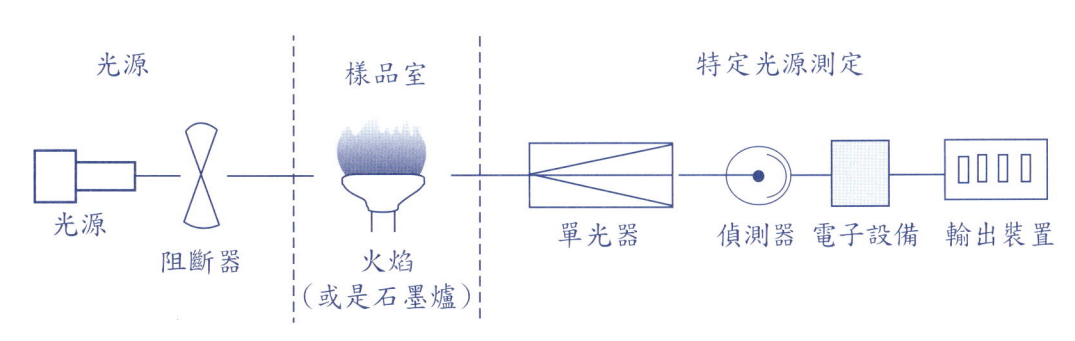

圖 6.13 單光束原子吸收光譜儀簡圖

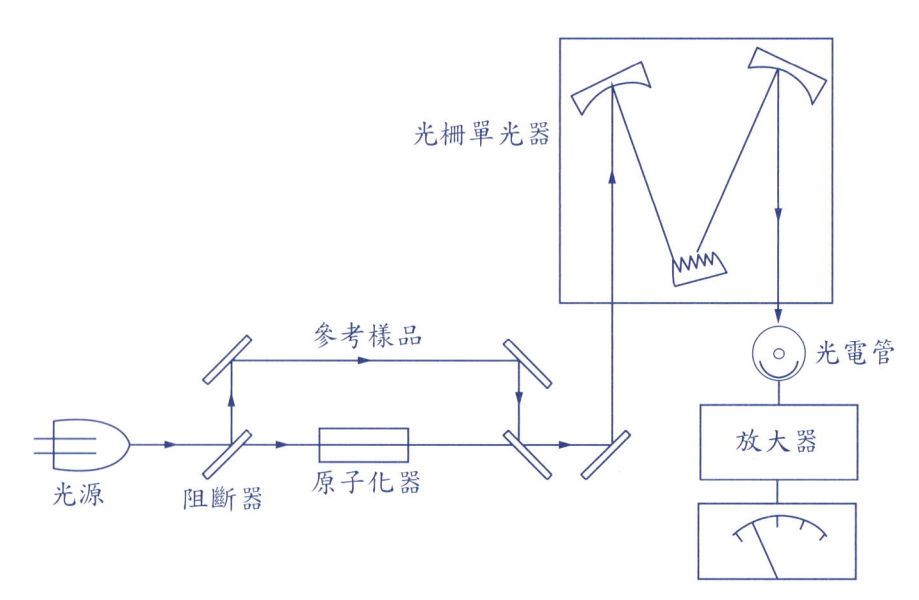

圖 6.14 雙光束原子吸收光譜儀之構造圖

2. 雙光束原子吸收光譜儀

　　雙光束原子吸收光譜儀的組件構造如圖 6.14，雙光束光源被一鏡面阻斷器 (chopper) 分為二光束，一光束經過原子化器，另一個光束作為參考光束，此二光束經一半鍍銀的鏡子合併後，通過光柵分光器，之後再經光電倍增管偵測器，將信號送入放大器，此放大器與切斷器為同步；參考訊號與樣品訊號之比值被放大且進入資料擷取系統。需注意的是，原子雙光束儀器的參考光束沒有通過原子化器，因此無法校正原子化器本身的吸收、散射或熱輻射所造成的干擾；但是，雙光束儀器可以透過參考光束來補償光源的飄移，因此可獲得穩定的訊號。

6.4　原子吸收光譜的干擾

　　原子吸收分析法的原子吸收分析法的干擾有物理干擾、化學干擾、光譜干擾、背景干擾與解離干擾等，茲分別說明如下：

1. 物理干擾

一般造成此干擾原因有三個：溶液中含有有機溶劑而造成吸光度的增加；若溶液的黏滯性較高，霧化效率下降而造成吸光度下降；當此樣品中若存在高濃度的溶解性固體，會造成非原子吸收之光散射效應或分子吸收現象，導致吸收值變大而造成正誤差。

以上這些干擾可藉由標準添加法 (standard addition method) 或是萃取法將金屬自溶液中萃取出來。尤其是 FAAS 分析時，若試樣溶液之黏度與標準溶液有顯著差異時，則會造成兩者在吸入、霧化及進料至火焰速率上的不同，會造成試樣定量上的誤差。

2. 化學干擾

所謂化學干擾是待測元素與其他元素之間的化學作用而引起的干擾，此種干擾發生在火焰式原子吸收光譜法，也就是說由於樣品元素在霧化期間發生不同化學反應而改變分析物特性所產生的干擾。因為試樣在原子化過程中，由於基質產生的氣體分子、鹽類粒子、煙霧等干擾物，可能會吸收入射光源，或使入射光產生散射，而影響試樣吸光度的測定。

化學干擾可加入釋放劑 (releasing agent) 與保護劑 (protective agent) 移除，如表 6.3 所示，避免干擾物與分析物質形成穩定但揮發性物種；化學干擾也可以提高火焰溫度或改變火焰狀態。例如：原子吸收光譜法測定鈣元素時，加入氯化鑭 $LaCl_3$ 或是 EDTA 試劑可將樣品中的磷酸離子干擾降至最低；因為鈣離子會與磷酸形成磷酸鈣，加入氯化鑭之後，會形成氯化鈣，而後在火焰中形成鈣原子；其反應式如下：

$$Ca_3(PO_4)_2 + LaCl_3 \longrightarrow CaCl_2 \longrightarrow Ca^0$$

至於保護劑是利用與待測物結合後，增加其熱穩定性，使待測物於高溫下不致於揮發而造成漏失，例如 EDTA 可與鈣形成熱穩定性佳的金屬錯合物，避免鋁、矽、磷酸根與硫酸根於偵測鈣元素時造成干擾。

$$Ca + PO_4^{3-} + EDTA \longrightarrow Ca\text{-}EDTA \longrightarrow Ca^0$$

表 6.3　去除化學干擾的添加劑

分析元素	干擾離子	去除干擾的添加劑
鈣 (Ca)	Al, P, Si, SO_4^{2-}	La
鎂 (Mg)	Al, P, Si, Ti	Sr
鋅 (Zn)	Cu, P, Si, SO_4^{2-}	La, Sr
鉬 (Mo)	Ca, Fe	Al
鉻 (Cr)	Fe, Ni	NH_4^+

3. 光譜干擾

以原子吸收光譜法測定時，當干擾物種的吸收重疊或十分接近於分析物的吸收，而不能為單色光器分解時，會干擾待測元素分析，使得吸光測定值偏高，便產生光譜干擾；此外不同元素也會吸收同一波長的譜線，例如在波長 422.7 nm，Ge 與 Ca 都有吸收，此時可採用其他波長分析，或是分析前先進行化學分離。使用多元素燈管時，也有可能會由於其燈管電極上塗佈的其他元素，或電極中不純物放射出的特性輻射，與樣品中其他元素作用，出現光譜干擾現象。

一般而言，在原子吸收光譜測定中，若二個物種的光譜吸收峰相距小於 0.1 埃時會產生光譜干擾，因此，光譜干擾可藉由提高電流強度或降低狹縫寬度來解決放射干擾，或是選用其他分析譜線來抑制或消除這種干擾效應。

4. 背景干擾

原子吸收光譜法中的背景干擾是由於原子化過程產生的分子吸收，使吸收值增加產生正誤差。用來校正原子吸收光譜法中的背景干擾的方法有連續光源校正法、Zeeman effect 效應校正法，Hieftje 校正法等。茲分別說明如下：

(1) 連續光源校正法

連續光源校正法系統必須要有兩種光源，一個為原子光源所放射出的特定電磁波，為一連續且狹窄 (0.002 nm) 的光譜線，另一個是使用氘燈的連續光譜，即充填 D_2 的二極體所放射出的帶狀光譜，構造如圖 6.15，藉由截光器控制兩種電磁波輪流通過，當原子光源放射出的電磁波通過

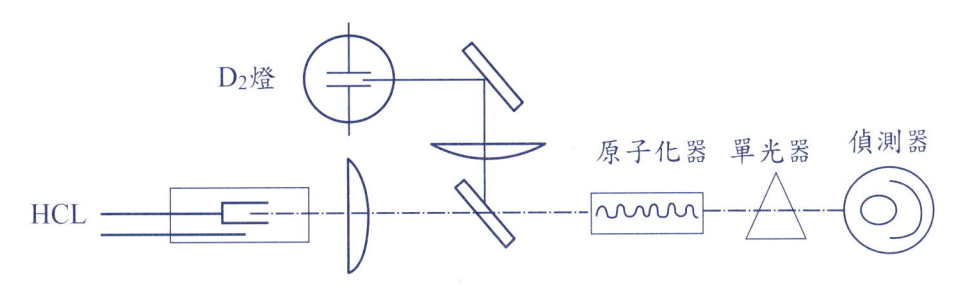

圖 6.15 連續光源背景校正系統

時，測得的吸收值為原子吸收(分析物吸收)與背景吸收；當 D_2 光源通過時，因為氘燈吸收波長甚為狹窄，所以原子吸收對連續光譜造成之強度降低可忽略，來自 D_2 燈測得的任何吸收均由於背景所造成，測得的吸收值只有背景吸收，兩者相減可得待測物的實際吸收值，即完成校正。

此種背景校正系統的缺點是在波長大於 300 nm 時，D_2 燈的強度減弱，無法使用此種校正系統。來自於樣品基質淨吸收，可以使用 D_2 燈校正，背景吸收的校正能力大約為 0.8 吸光度。

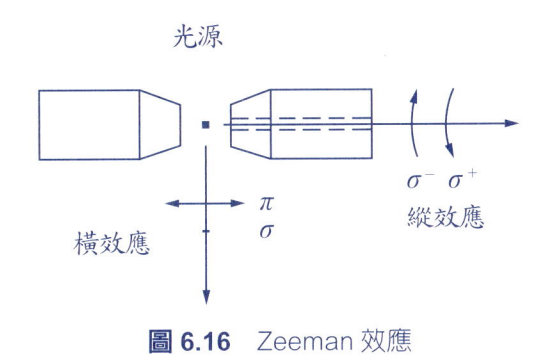

(2) Zeeman 效應校正法

Zeeman 效應是指在磁場作用下，譜線發生分裂的現象；每一電子躍遷皆會形成數條吸收譜線，而其總吸光度與分裂前的原始譜線吸光度相等，此現象稱之為 Zeeman 效應，如圖 6.16。中空陰極管的光源輻射通過一轉動的極化器 (polarizer)，可將光束分成兩互相垂直的平面極化輻射 σ 與 π，σ 僅吸收與外加磁場垂直的光源，π 只吸收與外加磁場平行

圖 6.16 Zeeman 效應

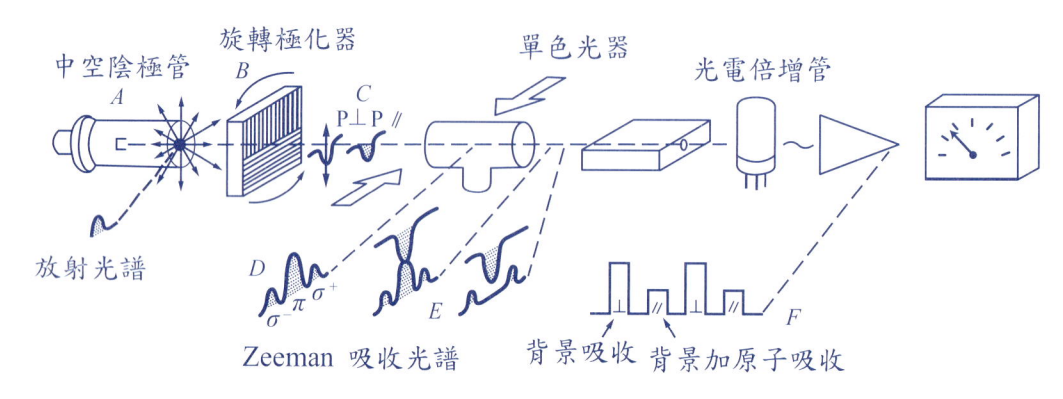

圖 6.17 Zeeman 效應校正法配置圖

的光源。

Zeeman 效應的校正原理是原子化器外加磁場之後，隨著極化器的轉動，當平行磁場的偏振光通過火焰時，會產生總吸收；當垂直磁場的偏振光通過火焰時，測得的吸收值為背景吸收，兩者相減即為待測物的實際吸收值，其組件配置如圖 6.17。

Zeeman 效應校正法由於具有適用波長範圍較寬 (190~900 nm)，校正能力強，對背景吸收的校正可達 1.5 至 2.0 吸光度；Zeeman 效應校正法只需使用單一光源、測背景吸收之波長與測樣品吸收之波長相當接近，及高背景吸收校正等的優點，因此最常被用做分析複雜基質的樣品，如尿液、血液中的重金屬分析；而且也適用於偵測波長較長之元素。

至於其缺點為其垂直方向的光源仍有部分會被樣品吸收，導致靈敏度下降、偵測高濃度會有反轉 (rollover) 現象，使吸收值下降以及磁場設備價格昂貴與不適合置於高溫處。

(3) Smith-Hieftje 校正法

在低電流時，中空陰極管會放射出原有的光譜線，而在高電流時，激發態物種的發射光譜會明顯地加寬，在譜帶中央的位置會產生一個最低強度，如圖 6.18。Smith-Hieftje 背景校正技術的原理就是以低電流通過燈管時，測得的吸收值為樣品和背景的總吸收值，通以高電流時，原子發生 self-reversal 的現象，放射出波長向外且譜帶變寬的光譜線，使得原波長的強度下降而得到背景吸收值，兩者相減即為樣品實際吸收值。

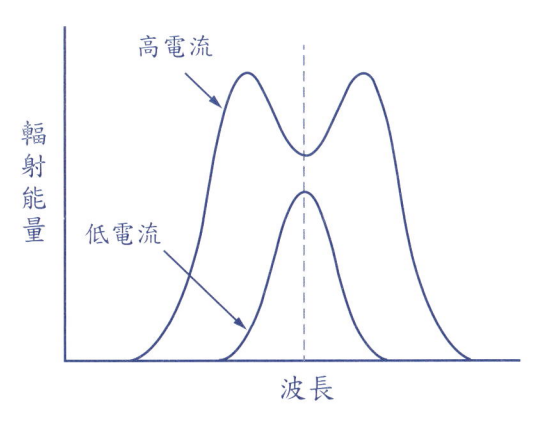

圖 6.18 Smith-Hieftje 背景校正法

Smith-Hieftje 背景校正技術使用的儀器簡單，僅用一種光源就能在可見光到紫外光的整個光譜區，可校正 2.5 至 3.0 吸光度左右的背景吸收。它不僅能夠扣除分子吸收等連續背景，也能有效地校正結構背景和光譜干擾，且不具「rollover」現象，具有許多連續光源校正法與 Zeeman 效應校正法所沒有的優點，而其缺點為使用高電流時會降低燈管的壽命。

5. 解離干擾

解離干擾發生的原因是待測元素的基態原子在火焰溫度下產生離子化，而使吸光度下降的影響。解離干擾常發生於低游離能元素，如鹼金族及鹼土族元素。解決的方法可在樣品中加入比分析物更易解離的化合物，以抑制游離產生，稱為游離抑制劑 (ionization suppressor)；離子化抑制劑可提供高濃度的電子至火焰中，而抑制分析物游離；例如：分析試樣中的鉀元素含量，常需加入適量的鈉鹽，鈉鹽被稱為游離抑制劑。

中性原子在高溫下，會游離出一個電子而得到帶正電離子，離子與原子的吸收波長不同，將會降低原子的吸收值，此情形尤其易發生在以氧氣或笑氣代替空氣為氧化劑時，因為產生的溫度高到足以造成相當的游離。例如在笑氣-乙炔火焰中，鋁的游離度高達 15%，因此，為避免此干擾，以原子吸收光譜法測定試樣中的鈣，可於每 100 mL 樣品中加入 2 mL 氯化鉀溶液來降低干擾產生；或是控制較低火焰溫度，降低其離子化程度。

除了添加入上述試劑控制解離干擾與電離干擾效應以外，還可使用標準添

加法來控制這些化學干擾效應。但是如果這些方法都無法解決化學干擾時，則可以採用溶劑萃取法、離子交換法與沉澱法等以除去干擾。

6.5 常見原子吸收光譜的定量方法

原子吸收光譜測量是基於原子於高溫時電子能階於紫外光-可見光區之能量變化；待測物質先溶於水或有機溶劑中，再導入原子化器中，由待測元素對該元素發射光譜的吸收，而測定其存在於樣品中的量。所謂定量就是利用已知物 (known) 去求未知物 (unknown)，已知物就是標準品 (standard)，未知物就是待測物或待測樣品。一般常見 AAS 的定量方法有檢量線法與標準添加法。至於 AAS 分析其定量原理，主要是利用稀溶液在波長與光徑固定下、訊號與濃度成正比的原理來進行 (也就是遵守比爾定律)。在配製標準液時需注意稀釋倍率與儲備溶液 (stock solution) 的調製，例如測定鈣樣品時，先將鈣樣品稀釋至與標準鈣溶液相接近之濃度。由於許多呈色物質的較不安定會隨時間變化，應該於特定時間範圍內完成測定。以下分別探討說明。

1. 檢量線法

以待測元素標準品配製一系列濃度已知的標準溶液，以原子吸收光譜儀測定各標準溶液的吸光度，將吸光度對濃度作圖以得到檢量線。試樣於相同分析條件下測定吸光度，再由檢量線求得濃度，由此可計算原始試樣中待測元素之含量。

定量上最常利用為直線 (一元一次方程式) 的線性關係，此時所獲得的直線就是所謂的檢量線。

(1) 檢量線配製

檢量線是由包含一空白試劑及至少五個不同待測濃度之試劑，由低濃度至高濃度依序分析，所得數值經迴歸分析後得到一校正曲線。檢量線之線性係數必須在 0.995 以上，方可接受。

(2) 檢量線確認
   (A) 初始校正確認 (initial calibration verification)
       檢量線製作完成後，使用不同來源之另一標準品，濃度約為該檢量線範圍之中間濃度，檢查該檢量線之適用性。
   (B) 持續校正確認 (continuing calibration verification)
       使用與檢量線配製相同的標準品，用來確認分析過程中的校正準確性。通常在每批次樣品分析之前與樣品分析完成後，各分析一次持續校正確認標準品，其濃度使用檢量線範圍之中間濃度。

範例

於 303.9 nm 波長之下，測定已知不同濃度的銦標準液與樣品溶液的銦原子吸光度如下，試畫出檢量線並求出樣品溶液的銦濃度為何？

濃度 (μg/mL)	2.00	4.00	6.00	8.00	10.00	樣品溶液
吸光度	0.155	0.395	0.615	0.805	1.000	0.400

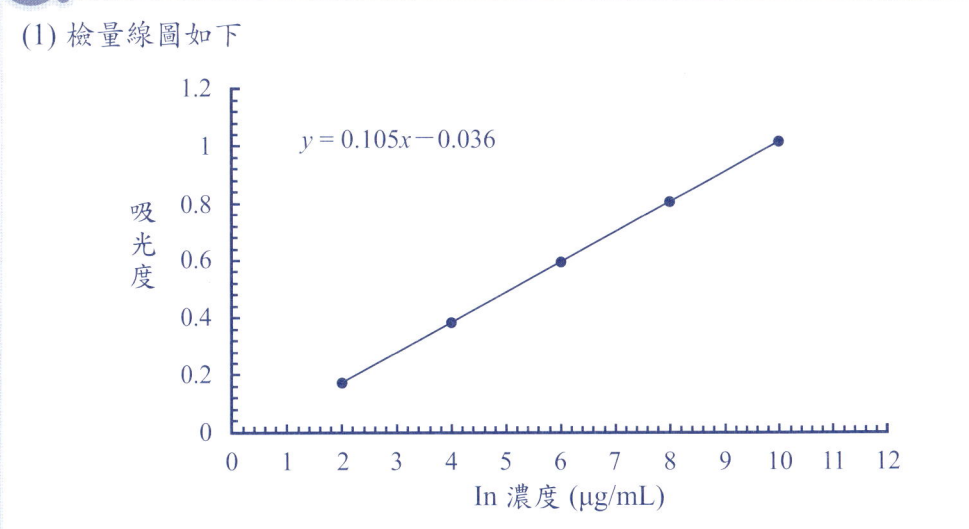

解答

(1) 檢量線圖如下

$y = 0.105x - 0.036$

(2) 令 $Y = 0.400$ 帶入，$X = 4.15$。所以，此樣品中的 In 含量為 4.15 μg/mL。

2. 標準添加法

當試樣溶液與標準溶液之基質成分有明顯差異時，則基質所造成之干擾通常不容忽略。為了扣除基質差異對吸光測定之影響，此時應使用標準添加法。此外，在原子吸收光譜分析中，若組成較複雜且待測成分的含量較低時，最好選擇標準添加法為定量方法。

標準添加法應用於樣品的濃度低於檢量線濃度，可在樣品中添加不同濃度標準品；然後按照標準添加法的過程，以吸光度對添加標準溶液體積作圖之後，外插至 X 軸作圖，可得樣品溶液的濃度。由於每次添加標準溶液後，樣品溶液的基質幾乎相同，唯一不同處在於分析物的濃度。

範例

例如 Mn 的水溶液樣品 10 mL 加入 5 個 50 mL 的容積瓶中，分別將不同的體積 0.0，10.0，20.0，30.0 及 40.0 mL 的 10 ppm Mn 的溶液加入此 5 瓶中，並稀釋至 50 mL，在原子吸收中測得吸收分別為 0.110、0.206、0.307、0.412 與 0.508，試計算此樣品中的 Mn 含量為多少？

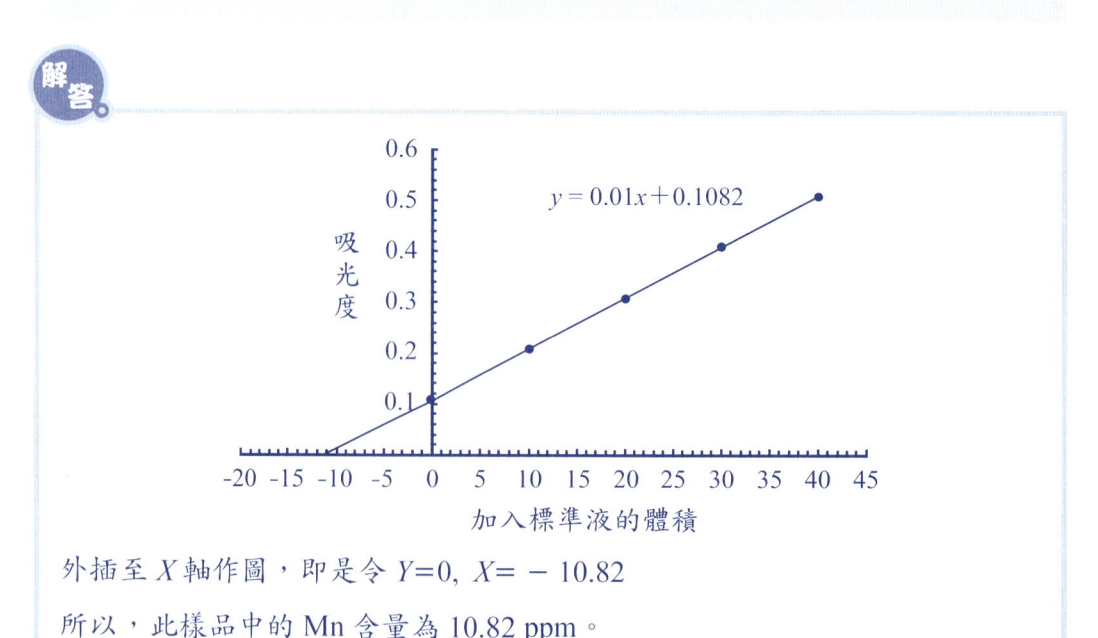

解答

$y = 0.01x + 0.1082$

外插至 X 軸作圖，即是令 $Y=0$, $X=-10.82$

所以，此樣品中的 Mn 含量為 10.82 ppm。

範例

以原子吸收光譜儀之標準添加法定量溶液中之錳離子濃度，原溶液與添加 2.00 mg/L 後之吸光度分別為 0.049 及 0.119，則原溶液中的錳濃度為多少 mg/L？

解答

假設原溶液的錳濃度為 C_x，遵守比爾定律 $A_x = kC_x$，即 $0.049 = kC_x$ 添加 2.00 mg/L 後之吸收強度為 A_t，遵守比爾定律 $A_t = k(C_x + C_s)$

其中 C_s：添加標準品的濃度

即 $0.119 = k(C_x + C_s) = kC_x + kC_s = 0.049 + k \times 2.00$

以 $k = 0.049/C_x$，帶入上式，$(0.119 - 0.049) = (0.049/C_x) \times 2.00$

$C_x = (0.049 \times 2.00)/(0.119 - 0.049)$

原溶液的錳濃度為 1.4 mg/L。

6.6 原子吸收光譜法的評價數字

原子吸收光譜法的常見的評價數字有特徵濃度與偵測極限，茲分別說明如下：

1. 特徵濃度

特徵濃度 (characteristic concentration) 又稱為靈敏度，其定義是樣品產生 1% (0.0044 吸光度) 吸收時的濃度；在火焰原子化法中，特徵靈敏度以特徵濃度 c_0 表示之：

$$c_0 = \frac{0.0044 c_x}{A_x} \; \mu g \cdot mL^{-1}\% \qquad (6\text{-}2)$$

在非火焰(石墨爐)原子吸收法中,由於測定的靈敏度取決於添加到原子化器中的樣品質量,因此,特徵靈敏度以特徵質量 m_0 表示之

$$m_0 = \frac{0.0044 m_x}{A_x} \ \mu g \cdot mL^{-1}\% \tag{6-3}$$

一般,原子吸收光譜法的特徵濃度越低越好,我們在操作原子吸收光譜儀的時候,可以用此特徵濃度來檢核操作條件下儀器狀況,因此通常將儀器調整至變異性小於儀器建議特徵濃度值的 20%。

範例

應用火焰原子吸收光譜儀測定 0.2 mg/L Cu 標準溶液,產生 0.32 吸光度,試求此原子吸收光譜法的靈敏度為何?

解答

特徵濃度 (mg/L) = 0.0044abs × 0.2 mg/L /0.32

特徵濃度 = 0.00275 mg/L

因此,此原子吸收光譜法的靈敏度為 0.00275 mg/L。

2. 偵測極限

偵測極限有儀器偵測極限 (instrument detection limit, IDL) 與方法偵測極限 (method detection limit, MDL) 兩種,茲分別說明如下:

(1) 儀器偵測極限 (IDL)

儀器偵測極限是儀器能夠偵測到超出背景雜訊之最小訊號,其數值為雜訊之標準偏差 (SD) 三倍的濃度。欲得知一個儀器偵測極限的實驗作法是測定不同濃度的金屬標準溶液,由儀器所得的數值相對應標準溶液濃度,計算求得檢量線的公式,重複測定空白試劑十次,並計算十次測定值的標準偏差,將此標準偏差值乘上三倍後,帶入檢量線的公式得到的濃度,即為儀器偵測極限。

(2) 方法偵測極限 (MDL)

方法偵測極限是指依據檢測方法執行檢測，可測得待測物的最低濃度，而且該濃度應大於 0，並且落在 99% 信賴區間內。依據檢驗方法中待測物之分析步驟操作，重複分析七次，並將測得之檢驗結果依檢驗方法，求得濃度並計算七次測定值之標準偏差，三倍標準偏差即為方法偵測極限 (MDL)。

6.7 常見原子吸收光譜法的應用

原子吸收光譜雖然無法利用於定性分析，但是，此法是定量測定金屬或金屬類化合物的最準確、最靈敏的方法，尤其 GFAAS 有極佳靈敏度，所需的樣品體積少 (數個至數十個 mL)，因此，常被用作生物樣品中的無機微量分析的偵測儀器 [9]。例如金屬鎘、銀、鈷、銅、鉛的定量分析多使用火焰式原子吸收光譜儀；而金屬鈹則使用靈敏之石墨爐式原子吸收光譜法。

原子吸收光譜法也有其缺點，偵測不同的元素，則須更換對應的中空陰極燈管，而且也需要改變分析條件和更換不同的光源，目前原子吸收光譜分析使用多元素燈管進行同步測定時，靈敏度不高而限制其應用。此外，原子吸收光譜法也無法分析出金屬樣品之價數，由於某些金屬價數不同而有不同的毒性，例如三價砷與五價砷，六價鉻與三價鉻，其中的三價砷之毒性比五價砷高，三價的鉻可用來控制體內碳水化合物之代謝，而六價鉻卻為吸入性的極毒物；應用原子吸收光譜法是無法分別定量，但是應用離子層析儀可以將三價砷與五價砷，六價鉻與三價鉻分離定量。表 6.4 列出 GFAAS 與 FAAS 之間的比較。

表 6.4　FAAS 與 GFAAS 的比較

	FAAS	GFAAS
優點	操作簡便快速	搭配升溫程式或是基質修飾劑，降低干擾。
		直接分析液態樣品
	干擾少	樣品體積少
	分析成本較低	靈敏度較佳，可分析 ppb 級樣品溶液。
缺點	每次僅能分析一種元素	僅能分析一種元素
	靈敏度較差	分析的時間較長
	僅能分析 ppm 級樣品溶液	分析成本較高

參考資料

1. NIEAM111.01C，火焰式原子吸收光譜法，中華民國 101 年 7 月 31 日環署檢字第 1010065302 號公告。

2. Hatch, W.R.; Ott, W.L.: Determination of sub-microgram quantities of mercury by atomic absorption spectrophotometry. *Analytical Chemistry* 40(14):2085 (December 1968).

3. 中華民國 95 年 7 月 21 日環署檢字第 0950058435 號公告。

4. Hanley, Q. S.; Earle, C. W.; Pennebaker, F. M.; Madden S. P. and M. B. Denton, Analytical Chemistry News & Features, 1:661A (1996).

5. Wu, C.C.; Liu, H.M.: Determination of gallium in human urine by supercritical carbon dioxide extraction and graphite furnace atomic absorption spectrometry. *Journal of Hazardous Materials 163:*1239 (2009).

6. Skoog, D.A. and Leary, J.J., *Principles of Instrumental Analysis*, 5th ed., Saunders College Publishing, New York (1998).

7. 儀器分析，方嘉德審閱，2011 年 1 版，滄海出版社。

8. 儀器分析，林志城、梁哲豪、張永鍾、薛文發、施明智，總校閱：林志城，2012 年 1 版，華格那出版社。

第六章　原子吸收光譜法

9. 儀器分析，孫逸民等著，1997 年 1 版，全威圖書股份有限公司。
10. 儀器分析，柯以侃等著，文京圖書出版社。

本章重點

1. 原子吸收光譜簡稱為 AAS，是利用基態原子對特定波長光譜線吸收的光譜分析法，主要應用於微量金屬元素之定量。

2. 由於各元素的原子結構和外層電子的排列不同，元素從基態躍遷到第一激發態時吸收的能量不同，各元素的共振吸收譜線也不同，共振譜線也是元素的特徵譜線，原子吸收光譜位於紫外區和可見區。

3. 各種元素必須用其特定的波長的光源激發；AAS 一次只能測定一種元素，在適當的濃度與操作條件之下，自由原子會吸收由光源所放出之特定頻率的能量，這些吸收在特定濃度範圍遵循比爾定律，可用來定量金屬元素。

4. 原子吸收光譜線是具有相當窄的頻率或波長範圍，使用特徵吸收頻率的輻射光源照射時，會得到具有一定寬度的峰形吸收峰，稱為原子吸收譜線輪廓。

5. 影響原子吸收譜線輪廓的因素有 Doppler 變寬效應與碰撞變寬效應。Doppler 變寬效應是由原子的熱運動所引起的；碰撞變寬是當原子吸收區的原子濃度夠高時，大量粒子相互碰撞而產生的譜線變寬現象。碰撞變寬依據相互碰撞的粒子不同，可分為 Lorentz 變寬效應和 Holtsmark 變寬效應。

6. 原子吸收光譜儀的主要元件有光源、原子化器、單光器、偵測器與數據讀出裝置。

7. 原子吸收分光光度計依照其結構分為單光束儀器和雙光束儀器等兩種類型。

8. 常見的 AAS 的光源有中空陰極管 (HCL)、無電極放射管 (EDL)。EDL 光譜的能量較 HCL 強，需要能量供應器。以原子吸收光譜法鑑定某一元素時，最適宜選用含此元素之中空陰極管為光源，隨著待測元素不同，須更換中

空陰極管。

9. 將試樣中的待測元素轉變為基態原子的過程稱為原子化，能夠完成這個轉變的裝置稱原子化器，目前使用的原子化器有火焰原子化器和石墨爐、冷汞蒸氣生成原子化器與氫化物生成原子化器等。

10. 揮發性高的元素如 Bi、As、Se、Te，可在酸性條件下被硼氫化鈉 ($NaBH_4$) 還原為高揮發性的氫化物，形成的氫化物分離後，可以輸送氣體至石英管中加熱，再導入原子吸收光譜儀偵測。

11. 原子吸收光譜儀使用的是狹窄譜線光源，單光器只需要將共振譜線與鄰近譜線分開，常使用光柵單光器，單光器放置原子化器的後方。

12. 原子吸收分析法的干擾有物理干擾、化學干擾、光譜干擾、解離干擾與背景干擾等。

13. 原子化試樣中若含有與待測原子之吸收波長很相近的元素，會干擾待測元素之分析，使吸光測定值偏高，此種干擾為光譜干擾。光譜干擾可藉由提高電流強度或降低狹縫寬度來解決放射干擾，或者另選其他分析譜線來抑制或消除。

14. 物理干擾是指以火焰式原子吸收光譜儀分析時，若試樣溶液之黏度與標準溶液有顯著差異時，則會造成兩者在吸入、霧化及進料至火焰速率上的不同，而造成試樣定量上的誤差。物理干擾可用標準添加法消除。

15. 化學干擾是在原子化過程中，待測元素與其他元素之間的化學作用而引起的干擾；可加入釋放劑與保護劑移除化學干擾；或是可使用標準添加法、採用溶劑萃取法、離子交換法與沉澱法等以除去干擾。

16. 解離干擾是因為待測元素的基態原子在火焰溫度下離子化，而使吸光度下降的影響。常發生於低游離能元素，如鹼金族及鹼土族元素；可在樣品中加入游離抑制劑，以抑制游離產生，例如：分析試樣中的鉀元素含量，常加入適量的鈉鹽為游離抑制劑。

17. 原子吸收光譜法中的背景干擾是由於原子化過程產生的分子吸收。校正背景干擾的方法有連續光源校正法、Zeeman effect 效應校正法、Smith-Hieftje 校正法等。

18. 一般常見 AAS 的定量方法有檢量線法與標準添加法。使用標準添加法可以扣除基質差異對吸收光測定的影響；若組成較複雜且待測成分的含量較低時，最好選擇標準添加法為定量方法。

19. 特徵濃度又稱為靈敏度，其定義是樣品產生 1% (0.0044 吸光度) 吸收時的濃度。在火焰原子化法中，特徵靈敏度以特徵濃度 c_0 表示；在石墨爐原子吸收法，特徵靈敏度以特徵質量 m_0 表示。

本章習題

一、單選題

1. 原子吸收光譜法測定鈣元素時，下列試劑何者可將樣品中的磷酸離子干擾降至最低？

(1) $LaCl_3$ (2) $PbCl_2$
(3) $LiCl$ (4) $AgCl$

答案：(1)

2. 在原子吸收光譜分析中，若組成較複雜且被測組成含量較低時，最好選擇何種方法進行分析？

(1) 校正曲線法   (2) 內標法
(3) 標準添加法   (4) 間接測定法

答案：(3)

3. 原子吸收光譜法測定試樣中的鉀元素含量，常需加入適量的鈉鹽，鈉鹽被稱為？

(1) 釋放劑   (2) 緩衝劑
(3) 游離抑制劑   (4) 保護劑

答案：(3)

4. 以原子吸收光譜法鑑定某一元素時，下列光源何者最適宜選用？

(1) 含此元素之中空陰極管   (2) 任何中空陰極管

(3) 熾熱棒　　　　　　　　　　(4) 汞-氙燈管

答案：(1)

5. 在原子吸收光譜分析中，下列何者方法無法去除由於非吸收光譜線所造成的干擾？

　(1) 降低狹縫寬度　　　　　　(2) 可以選擇另外其他譜線
　(3) 調整燈源電流　　　　　　(4) 採用 Zeeman 效應背景值扣除法

答案：(4)

6. 在原子吸收光譜分析中，無法以氫化物產生技術來測定元素含量的是

　(1) 汞　　　　　　　　　　　(2) 砷
　(3) 銻　　　　　　　　　　　(4) 硒

答案：(1)

7. 在原子吸收光譜測定中，哪一種元素會對鎂的含量測定產生干擾？

　(1) K　　　　　　　　　　　(2) Ca
　(3) B　　　　　　　　　　　(4) Al

答案：(4)

8. 在原子吸收光譜測定中，若二個物種的光譜吸收峰相距小於多少埃時會產生光譜干擾？

　(1) 0.1　　　　　　　　　　(2) 0.5
　(3) 1　　　　　　　　　　　(4) 5

答案：(1)

9. 利用火焰式原子吸收光譜儀測定下列金屬元素時，何種元素須使用乙炔-笑氣焰？

　(1) 鈉　　　　　　　　　　　(2) 鎂
　(3) 鐵　　　　　　　　　　　(4) 鋁

答案：(4)

10. 原子吸收光譜法中的物理干擾可用下述何種方法消除？

　(1) 釋出劑　　　　　　　　　(2) 保護劑
　(3) 標準添加法　　　　　　　(4) 扣除背景吸收值

答案：(3)

11. 以下何者為原子吸收光譜法中的背景干擾？

(1) 火焰中被測元素發射的譜線　　(2) 火焰中干擾元素發射的譜線

(3) 光源產生的非共振線　　(4) 火焰中產生的分子吸收

答案：(4)

12. 以氫化物產生器測定砷時，通常將酸化樣品溶液帶入含下列何種溶液之玻璃容器中，產生氫化物後再以鈍性氣體帶入原子室中？

(1) 氫氧化鈉溶液　　(2) 碳酸氫鈉溶液

(3) 硼氫化鈉溶液　　(4) 磷酸氫鈉溶液

答案：(3)

13. 以火焰式原子吸收光譜儀分析時，若試樣溶液之黏度與標準溶液有顯著差異時，則會造成兩者在吸入、霧化及進料至火焰速率上的不同，而造成試樣定量上的誤差。這是指？

(1) 物理干擾　　(2) 離子化干擾

(3) 光譜干擾　　(4) 化學干擾

答案：(1)

14. 原子化試樣中若含有與待測原子之吸收波長很相近的元素，則可能會干擾待測元素之分析，使吸光測定值偏高。這是指？

(1) 化學干擾　　(2) 物理干擾

(3) 光譜干擾　　(4) 背景干擾

答案：(3)

15. 石墨爐中的原子化過程可分為四個升溫步驟：(a) 灰化階段 (b) 清除階段 (c) 乾燥階段 (d) 原子化階段，請問正確的順序應為？

(1) abcd　　(2) dcba

(3) cadb　　(4) badc

答案：(3)

16. 在原子化過程中，待測元素與其他元素之間的化學作用而引起的干擾。這是指？

(1) 化學干擾　　　　　　　　(2) 物理干擾

(3) 光譜干擾　　　　　　　　(4) 背景干擾

答案：(1)

二、複選題

1. 下列有關火焰原子吸收光譜法的敘述，哪些錯誤？

    (1) 適用於所有重金屬元素之分析

    (2) 對所有金屬元素精確度可達 1 ppb

    (3) 會由於分析之元素不同，而須改變所應用之燃料氣體

    (4) 火焰原子吸收光譜法常測定血中的 As (V) 與 As (III)

    答案：(1)(2)(4)

2. 下列哪些元素適用以 AAS 氫化反應法分析？

    (1) 銅　　　　　　　　　　(2) 硒

    (3) 錫　　　　　　　　　　(4) 砷

    答案：(2)(3)(4)

3. 下列敘述哪些正確？

    (1) FAAS 適用於測定濃度的範圍在 mg/L

    (2) 冷汞蒸氣原子吸收光譜法適用於 Hg 測定

    (3) GFAAS 適用於測定濃度的範圍在 μg/L

    (4) 氫化反應原子吸收光譜法無法適用於 As 測定

    答案：(1)(2)(3)

4. 下列敘述，哪些正確？

    (1) 原子吸收光譜分析法火焰所吸收能量符合比爾定律

    (2) ICP 與火焰光度法最大的差異是激發源的不同

    (3) AAS 可以分析出重金屬樣品之價數

    (4) 測定血中砷可以使用砷化氫原子吸收光譜法

    答案：(1)(2)(4)

5. 原子吸收光譜中一般使用的光源波長範圍涵蓋？

(1) 紅外線 (2) 紫外光
(3) 可見光 (4) 微波

答案：(2)(3)

6. 下列方法中，哪些可以用來校正原子吸收光譜法中的背景干擾？

(1) 連續光源校正法 (2) Zeeman 效應法
(3) Smith-Hieftje 校正法 (4) 標準添加法

答案：(1)(2)(3)

7. 有關氫化反應原子吸收光譜法的敘述，下列哪些正確？

(1) 將酸化樣品溶液帶入含有氫氧化鈉溶液的玻璃容器中，產生氫化物後再以氮氣帶入原子化室
(2) 此法無法分析鎳元素
(3) 以此方法分析砷，若未採石英管間接加熱時，應採用空氣-氫氣火焰
(4) 此法可測定銅

答案：(2)(3)

8. 下列有關原子吸收光譜法的敘述，哪些正確？

(1) 可使用中空陰極管作為光源
(2) 中空陰極管的陰極上塗有欲測定的金屬元素
(3) 中空陰極燈管只可測單一種元素
(4) 多元素燈管的靈敏度通常較單管單元素佳

答案：(1)(2)

9. 下列有關 AAS 火焰法分析金屬元素的敘述，哪些正確？

(1) 通常採用較低溫之火焰去除離子化干擾
(2) AAS 火焰法中之光譜干擾，可改變火焰溫度以降低
(3) AAS 火焰法中之光譜干擾，可以背景校正法以降低
(4) AAS 空氣-丙烷火焰法適合分析鈉元素

答案：(1)(3)

10. 下列關於氫化法原子吸收光譜法分析，哪些錯誤？

(1) 可用於較低沸點之金屬元素分析

(2) 砷及錫的分析可用此種分析方法

(3) 金屬離子之氫化應利用氧化劑

(4) 硒的分析可用此種方法

答案：(1)(2)(3)

11. 下列液態試樣在石墨爐中的原子化過程，哪些正確？

    (1) 乾燥階段：乾燥溫度依溶劑熔點而定

    (2) 灰化階段：將試樣基體及干擾元素灰化消除，滯留待測元素

    (3) 原子化階段：將試樣組份在一定溫度下解離成氣態原子

    (4) 清除階段：用高溫除去試樣中的殘渣

    答案：(2)(3)(4)

第七章　吳玉琛

原子發射光譜法

原子發射光譜法 (atomic emission spectroscopy, AES) 是一種成分分析法，可對 80 種以上元素進行分析 (包含非金屬元素及金屬元素)，可用於定性及定量分析。1960 年開始應用感應耦合電漿 (inductively coupled plasma, ICP) 作為光源，近期伴隨光學系統設計之演進及固態偵測器等之發展；使得 ICP-AES 在無機分析上有更快速、準確及更低偵測極限 (1~10^{-1} ppb) 之能力。再配合資訊處理之軟體功能，可有效克服光譜干擾之效應；使得 ICP-AES 成為近年來在無機分析上不可或缺的重要工具。

7.1　原子發射光譜法之原理

發射光譜的基本原理，由量子化學理論可知，每一元素均具有特定的電子能階，各元素的電子能階高低因其原子量不同而異，在常溫時，各元素的原子均位於最低能階狀態，稱為基態。但溫度升高或受到外部能量刺激時，原子可由基態被提升至激發態，由於激發態的原子不穩定，且停留時間甚短，而很快回到基態，並放出相當於此能階差的光譜線。當原子處於最低能態之基態時，若獲得足夠能量，則外層電子由基態能階躍升至較高能階，而處於激發態。此

時不穩定，其壽命約 10^{-8} 秒，當它從激發態回到基態時，將多餘的能量以光子的形式釋出特定波長 (λ)，即得到發射光譜。

$$\Delta E = E_2 - E_1 = hv = \frac{hc}{\lambda}$$

$$\therefore \lambda = \frac{hc}{E_2 - E_1}$$

每一元素的原子光譜線各有其相應的激發電位。具有最低激發電位的譜線稱為共振線 (resonance line)。一般說來，共振線為該元素的最強譜線。由於每一元素的原子或離子，其電子的能階分布是一定的，所以其發射光譜中的每一光譜線的波長也是一定的。各光譜線的強度由各能階間之電子躍升機率來決定，每一元素的電子躍升各有其一定的機率。因此，每一元素的發射光譜中，其每一條光譜線的波長及相對強度都是一定的。測定樣品之發射光譜，由其光譜線之波長可以鑑定有什麼元素存在，由其共振譜線之強度可以測出樣品的含量。當激發的能量越高，就會產生越多的光譜線。當激發能量極高時，原子會電離產生離子。離子光譜，常與該元素少一個原子序之中性原子之光譜相似。物質在光源中蒸發形成氣體，由於激發，使氣體產生大量的分子、原子、離子、電子等粒子。這種電離的氣體在整體上是中性的，稱為等離子體。在一般光源中，等離子體在電弧中產生。電弧中心的溫度最高，在電弧邊緣的溫度較低。在最高溫所發射的光譜，一部分會被較低溫之同類原子所吸收而形成吸收光譜，此種現象稱為自吸 (self-absorption)，自吸現象會使發射光譜線的強度減弱。當原子濃度低時，自吸現象不顯著；當原子濃度高時，自吸現象較顯著。因此當元素濃度大時，共振線常呈現自吸現象而使譜線變寬。

原子發射光譜法之分析流程為試樣經適當前處理後進行原子化與激發，激態原子自激態能階回到較低能階時，會發射出紫外光或可見光之譜線，而構成原子之發射光譜。由於原子中電子之能階是量子化的，對特定原子而言，其能階間的能量差是特定值，當原子自不同激態能階回到基態時，可得到一些特定波長的譜線。因此，原子發射光譜中譜線的波長，可用於試樣中元素種類之定

性分析；特定元素於特徵波長處之輻射強度則與濃度成正比，可用於試樣中所含元素之定量分析。

範例

原子發射線的自吸現象是何種原因產生的？
(1) 光散射　(2) 電磁場　(3) 原子間的碰撞　(4) 同種元素基態原子的吸收

解答

(4) 同種元素基態原子的吸收

範例

原子發射光譜是利用譜線的波長及其強度進行定性和定量分析的，被激發原子發射的譜線可能出現的光區為何？

解答

紫外光或可見光

7.2　原子發射光譜儀之基本構造

將原子由基態激發到激發態是發射光譜的基本條件，而量測這發射光譜及其強度的技術是光譜分析儀的基本原理。

發射光譜儀包含一激發能源，能將試料激發而發散出光譜線。此光譜線經一狹縫進入分光系統，經分光色散後，不同波長的光線強度，由底片感光後記錄下來，也可用光電管將波長的強度用記錄器記錄下來。最新型的發射光譜儀，以電漿為激發能源，用微電腦來處理信號，使用光柵來分光散射，以光電

管來偵測信號。

　　一般發射光譜的波長在 2500~4000Å 之間，為紫外線光區，故測量的光學組件需採用能透過紫外線之熔矽或石英製成。發射光譜儀為滿足各種試料性質不同的需要，應具備可更換之高分散能力及低分散能力的分光器，例如，鹼金屬的發射光譜線簡單，分散能力在 0.11 mm/A 便夠；但鎳鐵等過渡元素之發射光譜線很多，則需要較高分散能力之分光器，約 0.3~0.25 mm/A。

1. 激發試料發射光源

　　一般使用激發試料發射光譜的方法有火焰、電弧、電火花、雷射及電漿等。每一種方法均有其特別的優點及特殊應用。但每一種激發單元的功能，均使樣品以氣化的形式介入激發源中，以激發氣化原子中的電子至較高能階。當由較高能階回到基態時，則發射光譜。

(1) 電弧及電火花激發源

電弧法可分為直流電弧 (dc arc) 及交流電弧 (ac arc)。直流電弧的電路如圖 7.1 所示，整個電路需要有直流電供應源、可變電阻器及約 20 mm 之放電間隙 (discharge gap)。例如使用 50~300 V 之直流電壓，約 30 A 之電流經過一對石墨電極，可產生 4000~8000 K 之高溫。

直流電弧的特點：持續放電，電極頭溫度高，能夠激發約 70 多種元素，所產生的譜線主要是原子譜線；蒸發能力強，樣品進入放電間隙的數量多，其分析的絕對靈敏度高，背景值小，適合進行定性分析及半定量分析。其缺點是弧光游移不定，再現性差，易發生自身吸收現象，而且由於電極頭溫度比較高，所以這種光源不宜被應用於定量分析及低熔點元素的分析工作。

交流電弧的電路如圖 7.2 所示，電弧的電路是使用 1000 V 以上之高電壓，需要二個次線圈，可使用 5 A，2750 V 或 2.5 A，5500 V 之交流電流，約 0.5~3 mm 的放電間隙。電極每分鐘放電 120 次，使試料樣品均勻激發而增加再現性，交流電弧比直流電弧更穩定。

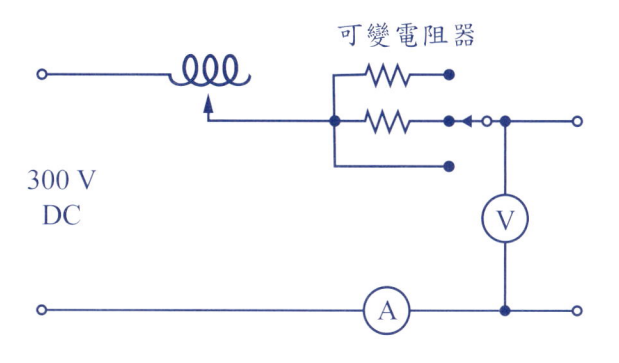

圖 7.1 直流電弧電路

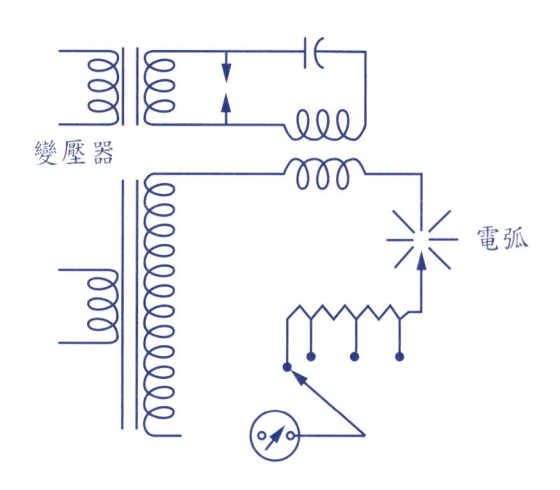

圖 7.2 交流電弧電路

由於交流電弧的電流有脈衝性，它的電流密度比直流電弧大，電弧溫度略高於直流電弧，所以在獲得的光譜中，出現的離子譜線要比在直流電弧中多些。交流電弧的優點是比直流電弧安定性高，分析結果的再現性較好，適合使用於定量分析工作，其缺點是電極溫度比直流電弧稍低，蒸發能力稍弱，靈敏度較差。

交流電火花 (ac spark) 之激發方法可以產生比直流電弧法更高的激發能 (高於 10,000K) 而較小的熱效應。電火花產生在連接高電壓變壓器的二電極間。次線圈並聯於一個電容器，而與電火花放電間隙、感應線圈及一由馬達操作的輔助電火花間隙串聯，馬達的轉動與供應電流的變換相一致。同步放電間隙的目的，是限制只能在最高電壓時才有火花放電通

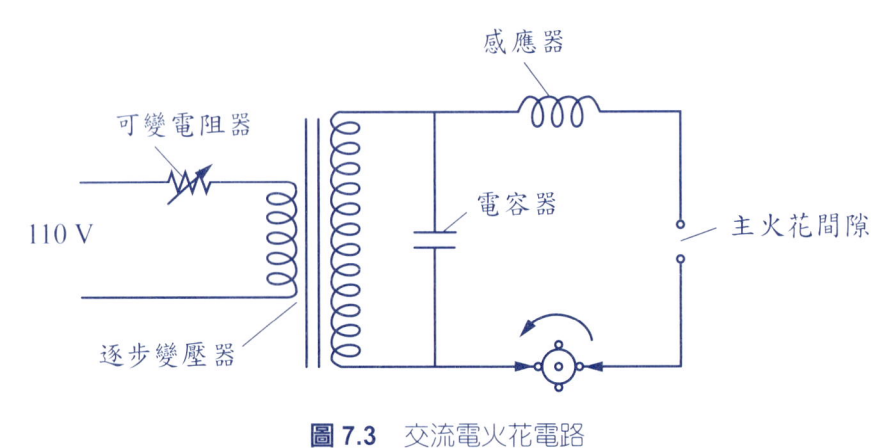

圖 7.3　交流電火花電路

過，藉此提高其再現性而更優於電弧放電。

交流電火花電路如圖 7.3 所示，電火花產生的溫度高，激發能力強，某些難以激發的元素也可被激發，所產生的譜線主要是離子譜線，又稱為電火花譜線；這種光源較適於低熔點金屬與合金的分析工作。電火花光源具有良好安定性和再現性，適用於定量分析工作。它的缺點是靈敏度較差，背景值大，不宜進行微量元素分析工作，較適用於金屬、合金等組成均勻的樣品。表 7.1 為三種光源 (直流電弧、交流電弧、電火花) 電極頭溫度、弧焰溫度、安定性與主要用途等性能的比較。

範例

直流電弧 (1)，交流電弧 (2)，高壓火花 (3) 三種光源的激發溫度由高到低的順序為何？

解答

(3)>(2)>(1)

(2) 雷射激發源

雷射 (laser) 為一高度特異性的單色輻射源，雷射激發源如圖 7.4 所示，主要用於紅外線光區。雷射是一種藉著激發放射的原理，產生光的放大作用的裝置。雷射光與一般日光燈與白熾光等光源截然不同，乃在於雷

表 7.1　三種光源 (直流電弧、交流電弧、電火花) 性能的比較

光源	蒸發溫度	激發溫度 /K	放電安定性	應用範圍
直流	高	4000~7000	稍差	礦物、純物質、難揮發元素的定性與半定量分析
交流	低	4000~7000	較好	樣品中低含量成分的定量分析
火花	低	瞬間 10000	好	低熔點之物質、金屬與合金難激發元素的定量分析

射光具有高強度、高度方向性、窄帶寬、同調性以及單色光性等優越特性。1960 年發展成功的瑪瑙雷射，其棒的一端塗銀，以使晶體內部的光全部反射；另一端塗較薄銀層，使射入光部分反射 (約 80~90%)。當棒接受強烈的閃光 (來自氙放電管)，幾乎所有鉻離子均被激發，當其回到基態時放射波長為 694.3 nm 之光子輻射。此輻射光一部分與棒平行而在棒內來回反射多次而加強，可發射極強的脈衝單色光。脈衝的瑪瑙雷射可使試料表面獲得足夠能量，而原子化以致發射光子。

(3) 感應耦合電漿激發源

電漿 (plasma) 一般是指有相當電子游離程度的氣體，它是由離子、電子與未游離的電中性粒子所組成，從整體而言呈現電中性，但是電漿能導電。ICP 火炬外形像火焰，但不是化學燃燒火焰，而是氣體放電現象。

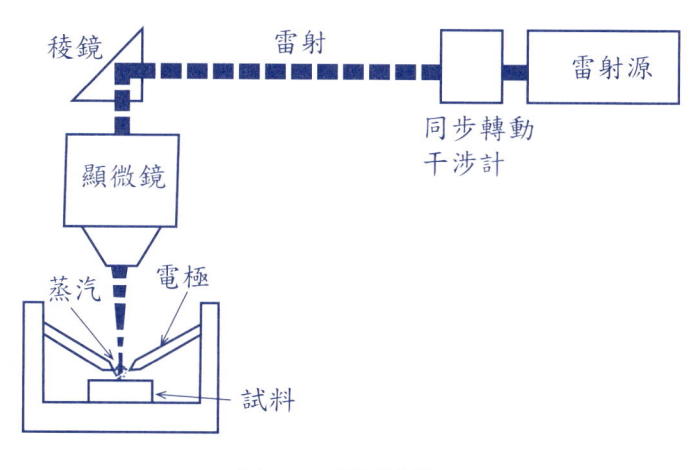

圖 7.4　雷射激發源

一般電腦控制的感應耦合電漿 (inductively coupled plasma, ICP) 之激發源，如圖 7.5 所示。ICP 係由三個石英質的同心管組成，樣品溶液藉由泵在電腦控制下吸入，引入交叉流動霧化器 (cross-flow nebulizer) 中氣化形成氣溶膠，通過中心管，到達上端，藉電漿氣體 (plasma gas) 加熱，石英管頂端為水冷式之無線電頻率發生器的感應線圈 (induction coil)，產生渦電流 (eddy current) 及磁場 H。電漿氣體在此被加熱至 10,000°C 以上，在此高溫度之下被激發而不致產生化學干擾，可適用於一般有機溶液的分析。ICP 光源的優點是惰性化學環境，溫度高，原子化條件好，有利於難熔性化合物的分解和元素激發過程，有很高的靈敏度和安定性。工作動力線性範圍寬 (4~7 個數量級)，樣品消耗少，特別適合於液態樣品分析工作。由於 ICP 不用電極，因此不會產生樣品汙染，同時氬背景干擾少，訊噪比高，在氬氣的保護下，不會產生其他的化學反應，因而更為適用於難激發的或易氧化的元素。其缺點是：對金屬偵測靈敏度低，儀器價格較貴，操作、維護費用也較高。

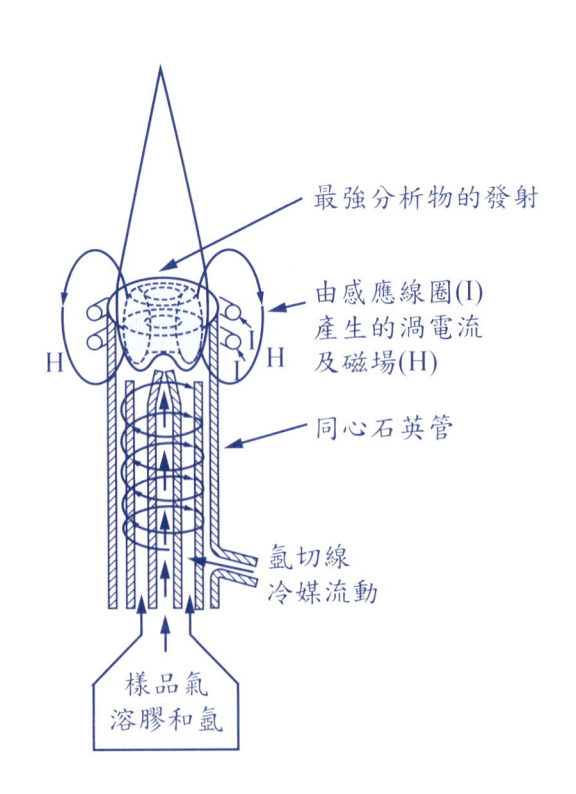

圖 7.5
感應耦合電漿激發源

> **範例**
>
> 下面幾種常見的光源中，分析的線性範圍最大的是
> (1) 直流電弧 (2) 交流電弧 (3) 火花 (4) 感應耦合電漿 ICP

> **解答**
>
> (4) 感應耦合電漿 ICP

7.3 感應耦合電漿原子發射光譜儀之基本構造

感應耦合電漿原子發射光譜法 (inductively coupled plasma-atomic emission spectroscopy, ICP-AES) 是將試樣霧化後以氬氣流送至電漿火炬，使試樣在感應耦合電漿中進行原子化與激發；各激態原子所發射的譜線則經由單光器或多色儀分光，以檢測各發射譜線之波長與強度。ICP-AES 可用於試樣中所含元素之定性分析，並可同時測定試樣中多種元素之含量。

感應耦合電漿發射光譜儀組件 (如圖 7.6) 主要包括進樣系統、電漿發散光源、光學系統及電腦控制與數據處理系統四部分；其主要流程為樣品溶液首先經由霧化器霧化，進入感應耦合電漿中，霧化的樣品在高能量電漿中氣化、原子化進而游離化成離子；當離子受到更高溫度游離化時，離子在激發狀態不穩定之情況下必回到基態離子能階；在此過程中所有元素皆有其特定之光譜線且離子濃度越高其光之強度越強；再利用電子倍增器或固態半導體偵測器如 CCD、CID 等偵測定量。

圖 7.6　感應耦合電漿原子發射光譜儀 (資料來源：博精儀器股份有限公司)

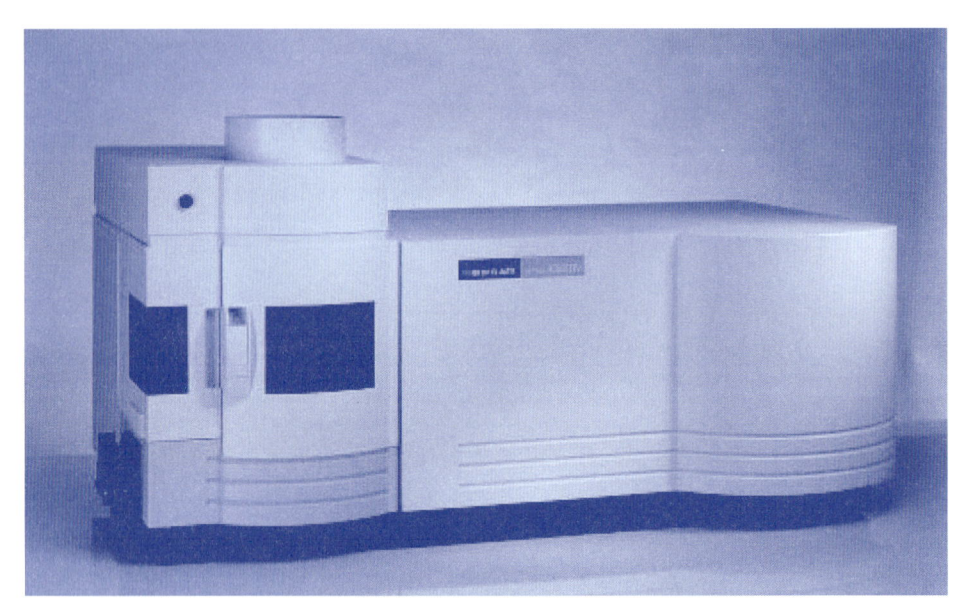

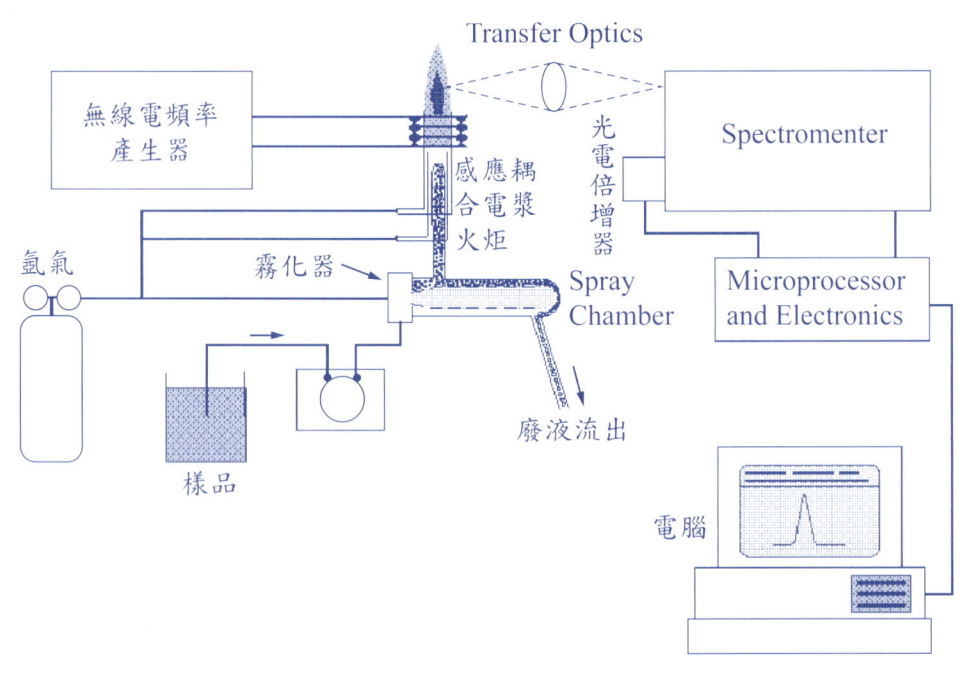

圖 7.7　感應耦合電漿原子發射光譜儀組件示意圖 (資料來源：博精儀器股份有限公司)

1. 進樣系統

樣品輸入系統一般係以氣動式霧化器作為樣品導入系統，主要原理為利用氣體之壓力，將流經此壓力的溶液擊碎而變為霧狀，再經由攜帶氣流導入儀器中作偵測。氣動式霧化器具有簡單、便宜及良好穩定性之優點；但其霧化之傳輸效率低與阻塞為其缺點；為補救氣動式霧化器的缺失，不斷有改良式之霧化器設計開發出如交叉式霧化器等。對於以電弧、電火花與雷射為光源的發散光譜儀器，主要分析固態樣品，分析時將樣品放在石墨對電極之下電極的凹槽內。而以電漿作為光源時，則需要將樣品製備成溶液後再送入樣品。在分析過程中，待測樣品溶液中組成分會經過霧化、蒸發、原子化和激發等四個階段。

2. 電漿離子源

ICP 光源是由高頻感應電流產生的類似火焰的激發光源，儀器主要由高頻產生器、電漿炬管、霧化器等三部分組成。高頻產生器的作用是產生高頻電磁場供給電漿能量。頻率多為 27~50 MHz，最大輸出功率通常是 2~4 kW。感應耦合電漿火炬 (torch) 之主體，它是由三個同軸的石英管所組成，最外層頂端環繞著由無線電頻率產生器供給能量的感應線圈。操作時氬氣流通入三個石英管，經泰斯拉 (Tesla) 放電管之作用，氬氣會游離產生氬離子與電子，並與無線電頻率感應線圈產生的震盪磁場產生耦合作用，而沿著圖中的環狀路徑流動。

這些氬離子和電子會再與更多的氬氣碰撞，產生更高的熱量並游離出更多的氬離子，形成含高濃度氬離子與電子的電漿 (plasma)，其溫度可高達 8,000~10,000 K。霧化試樣由最內層的石英管吸入後進入電漿中，試樣在電漿的高溫中進行原子化與激發，此時氬氣的惰性環境能有效防止原子化過程中氧化物之生成，避免化學之干擾。來自氬氣游離產生的電子，則能抑制試樣之游離反應，降低離子化之干擾。試樣溶液可以經由噴霧器與氬氣混合霧化，再由內軸的石英管將試樣帶入電漿火炬中；或利用電熱蒸發 (electrothermal vaporization) 的方式，將液體或固體試樣直接蒸發，再利用氬氣帶入電漿火炬中進行原子化與激發。

3. 光學系統

　　光學系統一般有序列式 (sequential) 與同步式 (simultaneous) 之不同設計形式。於多種元素測定時，序列掃描式的儀器一次測一種元素，且快速地連續測定不同元素之發射譜線的強度；同步直讀式儀器則可同時測定多種元素之發射譜線的強度。

　　序列掃描式儀器一般使用單光器 (monochromator)，可在紫外光與可見光波長範圍內快速掃描，並在預設之測定波長下依序由偵測器測定輻射之強度。該單光器依靠電腦來控制波長的移動。電腦控制的步進電動機能使儀器高速傳動到恰好比預選波長小的地方，然後，波長傳動裝置再一小步一小步的慢慢移動，跨越並超過預測的波峰位置，同時在每一點上進行短時間積分，再將其擬合到峰形的特定數學模式中，即可算出波峰的真實位置和最大強度。在波峰兩側的預選波長處可估算出波峰下面的光譜背景值。測量完畢後，單色儀轉到下一個元素確定的波長處，重複上述動作。目前應用最廣泛的光譜儀採用切爾厄 - 特爾納 (Czerny-Turner) 裝置的平面光柵。它是通過轉動光柵來實現波長的回轉和掃描，使需要掃描的光譜依次通過出射狹縫，而光柵的轉動是用步進電動機控制，這種電動機的運轉是極其精確的，但是由於不可避免的機械不穩定性和熱不穩定性，它還是不能足以精確到可以直接轉到波峰上立即進行強度測定。有的廠家的單光器是採用固定光柵，用電腦控制光電倍增管在羅蘭圈上移動來實現波長掃描。精確控制檢測器到達每一選定波長位置，到達特定波長後，立即採集數據。

　　同步直讀式儀器則使用多色儀 (polychromator) 及多個光電倍增管，可同時檢測不同測定波長之輻射強度。其原理為利用一 Echelle 光柵再加上一垂直擺置之稜鏡將光譜形成二度平面圖譜，而後於圖譜之特定波長上擺上極小之 CCD 或 SCD 素像感光如同數位型相機，依個別波長光之強度轉換成電流同時來判別其濃度高低，並可作背景之快速掃描，其速度為每分鐘可分析 75 個元素，不論元素之多寡。其優點為速度快、節省成本 (因為速度快所以氬氣用量較節省)、感度較掃描式佳、偵測極限低、解析度較好 (因二次分光) 及軟體功能較優。

4. 偵測器

序列掃描式儀器配備單一光電倍增管；同步直讀式儀器則配備一系列可同時使用的光電倍增管。典型的光電倍增管如圖 7.8 所示，在真空管中，包括光電發射陰極（光陰極）和聚焦電極、電子倍增極和電子收集極（陽極）的器件。當光照射光陰極，光陰極向真空中激發出光電子。這些光電子按聚焦極電場進入倍增系統，通過進一步的二次發射得到倍增放大。放大後的電子被陽極收集作為信號輸出。在光電倍增管中，每個倍增極可產生 2~5 倍的電子，在第 n 個倍增電極上，就產生 $2n$~$5n$ 倍於陰極的電子。由於光電倍增管靈敏度高（電子放大倍數可達 10^8~10^9）、線性感應範圍寬、感應時間短等優點，已經被廣泛應用於光譜分析儀器中。

5. 數據處理裝置

感應耦合電漿原子發射光譜儀一般採用電腦控制，其專用之電腦軟體通常包含儀器之操作程序與各項變數之輸入，設定完成後儀器之操作即高度自動化，分析後由電腦進行數據之處理與結果之輸出。

7.4 感應耦合電漿原子發射光譜儀在分析上之應用

在週期表中，約有 70 多種元素，使用 AES 方法就能較容易地進行定性鑑

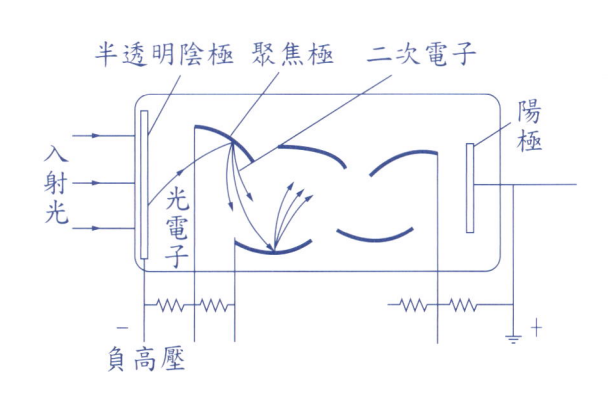

圖 7.8
光電倍增管原理示意圖

定工作。在很多情況下，分析前都不必將待測元素從基質元素中分離出來，一次分析過程就可以在同一個樣品中同步偵測得到多種元素的含量，分析過程所消耗的樣品量是很少的，並具有很高的靈敏度。以上特點也促使 ICP-AES 迅速發展成為微量無機元素分析中極為重要的技術。在海洋研究分析上，ICP-AES 可應用於海水中微量元素測定，海洋生物及沉積物樣本中微量金屬元素之分析。此外包含奈米材料、光電材料、半導體、化學品、水質、粉塵、土壤、金屬、礦石、陶瓷、油料、塑膠、食品、生物組織等樣品之組成、表面分析，廣泛使用在研究開發、製程控制、品質控制、線上監測等的元素分析上。當與其他技術串聯使用時，更可以進行在某種程度上的不同價態元素及更低的偵測極限之分析工作。例如高效能液相層析法 (HPLC) 與 ICP-AES 串聯使用，更是不可忽視的分析利器。

1. 定性分析

將試樣之發射光譜線與已知純成分元素之發射光譜線逐一對照比較，就可檢出試樣中成分元素。另一種更方便的方法是在同一感光板或光電管上，記錄試樣及已知成分之發射光譜線，比較其波長來檢定。

當一試樣被激發而發射甚多強弱不等之光譜線。如降低試樣濃度，則較弱之光譜線逐漸消失。若繼續降低試樣濃度，則更多較弱之光譜線消失，最後尚能出現之光譜線，稱為凸出的極限線 (raised ultimate line) 簡稱 RU 線。若一試樣光譜線中含有某金屬元素的 RU 線，則試樣中含有該金屬元素。若試樣光譜線中不含某金屬元素的 RU 線，表示試樣中不含該金屬，或該金屬的含量極微。表 7.2 列出一些元素的 RU 線及最低檢出濃度，表中數據為 10 mg 試樣於直流電弧激發而得的發散譜線。

2. 定量分析

在相同條件下，比較試樣及已知濃度標準物之發射譜線之光密度 (optical density)，就可測出試樣中某成分元素之濃度。假設試樣不發生自吸收，則某元素之光譜線強度與呈現在電弧或電漿中之原子數或離子數成正比，也與該元素在試樣中所占之重量百分率成正比。

表 7.2 一些元素的 RU 線及最低檢出濃度

元素	RU 線波長 (Å)	最低檢出濃度 μg/10 mg 樣品	重量百分率 %
Ag	3280.68	0.01	0.0001
As	3288.12	0.52	0.002
B	3497.73	0.04	0.0004
Ca	3933.66	0.01	0.0001
Cd	2288.01	0.1	0.001
Cu	3297.54	0.008	0.0008
K	3446.72	30	0.3
Mg	2852.12	0.004	0.0004
Na	5895.92	0.01	0.001
P	2535.65	0.2	0.002
Pb	4057.82	0.03	0.003
Si	2516.12	0.02	0.002
Sr	3464.45	2	0.02
Ti	3372.80	0.1	0.001
Zn	3345.02	0.3	0.003

以原子發射光譜法定量時，校正方式除檢量線法 (calibration curve method) 與標準添加法外，亦常使用內標準法。在光譜定量分析，元素譜線的強度 I 與該元素在樣品中的濃度 c 呈現有下述關係：$I = ac^b$，在一定操作條件下，a 和 b 都是常數，因此 $\log I = \log a + b \log c$，亦即譜線強度的對數值和濃度的對數值等兩者之間會呈現線性關係，這也就是光譜定量分析方法的依據。由於 a、b 都會隨著被測分析物的含量以及實驗條件等各項的改變而變化，因此這種變化現象往往是很難避免的，因此要根據譜線強度的絕對值來進行定量分析，常常是難以獲得準確的結果。所以經常採用內標準法來消除操作條件的變化對偵測結果的影響效應。

範例

請簡述原子發射光譜定量分析方法時使用內標準法原理。

> 使用內標準法進行測量時,是在待測元素的譜線中選擇出先前稱為分析譜線的一條譜線,而在定量添加入之其他元素的譜線中選擇出與分析譜線對應相配的一條譜線來作為內標準譜線,而組成分析譜線對,利用分析譜線與內標準譜線兩者之絕對強度的比值與相對強度,而進行定量分析工作。

3. 原子發射光譜法的特點

(1) 可用定性分析又可用定量分析:每種元素的原子被激發後,都能發射出各自的特徵譜線,所以,根據其特徵譜線就可以準確無誤的判斷元素的存在,因此原子發射光譜是迄今為止進行元素定性分析最好的方法。週期表中大約 70 餘種元素都可以用發射光譜法測定。

(2) 分析速度快:試樣多數不需經過化學處理就可分析,且固體、液體試樣均可直接分析,同時還可多元素同時測定,若用光電直讀光譜儀,則可在幾分鐘內同時作幾十個元素的定量測定。

(3) 選擇性佳:由於光譜的特徵性強,所以對於一些化學性質極相似的元素的分析具有特別重要的意義。如鈮和鉭、鋯和鉿、十幾種稀土元素的分析等使用其他方法都很困難,而對 AES 來說是毫無困難之舉。

(4) 偵測極限低:一般可達 0.1~1 ug g^{-1},絕對值可達 10^{-8}~10^{-9} g。用感應耦合電漿(ICP)光源,偵測極限可達 1~10^{-1} ppb。

(5) 用 ICP 光源時,準確度高,標準曲線的線性範圍寬,可達 4~6 個數量級。可同時測定高、中、低含量的不同元素。因此 ICP-AES 已廣泛應用於各個領域之中。

(6) 樣品消耗少,適於整批樣品的多組分測定,尤其是定性分析更顯示出獨特的優勢。

4. 原子發射光譜法的限制

(1) 一些分析中,影響譜線強度的因素較多,尤其是試樣組成分的影響較為顯著。

(2) 含量 (濃度) 較大時，準確度較差。

(3) 只能用於元素分析，不能進行結構和形態的測定。

(4) 大多數非金屬元素不易得到靈敏的光譜線。

參考資料

1. Dougls A. Skoog & James J. Leary, *Principles of Instrumental Analysis*, Fourth Edition, Harcourt Brace Jovanovich College Publisher, 1992.
2. Gary D. Christian & James E. O'Reilly, *Instrumental Analysis*, Second Edition, Allyn and Bacon, Inc., 1986.
3. 儀器分析，方嘉德審閱，2011 年 1 版，滄海出版社。
4. 儀器分析，林志城、梁哲豪、張永鍾、薛文發、施明智，總校閱：林志城，2012 年 1 版，華格那出版社。
5. 儀器分析，孫逸民等著，1997 年 1 版，全威圖書股份有限公司。
6. 儀器分析，柯以侃著，1996 年 1 版，文京圖書股份有限公司。
7. 儀器分析，林志城等著，2012 年 2 版，華格那圖書出版社。
8. 博精儀器股份有限公司 http://file.yizimg.com/400811/2012082911241793.pdf

本章重點

1. 原子在一般情況下會處於最低能量狀態（基態），但溫度升高或受到外部能量刺激時，原子可由基態被提升至激發態，由於激發態的原子不穩定，且停留時間甚短，而很快回到基態，並放出相當於此能階差的光譜線。當原子處於最低能態之基態時，若獲得足夠能量，則外層電子由基態能階躍升至較高能階，而處於激發態。當它從激發態回到基態時，將多餘的能量以光子的形式釋出即得到發射光譜。

2. 原子發射光譜的光源種類很多，基本可分為以下兩類：
適合液態樣品分析的光源：早期的火焰和目前應用最廣泛的電漿光源。

適合固態樣品進行直接分析的光源：直流電弧、交流電弧和電火花光源。

3. ICP 光源的優點：

(1) 惰性化學環境，溫度高，原子化條件好，有利於難熔性化合物的分解和元素激發過程，有很高的靈敏度和安定性。

(2) 工作動力線性範圍寬 (4~7 個數量級)，樣品消耗少，特別適合於液態樣品分析工作。

(3) 由於不用電極，因此不會產生樣品汙染，同時氬氣背景干擾少，訊噪比高，在氬氣的保護下，不會產生其他的化學反應，因而更為適用於難激發的或易氧化的元素。

ICP 光源的缺點是：對金屬偵測靈敏度低，儀器價格較貴，操作、維護費用也較高。

4. 感應耦合電漿原子發射光譜儀在分析上之應用：

定性分析：將試樣之發射光譜線與己知純成分元素之發射光譜線逐一對照比較，就可檢出試樣中成分元素。另一種更方便的方法是在同一感光板或光電管上，記錄試樣及已知成分知發射光譜線，比較其波長來檢定。

定量分析：在相同條件下，比較試樣及已知濃度標準物之發射譜線之光密度，就可測出試樣中某成分元素之濃度。校正方式除檢量線法與標準添加法外，亦常使用內標準法。

5. 原子發射光譜分析法的特點：

(1) 可用定性分析又可用定量分析：週期表中大約 70 餘種元素都可以用發射光譜法測定。

(2) 分析速度快：試樣多數不需經過化學處理就可分析，且固體和液體試樣均可直接分析，同時還可多元素同時測定。

(3) 選擇性佳：由於光譜的特徵性強，所以對於一些化學性質極相似的元素的分析具有特別重要的意義。

(4) 偵測極限低：用感應耦合電漿（ICP）光源，偵測極限可達 $1 \sim 10^{-1}$ ppb。

(5) 用 ICP 光源時，準確度高，標準曲線的線性範圍寬，可達 4~6 個數量級。

(6) 樣品消耗少，適於整批樣品的多組分測定。

課後習題

一、單選題

1. 原子發射光譜的產生是由於？

(1) 原子的次外層電子在不同能階之間的躍遷

(2) 原子的外層電子在不同能階之間的躍遷

(3) 原子的次外層電子的振動和轉動能階之間的躍遷

(4) 原子的次外層電子在不同振動能階之間的躍遷

答案：(2)

2. 應用原子發射光譜對礦石樣品進行定性分析，常選用下列那種光源作為激發光源？

(1) 交流電弧　　　　　　　(2) 直流電弧

(3) 高壓電火花　　　　　　(4) 等離子體光源

答案：(2)

3. 原子發射光譜分析法中，選擇激發電位相近的分析線對的原因是？

(1) 減少基體效應　　　　　(2) 提高激發幾率

(3) 消除弧溫影響　　　　　(4) 降低光譜背景

答案：(3)

4. 原子發射光譜法中，光源的作用是？

(1) 提供試樣蒸發和激發所需要的能量

(2) 產生紫外光

(3) 發射待測元素的特徵譜線

(4) 產生足夠強的散射光

答案：(1)

5. 在原子發射光譜的定性分析時，為確定某元素的存在，須檢測到該元素的

(1) 一條譜線
(2) 2~5 條靈敏線
(3) 一條靈敏線
(4) 8~11 條靈敏線

答案：(2)

6. 譜線的自吸現象是由於下述哪種因素引起的？

(1) 不同粒子之間的相互碰撞
(2) 外部電場的作用
(3) 同類低能態原子的吸收
(4) 外部磁場的作用

答案：(3)

7. 下列何種光譜法是發射光譜法？

(1) 紅外分光光度法
(2) 螢光分光光度法
(3) 紫外 - 可見分光光度法
(4) 核磁共振波譜法

答案：(2)

8. 原子發射光譜定量分析常採用內標準法，其目的是？

(1) 提高靈敏度
(2) 減少化學干擾
(3) 提高準確度
(4) 減小背景

答案：(3)

9. 下列何種不適用 ICP 裝置？

(1) 高頻發生器
(2) 火炬管
(3) 感應圈
(4) 空心陰極燈

答案：(4)

10. 發射光譜法定量分析金屬和合金試樣，適宜光源為下列何者？

(1) 空心陰極燈
(2) 交流電弧
(3) 直流電弧
(4) 高壓火花

答案：(2)

二、複選題

1. 在原子發射光譜定量分析中，選擇內標元素與內標線的原則是：

(1) 激發電位相近

(2) 波長相近

(3) 熔點相近

(4) 蒸發行為相近

(5) 沒有自體吸收

答案：(1)(2)(4)(5)

2. 測量譜線強度的方法有下列哪些？

(1) 目視法

(2) 光電法

(3) 譜線呈現法

(4) 元素光譜圖比較法

(5) 譜線黑度比較

答案：(1)(2)(3)(5)

3. 以原子發射光譜法進行元素定量分析時，下列哪些不是加入內標物的目的？

(1) 提高靈敏度

(2) 提高準確度

(3) 減少化學干擾

(4) 降低背景

答案：(1)(3)(4)

4. 原子發射光譜是利用譜線的波長及其強度進行定性和定量分析，被激發源子發射的譜線可能出現的光區是？

(1) 紫外光區　　　　　　　(2) 可見光區

(3) 紅外光區　　　　　　　(4) 以上皆可

答案：(1)(2)

三、簡答題

1. 原子發射光譜如何產生？
2. 請簡述 ICP 的形成原理。
3. 請簡述原子耦合發射光譜分析法的應用。
4. 請簡述原子耦合發射光譜的特點。

第八章

劉惠銘

電位分析法

8.1 電化學分析法的概述

電化學分析是利用物質之電化學性質來進行分析的方法，也就是將待測溶液與相對應的電極組成化學電池，並且依據電池中的各種電學參數與溶液濃度之間的關係進行測定。電化學分析方法依據溶液的電化學性質，通常可分為：電位分析法、電導分析法、電解分析法、庫侖分析法、極譜分析法等。其中的電位滴定法是應用電位的測定；電導滴定法是應用導電度的測定；極譜儀是應用電流-電位的測定。

由於電化學分析法所需要的儀器較為簡單，分析的靈敏度和準確度較高，方法自動化易達成，因此，電化學分析法目前已應用在不同的領域。

8.2 電化學基本原理

電化學分析的主要元件為化學電池；化學電池是由兩個電極 (electrode) 與適當的電解質溶液 (electrolyte solution) 組成的，通常是一個電極與其相對應的電解質溶液組成為半電池，兩個半電池構成一個化學電

池，一般用半透膜或鹽橋 (salt bridge) 將兩個半電池的溶液隔開以避免混合。

　　化學電池可分為電流電池 (galvanic cell) 和電解電池 (electrolytic cell)，電流電池是將化學能自發地轉換成電能的裝置；電解電池是將電能轉換成化學能的裝置；例如鋅-銅電池是一個電流電池，在一大燒杯中放置一塊多孔性隔板，右邊是 1.0 M $CuSO_4$ 水溶液與銅棒電極，左邊是 1.0 M $ZnSO_4$ 水溶液與鋅棒電極，二個電極以導線和伏特計連接而形成電路，鋅-銅電池裝置如圖 8.1 所示。

　　電化學電池的陰極 (cathode) 被定義為發生還原反應的電極，而陽極 (anode) 則是發生氧化反應的電極。電流電池，其陰極為銅電極，而鋅電極為陽極。相反地，在電解電池中，半電池反應逆轉進行，所以，銅電極就成為陽極，鋅電極成為陰極。

　　將鋅片和銅片用導線連接後，伏特計指針為 1.10 V 時，表示電迴路中有電流通過，氧化還原反應發生在二個電極，其氧化還原反應式如下：

$$鋅陽極：Zn_{(s)} \longrightarrow Zn_{(aq)}^{2+} + 2e^-$$

$$銅陰極：Cu_{(aq)}^{2+} + 2e^- \longrightarrow Cu_{(s)}$$

$$電池反應：Zn_{(s)} + Cu_{(aq)}^{2+} \longrightarrow Zn_{(aq)}^{2+} + Cu_{(s)}$$

上述的電池可表示為 $Zn|ZnSO_4\|CuSO_4|Cu$；電池的陽極及其所接觸的溶液寫在左邊，陰極及其所接觸的溶液寫在右邊，每條直線 "|" 表示不同的相界面，以兩條直線 "‖" 表示鹽橋，電池的溶液須註明濃度，固體應註明「固態」或是

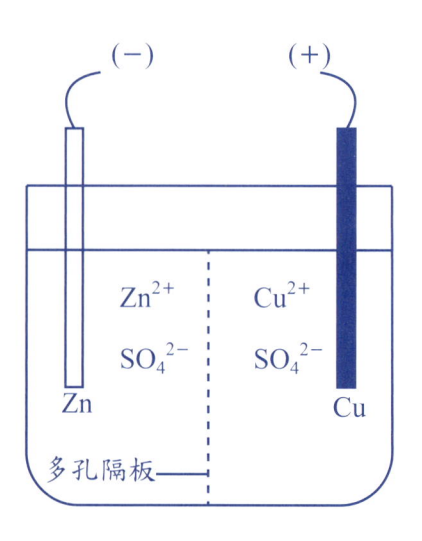

圖 8.1
鋅-銅電池

"s"，氣體註明其分壓。

我們發現鋅片開始溶解後，銅片上有銅析出；鋅片是發生氧化的電極，稱為陽極，銅片是發生還原的電極稱為陰極，二個電極的反應稱為半電池反應 (half-cell reaction)，將二個電極反應式相加之總和稱為電池反應 (cell reaction)；一般，電池的電位為二電極電位之總和。

$$E_{電池} = E_{陰極} + E_{陽極} \tag{8-1}$$

假使此電池的電位 ($E_{電池}$) 為正值時，此電池為電流電池；當 $E_{電池}$ 為負值時，此電池為電解電池。對於下述的電池反應，電極電位 (E) 與電極各成分物質的活性值 (a) 之間關係可以能斯特 (Nernst) 方程式來表示，如式 (8-2) 與式 (8-3)：

$$a A_{(aq)} + b B_{(aq)} \longrightarrow y Y_{(aq)} + z Z_{(aq)}$$

$$E = E^0 - \frac{RT}{nF} \ln K_{eq} \tag{8-2}$$

$$E = E^0 - \frac{RT}{nF} \ln \left(\frac{a_Y^y a_Z^z}{a_A^b a_B^b} \right) \tag{8-3}$$

上式中 E^0 為標準電位，F 為法拉第常數 (96,500 c/mol)，R 為氣體常數 (8.314 J/mol·K)，T 為絕對溫度 K，n 為電池反應中參加反應的電子數，K_{eq} 為電池反應的平衡常數；此外，對於一個可逆電極反應，能斯特方程只能應用在氧化還原對中兩種物質同時存在時。

對於任何一個物質 Y 的活性 a_y 等於

$$a_y = r_y [Y] \tag{8-4}$$

其中，r_y 為物質 Y 的活性係數值，而 $[Y]$ 為 Y 的莫耳濃度值；為了方便起見，我們會假設物質的活性係數值趨近於 1，因此，物質的莫耳濃度與其活性就會相等。若物質是氣體時以大氣壓表示，物質是純固體或純液體時，$a = 1$；但是實際上常以溶液的濃度代替活性計算時也有缺點，尤其在含有濃度較高電解質溶液中，濃度代替活性計算會導致很大的誤差。

由於半電池反應的電位是無法單獨測定的，所以必須選定某一個半電池作為標準，一般是以 1 atm 的 H_2 與 $[H^+] = 1$ M 條件之下的氫電極電位為標準，

並且規定其值為零。

$$2H^+ (1\ M) + 2e^- \longrightarrow H_{2(g)} (1\ atm)，E^0 = 0.000\ V \tag{8-5}$$

當一個電極與標準氫電極組成一電池時，裝置圖如圖 8.2 所示，當外電路接通時，電子會經由外電路由標準氫電極流向銅電極。由電位計測得電池的電位是此電極的還原電位 (reduction potential)；如果當時的條件為在 25°C，1 atm 離子濃度為 1 M 時，測得的電極電位，稱之為標準電極電位 (standard electrode potential)，或是稱為標準還原電位 (standard reduction potential)，一般以 E^0 表示。

表 8.1 列出一些常用的標準還原電位；電極的標準還原電位若是為正號，表示還原反應能自發進行；負號則表示還原反應不能自發進行。至於電極的標準氧化電位，則與其標準還原電位值相等而正負號相反。例如：Cd 的還原電位為 -0.403 V，而 Cd 的氧化電位為 $+0.403$ V。

$$Cd^{2+} + 2e^- \longrightarrow Cd_{(s)} \qquad E^0 = -0.403\ V$$
$$Cd_{(s)} \longrightarrow Cd^{2+} + 2e^- \qquad E^0 = +0.403\ V$$

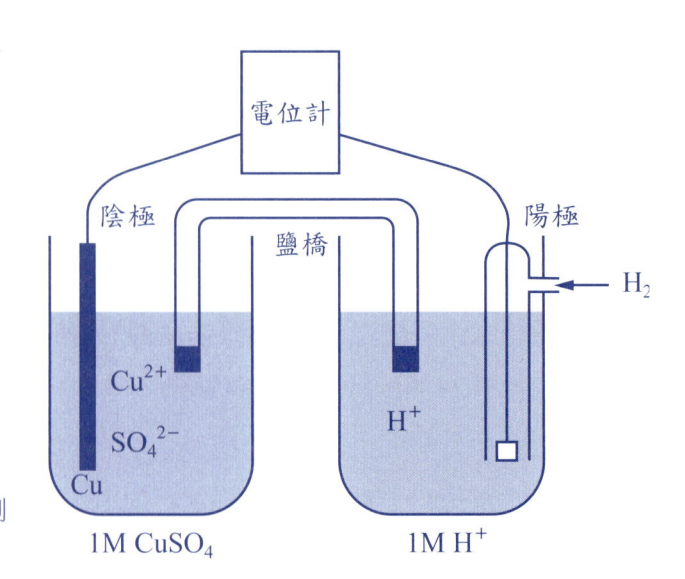

圖 8.2
銅電極的還原電位測定裝置圖

表 8.1 標準還原電位表

還原半反應	E^0	還原半反應	E^0
$Li^+ + e^- \rightleftharpoons Li_{(s)}$	−3.0401	$Pb^{2+} + 2e^- \rightleftharpoons Pb_{(s)}$	−0.13
$Cs^+ + e^- \rightleftharpoons Cs_{(s)}$	−3.026	$CO_{2(g)} + 2H^+ + 2e^- \rightleftharpoons CO_{(g)} + H_2O$	−0.11
$K^+ + e^- \rightleftharpoons K_{(s)}$	−2.931	$Fe^{3+} + 3e^- \rightleftharpoons Fe_{(s)}$	−0.04
$Ba^{2+} + 2e^- \rightleftharpoons Ba_{(s)}$	−2.912	$2H^+ + 2e^- \rightleftharpoons H_{2(g)}$	−0.00
$Sr^{2+} + 2e^- \rightleftharpoons Sr_{(s)}$	−2.899	$Sn^{4+} + 2e^- \rightleftharpoons Sn^{2+}$	+0.15
$Ca^{2+} + 2e^- \rightleftharpoons Ca_{(s)}$	−2.868	$Cu^{2+} + e^- \rightleftharpoons Cu^+$	+0.159
$Na^+ + e^- \rightleftharpoons Na_{(s)}$	−2.71	$AgCl_{(s)} + e^- \rightleftharpoons Ag_{(s)} + Cl^-$	+0.22233
$Mg^{2+} + 2e^- \rightleftharpoons Mg_{(s)}$	−2.372	$Cu^{2+} + 2e^- \rightleftharpoons Cu_{(s)}$	+0.3402
$Be^{2+} + 2e^- \rightleftharpoons Be_{(s)}$	−1.85	$Bi^{3+} + 3e^- \rightleftharpoons Bi_{(s)}$	+0.32
$Al^{3+} + 3e^- \rightleftharpoons Al_{(s)}$	−1.66	$[Fe(CN)_6]^{3-} + e^- \rightleftharpoons [Fe(CN)_6]^{4-}$	+0.36
$Mn^{2+} + 2e^- \rightleftharpoons Mn_{(s)}$	−1.185	$O_{2(g)} + 2H_2O + 4e^- \rightleftharpoons 4OH^-_{(aq)}$	+0.40
$2H_2O + 2e^- \rightleftharpoons H_{2(g)} + 2OH^-$	−0.8277	$Cu^+ + e^- \rightleftharpoons Cu_{(s)}$	+0.520
$Zn^{2+} + 2e^- \rightleftharpoons Zn_{(s)}$	−0.7618	$I_{2(s)} + 2e^- \rightleftharpoons 2I^-$	+0.54
$Cr^{3+} + 3e^- \rightleftharpoons Cr_{(s)}$	−0.74	$Fe^{3+} + e^- \rightleftharpoons Fe^{2+}$	+0.77
$Fe^{2+} + 2e^- \rightleftharpoons Fe_{(s)}$	−0.44	$Ag^+ + e^- \rightleftharpoons Ag_{(s)}$	+0.7996
$Cr^{3+} + e^- \rightleftharpoons Cr^{2+}$	−0.42	$Br_{2(l)} + 2e^- \rightleftharpoons 2Br^-$	+1.07
$Cd^{2+} + 2e^- \rightleftharpoons Cd_{(s)}$	−0.403	$O_{2(g)} + 4H^+ + 4e^- \rightleftharpoons 2H_2O$	+1.229
$In^{3+} + 3e^- \rightleftharpoons In_{(s)}$	−0.34	$Cl_{2(g)} + 2e^- \rightleftharpoons 2Cl^-$	+1.36
$Tl^+ + e^- \rightleftharpoons Tl_{(s)}$	−0.34	$Au^{3+} + 3e^- \rightleftharpoons Au_{(s)}$	+1.52
$B^{3+} + 3e^- \rightleftharpoons B_{(s)}$	−0.31	$Pb^{4+} + 2e^- \rightleftharpoons Pb^{2+}$	+1.69
$Co^{2+} + 2e^- \rightleftharpoons Co_{(s)}$	−0.28	$MnO_4^- + 4H^+ + 3e^- \rightleftharpoons MnO_{2(s)} + 2H_2O$	+1.70
$Ni^{2+} + 2e^- \rightleftharpoons Ni_{(s)}$	−0.25	$H_2O_{2(aq)} + 2H^+ + 2e^- \rightleftharpoons 2H_2O$	+1.776
$As_{(s)} + 3H^+ + 3e^- \rightleftharpoons AsH_{3(g)}$	−0.23	$Co^{3+} + e^- \rightleftharpoons Co^{2+}$	+1.82
$Sn^{2+} + 2e^- \rightleftharpoons Sn_{(s)}$	−0.13	$Ag^{2+} + e^- \rightleftharpoons Ag^+$	+1.98
$O_{2(g)} + H^+ + e^- \rightleftharpoons HO_2\cdot_{(aq)}$	−0.13		

範例

在 25°C 將鎘電極浸入於 0.010 M Cd^{2+} 溶液後形成一個半電池,試計算出它的電極電位值?

解答

由表 8.1 所查出的標準還原電位的值,可得

$$Cd^{2+} + 2e^- \longrightarrow Cd_{(s)} \qquad E^0 = -0.403 \text{ V}$$

如果假設 $a_{Cd^{2+}} \approx [Cd^{2+}]$,寫成

$$E_{Cd} = E_{Cd}^0 - \frac{0.0592}{2} \log \frac{1}{[Cd^{2+}]} \tag{8-6}$$

將 Cd^{2+} 濃度值代入這個方程式而得到

$$E_{Cd} = -0.403 - \frac{0.0592}{2} \log \frac{1}{0.010} = -0.462 \text{V}$$

範例

試求 25°C 時由銅電極浸於含 1.00 M Cd^{2+} 溶液中之半電池電位?

解答

由表 8.1 所查出的標準還原電位的值,可得

$$Cd^{2+} + 2e^- \longrightarrow Cd_{(s)} \qquad E^0 = -0.403 \text{ V}$$
$$Cu^{2+} + 2e^- \longrightarrow Cu_{(s)} \qquad E^0 = +0.3402 \text{ V}$$

因為 Cu 的還原電位大於 Cd,所以,Cu 進行還原反應,而 Cd 被迫進行氧化反應,是為陽極,銅片是發生還原的電極,是為陰極。此電池反應如下:

$$Cd_{(s)} + Cu^{2+} \longrightarrow Cd^{2+} + Cu_{(s)}$$

$$E_{電池} = E_{陰極} + E_{陽極} = (+0.3402 \text{ V}) + (+0.403 \text{ V}) = 0.7432 \text{ V}$$

所謂法拉第定律是指在電極之化學反應的量與所產生電流值呈正比關係,而此時產生的電流就稱之為法拉第電流 (Faradaic current)。上例中,其中一個電極進行氧化反應,而另一個電極進行還原反應,以此方式來傳導電子,因為這種過程符合法拉第定律,所以稱之為法拉第過程 (Faradaic process)。

8.3 電位分析法

　　電位分析法 (potentiometric analysis) 是以 Nernst 方程式為理論基礎，根據電極電位與待測離子活性之間的關係，而進行測定的一種電化學分析法；電位分析法可以分為電位測量法 (potentiometry) 和電位滴定法 (potentiometric titration) 二種。電位測量法是直接電位法 (direct potentiometry)，是測定溶液中某離子與其接觸電極之電位，而求出該離子的濃度，直接電位測定法可用於指示電極指示之物種的化學分析。電位滴定法是在滴定過程中，利用滴定劑的加入以測定電極電位的變化，通常可經由滴定曲線判定滴定終點，再由所消耗滴定劑的體積以得知待測物的含量，在後面的章節我們會進一步介紹。

　　電位分析法所需的電化學電池儀器裝置包含參考電極 (reference electrode)、指示電極 (indicator relectrode)、電位測定裝置，通常將電化學電池寫成：

$$指示電極 | 待測溶液 \| 參考電極$$

其電池的電位為：

$$E_{電池} = E_{參考} - E_{指示} + E_{液體界面} \tag{8-7}$$

指示電極的電位會隨著待測物質之活性值不同而改變，參考電極的電位值是比較穩定且能夠作為測量電位參考值，$E_{液體界面}$ 為液體界面電位。液體界面電位是由於溶液中離子擴散速度不同而引起的，又稱為擴散電位；液體界面電位也是引起直接電位法的誤差來源的主要因素；因為鹽橋是由擴散速度相近的陰、陽離子電解質組成的溶液，因此可以藉攪拌與鹽橋以降低液體界面電位的影響。

　　由於電位分析法常使用金屬電極作為指示電極，限制了它的應用和發展；電位分析法的最初應用只限於測定 pH 值，直到具有選擇性佳的薄膜電極 (即離子選擇電極) 上市後，電位分析法才有較佳的發展。之前所討論的電位分析法的應用，化學電池都是在外電流為零或是接近於零的情況下進行，也就是電極在平衡狀態之下，但是實際上有可能會發生外電流通過化學電池的情況；當直流電流通過化學電池時，電極上發生氧化還原反應，而引起溶液中的物質分解之過程稱為電解。有關電解部分，我們在下一章會再詳細介紹。

8.4 參考電極

理想的參考電極電位值不受溶液的組成變化影響，在定溫之下有一定的電極電位。除此之外，這種電極應該是堅固而容易組合的，當小電流通過電池時，應該還能夠維持在固定的電位值。參考電極必須具有以下三種特性：

1. 電位穩定，亦即其電位的溫度係數很小，不受溫度變化而影響。
2. 電位值的再現性高，亦即其電位經多次測定，測定值維持定值的次數很多。
3. 電極反應具有可逆性，亦即參考電極可作為陽極，也可作為陰極使用。

常見的參考電極有標準氫電極、甘汞電極、銀-氯化銀電極、醌-氫醌電極、銻電極、銅-硫酸銅電極等。其中又以標準氫電極、甘汞電極、銀-氯化銀電極是較準確且常被使用的參考電極，下面分別介紹之。

1. 標準氫電極

標準氫電極 (standard hydrogen electrode) 簡稱 SHE，裝置如圖 8.3 所示，其電極反應如下：

$$2H^+ (1\ M) + 2e^- \longrightarrow H_{2(g)} (1\ atm)，E = 0.000\ V$$

在前面我們曾經提及：若是溶液的 $[H^+]$ 不是 1 M，H_2 的壓力不是 1 atm，則其電極的電位就不再是零，其電位值可依據能斯特的方程式求出，如式 (8-8)。

$$E = E^0 - \frac{RT}{nF} \ln K_{eq}$$

$$E_{H_2} = E^0_{H_2} - \frac{RT}{2F} \ln \frac{P_{H_2}}{[H^+]^2} = 0 - \frac{RT}{2F} \ln \frac{P_{H_2}}{[H^+]^2} \tag{8-8}$$

但是，實際上由於標準氫電極使用較不方便，在測量時常用標準甘汞電極取代標準氫電極；因為甘汞電極的再現性佳，具有可逆性，也較易製備且其測得的電位值也較穩定。

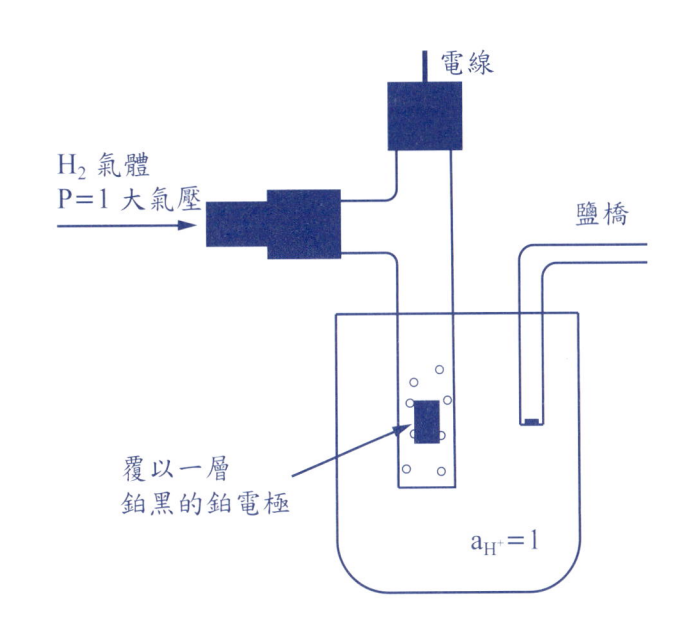

圖 8.3
標準氫電極

2. 甘汞電極

甘汞電極 (calomel electrode) 由金屬 Hg、Hg_2Cl_2 及 KCl 溶液組成，是由一個汞電池上覆蓋一層甘汞 (Hg_2Cl_2) 與汞的糊狀物，並將其浸泡在一定濃度的氯化鉀溶液中，如圖 8.4 所示。

甘汞電極依據氯化鉀溶液的濃度不同分為三種：飽和型 (含飽和 KCl)、標準型 (含有 1.0 M KCl 溶液) 與次標準型 (含有 0.1 M KCl 溶液)，如下表 8.2。其中的飽和甘汞電極 (saturated calomel electrode) 簡稱 SCE。在電池的示意圖

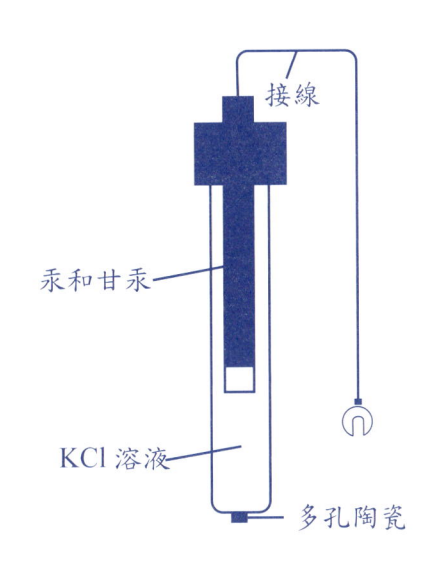

圖 8.4
甘汞電極的結構圖

表 8.2　甘汞電極的類型

類型名稱	濃度 Hg$_2$Cl$_2$	濃度 KCl	對於標準氫電極的電位 Hg$_2$Cl$_{2(s)}$ + 2e$^-$ ⟶ 2Hg$_{(l)}$ + 2Cl$^-$ (xM)
飽和型	飽和	飽和	$+0.2415 - 7.6 \times 10^{-4}(t-25)$
標準型	飽和	1.0 M	$+0.2800 - 2.4 \times 10^{-4}(t-25)$
次標準型	飽和	0.1 M	$+0.3338 - 7.0 \times 10^{-5}(t-25)$

註：t為溶液的溫度 (°C)

中，我們常以 "‖KCl(x M), Hg$_2$Cl$_2$(sat'd)|Hg" 表示；其電極反應式如下：

$$Hg_2Cl_{2(s)} + 2e^- \longleftrightarrow 2Hg_{(l)} + 2Cl^-$$

$$E = E^0_{Hg_2Cl_2/Hg} - 0.0592 \log a_{Cl^-} \tag{8-9}$$

在 25°C 時，$E^0_{25°C} = 0.2415$ V

在一定溫度之下，甘汞電極的電位隨著 Cl$^-$ 離子溶液活性的對數呈線性關係，當 KCl 溶液濃度一定時，其電極電位是一定。由於 KCl 溶液濃度為 0.1 M 時，溫度對甘汞電極電位的影響較小，而且飽和甘汞電極易製備，所以常用來作為參考電極。

在使用甘汞電極時，甘汞電極溶液的液面須高於待測液的液面以防止汙染，再者，如果待測液的離子和甘汞電極反應將會引起堵塞問題。

3. 銀-氯化銀電極

銀-氯化銀電極 (silver-silver chloride electrode) 是將銀線插入氯化鉀飽和溶液中，如圖 8.5 所示，其電極反應如下：

$$AgCl_{(s)} + e^- \longleftrightarrow Ag_{(s)} + Cl^- (xN)$$

若是氯化鉀溶液不是飽和溶液，則其電位依據能斯特方程式

$$E = E^0_{Ag/AgCl} - \frac{RT}{nF} \ln [Cl^-] \tag{8-10}$$

圖 8.5
銀-氯化銀電極的結構圖

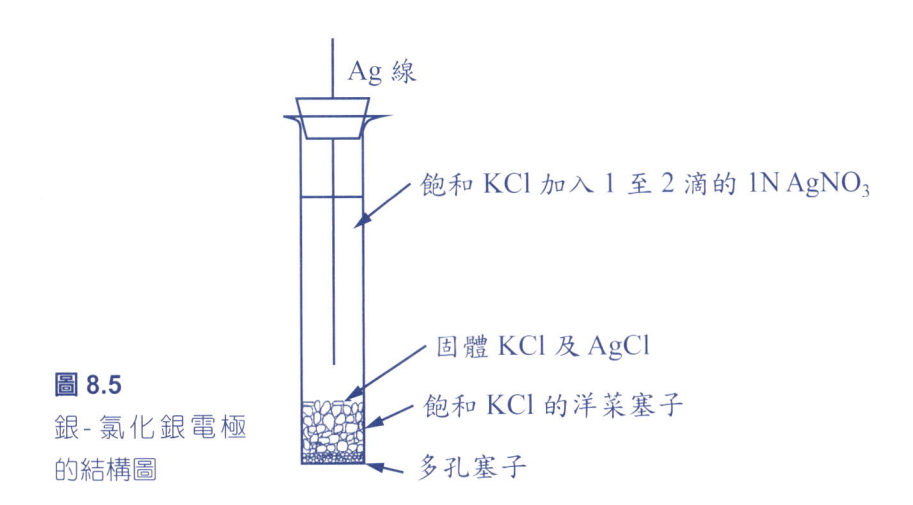

若是在 25°C 時，得知 $E^0_{Ag/AgCl} = 0.222$ V，R = 8.314，F = 96500，T = 298，則將其值代入上式得到

$$E = 0.222 \text{ V} - 0.0592 \log [Cl^-] \tag{8-11}$$

8.5 指示電極

指示電極的作用是指示被測物質的濃度的電極電位，是電化學分析法中所用的工作電極，因此，指示電極又稱工作電極 (working electrode)；由於指示電極對於待測物質的指示是有選擇性的，一種指示電極通常只能指示一種物質的濃度。通常電化學分析法中的電池可表示為：

參考電極‖鹽橋‖分析溶液|指示電極

指示電極有二種：金屬電極與薄膜電極，其中薄膜電極又稱為離子選擇電極。

1. 金屬指示電極

金屬指示電極 (metallic indicator electrode) 可用來測定溶液中的金屬離子

濃度，也可以用來指示氧化還原系統的電位；我們將金屬型指示電極，區分成/第一級電極、第二級電極、第三級電極與惰性氧化還原電極等。第一級指示電極 (first-order indicator electrode) 是直接用來測定金屬電極所產生之陽離子濃度的金屬指示電極；而用來間接指示陰離子的濃度，稱為第二級指示電極 (second-order indicator electrode)。

(1) 第一級指示電極

第一級指示電極用來測定由電極金屬產生陽離子的濃度，例如 Ag、Cu、Hg、Pb、Cd 等金屬可以作為第一級指示電極，是由金屬和該金屬離子溶液組成，金屬與其陽離子可發生可逆半反應如下所示，我們可以 M|M^{n+} 表示之。

$$Pb^{2+} + 2e^- \longleftrightarrow Pb_{(s)}$$

上式到達平衡後，其平衡反應的平衡常數如下，由於固態金屬的活性為 1，則將其值代入平衡常數

$$K_{eq} = \frac{a_{Pb(s)}}{a_{Pb^{2+}}} = \frac{1}{a_{Pb^{2+}}} \tag{8-12}$$

再依據能斯特方程式，可得到電位與 [Pb^{2+}] 的活性關係式如下：

$$E = E^0 - \frac{RT}{nF} \ln K_{eq} = E^0 - \frac{RT}{nF} \ln \frac{1}{a_{Pb^{2+}}} \tag{8-13}$$

此類電極雖然易製備，但是對於一些金屬如 Fe、Ni、W，由於其可逆反應不易到達平衡；因此，實際上的應用不多。

(2) 第二級指示電極

第二級指示電極是金屬電極直接與該金屬離子的微溶性鹽和此微溶性鹽類的陰離子溶液所組成。如 Ag|AgCl, Cl$^-$。

$$AgCl_{(s)} + e^- \longleftrightarrow Ag_{(s)} + Cl^- \quad E^0 = +0.222 \text{ V}$$
$$E = 0.222V - 0.0592 \log [Cl^-] \tag{8-14}$$

例如：銀電極電位可準確地指示飽和碘化銀溶液中的碘離子濃度。

25°C 之電極反應及其電位如下：

$$AgI_{(s)} + e^- \longleftrightarrow Ag_{(s)} + I^-, E^0_{Ag/AgI} = -0.151 \text{ V}$$

由能斯特方程式可求此半反應的電位與碘離子濃度的關係式如下：

$$E_{Ag/AgI} = -0.151 - 0.0592 \log [I^-] \tag{8-15}$$

(3) 第三級指示電極

由金屬與兩種具有相同陰離子的難溶鹽或難解離的錯合物組成，例如 $Pb|PbC_2O_4, CaC_2O_4, Ca^{2+}$；此電極反應如下：

$$Ca^{2+} + PbC_2O_{4(s)} + 2e^- \longleftrightarrow CaC_2O_{4(s)} + Pb$$

$$E = E^0(Pb^{2+}/Pb) + \frac{0.0592}{2} \log \frac{K_{sp}(PbC_2O_4)}{K_{sp}(CaC_2O_4)} \tag{8-16}$$

上式中的 K_{sp} 為難溶鹽的溶解度積，鉛電極電位會受到 Ca^{2+} 離子濃度影響，可以視為是對 Ca^{2+} 離子有反應的電極，但是此類電極不易達成平衡，因此，實際應用較少。

(4) 惰性氧化還原電極

通常是由惰性金屬(如 Pt、Au 等)與含有氧化還原電對的溶液製備的電極，如 $Pt|Ce^{4+}, Ce^{3+}$，又稱惰性金屬電極，可以做為氧化-還原系統的指示電極。在實際的應用中，惰性電極可以作為其電子來源，當電子從溶液的氧化還原系統轉移出來時，它也可以做為電子接受者，例如在含有 Ce(III) 離子與 Ce(IV) 離子的溶液中，鉑電極的電位為

$$E_{ind} = E^0 - 0.0592 \log \frac{a_{Ce^{3+}}}{a_{Ce^{4+}}} \tag{8-17}$$

因此，用 Ce(IV) 作為標準試劑時，鉑電極可以視為滴定操作的一種指示電極。

2. 薄膜電極

根據薄膜的組成可將薄膜電極分為四類：玻璃電極 (glass electrode)、液膜

電極 (liquid-membrance electrode)、固態電極 (solid state electrode)、氣敏電極 (gas-sensing electrode) 等。

(1) 玻璃電極

玻璃電極 (如圖 8.6) 常用於測量 pH 值，屬於離子選擇性電極，也是一種薄膜電極。玻璃電極為底端為特殊成分的玻璃薄膜的玻璃管製成，它對於氫離子具有靈敏的滲透性；管內含有固定組成的緩衝液，具有固定 pH 值，溶液中插入飽和氯化銀或飽和甘汞電極而封密管口。使用時玻璃電極與甘汞電極共浸入試樣溶液中，形成電池；我們可以玻璃電極電位來測定溶液的 pH 值，因此，又稱為 pH 計。

玻璃電極的電池表示法如下：

$$\underbrace{Ag|AgCl_{(s)}, HCl\,(0.1\,N)|玻璃薄膜}_{玻璃電極}|待測溶液\,(pH = x)\|SCE$$

玻璃電極電池的電位公式如下：

$$E = E^0 - \frac{2.303RT}{nF}\log[H^+] \tag{8-18}$$

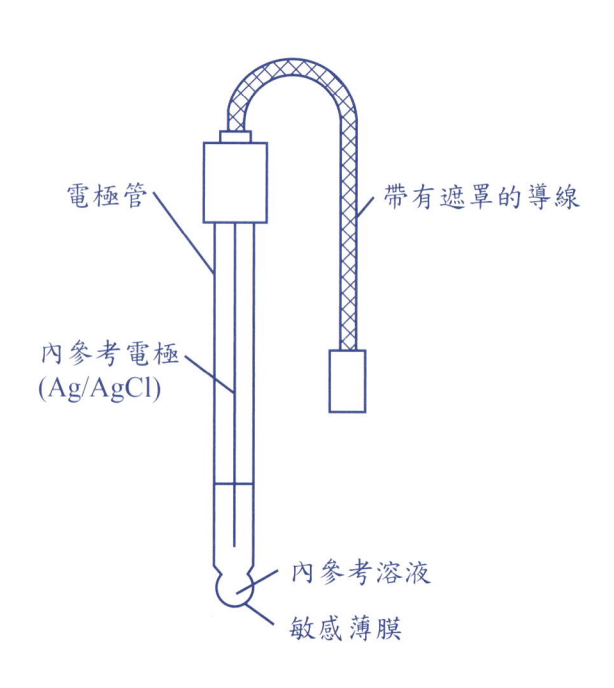

圖 8.6
玻璃電極結構示意圖

若在 25°C 時，得知 E^0 = 0.4137 V，則將其值代入上式得到

$$E = 0.4137 \text{ V} + 0.0592 \text{ pH} \tag{8-19}$$

常見的 pH 玻璃電極的薄膜材料為 Na_2O、CaO 和 SiO_2，一般的測量範圍上為 pH = 1~9。如果內部填充溶液和薄膜之間的溶液是相同時，則 $E_{薄膜}$ = 0。實際上，仍然存在著一個很小的電位，使得 $E_{薄膜}$ 不為零，$E_{薄膜}$ 稱為不對稱電位；因為不對稱電位會影響 pH 值的測量，只能用標準緩衝溶液來校正。

常見的 pH 玻璃電極測量 pH 值在 9 以上的強鹼性溶液時，由於在溶液中，H^+ 的濃度很低，而 Na^+ 的濃度很大，Na^+ 進入凝膠層中占據了部分晶格，並且取代 H^+ 產生電極感應值，使得測到 H^+ 的活性值變大，所以測量到的 pH 值會低於實際的數值，而產生的誤差稱為鹼誤差或鈉誤差；反之，當溶液的 pH < 1 時，由於水分子的活性值變小，pH 玻璃電極的測量讀數會偏高，導致 pH 測量值會低於實際數值，而產生的誤差稱為酸誤差。目前已開發出用 Li_2O 來代替 Na_2O 製作玻璃膜電極，可應用測量 pH 值範圍為 1~13.5 溶液。

用玻璃電極測量溶液 pH 值時，採用的定量方法為直接比較法；pH 玻璃電極準確度高；操作簡便，不容易汙染樣品溶液；應用範圍廣，可應用於顯色，或者測量膠體溶液的 pH 值，也可以作為指示電極而應用於酸鹼滴定；不會受到氧化劑和還原劑的影響，也不會受到 H_2S、KCN、砷化物等影響。pH 玻璃電極不能夠被應用測定含氟離子的溶液之 pH 值，以及具有玻璃電極容易損壞的缺點。

由於 pH 玻璃電極薄膜表面必須經過水合作用形成矽膠層，才能對 H^+ 離子有響應，因此，使用新的玻璃電極之前，需要在純水中浸泡 24 小時以上方可使用，測量後再於清水中保存之。再者測定溶液 pH 之前，也需要用標準緩衝溶液校正電極，以消除不對稱電位和液體界面電位。

(2)液膜電極

由於液膜對電位的響應是待分析溶液內的待測離子，可以選擇與不互溶

二液體間之界面結合而產生的。液膜電極由二同心管構成，底端有一多孔且疏水性的塑膠盤；二同心管之間放置一種非揮發性、不溶於水的有機離子交換劑，常見的有機液體如二-(2-乙基己烷基)磷酸鹽，藉燈芯的作用，使膜注滿有機液體，因此，液膜電極可以直接測定電位與測量多價陽離子及某些陰離子的活性。液膜電極中也有對陰離子具選擇性之帶正電荷載體的電極，例如 NO_3^- 離子選擇性電極，與對陽離子具選擇性的不帶電荷的中性載體電極，例如 K^+ 離子選擇電極。

液膜電極依據液膜材料的不同，可分為晶體膜電極和非晶體膜電極。晶體膜電極的敏感膜是由難溶鹽的晶體經過加工而製成的；常用的晶體膜電極有銅離子選擇電極，氟離子選擇電極，鹵素離子選擇電極、硫離子選擇電極，鉛離子選擇電極等；下面分別介紹之。

(A) 離子選擇電極

　　離子選擇性電極是屬於指示電極，通常可將其分為五個部分，見圖 8.7 所示；其中，敏感膜是離子選擇性電極的關鍵部分。具有將某種離子活性轉換成膜電位的功能；內參考電極一般為 Ag-AgCl 電極，在內部溶液 Cl^- 離子濃度一定時，可提供一穩定電位；內部溶液是由一定濃度的 Cl^- 離子和含有待測離子的鹽溶液組成，以使內參考

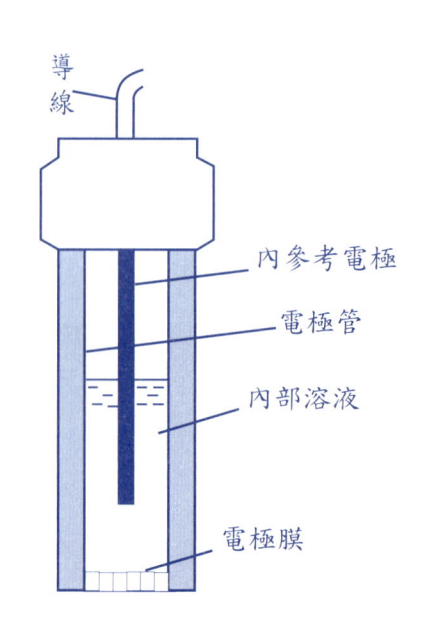

圖 8.7
離子選擇電極的結構

電極電位和膜內的電位恆定；目前有些電極不用內參考電極和內部溶液而直接將導線用銀絲焊接在敏感膜上。

在室溫下已知只有很少幾種晶體具有離子導電性，如 LaF_3 中的 F^- 離子，Ag_2S 及 AgX 中的 Ag^+ 離子。當上述晶體組成的敏感膜電極浸入待測溶液中，由於在膜相內的晶格缺陷，使參與導電的晶格離子向空穴移動並擴散進入溶液，溶液中相同的離子也可進入膜相的空穴，而達到平衡時，在兩相界面的雙電層中產生了穩定的界面電位，即是膜電位。

在測量時，將離子選擇電極與參考電極 (一般為飽和甘汞電極) 浸入待測溶液中而組成化學電池。在攪拌的情況之下，用伏特計 (例如 pH 計) 以測量該電池的電位；這類電極對晶體中參與導電的離子具有能斯特效應。

離子選擇電極可以應用於陰、陽離子種類及含量的測量，每次測量前都要清洗，使電位達定值，以避免記憶效應；進行測量時，需用磁攪拌器攪拌溶液，以減小濃度極化。

一般而言，評估一個離子選擇性電極的性能參數有下列各項：

(a) 動力線性範圍

用離子選擇性電極 (ISE) 為指示電極，SCE 為參考電極，測定一系列不同活性的待測離子之標準溶液的電位值 E，以 $\log a$ 為橫座標，E 為縱座標作圖；如圖 8.8 所示，在 BC 段所對應的檢測離子活性值範圍就是離子選擇性電極的動力線性範圍，我們必須在動力線性範圍內進行測量工作；高濃度溶液會腐蝕敏感薄膜，而造成薄膜嚴重溶解，也不易獲得安定的液體界面電位。

(b) 能斯特 (Nernst) 感應現象

圖 8.8 的斜率值與理論值 $2.303 \times 10^{-3} RT/(nF)$ 的值一致時，稱此電極具有能斯特感應現象。

(c) 檢測下限

圖 8.8 的 D 是此電極的檢測下限，檢測下限越低，表示此電極具

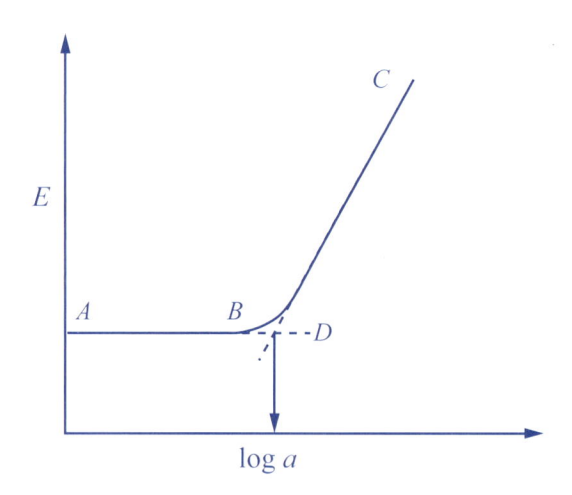

圖 8.8 離子選擇性電極的動力線性範圍

有較佳的靈敏度。電極的檢測下限取決於敏感膜晶體的溶解度。

(d) 應答時間

應答時間是電極達到平衡狀態，而電位值呈現穩定時所需要的時間；應答時間是當參考電極與離子選擇性電極同時接觸待測溶液開始，直到電池電動勢達到穩定值之前 1 mV 時所需要的時間。

應答時間主要決定於薄膜與溶液界面形成安定電雙層時所需要的時間，與薄膜電位平衡時間、實驗操作條件、共存離子存在有關。一般應答時間越短，電極性能就越好，光滑的電極表面和較薄的膜相可縮短離子選擇電極的應答時間；離子活性值越低，電極到達平衡狀態所需的時間越長；攪拌溶液可以使離子的擴散和交換過程加快，也會加速薄膜內的電荷傳遞，縮短電極到達平衡狀態的時間，因此，應答時間會縮短；此外，在一定溫度範圍內，升高溫度會縮短應答時間。

(e) 選擇性係數

由於離子選擇性電極對特定的離子有能斯特反應，對一些共存的干擾離子可能有不同程度的反應，因此，一支選擇性好的電極應是對某種離子有能斯特反應，而對共存的干擾離子反應很小。IUPAC 建議使用選擇性係數 (K_{ij}) 來表示電極選擇性的優劣，即

$K_{ij} = a_i/a_j$；K_{ij} 是在一定條件之下，產生相同電位的待測離子活性 a_i 和干擾離子活性 a_j 的比值；一般而言，離子選擇性電極的選擇性係數越小，電極的選擇性能越好。此外，選擇性係數還可做為選擇電極，樣品處理及測定方法的依據。

(B) 銅離子選擇電極

銅離子選擇電極如圖 8.9 所示，電極內管裝有含飽和 AgCl 與 $CuCl_2$ 標準液，用銀線相連而形成 Ag/AgCl 參考電極；其電極電位為

$$E = E^0 - (0.0592/2) \log a_{Cu^{2+}} \tag{8-20}$$

(C) 氟離子選擇電極

氟離子選擇性電極是一種對溶液中 F^- 離子具有能斯特效應的電極，目前已有對氟離子具有選擇性的固態膜上市，此固態膜由 LaF_3 的單晶體製成，並添加銪離子 (Eu^{2+}) 以增加導電度，內參考電極為 Ag-AgCl，內部溶液是 0.1 M NaCl 與 10^{-3} M NaF 混合液，氟離子選擇電極的結構如圖 8.10。

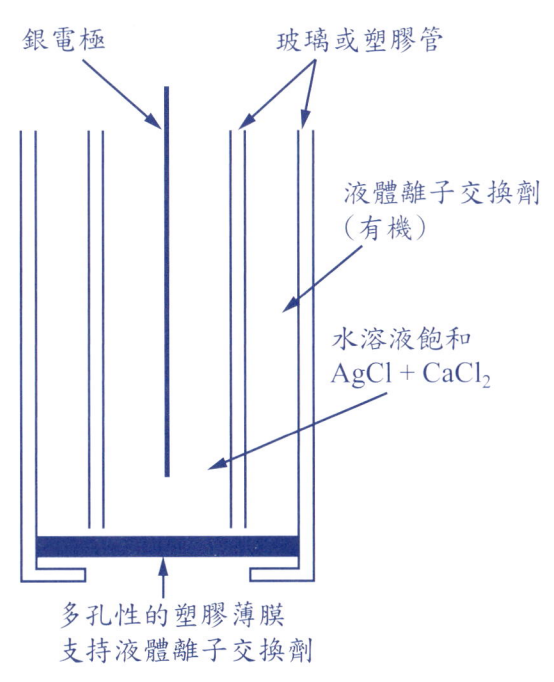

圖 8.9 對 Cu^{2+} 敏感的液體薄膜電極

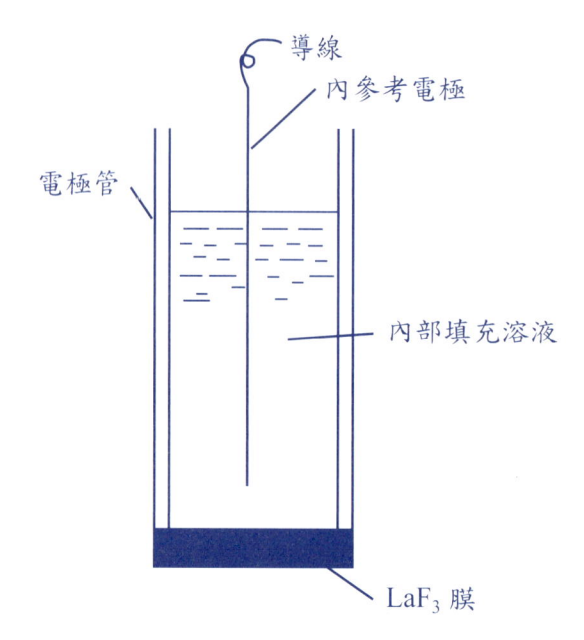

圖 8.10 氟離子選擇電極的結構示意圖

氟離子選擇性電極具有很好的選擇性，在直接電位法中應用很廣泛，它已成為測定 F⁻ 離子濃度的標準方法；而且還可以用來間接測定一些金屬離子如 La^{3+}、Al^{3+}、Si^{4+}、Th^{4+} 等；目前氟離子選擇性電極測得 F⁻ 活性在 10^0 至 10^{-6} 之間，與理論值十分相近。氟離子選擇電極的電池表示法為：

氟離子選擇電極|待測溶液‖SCE

在 25°C 時，測量參與導電和擴散的 F⁻ 離子，離子選擇性電極的電位與待測 F⁻ 離子的活性符合能斯特方程式的關係

$$E = E^0 - 0.0592 \log a_{F^-} \tag{8-21}$$

應用氟離子選擇電極測量氟含量時，溫度、pH 值、離子強度、共存離子都會影響測量值的準確度。氟離子選擇電極的唯一干擾離子為 OH⁻ 離子，因為溶液中的 OH⁻ 離子與膜表面形成的 $La(OH)_3$ 干擾測定，會使測量的結果偏高。當溶液的 pH 值過低，部分氟離子會形成 HF、HF_2^- 或是 HF_3^{2-}，使測量的結果偏低；因此，氟離子選擇電極

測量時最適合的 pH 值範圍為 5~6.5，一般用 HAc-NaAc 為緩衝劑來調節 pH 值。

測量時，須以 F$^-$ 離子的標準溶液來校正電極，為了使待測液與標準液二者具有相近的組成，以消除溶液中的其他離子如 Al^{3+}、Fe^{3+} 等離子的干擾，也可以加入檸檬酸鹽作為干擾離子掩蔽劑。再者，還要在溶液中加入離子強度調節劑，例如 NaCl 或是 KNO$_3$，以維持離子強度不變。這種含 pH 緩衝劑、離子強度調節劑與掩蔽劑的溶液，稱之為總離子強度調節緩衝液 (total ionic strength adjustment buffer, TISAB)。

氟離子選擇電極法具有結構簡單便於攜帶、靈敏度高、精密度高、感應速度快、操作簡單、能夠克服色澤干擾效應等優點；目前氟離子電極可快速簡便地測量水溶液或含水的有機溶液的氟離子濃度，同時也可用於玻璃、磷酸礦和牙膏等樣品中氟含量的測定，而且還可用於鋁和磷酸鹽的間接測定。

(3) 固態電極

正如玻璃膜對於陽離子具有選擇性，目前已知的各種固體膜對於陰離子具有選擇性；例如：小粒子的鹵化銀固體膜，能成功地對於氯、溴及碘離子有選擇性。PbS、CdS 及 CuS 與 Ag$_2$S 混合所製成的固體膜，可用來選擇 Pb^{2+}、Cd^{2+} 及 Cu^{2+}；這些離子中，銀離子可作為在固體膜內傳送電流的介質。這類固體膜電極與液膜電極的主要區別在於固體膜電極的可交換點位於膜相不能移動處，而液膜電極的可交換點位在膜相，可自由移動。

(4) 氣敏電極

氣敏電極是一種氣體感測器，是一種會對溶液中氣體的分壓產生響應的離子選擇性電極，是由參考電極、離子選擇性電極及電解質溶液組成。其中的離子選擇電極作為指示電極，指示電極與參考電極都插入電極管中而組成複合電極，電極管中充有特定的電解質溶液，電極管端部緊靠離子選擇電極敏感膜處用特殊的透氣膜或空隙間隔把電解質溶液與待測

溶液區隔開，氣敏電極的結構見圖 8.11。

目前應用普遍的氣敏電極是 NH_3 氣敏電極，屬於隔膜式氣敏電極，它可以測定溶液中 NH_3 的含量；當氨氣體擴散進入內部溶液反應達成平衡之後，內電極會產生響應，因此，NH_3 氣敏電極的選擇性佳。另一種常見的 CO_2 氣敏電極是用氣隙代替氣透膜，此膜是用含微孔的疏水性塑膠薄膜製成，因此，薄膜的孔僅含有空氣或其他此膜所接觸的氣體，感測電極表面貼有泡沫塑料潤濕電解液。

氨氣敏電極是以 pH 玻璃電極為指示電極，透氣膜為聚四氟乙烯的材質，電解質溶液為 NH_4Cl 溶液，測量 NH_4^+ 離子濃度時，先在溶液中加一定量的 NaOH 使其生成氣體 NH_3，由於擴散作用使氨氣通過透氣膜（水和其他離子則不能通過），導致下列平衡反應向右移動：

$$NH_3 + H_2O \longleftrightarrow NH_4^+ + OH^-$$

氯化銨電解質薄膜層內會引起氫氧根離子濃度改變，由 pH 玻璃電極測得其變化，在恆定的離子強度下測得的電動勢與水樣中氨氣濃度的對數呈線性關係，經由測得的電位值以確定樣品中氨氣的含量。

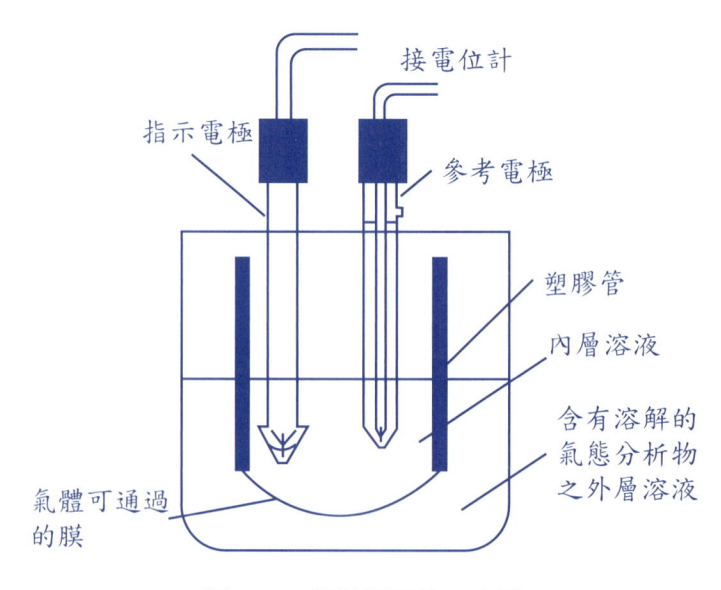

圖 8.11 氣敏電極的示意圖

氣敏電極不直接與分析物接觸，只有通過膜的可溶氣體與可能影響內部溶液 pH 值的物種才會干擾；但是電極的響應速度較慢，對於溫度變化也較敏感是其缺點。目前氣敏電極的應用除了可以自動連續監測之外，還可以應用於環境監測、生化檢驗與水質分析等。目前市售的氣敏電極有 CO_2、NO_2、H_2S、SO_2、HF、HCN 及 NH_3 氣敏電極。

除了上述的電極之外，還有些電極不但可以作為參考電極，也可作為指示電極，醌-氫醌電極 (quinhydrone electrode, QE) 就是一個例子。醌-氫醌電極是基於醌 (quinone, $C_6H_4O_2$) 和其還原態氫醌 (hydroquinone，$C_6H_4(OH)_2$，又稱對苯二酚) 之間的可逆反應而設計的，將醌與氫醌二者以等莫耳混合，在溶液中不同氫離子濃度能夠達成可逆平衡，可以指示出溶液中的氫離子濃度。我們以 Q 代表醌 $[C_6H_4O_2]$，以 H_2Q 代表氫醌 $[C_6H_4(OH)_2]$，則其電極反應式可寫成

$$Q + 2H^+ + 2e^- \longleftrightarrow H_2Q$$

依據能斯特方程式可表示此電極的電位為

$$E_Q = E_Q^0 - \frac{RT}{2F} \ln \frac{a_{H_2Q}}{a_Q a_{H^+}^2} \tag{8-22}$$

由於醌及氫醌是等莫耳混合，故 $\frac{a_{H_2Q}}{a_Q} = 1$，則上式可化簡為

$$E_Q = E_Q^0 - \frac{RT}{2F} \ln \frac{1}{a_{H^+}^2} = E_Q^0 + \frac{RT}{F} \ln a_{H^+} \tag{8-23}$$

在 25°C 時 $E_Q^0 = 0.6994$ V，則

$$E_Q = 0.6994 + 0.0592 \log a_{H^+} = 0.6994 - 0.0592 \text{ pH} \tag{8-24}$$

8.6 直接電位測量法

直接電位測定法可用於指示電極指示之物種的化學分析，其方法只需將指示電極浸在試液中，與指示電極浸在分析物標準溶液中，再比較兩者產生的電位，如果指示電極對分析物的感應是特異的，則不需預先的分離步驟。一般而言，直接電位測量法有下列三種：

1. 直接指示法

用一定濃度的標準溶液校正離子選擇性電極 (ISE) 後，可在 pH 計上直接測得樣品中待測離子的 pH 值方法稱為直接指示法。用於測量溶液值的電池可表示為

$$\text{pH 值玻璃電極} | \text{待測溶液} (a_{H^+}) \| \text{SCE}$$

其裝置示意圖如 8.12，$E_{電池} = K + (2.303RT/F)\text{pH}$。

2. 工作曲線法

這種方法適用於組成相近且簡單的大批樣品分析工作。配製一系列含有不

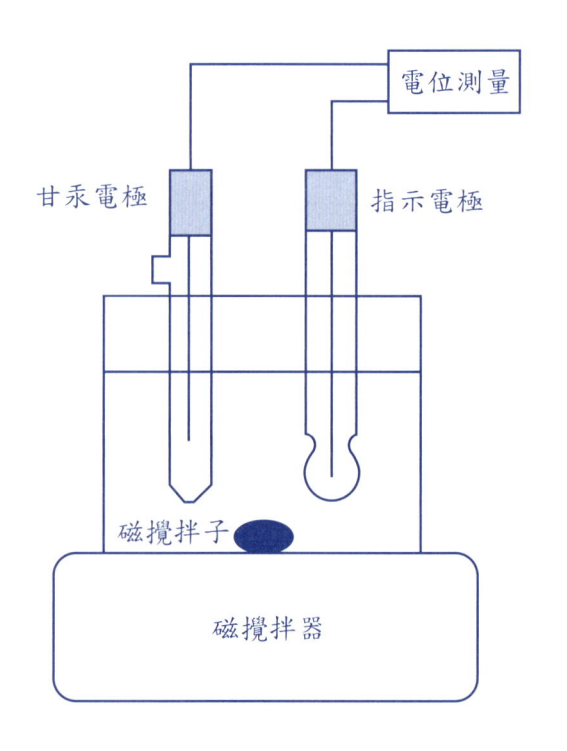

圖 8.12
直接電位測量示意圖

同濃度的待測離子之標準溶液之後，在每一種標準溶液中均添加一定體積量的總離子強度調節緩衝溶液，將離子選擇性電極、參考電極等依序分別與不同濃度值的標準溶液組成電池，並測量其電位，以 E 對應於 $\log C$ 作圖時，得到校正曲線；再以相同操作方法測量樣品溶液的 E 值，可從校正曲線上計算在樣品溶液中的待測離子的濃度。

3. 標準添加法

標準品添加法是在測定待測溶液的電位值之後，加入一定體積的已知濃度的標準溶液，再測定其電位值，根據兩次測得的電位差值及加入標準溶液的量，即可求出待測離子的濃度。

由於添加前後的溶液，除了待測離子的濃度值是不同的以外，離子強度和其他組成分都可視為是相同的，可減少複雜基質的效應。因此，此方法具有較高的準確度，適用於組成複雜的樣品分析工作。而標準添加法可以分為一次標準添加法和連續標準添加法。

先測量體積為 V_x、濃度為 c_x 的樣品溶液的電位：

$$E = E_{ind} - E_{ref} + E_j = E^0 + \frac{RT}{nF} \ln f_x c_x - E_{ref} + E_j = 常數 + \frac{RT}{nF} \ln f_x c_x \quad (8\text{-}25)$$

其中，E 為電池電動勢；E_{ind} 為指示電極電位；E_{ref} 為參考電極電位；E_j 為液體界面電位。

此方法具有操作簡便且快速，適合測定組成複雜的待測溶液之優點，若有過剩的錯合劑存在時，也可測出游離的離子與錯合離子。

8.7 電位滴定法

電位滴定是測定整個滴定過程中的電池電位，由電位變化與溶液中物種濃度因滴定而發生的變化其間的關係，藉以判斷滴定終點 (end point of titration) 的

一種分析技術。電位滴定法具有高準確度、高靈敏度等優點，不受離子的活度係數、液體接面電位、儀器校正、溶液混濁與顏色等限制，可應用於酸鹼中和滴定、氧化還原滴定及沉澱滴定，也可以間接測定沒有指示電極直接反應的物質，與缺乏適合指示劑的非水溶液滴定。

1. 電位滴定的裝置

電位滴定法是以電位的變化代替指示劑顏色變化指示滴定終點的方法，其原理與 pH 計相似，其裝置如圖 8.13 所示；以玻璃電極作為指示電極，標準甘汞電極為參考電極；每次加入滴定試劑時，均需攪拌均勻以使試劑迅速反應完全。最初加入較大量的滴定劑，在接近平衡時加入較小量的滴定劑，測定每次加入滴定劑後，攪拌均勻而達平衡後的電位 E；當測定的電位每次只改變 1~2 mV 時，表示接近平衡，應加入較小量的滴定劑繼續測定電位，到達當量點時，待測溶液濃度的突然改變引起的電位「突躍」以確定滴定終點。

2. 滴定終點的確定

滴定時，每滴加一次試劑測量其電位，因為電位隨滴定劑體積而變化，滴定終點可從電位滴定曲線求得，也可用一次微分曲線、二次微分曲線計算出，還可用自動電位滴定計直接得到；下面介紹滴定終點確定的作圖法。

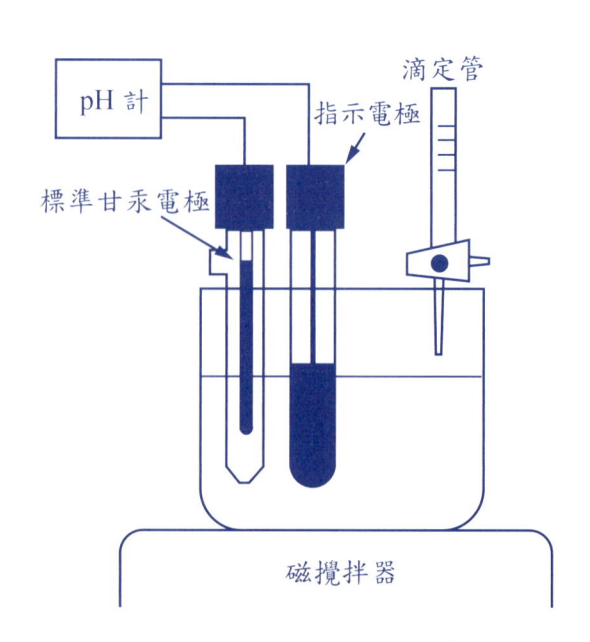

圖 8.13
電位滴定的裝置

(1) 滴定曲線法

此法是將測量 pH 值變化作判定，測得的電位值 E 為縱座標，加入滴定劑的體積為橫座標，繪製電位滴定曲線圖，我們發現：當接近當量點時，E 值的變化非常顯著，曲線中斜率最大的點即是當量點；如圖 8.14。

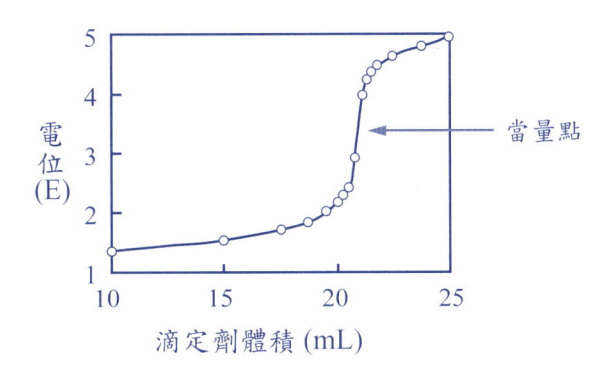

圖 8.14
電位滴定曲線圖

(2) 一次微分曲線法

一次微分曲線法又稱為 $\Delta E/\Delta V$-V 曲線法，此法是當電位滴定曲線圖的終點不明顯時，我們可以 $\Delta E/\Delta V$ 為縱座標，V 為橫座標，繪製一次微分曲線，$\Delta E/\Delta V$ 最大值時所對應的體積即為滴定終點，亦即一次微分曲線極大值的點即為當量點，如圖 8.15。

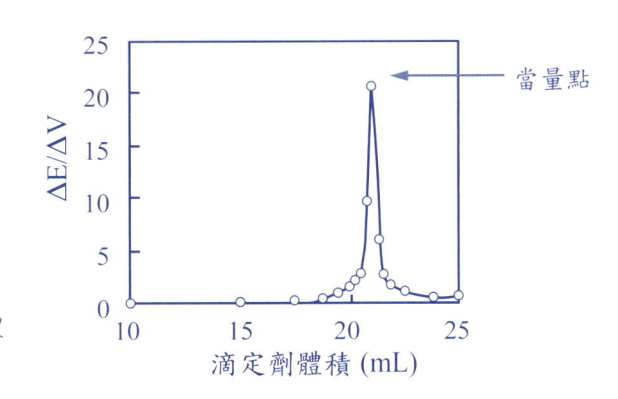

圖 8.15
電位滴定曲線的一次微分圖

(3) 二次微分曲線

二次微分曲線法又稱為 $\Delta^2 E/\Delta V^2$-V 曲線法，是 E 值對體積二次微分作圖，以 $\Delta^2 E/\Delta V^2$ 為縱座標，V 為橫座標，繪製二次微分曲線，$\Delta^2 E/\Delta V^2 = 0$ 時所對應的體積即為滴定終點，如圖 8.16。

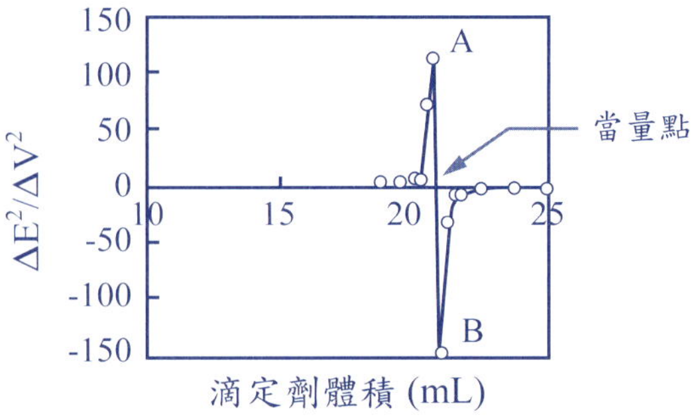

圖 8.16
電位滴定曲線的二次微分圖

除此之外目前已有自動滴定儀上市。自動滴定儀使用 pH 探針或者其他探針來擷取滴定數據，以監測滴定過程；裝置配備有滴定劑容槽、滴定劑分注裝置如注射針幫浦、與能夠適當速率分注已知體積量之滴定劑的一些管路與閥門設備，再搭配使用內建電腦程式，根據一次微分與二次微分等圖形，決定滴定終點。

2. 電位滴定的種類

容量分析中的各種滴定反應都可以採用電位滴定法，不同類型的滴定反應，應選用合適的指示電極。電位滴定的種類可以區分為下列四種：

(1) 酸鹼滴定法

電位滴定法的靈敏度高於添加指示劑的酸鹼滴定，在酸鹼滴定中，常用 pH 玻璃電極為指示電極；若是待測溶液的 pH 值大於 8 時，常用 Sb-Sb_2O_3 電極、醌-氫醌電極。

(2) 氧化還原滴定法

氧化還原滴定法通常用 Pt 為指示電極。例如，用 Ce^{4+} 滴定 Fe^{3+} 溶液，Pt 電極可指示滴定過程中 Fe^{3+}/Fe^{2+} 濃度比值的變化來指示滴定終點。

範例

25°C 時，用 0.100 mol/L Ce^{4+} 溶液電位滴定 20.00 mL 0.100 mol/L Sn^{2+} 溶液；用 Pt 電極（正極）和飽和甘汞電極（負極）組成電池，試計算化學計量點時電池的電位？

已知 $E_{SCE} = 0.24V$，$E^0_{Ce^{4+}/Ce^{3+}} = 1.61V$，$E^0_{Sn^{4+}/Sn^{2+}} = 0.15V$

解答

$Ce^{4+} + e^- \longrightarrow Ce^{3+}$　$E^0 = 1.61V$

$Sn^{4+} + 2e^- \longrightarrow Sn^{2+}$　$E^0 = 0.15V$

反應式為 $Sn^{2+} + 2Ce^{4+} \longrightarrow Sn^{4+} + 2Ce^{3+}$

化學計量點時，兩電極的電位相等，即

$$E = (E^0_{Ce^{4+}/Ce^{3+}}) - 0.0591 \log \frac{a^2_{Ce^{3+}}}{a^2_{Ce^{4+}}} \cdots\cdots\cdots ①$$

$$E = (E^0_{Sn^{4+}/Sn^{2+}}) - (0.0591/2) \log \frac{a^2_{Sn^{4+}}}{a^2_{Sn^{2+}}} \cdots\cdots ②$$

① + ② × 2

$$\Rightarrow 3E = \left(E^0_{Ce^{4+}/Ce^{3+}}\right) + 2\left(E^0_{Sn^{4+}/Sn^{2+}}\right) - (0.0592) \log \frac{a_{Sn^{4+}} \times a^2_{Ce^{3+}}}{a_{Sn^{2+}} \times a^2_{Ce^{4+}}}$$

平衡時 $2[Sn^{4+}] = [Ce^{3+}]$

　　　　$2[Sn^{2+}] = 2[Ce^{2+}]$

代入上式

　　　$3E = 1.61 + 2(0.15) = 0.637 \text{ V}$

化學計量點時電池的電位 $= 0.637 \text{ V} + 0.24\text{V} = 0.977\text{V}$

(3) 沉澱滴定法

根據不同的滴定反應，沉澱滴定法可選用不同的指示電極，例如：以 $AgNO_3$ 溶液滴定 Cl^- 離子時，可用金屬 Ag 電極或是 Cl^- 離子選擇性電極作指示電極，此時參考電極應選用帶有雙鹽橋的 SCE，鹽橋液可選用不干擾測定，且陰、陽離子濃度相近的溶液。

(4) 錯合滴定法

錯合滴定法也應根據不同的錯合反應，選擇不同的指示電極，例如 NaF 溶液滴定 Al^{3+} 離子時，可選用 F^- 離子選擇性電極作指示電極；用乙二胺四乙酸 (ethylenediaminetetraacetic acid, EDTA) 溶液滴定 Ca^{2+} 離子時，可用 Ca^{2+} 離子選擇性電極為指示電極，也可在待測溶液中加入少量的

Hg (II) -EDTA 錯合物，用 Hg 作指示電極。

8.8 電位分析法的應用

電位分析法可以用來測得酸的解積常數值 (K_a)、錯合物的形成常數與溶解積常數值等，茲各舉例說明。

範例

已知 $Fe^{2+} + 2e^- \leftrightarrows Fe_{(s)}$ $\quad E^0 = -0.44V$
$\quad\quad Fe^{3+} + e^- \leftrightarrows Fe^{2+}$ $\quad E^0 = 0.771V$
$\quad\quad Ag^+ + e^- \leftrightarrows Ag_{(s)}$ $\quad E^0 = 0.779V$

試計算下列電池的理論電位為多少？假設界面電位值可忽略。

$$Pt|Fe^{3+}(0.01M), Fe^{2+}(0.001M)\|Ag^+(0.02M)|Ag$$

解答

$E = E_{Ag^+} - F_{Fe^{3+}}$

$\quad = \left(0.799 - 0.592 \log \dfrac{1}{[Ag^+]}\right) - \left(0.771 - 0.0592 \log \dfrac{[Fe^{2+}]}{[Fe^{3+}]}\right)$

$\quad = \left(0.799 - 0.592 \log \dfrac{1}{0.02}\right) - \left(0.771 - 0.0592 \log \dfrac{0.001}{0.01}\right)$

$E = 0.0916V$

範例

下列電池的電位值等於 $0.295\,V$：

$$H_2(1\ atm)|HP(0.01\ F), NaP(0.03\ F)\|SCE$$

試計算出 HP 的酸解離常數值 (K_a)，假設界面電位值可忽略。

解答

$$E = E^0_{Ag/AqCl} = 0.222V - E_{H^2}$$

$$0.295 = 0.242 - \left(0 - \frac{0.0592}{2}\log\frac{[H_2]}{[H^+]^2}\right)$$

$$= 0.242 + \frac{0.0592}{2}\log\frac{1}{[H^+]^2}$$

因此 $[H^+] = 0.127M$

$$HP \to H^+ + P^- \quad K_a = \frac{[H^+][P^-]}{[HP]} = \frac{0.127 \times 0.03}{0.01} = 0.381$$

所以 $K_a = 0.381$

範例

用電解法從 0.01 M 之 Cu^{2+} 和 0.01 M Cd^{2+} 溶液中，選擇性沉澱 Cu^{2+}，則此陰極電壓應控制在多少伏特？

已知 $Cu^{2+} + 2e^- \leftrightarrows Cu \quad E^0 = 0.337V$

$Cd^{2+} + 2e^- \leftrightarrows Cd \quad E^0 = -0.403V$

解答

假設 99.99% 的 Cu 有沉積出來，即達成分離目的，則

$$E_{Cu} = 0.337 - \frac{0.0592}{2}\log\frac{1}{[Cu^{2+}]} = 0.337 - \frac{0.0592}{2}\log\left[\frac{1}{1\times 10^{-2}\times 0.01\%}\right]$$

$$= 0.337 - \frac{0.0592}{2}\log\frac{1}{1\times 10^{-6}} = 0.1597V$$

$$E_{Cd} = -0.403 - \frac{0.0592}{2}\log\frac{1}{1\times 10^{-2}} = -0.4621V$$

因此，將陰極電位控制在 0.1597V～−0.4621V 之間，便可達成分離目的。

範例

Sn(IV) 與 F⁻ 會形成 SnF_6^{2-}，已知 $(SnF_6^{2-}/Sn^{2+}) = -0.25V$，$(Sn(IV)/Sn(II)^{2+}) = 0.15V$，$(Sn(II)/Sn) = -0.1365V$，試計算 SnF_6^{2-} 的形成常數為多少？

解答

$$SnF_6^{2-} + 2e^- \rightarrow Sn^{2+} + 6F^- \quad E^0 = -0.25V \cdots\cdots ①$$

$$Sn^{2+} \rightarrow Sn^{4+} + 2e^- \quad E^0 = -0.15V \cdots\cdots ②$$

① + ② 得到 $SnF_6^{2-} \rightarrow Sn^{4+} + 6F^-$

$$-0.40 = \frac{-0.0592}{2} \log K_f$$

所以，$K_f = 3.44 \times 10^{13}$

參考資料

1. Bratsch, S. G. (1989). *Journal of Physical Chemistry Reference Data* Vol. 18, pp. 1–21.
2. *SI Chemical Data*, 6thedition (John Wiley & Sons, Australia), ISBN 9780470816387.
3. Vanýsek, Petr (2007). *Electrochemical Series*, in Handbook of Chemistry and Physics: 88th edition (Chemical Rubber Company).
4. https://zh.wikipedia.org/wiki/標準電極電動勢
5. WIKIPEDIA － Nernst quation http://en.wikipedia.org/wiki/ Nernst_equation
6. 儀器分析，方嘉德審閱，2011 年 1 版，滄海出版社。
7. 儀器分析，林志城、梁哲豪、張永鍾、薛文發、施明智，總校閱：林志城，2012 年 1 版，華格那出版社。
8. 儀器分析，孫逸民等著，1997 年 1 版，全威圖書股份有限公司。
9. 儀器分析，柯以侃等著，文京圖書出版社。

本章重點

1. 電化學分析是利用物質之電化學性質來進行分析的方法。電化學分析方法依據溶液的電化學性質，通常可分為：電位分析法、電導分析法、電解分析法、庫侖分析法、極譜分析法等。

2. 化學電池是由一個電極與其相對應的電解質溶液組成為半電池，兩個半電池構成一個化學電池，兩個半電池的溶液一般用半透膜或鹽橋隔開以避免混合。

3. 化學電池可分為電流電池和電解電池，電流電池是將化學能自發地轉換成電能的裝置；電解電池是將電能轉換成化學能的裝置；化學電池的陰極 被定義為發生還原反應的電極，而陽極則是發生氧化反應的電極。

4. 當一個電極與標準氫電極組成一電池時，由電位計測得電池的電位是此電極的還原電位；如果當時的條件為在 25°C，1 atm 離子濃度為 1 M 時，測得的電極電位，稱為標準還原電位，一般以 E^0 表示。

5. 電極的標準還原電位若為正號，表示還原反應能自發進行；負號則表示還原反應不能自發進行。電極的標準氧化電位，與其標準還原電位值相等而正負號相反。

6. 法拉第定律是指在電極之化學反應的量與所產生電流值呈正比關係，而此時產生的電流就稱之為法拉第電流。

7. 電位分析法是以 Nernst 方程式為理論基礎，根據電極電位與待測離子活性之間的關係，以進行測定的一種電化學分析法；電位分析法可以分為電位測量法和電位滴定法二種。

8. 電位分析法所需的電化學電池儀器裝置包含參考電極、指示電極、電位測定裝置，通常將電化學電池寫成：指示電極|待測溶液||參考電極，其電池的電位為：

$$E_{電池} = E_{參考} - E_{指示} + E_{液體界面}$$

9. 電化學分析法中所用的工作電極是指示電極，指示電極又稱工作電極；指示電極的作用是指示被測物質的濃度的電極電位。一種指示電極通常只能

指示一種物質的濃度。通常指示電極有二種：金屬電極與薄膜電極，其中薄膜電極又稱為離子選擇電極。

10. 理想的參考電極電位值不受溶液的組成變化影響，在定溫之下有一定的電極電位。以標準氫電極、甘汞電極、銀-氯化銀電極是較準確且常被使用的參考電極；標準氫電極簡稱 SHE；飽和甘汞電極簡稱 SCE。由於標準氫電極使用較不方便，甘汞電極的再現性佳，而且也較易製備，在測量時常用標準甘汞電極取代標準氫電極。

11. 金屬型指示電極區分成第一級電極、第二級電極、第三級電極與惰性氧化還原電極等。第一級指示電極是直接用來測定金屬電極所產生之陽離子濃度的金屬指示電極；第二級指示電極是用來間接指示陰離子的濃度。第三級電極是由金屬與兩種具有相同陰離子的難溶鹽或難解離的錯合物組成。惰性氧化還原電極是由 Pt、Au 等惰性金屬與含有氧化還原電對的溶液製備的電極，如 $Pt|Ce^{4+}, Ce^{3+}$，可以做為氧化-還原系統的指示電極。

12. 薄膜電極分為：玻璃電極、液膜電極、固態電極、氣敏電極等四類。玻璃電極常用於測量 pH 值，屬於離子選擇性電極，又稱為 pH 計；目前應用普遍的氣敏電極是 NH_3 氣敏電極，可以測定溶液中 NH_3 的含量。

13. 氟離子選擇性電極是一種對溶液中 F^- 離子具有能斯特效應的電極，由 LaF_3 單晶體製成的固態膜對氟離子具有選擇性，並添加銪離子 (Eu^{2+}) 以增加導電度。測量時，須加入含有 pH 緩衝劑、離子強度調節劑與掩蔽劑的總離子強度調節緩衝液 (TISAB)，以使離子強度恆定、緩衝 pH 值與去除干擾。

14. 滴定終點可從電位滴定曲線求得，也可用一次微分曲線、二次微分曲線而計算出，還可用自動電位滴定計直接得到；電位滴定可以分為酸鹼滴定法、氧化還原滴定法、沉澱滴定法、錯合滴定法四類。

本章習題

一、單選題

1. 普遍玻璃電極不宜測定 pH > 9 的溶液的 pH 值，主要原因是？
   (1) Na^+ 在電極上有回應
   (2) OH^- 在電極上有回應
   (3) 玻璃被鹼腐蝕
   (4) 玻璃電極內阻太大
   答案：(1)

2. 測定溶液 pH 時，都用標準緩衝溶液來校正電極，其目的是？
   (1) 避免酸誤差產生
   (2) 避免鹼誤差產生
   (3) 消除不對稱電位和液體界面電位
   (4) 消除溫度的影響
   答案：(3)

3. 電位法測定時，溶液需攪拌的目的為？
   (1) 加速離子的擴散，減小濃差極化
   (2) 破壞雙電層結構的建立
   (3) 縮短電極建立電位平衡的時間
   (4) 讓更多的離子到電極上進行氧化還原反應
   答案：(3)

4. 離子選擇性電極在使用時，每次測量前都要將其清洗，使電位至一定值的目的是？
   (1) 清洗電極
   (2) 避免記憶效應
   (3) 消除電勢不穩定性
   (4) 提高靈敏度
   答案：(2)

5. 離子選擇性電極的選擇性係數？
   (1) 越大，其選擇性越好
   (2) 恆等於 1.0
   (3) 越小，其選擇性越好
   (4) 恆小於 0.5
   答案：(3)

6. 下列何者不是參考電極應具備的條件？

　　(1) 電極反應是可逆的　　　　　(2) 溫度係數小

　　(3) 不因時間而變　　　　　　　(4) 其電極電位應為零

　答案：(4)

7. 在電位分析法中，離子選擇性電極的電位與待測離子濃度的關係？

　　(1) 符合能斯特方程式的關係　　(2) 成反比關係

　　(3) 符合擴散電流公式的關係　　(4) 成正比關係

　答案：(1)

8. 在電位測定法中以第二級電極做指示電極時，指示電位 (E_{ind}) 與欲測定離子濃度 ([Ion]) 間有何種數學關係？(a、b 為定值)

　　(1) $E_{ind} = a + b[\text{Ion}]$　　　　　(2) $E_{ind} = a - b \log[\text{Ion}]$

　　(3) $[\text{Ion}] = a + b \log[E_{ind}]$　　　(4) $E_{ind} = a - b[\text{Ion}]$

　答案：(2)

9. 用玻璃電極測量溶液 pH 值時，採用的定量方法為？

　　(1) 校正曲線法　　　　　　　　(2) 直接比較法

　　(3) 一次加入法　　　　　　　　(4) 增量法

　答案：(2)

10. 氯離子選擇性電極與氯離子濃度會符合能斯特方程式，其電位值與氯離子濃度的關係是？

　　(1) 隨著濃度增加而增加　　　　(2) 不會隨著濃度變化而改變

　　(3) 隨著濃度增加而減小　　　　(4) 隨著濃度的對數值減小而減小

　答案：(3)

二、複選題

1. 下列有關電位滴定法敘述，哪些正確？

　　(1) 在酸鹼滴定中，pH 玻璃電極常用為指示電極

　　(2) 電位滴定法具有高準確度、高靈敏度等優點

　　(3) 在酸鹼滴定中，電位滴定法的靈敏度高於指示劑法

(4) 弱酸、弱鹼以及多元酸 (鹼) 無法以電位滴定法測量

答案：(1)(2)(3)

2. 下列哪些常作為電位測定法中的參考電極？

    (1) 飽和甘汞電極　　　　　　(2) 銀 - 氯化銀電極

    (3) 鉑電極　　　　　　　　　(4) 玻璃電極

    答案：(1)(2)

3. 有關以銀電極電量測定法間接定量溶液中氯離子的敘述，下列哪些正確？

    (1) 氯離子在此過程中進行氧化反應

    (2) 溶液中會產生氯化銀沉澱

    (3) 銀電極必須為陽極

    (4) 銀電極必須為陰極

    答案：(2)(3)

4. 下列有關離子選擇電極的應答時間，哪些正確？

    (1) 濃試樣的應答時間比稀試樣長

    (2) 光滑的電極表面和較薄的膜相可縮短應答時間

    (3) 共存離子會影響應答時間

    (4) 在一定溫度範圍內，升高溫度會縮短應答時間

    答案：(2)(3)(4)

5. 下列有關離子選擇電極的敘述，哪些正確？

    (1) 每次測量前都要清洗電極，使電位達定值，以避免記憶效應

    (2) 進行測量時，需用磁攪拌器攪拌溶液，以減小濃度極化

    (3) 不一定有內參考電極與內參考溶液

    (4) 用於陰、陽離子種類及含量測量

    答案：(1)(2)(4)

6. 下列敘述，哪些正確？

    (1) 標準電極電位是與氫標準電極比較而得之電位

    (2) 標準電極電位是與甘汞電極比較而得之電位

    (3) 標準電極電位，也是稱為標準還原電位

(4) 標準氧化電位與其標準還原電位,二者等值而正負號相反

答案:(1)(3)(4)

7. 下列有關玻璃電極的敘述,哪些是正確?
   (1) 玻璃電極屬於離子選擇性電極
   (2) 玻璃電極常用於測量 pH 值
   (3) 玻璃電極屬於標準電極
   (4) 玻璃電極屬於薄膜電極

   答案:(1)(2)(4)

8. 下列金屬指示電極的分類敘述,哪些正確?
   (1) 第一級電極:金屬與其離子相平衡的電極
   (2) 第二級電極:金屬與其難溶鹽與此難溶鹽的陰離子溶液相平衡的電極
   (3) 第三級電極:氧化還原電極
   (4) 第四級電極:金屬與兩種共同陰離子的難溶鹽或難離解錯合物平衡的電極

   答案:(1)(2)

9. 下列有關電位滴定的敘述,哪些正確?
   (1) 酸鹼滴定法:通常選用 pH 玻璃電極為指示電極
   (2) 氧化還原滴定法:通常選用 Hg 指示電極
   (3) 沉澱滴定法:$AgNO_3$ 溶液滴定 Cl^- 離子時,可選用 Ag 電極
   (4) 錯合滴定法:NaF 溶液滴定 Al^{3+} 離子時,可選用 Na^+ 離子選擇性電極

   答案:(1)(3)

10. 下列何者是離子選擇性電極測定離子濃度時,加入 TISAB 的作用?
    (1) 使離子強度恆定　　　　　(2) 緩衝 pH 值
    (3) 去除干擾　　　　　　　　(4) 避免記憶效應

    答案:(1)(2)(3)

第九章 電解分析與庫侖分析法

劉惠銘

9.1　概述

　　所謂「電解」是指在電解槽上施加外來直流電，而使電極發生電極反應並導致物質進行分解的過程。**電解分析法** (electrolytic analysis method) 是在一定範圍的電位之下，將直流電位施加於電解電池的兩個電極上，電解池由被測物的溶液和一對電極構成，待測物的離子在電極上以金屬或金屬氧化物形式析出，根據電極增加的質量，計算被測物的含量。由於此種方法是將欲分析物從溶液中轉移而沉積在已知重量的陰極上，依據增加的重量而求出該成分在溶液中的含量，因此，此分析方法稱又為電重量分析法 (electrogravimetric analysis method)。

　　庫侖分析法也是一種電解分析方法，此種方法不是以測電解析出物的重量進行分析，而是通過準確測量電解過程中所消耗的電量來進行分析的，因為電量的單位是庫侖，所以稱為庫侖分析法。在後面的章節中，我們將介紹常見的電解分析方法，例如：庫侖分析法與極譜分析法等。

9.2 電解分析法

1. 電解分析法原理

電解分析法是通入電流使電解質溶液進行電解反應,再依據法拉第電解定律來定量陰極析出物的質量或是所消耗的電量。

所謂法拉第定律是英國科學家法拉第 (Michael Faraday) 在 19 世紀前半期依據他所進行的許多電解電池實驗中得出的規律。法拉第電解定律有兩條,分別敘述如下:

(1) 法拉第電解的第一定律:

電解過程中,於電極所析出之物質質量與通過電解質之電量成正比。其電量是指電荷,以庫侖 (coulomb) 作為測量的單位。

電解反應所析出之物質質量 W(單位是公克)

$$W = (Q \times M) / (F \times Z) \tag{9-1}$$

在上式 (9-1),Q 是通過的電量,$Q = I \times t$,I 是電流強度(單位是安培),t 是通電時間(單位是秒);F 為法拉第常數,即每莫耳電子所具有的電量,也就是電解一電化學當量物質所需電量,約為 96500 庫侖/莫耳;Z 為原子價數。由於 $Q = I \times t$,所以上式 (9-1) 可以改成

$$W = (I \times t \times M) / (F \times Z) \tag{9-2}$$

(2) 法拉第電解的第二定律

相同之電量在電解過程中,產生游離物質之質量與它們的化學當量成比例。

由上可知,法拉第電解定律適用於電極的氧化還原反應過程,是電化學反應中的基本定量定律。

範例

以 Pt 作為電極，電解液為 1.0 mol·L⁻¹ H₂SO₄，0.1 mol·L⁻¹ CuSO₄ 進行電解反應，維持 0.90 Å 的定電流共 14.0 min，試求在陰極上可析出若干克 Cu？在陽極上可析出若干克氧？假定只形成此二生成物，已知 Cu 為 63.5 g/mol，氧為 16 g/mol。

解答

陰極反應 $Cu^{+2} + 2e^- \rightarrow Cu$

析出 Cu 重 W_1 克 $= (I \times t \times M)/(F \times Z)$

$\qquad = (0.9 \times 14.0 \times 60 \times 63.5)/(96500 \times 2)$

$\qquad = 0.249$ 克

因為進行電解分析時，空氣中的氧氣會溶解而在電極上被還原

陽極反應 $2H_2O \rightarrow O_2 + 4H^+ + 4e^-$

析出氧重 W_2 克 $= (I \times t \times M)/(F \times Z)$

$\qquad = (0.9 \times 14.0 \times 60 \times 32.0)/(96500 \times 4)$

$\qquad = 0.0625$ 克

2. 電解分析法的儀器裝置

電解分析法的儀器基本裝置如圖 9.1 所示，在實際操作時，當電解電流逐漸減少至零或至某定值時，表示電解已完成，將陰極立即取出，蒸餾水洗淨表面上的電解質溶液之後，而後在陰極沉積物不會氧化的溫度之下乾燥，再稱量鉑電極的增加重量，即是溶液中的待測成分之重量。

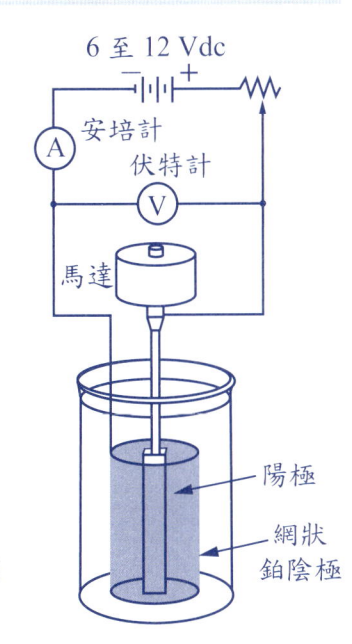

圖 9.1
電重量分析法儀器裝置圖

3. 電解分析方法的種類

進行電解時，控制的操作條件不變，電解分析方法可區分為控制電位電解分析法和恆電流電解分析法兩種。

(1) 控制電位電解分析法

由於不同離子的析出電位值不同，因此，進行電解過程時，將陰極電位控制為固定且適當的數值之下，待測離子將選擇性地在陰極上被析出，而其他的共存離子完全不會被析出，此種定量待測物的電解分析法稱為**控制電位電解分析法** (controlled-current electrolysis)。控制電位電解分析法的特點如下：

(A) 選擇性好；可以在多組成分溶液中，對單一種離子進行分離過程，也可以對數種離子進行分別的測量，但是這些離子的析出電位差異值愈大愈好。

(B) 在電位允許範圍內，剛開始可採用較大的電流值或是使用較大的外加電位進行電解，以加快分析速度。

(C) 為了控制陰極電位為固定數值，需要不斷調整外加電位，並且採用自動控制方式；因為在實際電解過程中，隨著金屬離子被析出，陰極電位值會一直在改變，而陽極電位也並不是完全固定的。由於電子濃度值會隨電解進行而下降，電池的電解電流也逐漸變小。

(2) 恆電流電解分析

恆電流電解分析 (constant-current electrolysis) 即是在固定電流的條件之下進行電解，而後稱量求得電極上析出物質重來進行分析的方法。此種方析法的選擇性不太好，常加入去極劑以改善此缺點。

去極劑的作用是防止電極上發生其他干擾反應的物質，因為去極劑本身在電極上會發生氧化反應或還原反應，使電極電位值維持在平衡值附近；去極劑分為陽極去極劑與陰極去極劑兩種，陽極去極劑是可控制陽極干擾反應的物質，陰極去極劑是可以控制陰極干擾反應的物質。換言之，陽極去極化劑會優先在陽極上進行氧化反應，以維持陽極電位值不變，因此，添加的陽極去極化劑是為還原劑；經常被使用鹽酸肼和鹽酸

羥胺作為陽極去極化劑，其反應分別如下：

$$N_2H_5^+ \xrightarrow{酸性或中性} N_2 + 5H^+ + 4e^- \quad E = -0.17V$$

$$2NH_2OH \xrightarrow{酸性} N_2O\uparrow + 4H^+ + H_2O + 4e^-$$

恆電流電解分析法具有裝置簡單、操作方便、準確度高、電解效率高與分析速度快等優點，選擇性不佳是其缺點。在酸性溶液中，恆電流電解法可定量金屬活性序列表中氫以後的金屬，例如銅、汞、銀、鉛、錫、鎳等在酸鹼中性或鹼性溶液中被析出時，也可以採用這種方法測量之；反之，在酸性溶液中，氫以後的金屬就不能被析出，由此可知在 Ni 存在時，Cu 可以電解析出。

4. 電解分析的應用

在電解分析開始電解過程時所需要的最小外加電位值，稱之為分解電位 (E_d)；當外加電位增加到接近分解電位時，在陰極和陽極上會有少量物質被析出，析出物可構成另一個電池，而此電池所產生的電位將會阻止電解反應進行，因此稱為反電位。只有在兩只電極之間有足夠大的外加電位能夠克服反電位，電解過程才會繼續進行，外加電位與電解電流之間的關係如圖 9.2。

理論上，分解電位應該等於電解槽的理論分解電位，即理論分解電位 = 實際分解電位，但是實際的分解電位值會比理論的分解電位值還大，二者之間的差值稱為超電位。

$$實際分解電位 - 理論的分解電位 = 超電位$$

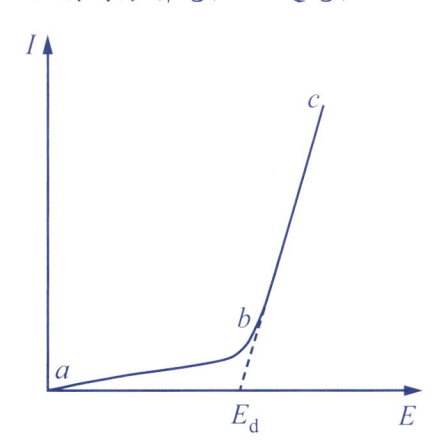

圖 9.2 外加電位與電解電流之間的關係曲線

範例

以 Pt 作為電極,電解液為 0.1 mol·L^{-1} H$_2$SO$_4$,同時含有 0.1 mol·L^{-1} CuSO$_4$ 進行電解反應,設 Pt 陰極面積為 100 cm^2,電流為 0.1 A,O$_2$ 在 Pt 陰極上的超電位為 0.72 V,陰極無超電位,電解池內阻為 0.5 Ω,即電池電位降約為 0.05 V,試求陰極電位、陽極電位與分解電位?

解答

陰極反應:Cu^{2+} + 2e$^-$ ⟶ Cu

陰極電位:$E = E_0 + (0.0592/2) \log[Cu^{2+}] = 0.337 + (0.0592/2) \log 0.1$
$= 0.308$ V

陽極反應:H$_2$O ⟶ $\frac{1}{2}$O$_2$ + 2H$^+$ + 2e$^-$

陽極電位:$E_a = E + (0.0592/2) \log P_{O_2}^{1/2}[H^+]^2$
$= 1.23 + (0.0592/2) \log(1^{1/2} \times 0.2^2) = 1.189$ V

理論分解電位:$E_d = E_a - E_c = 1.189 - 0.308 = 0.881$ V

實際分解電位:$E_d = (E_a + \eta_a) - (E_c + \eta_c) + iR$
$= [(1.189 + 0.72) - (0.308 + 0) + 0.1 \times 0.5]$
$= 1.651$ V

因此,電解 0.1M CuSO$_4$ 溶液時,實際其外加電位為 1.651V 時,電解才能開始,而不是 0.881 V,多加的 0.77 V,就是用來克服陽極反應和陰極反應的超電位以及電池中的歐姆電位。

而影響超電位大小的因素,主要有下面幾種:

(1) 溫度:通常當溫度升高,超電位值則隨之降低。

(2) 電流密度:超電位的大小值會隨著電流密度增加而增大,在相同電流密度的條件之下,超電位值與電極表面狀態有關,表面光滑的電極其超電位值會比表面粗糙的超電位值還要大,其原因是由於表面粗糙的電極的表面積較大些,因此電流密度會降低。

(3) 析出物的形態：析出物為氣體時，超電位在一般上會比較大，而析出物為金屬時，超電位則會較小。沉積在陰極上者，主要為金屬，但是有例外，例如：鉛以二氧化鉛形式沉積在陽極上，氯化物則是以氯化銀形式沉積在電極上。因此在測定鉛時，取出鉛極用蒸餾水洗淨表面上的電解質溶液，乾燥後稱所增加的重量為 PbO_2 之重量，須將換算為鉛的重量，可求出溶液中 Pb^{2+} 的重量。

(4) 電極材料：在一些「軟金屬」（如 Zn、Sn 等），特別是 Hg 電極的超電位值較大。

上述的超電位是由於電極**極化** (polarization) 而產生的，進行中的電化學必然會有一種阻力，如同電流線路上的電阻，電化學反應的阻力則以極化現象存在。極化現象分為活性極化 (activation polarization) 及濃度極化 (concentration polarization)，二者同時而且獨立發生於電化學反應過程中，所以全部電極極化作用為活性極化與濃度極化之和；電極極化大小以電位表示，而其大小和通過的電流有關，電流越大則其極化現象越嚴重。

當定量的電流通過電極時，電極電位將會偏離電極電位的平衡值 (也簡稱為平衡電位)，由於電化學極化現象造成電極電位與原來平衡電位兩者之間有差異，就稱之為**活化超電位** (activation overpotential)，可以使用活化超電位的數值大小來衡量電極極化的程度，經由測量得到的超電位值，一般是活化超電位和濃度差異之超電位兩者之總和值。

一般而言，電池的兩個電極都可能會發生極化現象。電極極化使得陰極電位更為負值，而陽極電位則更為正值。當在電流密度較大的情況下，單位時間內供給電極的電荷數量會相當多，而電極反應速率是較慢的，離子來不及與電極表面上的過剩電子進行結合，將使得電子累積在電極表面上，因此使電極電位值變為負值，這就是**陰極極化**現象。反之，如果外電路接通後，金屬離子會大量流失，同樣地會破壞原來的平衡電位，而使得電極電位變得更為正值，此為**陽極極化**的現象；陰極超電位值和陽極超電位值之總和，就稱為電極的**總超電位值**。

根據產生極化現象的原因可將電極極化分成兩類,即濃度極化與活性極化。茲分別敘述如下:

(1) 濃度極化

此種現象的主要原因是平衡電極電位值係取決於電極表面之物質的離子濃度,而不是整體溶液中的離子濃度,而電極表面的離子濃度,會由於電化學反應而改變,形成一個濃度階梯,這種濃度階梯形成了電位的差異,稱之為**濃度極化**。也就是說,物質的遷移速度跟不上電解需要的物質時(因為電極上有淨電流流過),使得實際電位偏離理論電位,造成濃度極化現象,我們可以劇烈攪拌溶液,將濃度差異的超電位值完全消除掉。

(2) 活性極化

此種活性極化現象的主要原因就是電荷轉移時的阻力,因為在電化學反應時,電極和電解液介面有電荷的轉移,電荷轉移之後,電極上的物質才會被氧化或還原,但是由於電極反應遲緩,導致電極上聚集了一定的電荷,而形成電荷轉移時的阻力。通常在活性極化區內,電位與電流呈非線性關係。

在陽極電極上並無濃度極化的現象,因為金屬的溶解沒有濃度差的問題,只有活性極化存在,通常在低電流時,活性極化為主要極化現象,濃度極化並不明顯,當電流升高至接近極限電流時,濃度極化才變得很明顯。

總之,在濃度差異之極化現象中,流過電極的電流是受到質傳過程的速率所限制的,而在電化學極化現象中,電流是受電極反應的速率所限制,這兩種的極化現象,都會使得陰極電位變得更為負值,而陽極電位變得更為正值。而減小電流、增加溫度、攪拌溶液與增大電極面積等,可減小濃度極化與活性極化;或是可以加入去極化劑以穩定電位、消除過電位、排除干擾等;例如,硝酸根就是一種陰極去極化劑,是為了防止氫氣在陰極析出而加入的,其反應如下:

$$NO_3^- + 10H^+ + 8e^- \longrightarrow NH_4^+ + 3H_2O$$

反之，也可加入羥胺做為陽極去極化劑，以防止氯在陽極析出，其反應如下：

$$2NH_2OH \longleftrightarrow N_2O + 4H^+ + H_2O + 4e^-$$

9.3 庫侖分析法

1. 庫侖分析法的原理

庫侖分析法 (coulometry) 是由測定在電解過程中所消耗的電量，進行物質定量的分析方法；由於要準確測量電量，進行庫侖分析法必須要求電流效率為 100%，也就是通入電解槽的電流要 100% 用於工作電極的化學反應，而沒有漏電情形與其他副反應發生。庫侖分析法特點為無須使用基準物質和標準溶液，十分適用於微量成分的測定。

庫侖分析法的基本理論是法拉第電解定律，所謂法拉第定律是指在電解過程中，電極反應消耗的電量與電極反應的反應物質重量，二者成正比的關係，必須要注意的是此定律的限制為：物質在電極上的唯一反應是化學反應。

2. 庫侖分析法的儀器配置

庫侖分析法的儀器配置如圖 9.3。

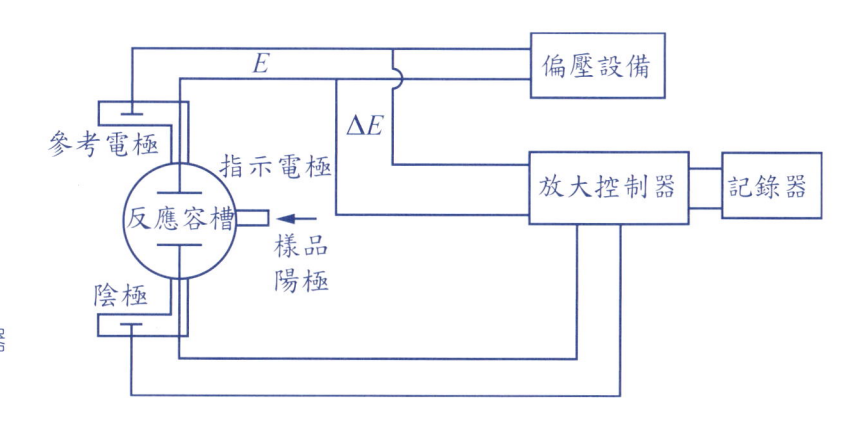

圖 9.3
庫侖分析法儀器配置圖

3. 庫侖分析法的種類

庫侖分析法可以分為恆電位庫侖分析法和恆電流庫侖分析法兩種。

(1) 恆電位庫侖分析法 (potentiostatic coulometry)

此方法是在陰極或陽極電位為固定值之下而進行電解，可利用恆電位儀來使反應的電位到所需要的值並保持固定，而維持固定電位的時間要能夠將全部溶液中的反應物完全反應，溶液中的反應物和電流會隨著時間逐漸減少，直到電解電流降到零，由庫侖計紀錄電解過程中所消耗的電量，來計算出待測物的含量，其儀器裝置如圖 9.4。

恆電位庫侖分析法的電位選定則是根據共存組分的**析出電位** (deposition potential) 的差異而定，所謂析出電位是判斷在某一條件之下可否應用電解分析法來測定和分離某組成分的參數，一般而言，在陰極上，析出電位越大的物質，越易被還原；而在陽極上，析出電位越負的物質，則越易被氧化。因此，恆電位庫侖分析法的選擇性高，可用於分離金屬離子混合溶液，因為金屬的電極電位不同，它們在電極上析出的順序有先後，因此，我們控制電極電位的大小，就可以進行分離測定金屬離子；大致上，一價金屬離子的電極電位相差 0.3V；二價金屬離子的電極電位相差 0.15V；三價金屬離子的電極電位相差 0.1V，可以進行分離測定。

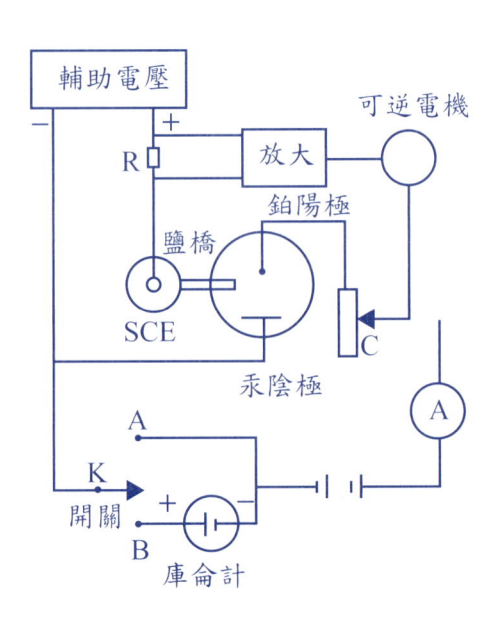

圖 9.4
恆電位庫侖分析法儀器裝置圖

範例

Pt 作為電極，電解液為 0.1 mol·L^{-1} H$_2$SO$_4$，同時含有 0.01 mol·L^{-1} Ag$^+$ 與 1 mol·L^{-1} Cu^{2+}。已知銅的標準電極電位為 0.337 V，銀的標準電極電位為 0.779 V，設 O$_2$ 在 Pt 陰極上的超電位為 0.72V，當時的大氣體壓力為 1 atm。

(1) 首先在陰極上析出的是銅還是銀？

(2) 電解時兩者能否完全分離？

解答

(1) 二者的析出電位等於它們的平衡電位加上超電位，通常超電位很小，可忽略不計，因此

陰極電位：$E = E_0 + (0.0592/2) \log [Cu^{2+}]$
$= 0.337 + (0.0592/2) \log 1.0 = 0.337$ V

陽極電位：$E = E_0 + (0.0592/1) \log [Ag^+]$
$= 0.779 + (0.0592/1) \log 0.01 = 0.661$ V

銀的析出電位大於銅，所以，銀先析出。

(2) 在電解過程中，隨著 Ag$^+$ 的析出，其濃度逐漸降低。當其濃度降為 10^{-6} mol/L 時，可以視為析出已完全。此時，銀的析出電位為：

析出電位 $E = E_0 + (0.0592/1) \log [Ag^+]$
$= 0.779 + (0.0592/1) \log (10^{-6}) = 0.424$ V

因為進行電解分析時，空氣中的氧氣會溶解而在電極上被還原

陽極反應：$2H_2O \longrightarrow O_2 + 2H^+ + 2e^-$

O$_2$ 的陽極電位 $E = E_0 + (0.0592/2) \log(P_{O_2} C_{H^+}^2) + \eta$
$= 1.23 + (0.0592/2) \log (1 \times 0.2^2) + 0.72 = 1.909$ V

Ag 完全析出時的外加電位 $= 1.909 - 0.424$ V $= 1.485$ V

Cu 開始析出時的外加電位 $= 1.909 - 0.337 = 1.572$ V

所以，在 Ag 完全析出時的電位並未達到 Cu 析出時的分析電位。此時 Cu 不析出也不干擾測定。因此控制外加電位可進行電解分析。

圖 9.5
氫氧庫侖計

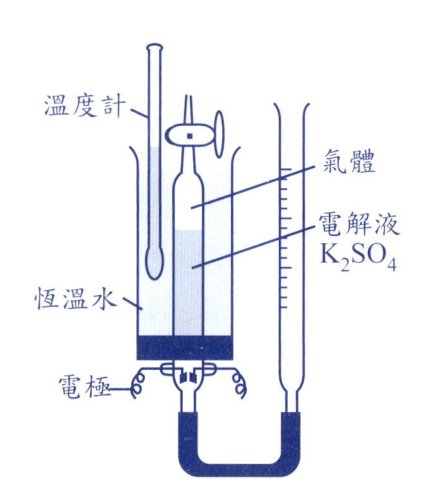

再者，恆電位庫侖分析法的一個重要的應用是氣體庫侖計，在一定條件之下以電路串聯一個用於測量電解水產生 H_2 和 O_2 的總體積，以計算通過的電量；常用的是氫氧庫侖計，其儀器圖如圖 9.5 所示。

電解管中焊兩片 Pt 電極，電解管與刻度管用橡皮管聯接，K_2SO_4 或 Na_2SO_4 組成電解液，電解通過電流時，陽極反應是：

$$H_2O \rightarrow 1/2\, O_2 + 2H^+ + 2e^-$$

在陰極上可得到氫氣

$$2H^+ + 2e^- \longrightarrow H_{2(g)}$$

總反應為

$$H_2O \longrightarrow H_{2(g)} + 1/2\, O_{2(g)}$$

在標準狀況下，每庫侖電量析出 0.174 mL 氫氣與氧氣的混合氣體。當得到標準狀態下 V (mL) 混合氣體，則電量 $Q = V/0.174$。

由法拉第定律可以得到待測物的質量 m（克）：

$$m = \frac{M \cdot V}{0.1741\, \text{mL} \cdot \text{C}^{-1} \times 96485\, \text{C} \cdot \text{mol}^{-1} \times n} \tag{9-3}$$

(2) 恆電流庫侖分析法

恆電流庫侖分析法 (constant-current coulometry) 又稱為庫侖滴定法 (coulometric titration)，它是在恆定的電流條件之下進行電解，生成的滴

定劑滴定待測物溶液，根據產生滴定劑所消耗的電量可計算出待測物含量；我們可以控制電流保持不變，隨著電解的進行，外加電位不斷增加，因此電解速度很快。

庫侖滴定法與容量分析法的相異處是：庫侖滴定法的滴定劑是由電解產生的，容量分析法的滴定劑是由滴定管滴加，但是兩種方法都需有合適的指示終點以進行分析，庫侖滴定的儀器配置如圖 9.6。

在庫侖滴定的實驗，相當於通過電解產生滴定劑而進行的滴定反應，所通入的電流相當於滴定反應中的滴定劑，持續通入電流至待測物被完全氧化或還原，此時工作電極的指示電位會出現劇烈變化，即到達所謂的滴定終點；而指示終點的方法有化學指示劑法、電位法與雙安培滴定法等。

(A) 化學指示劑法：此法是指示終點的最簡單方法，只要電解反應產生略微過量的滴定劑，就可使指示劑變色來指示到達滴定終點，常被用於酸鹼庫侖滴定、氧化還原反應和沉澱反應等。在選擇化學指示劑時必須注意不能在電極上同時發生反應，指示劑與滴定劑的反應，必須在被測物與滴定劑的反應之後。

(B) 電位法：此法是用另一指示電極和參考電極來測量溶液的電位變化以指示終點。

(C) 雙安培滴定法：此法是用兩個相同的電極插入滴定溶液中，並在兩

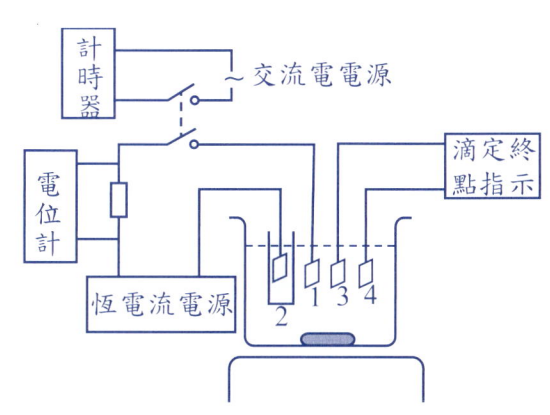

圖 9.6
恆電流庫侖分析法儀器配置圖

1：工作電極；2：輔助電極；3, 4：指示電極

個電極之間加一個很小的外加電位 (50~200 mV)，滴定過程中加入不同滴定劑，以電流強度對滴定劑體積作圖，或是觀察滴定過程中通過兩個電極間的電流突變以確定滴定終點；此法又稱死停滴定法 (dead-stop titration)，或稱永停滴定法；其儀器裝置如圖 9.7。

圖 9.8 為硫代硫酸鈉滴定碘的曲線圖，為典型的雙安培滴定曲線圖，電流突變以確定滴定終點。

由於此法是結合氧化還原滴定和電位分析，裝置簡單，準確度高，確定終點方法也簡便；因此，溶液中如果同時存在某氧化還原對的氧化型及其對應的還原型物質，在溶液中插入鉑電極，按照 Nernst 方程式，鉑電極將反映出 I_2/I^- 的電極電位。

$$E = E_0 + \frac{RT}{2F} \ln \frac{[I_2]}{[I^-]^2} \tag{9-4}$$

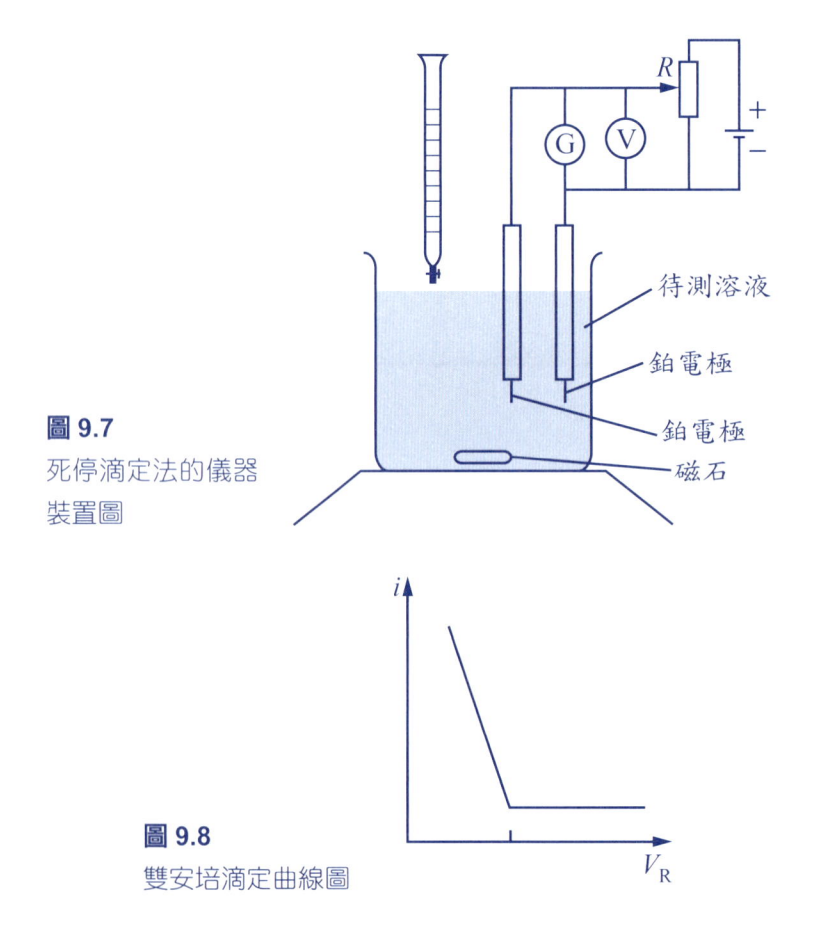

圖 9.7
死停滴定法的儀器裝置圖

圖 9.8
雙安培滴定曲線圖

庫侖滴定法的困難之處是在於如何確認電流效率到達 100%，我們可以加入一個合適的輔助體系以克服此困難。再者，加入陰極或陽極去極劑可以克服此分析法選擇性差的問題，例如：電解 Cu^{2+} 時，為防止 Pb^{2+} 同時析出，可加入 NO_3^- 作陰極去極劑。此時 NO_3^- 可先於 Pb^{2+} 析出，其反應如下：

$$NO_3^- + 10H^+ + 8e^- \longleftrightarrow NH_4^+ + 3H_2O$$

4. 庫侖滴定法的應用

微庫侖滴定法是近年出現的庫侖滴定新技術，它與恆電流庫侖滴定的主要區別在於微庫侖法中發生電流是根據待測物的含量，而指示系統的信號變化是自動化的。現以微庫侖滴定法測定裝置 (圖 9.9) 來說明其工作原理，目前微量庫侖法已發展成為測定鹵素、氮、硫的較佳方法，尤其利用微庫侖法測定石油中硫、氮、水的方法，已被作為標準分析方法。

庫侖滴定法與容量分析法的滴定反應是相同的，庫侖滴定法也適用於容量分析法中的各類反應，但是庫侖滴定法具有較高的準確度和靈敏度，而且不需要配製標準溶液，可以使不穩定的滴定劑如 Cu^+、Br_2、Cl_2 等，經由過電解 Cu^{2+}、Br^-、Cl^- 定量而產生，測定範圍較容量分析法為大。

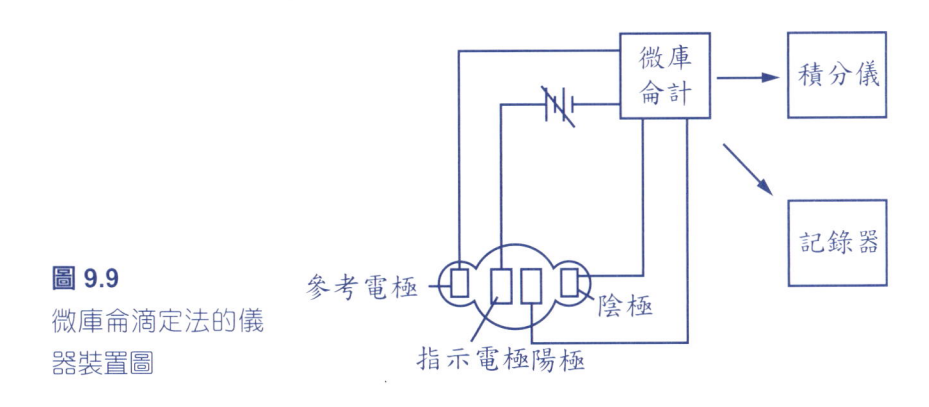

圖 9.9
微庫侖滴定法的儀器裝置圖

9.4 極譜分析法

1. 極譜分析法的原理

極譜分析法 (polarographic analysis method)，是由捷克斯拉夫的化學家海洛夫司基 (Jaroslav Heyrovsky) 於 1922 年提出的一種電解分析法，在極譜分析中，分析物的溶液是電解槽的一部分，通常以滴汞電極 (dropping mercury electrode, DME) 作為電解槽，我們可以依據待測物溶液在某特定條件之下進行電解，所得到的電流-電位的曲線圖而進行分析，此方法的滴汞電極是作為工作電極，稱為極譜分析法；若使用固定面積的鉑、石墨等電極作為工作電極，則稱為**伏特安培法** (voltammogram)。

2. 極譜分析的儀器配置

(1) 傳統式極譜分析的儀器配置

傳統式極譜分析的基本裝置如圖 9.10 所示，電解池由電極和飽和甘汞電極浸入待測溶液而組成，滴汞電極為陰極，飽和甘汞電極為陽極；滴汞電極是由蓄汞槽通過毛細管與橡皮管組成，可以調節蓄汞槽的高度來控制汞滴的滴落速度，速度常調節為 10 秒內 2~3 滴。

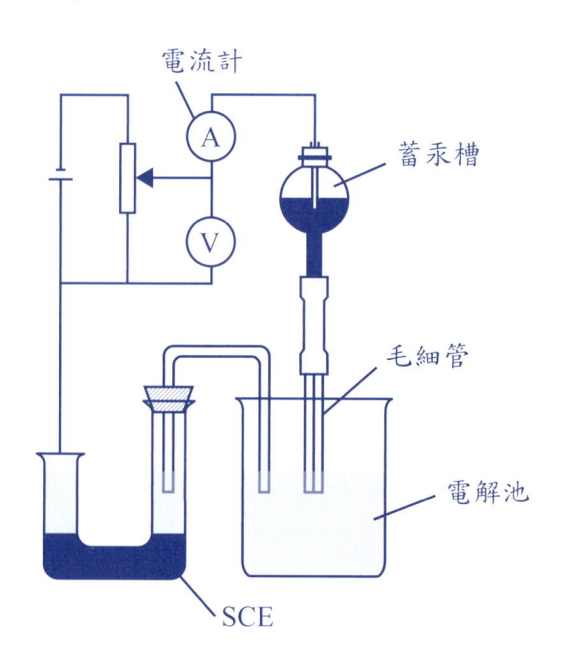

圖 9.10
傳統式極譜分析的裝置圖

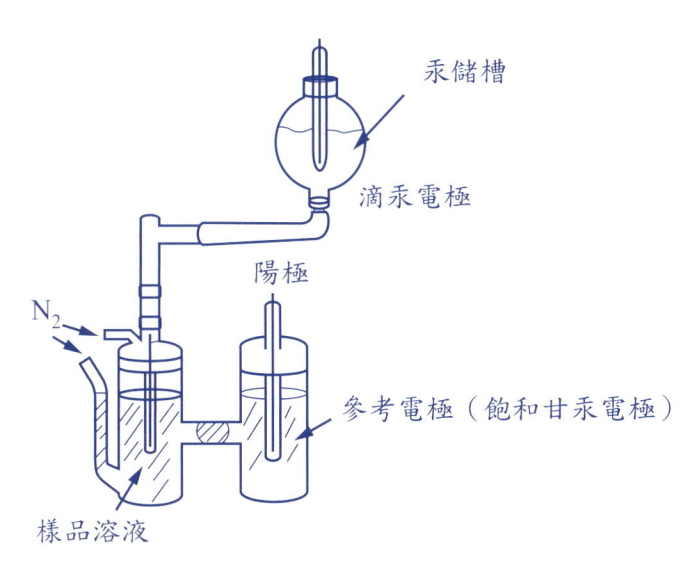

圖 9.11 現代的極譜分析的儀器配置

雖然汞有毒，至今滴汞電極仍作為工作電極是由於汞滴面積很小，故可得到較大的電流密度，而且汞滴不斷更新，再現性好。中性溶液時，氫在汞電極上的超電位較高，即使外加電位增至 -1.3 伏特，氫離子也不會還原而造成干擾。

(2) 現代的極譜分析的儀器配置如圖 9.11 所示。

3. 極譜分析法的應用

將 10^{-4} M 的 $CdCl_2$ 溶液放置於裝有一定濃度 KCl 溶液的電解池中，去除氧之後，陰極反應與陽極反應如下：

$$陰極反應：Cd^{2+} + Hg + 2e^- \longrightarrow Cd(Hg)$$

$$陽極反應：2Hg + 2Cl^- \longrightarrow Hg_2Cl_2 + 2e^-$$

在汞滴的流速固定之下，記錄不同的外加電位下相對應的電流，得到電流-電位圖，稱為極譜圖或極化曲線，如圖 9.12。

由圖 9.12 可知：隨著外加電位的增加，電流迅速增加，此時汞電極表面 Cd^{2+} 離子濃度迅速減少，在這些情況下，電流幾乎完全受溶液中 Cd^{2+} 離子擴散到電極表面的速度所控制，所以稱其為擴散電流 (diffusion current) i_d，上式中

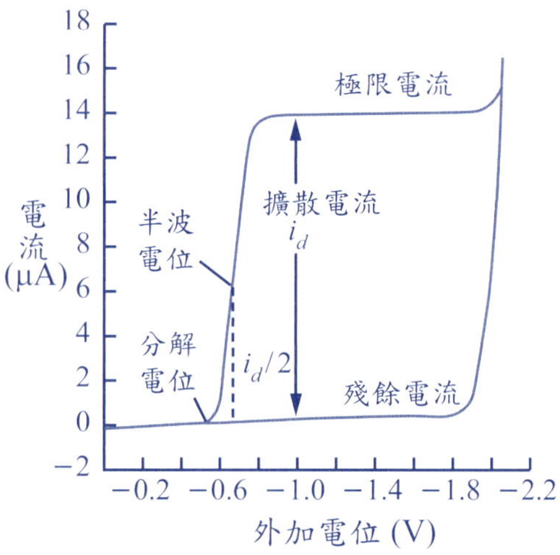

圖 9.12 Cd^{2+} 的極譜圖 (圖上方的曲線為 1×10^{-3} M Cd^{2+} 與 0.1 M KCl 之溶液；圖下方的曲線為 0.1 M KCl 溶液)

$$i_d = K(C - C_0) \tag{9-5}$$

C、C_0 分別為溶液中和電極表面 Cd^{2+} 離子的濃度，K 為比例常數；當電流曲線陡峭上升後，電流與外加之電位無關，此固定的電流稱為極限電流 (limiting current)，此時電極表面的 Cd^{2+} 離子濃度接近於零。

通常在實際操作上，只有加入大量的輔助電解質 (supporting electrolyte) 以增加分析物溶液的導電性，所得的極譜圖才適合分析，在圖 9.12 中的 0.1 M KCl 之溶液就是輔助電解質；在極譜分析中，外加電位未到達分解電位前，若只有輔助電解質存在時，亦存在著很小的電流，這種電流稱為殘餘電流 (residual current)。極限電流扣除殘餘電流稱為擴散電流，它的數值為

$$i_d = KC \tag{9-6}$$

因此，在一定條件之下，待測離子的濃度與其極限擴散電流成正比，這就是極譜分析定量的依據。由圖 9.12 也可得知：當擴散電流為極限擴散電流的一半時，所對應的電位為半波電位 (half wave potential, E$_{1/2}$)。

$$E_{1/2} = E_A^0 + \frac{0.05916}{2} \log \frac{f_{Cd} k_{Cd^{2+}}}{f_{Cd^{2+}} k_{Cd}} - E_{ref} \tag{9-7}$$

不同的物質具有不同的半波電位，物質的半波電位與其在溶液中的濃度無關，因此，半波電位可作為定性分析的依據。

範例

由下面的極譜儀的實驗數據求試樣中的 Al 濃度 (mg/L)

	−1.7 V 時之電流強度 (μA)
(1) 20 mL 0.2N HCl + 20 mL	9.7
(2) 20 mL 0.2N HCl + 10 mL 樣品 + 10 mL 水	32.0
(3) 20 mL 0.2N HCl + 10 mL 樣品 + 10 mL 0.32 × 10^{-3} M Al^{+3}	50.5

解答

(1) 不含樣品的電流強度，所以，剩餘電流為 9.7 μA

(2) $i_d = 32.0 - 9.7 = 22.3$ μA

(3) $i_d = 50.5 - 9.7 = 40.8$ μA

假設試樣原本含 Al^{3+} 的濃度為 C_x，所以，$i_d = kC_x$

$22.3 = k(10C_x)/(20 + 10 + 10)$

$40.8 = k\left[\dfrac{10C_x}{20+10+10} + \dfrac{10 \times 0.32 \times 10^{-3}}{20+10+10}\right]$

$\Rightarrow C_x = 3.86 \times 10^{-4}$ M

Al 濃度 (mg/L) = $3.86 \times 10^{-4} \times 10^3 \times 27 = 10.422$ mg/L

混合溶液中的離子，由於在滴汞電極上面的的還原反應是彼此獨立的，所以，混合物溶液的極譜波為各成分極譜波之和。只要每二組成分元素之半波電位的差值要大於 0.2 V 才能夠分離，但是如果半波電位的差值太小則易造成極譜波的重疊而無法區別，此時可以加入不同的支援電解質，以改變其半波電位，使彼此的半波電位差值增大而能分析。表 9.1 為若干陽離子在各種支援電解質中的半波電位。

4. 極譜分析的干擾與去除

極譜分析中，只有擴散電流正比於待測離子的濃度，而其他的電流都會造成測定干擾，因此必須消除；以下為造成極譜分析干擾的電流：

表 9.1　若干陽離子在各種支援電解質中的半波電位

電極反應	支援電解質	相對於 SCE 之半波電位
$Fe^{2+} + 2e^- \longrightarrow Fe$	中性或酸性溶液	-1.33 V
$Fe^{2+} + 2e^- \longrightarrow Fe$	1N 鹼性溶液	-1.56 V
$Fe^{2+} - e^- \longrightarrow Fe^{2+}$	$NH_3 + NH_4Cl$	-0.38 V
$Zn^{2+} + 2e^- \longrightarrow Zn$	中性或酸性溶液	-1.06 V
$Zn^{2+} + 2e^- \longrightarrow Zn$	1N 鹼性溶液	-1.41 V
$Cd^{2+} + 2e^- \longrightarrow Cd$	中性或鹼性溶液	-0.63 V
$Cd^{2+} + 2e^- \longrightarrow Cd$	1N 鹼性溶液	-0.80 V
$Cd^{2+} + 2e^- \longrightarrow Cd$	1N KCl 溶液	-1.15 V
$Sn^{2+} - 2e^- \longrightarrow Sn^{4+}$	1N HCl 溶液	-0.06 V
$Sn^{2+} - 2e^- \longrightarrow Sn^{4+}$	0.1N 鹼性溶液	-0.61 V
$Sn^{2+} + 2e^- \longrightarrow Sn$	中性或鹼性溶液	-0.47 V
$Sn^{2+} + 2e^- \longrightarrow Sn$	1N 鹼性溶液	-1.18 V
$Pb^{2+} + 2e^- \longrightarrow Pb$	中性或酸性溶液	-0.46 V
$Pb^{2+} + 2e^- \longrightarrow Pb$	1N 鹼性溶液	-0.81 V
$2Cl^- + 2Hg - 2e^- \longrightarrow Hg_2Cl_2$	中性溶液	$+0.17$ V
$2Br^- + 2Hg - 2e^- \longrightarrow Hg_2Br_2$	中性溶液	$+0.04$ V
$2I^- + 2Hg - 2e^- \longrightarrow Hg_2I_2$	中性溶液	-0.11 V
$S^{2-} + Hg - 2e^- \longrightarrow HgS$	中性溶液	-0.70 V
$2H_2O - 2e^- \longrightarrow H_2O_2 + 2H^+$	中性或鹼性溶液	-1.10 V
$Ca^{2+} + 2e^- + Hg \longrightarrow Ca(Hg)$	酸性、中性或鹼性溶液	-2.23 V
$Na^+ + e^- + Hg \longrightarrow Na(Hg)$	酸性、中性或鹼性溶液	-2.15 V
$K^+ + e^- + Hg \longrightarrow K(Hg)$	酸性、中性或鹼性溶液	-2.17 V
$Ba^{2+} + 2e^- + Hg \longrightarrow Ba(Hg)$	酸性、中性或鹼性溶液	-1.94 V
$Tl^+ + e^- + Hg \longrightarrow Tl(Hg)$	酸性、中性或鹼性溶液	-0.50 V
$NH_4^+ + e^- + Hg \longrightarrow NH_4(Hg)$	中性或酸性溶液	-2.07 V
$NH_4^+ + e^- + Hg \longrightarrow NH_4(Hg)$	1N 鹼性溶液	-2.17 V
$Al^{3+} + 2e^- \longrightarrow Al$	中性或酸性溶液	-1.70 V
$2H^+ + 2e^- \longrightarrow H_2$	中性或酸性溶液	-1.60 V
$Ni^{2+} + 2e^- \longrightarrow Ni$	中性或酸性溶液	-1.09 V

(1) 殘餘電流

　　殘餘電流包括二個部分,其一是由於溶液中存有在電極上易還原的微量雜質,例如溶解的 O_2 所引起的電解電流,此種電流可使用純試劑以消除;其二是由於電極的汞滴表面積不斷改變,為了保持一定的電荷密度,必須使汞電極不斷地充電,這種充電電流會引起的干擾。

(2) 極譜極大

　　有些待測物在滴汞電極上還原或氧化時,當外加電位增加時,在極譜波前部出現電流急劇上升到一極大值,之後又降到正常的擴散電流數值,這一峰電流稱為極譜極大,例如圖 9.13 的 Pb^{+2},Tl^+ 的極譜極大;由於「極譜極大」現象會影響極限擴散電流和半波電位的準確性,為了消除這種現象,我們通常在溶液中加入動物膠、聚乙烯醇等表面活性物質以去除,而這些表面活性物質稱之為極大抑制劑。

(3) 遷移電流

　　電解時,由於電極表面待測離子濃度迅速下降,溶液中待測離子受到電極對其靜電引力作用向電極表面遷移,並且產生還原的電流,稱為遷移電流 (transport current);遷移電流會干擾擴散電流的測定,我們可以加入足夠量的惰性電解質如 KCl、NH_4Cl 等來消除,這些電解質在溶液中可導電,但是在測定時不會發生電極反應,這些電解質也稱支持電解質。

(4) 氧波

　　當進行極譜分析時,空氣中的氧氣會溶解而在電極上被還原,而形成的

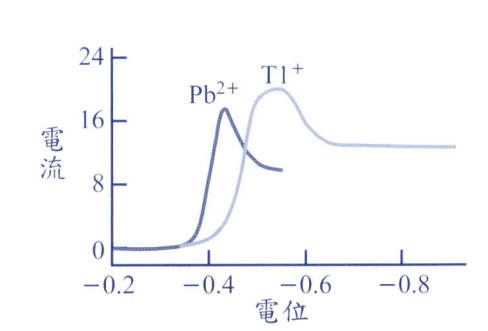

圖 9.13
Pb^{+2},Tl^+ 的極譜極大

極譜波，稱之為氧波 (oxygen wave)。第一個波為 O_2 還原成 H_2O_2，

中性或酸性溶液：$O_2 + 2H^+ + 2e^- \longrightarrow H_2O_2$　　$E_{1/2} = -0.2$ V
鹼性溶液：$O_2 + 2H_2O + 2e^- \longrightarrow H_2O_2 + 2OH^-$

第二個波為 H_2O_2 進一步還原成 H_2O，還原反應如下，

中性或酸性溶液：$H_2O_2 + 2H^+ + 2e^- \longrightarrow 2H_2O$　　$E_{1/2} = -0.8$ V
鹼性溶液：$H_2O_2 + 2e^- \longrightarrow 2OH^-$

這兩個氧波會重疊在待測物的極譜波上，而造成測定的干擾，如圖 9.14 所示；為了消除氧波的干擾，我們通常加入適當的還原劑，例如在中性或鹼性溶液內加入 Na_2SO_4 溶液，弱酸性溶液中加入抗壞血酸等，它們會與溶解的氧作用而去除氧波的生成；再者，無論是酸性還是鹼性溶液都可通入 N_2、H_2 等惰性氣體，將溶解的氧完全驅除。

除了電流之外，其他例如毛細管特性、溫度與電解液的組成等因素都會干擾極譜波的生成。

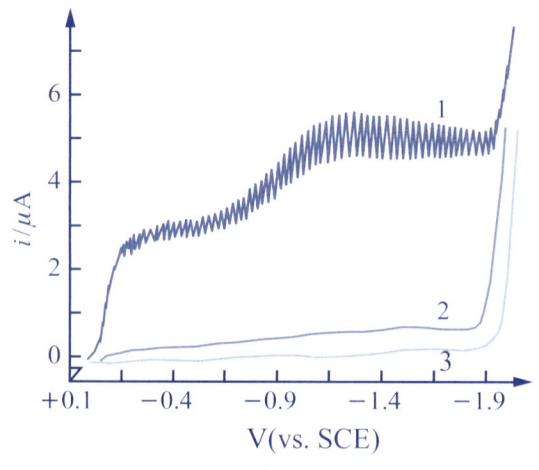

0.1mol·L^{-1}KCl的極譜圖
曲線 1.用空氣飽和的、出現氧的雙波；2.部分除氧；3.完全除氧後。

圖 9.14　氧波

9.5 電流滴定分析法

此方法是在電解池中根據溶液的電流改變以指示滴定終點的電極滴定方法，此方法亦稱安培滴定法，最常見有單指示電極安培滴定法和雙指示電極安培滴定法兩種。單指示電極安培滴定法也稱為極譜滴定法，應用極譜原理而進行的滴定法以測定反應的當量點；雙指示電極安培滴定法即是死停滴定法。圖 9.15 為安培滴定的儀器裝置圖，我們在極譜測定的電解池中增加一支滴定管，將極譜電池中的電位固定，記錄不同體積之滴定劑的電流。

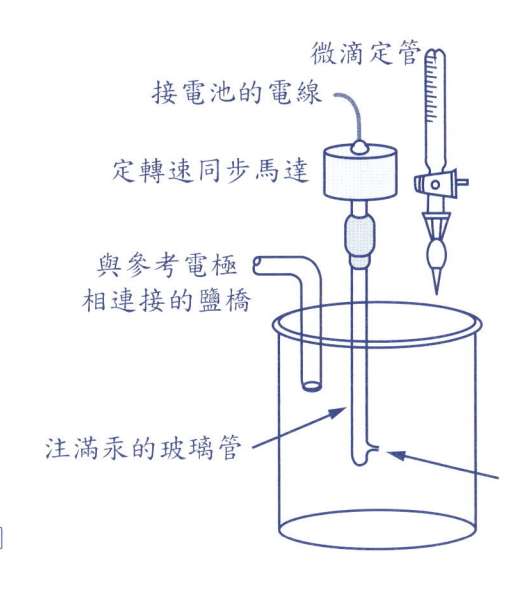

圖 9.15
極譜滴定法的儀器裝置圖

滴定曲線以擴散電流對滴定劑的體積作圈，所得之曲線稱為電流滴定曲線 (amperometric titration curve)，如圖 9.16~9.18 所示。由滴定曲線的二直線部分延長線交點為滴定終點。

1. 分析物在電極上反應而試劑不反應

例如，用硫酸根或草酸根離子來滴定鉛離子溶液，若是增加其外加的電位可得到鉛的擴散電流，之後的鉛離子會由於滴定劑的加入而產生沈澱，電流會因此而急速變低。

圖 9.16
SO_4^{2-} 滴定 Pb^{2+} 離子的滴定曲線

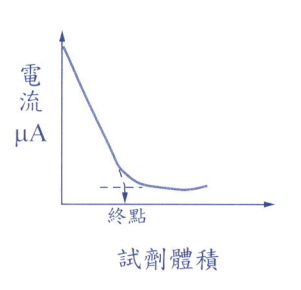

2. 滴定劑在微電極上反應,而分析物不反應

以 8-羥基喹啉來滴定鎂離子,當滴定劑在 $-1.6V$(相對於 SCE)電位之下時可得到擴散電流,此時鎂離子不作用。

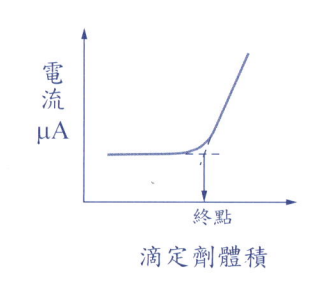

圖 9.17
8-羥基喹啉溶液滴定鎂離子的滴定曲線

3. 滴定劑與分析物都被還原

例如以二鉻酸鹽溶液滴定 Pb^{+2} 離子時,在外加電位為 $-1.0\ V$(相對 SCE)時,$Cr_2O_7^{2-}$ 及 Pb^{2+} 離子均可在汞電極上還原,產生電流;滴定劑不斷地加入,溶液中的 Pb^{2+} 離子濃度不斷降低,由於下列的反應發生

$$2\ Pb^{2+} + H_2O + Cr_2O_7^{2-} \longrightarrow 2PbCrO_4 + 2H^+$$

因而電流也隨之降低;在外加電位大於 $1.0\ V$ 時,$Cr_2O_7^{2-}$ 及 Pb^{2+} 離子均可產生擴散電流;滴定終點時,電流降低到最低,滴定終點之後,由於過量的 $Cr_2O_7^{2-}$ 進行還原而產生電流,所以電流增加。

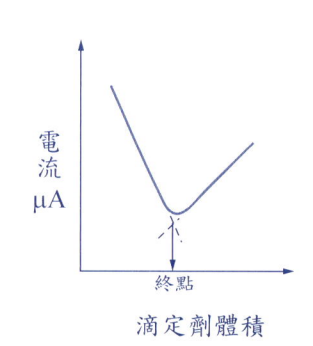

圖 9.18
$Cr_2O_7^{2-}$ 溶液滴定 Pb^{2+} 離子的滴定曲線

9.6 伏安法

伏安法 (voltammetry) 是以一定的速率改變外加的電位,並經由還原掃描及氧化掃描,記錄瞬間的電流,並以電位與電流作圖,所表現出來的峰值電位、電流值及形狀等來判斷出物種的電化學特性。因此,伏安法可同時達到定性和定量的目的;最常見的伏安法有循環伏安法 (cyclic voltammetry) 與剝除伏安法 (stripping voltammetry, CV),分別敘述如下:

1. 循環伏安法

此法是改變電位以得到氧化還原電流方向的分析方法。我們以一個循環電位的方式進行,以固定速率自起始電位到終點電位,再以相同速率改變回起始電位,此為一個循環,可繪製一可逆氧化反應物分析的 CV 圖如圖 9.19。

在圖 9.19 中,電位首先從 +0.6 V 至 −0.2V 做線性的變化,然後將掃描的方向相反,讓位能回到原本的 +0.6V;圖 9.19 中的 E_{pc} 為陰極波峰電位 (cathodic peak potential),E_{pa} 為陽極波峰電位 (anodic peak potential),i_{pa} 為陽極波峰電流 (anodic peak current),i_{pc} 為陰極波峰電流 (cathodic peak current)。

例如:我們以玻璃碳電極為工作電極來研究 $K_3Fe(CN)_6$ 的反應,Ag-AgCl 為參考電極以提供穩定電位,鉑線為輔助電極,其儀器裝置如圖 9.20。

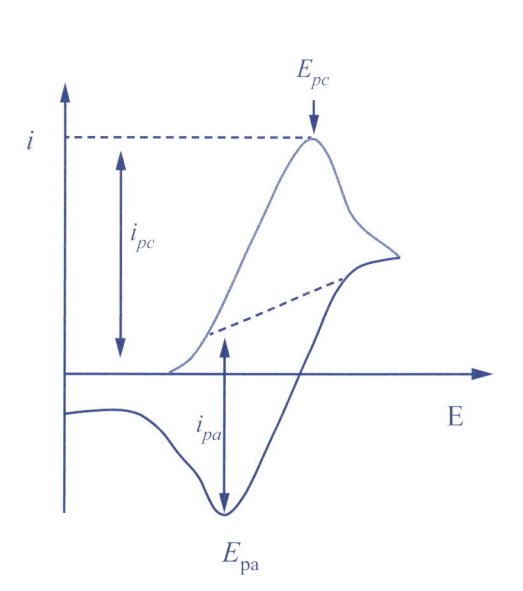

圖 9.19
可逆氧化反應物分析的 CV 圖

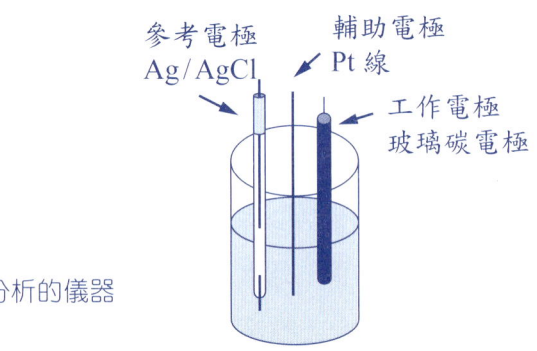

圖 9.20
循環伏安分析的儀器裝置圖

任何安定的導體都可做輔助電極，而且，面積要夠大才可以避免極化，最常見的是 Pt 線；當工作電極進行還原反應，輔助電極就必須進行氧化反應，反之亦然，因此，CV 常被應用在氧化還原反應機構的研究，如圖 9.21。

剛開始時的電位是 +0.6V，開始掃描時由於水的氧化變成氧而造成陽極有微小的電流，而電位馬上降至零。在電位 +0.5V 至 +0.4V 時 (G 點到 H 點)，這電位範圍沒有氧化還原產生，H 點開始還原，陰極的反應如下：

$$Fe(III)(CN)_6^{3-} + e^- \longrightarrow Fe(II)(CN)_4^{4-}$$

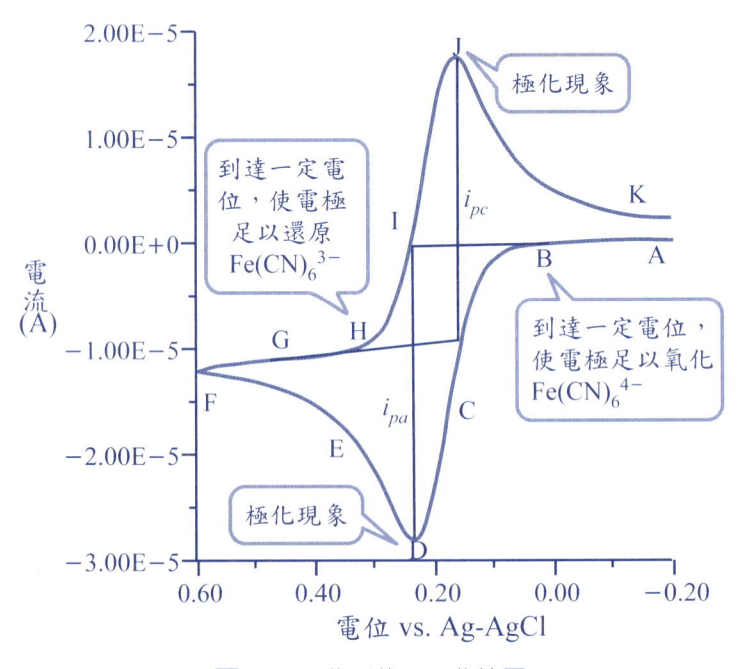

圖 9.21 典型的 CV 曲線圖

電位足夠大之後，便不會進行還原反應，電流變成零，然後在 A 點到 B 點，此電位範圍沒有氧化還原產生，B 點開始氧化，陽極的反應如下：

$$Fe(II)(CN)_4^{4-} \longrightarrow Fe(III)(CN)_6^{3-} + e^-$$

CV 的原理是依據 Randles-Sevcik 方程式

$$i_p = (2.69 \times 10^5) n^{3/2} AD^{1/2} Cv^{1/2} \tag{9-8}$$

上式中的 i_p 是波峰電流 (A)，n 是半反應之電子轉移數，A 為電極面積 (cm^2)，C 是濃度 (mol/cm^3)，D 是擴散係數 (cm^2/s)，v 是掃描速率 (V/s)。

如果此反應是可逆的氧化還原反應，CV 圖中的還原峰與氧化峰的兩波峰之間必須是十分接近的，可見 $i_{pc} = i_{pa}$，反應物在工作電極表面上，電極可得到電子或是本身將電子轉移給電極，以進行氧化或還原反應，轉移的電子數為 n

$$\Delta E_p = E_{pa} - E_{pc} \approx \frac{0.059}{n} V \tag{9-9}$$

2. 剝除伏安法

剝除伏安法 (stripping voltammetry, CV) 是一種將濃縮與測定結合在一起的電化學分析法，我們根據溶出時的工作電極發生氧化反應或是還原反應，分為陽極剝除伏安法 (anodic stripping voltammetry, ASV) 和陰極剝除伏安法 (cathodic stripping voltammetry, CSV)。茲分別敘述如下：

(1) 陽極剝除伏安法

此方法是被測物質在恆定的電位及攪拌條件下先進行電解，掃描電位從負電位逆向到較正的電位，使沉積在電極上的物質進行氧化反應而重新剝除 (或稱溶出)，再根據進行剝除過程所得的溶出峰電流或峰高以定量，這種方法稱為陽極伏安法 (圖 9.22)。

此方法的溶出峰電流公式如下，在測量條件一定時，由於峰電流 (p) 與待測物濃度 (C) 成正比，故可以進行定量分析

$$i_p = KC \tag{9-10}$$

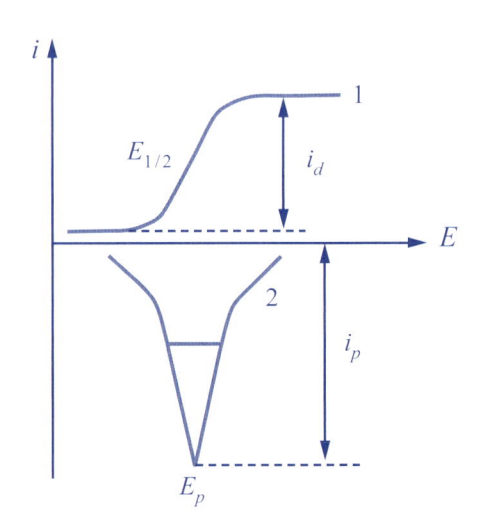

圖 9.22
陽極剝除伏安法的曲線圖
（上方曲線是電解濃縮過程，下方曲線是剝除過程）

在陽極剝除伏安法中，影響溶出峰電流的因素有預電解時間與電位、溫度、攪拌速度、電極面積、待測物體積、溶出時間、掃描速度與掃描電位等。而且，此法是待測物質從大體積的溶液中濃縮到小體積的電極上，因此，在汞電極上的金屬濃度很大，使得金屬剝除時的氧化電流也很高，所以陽極剝除伏安法的靈敏度要比相應的極譜法高，其偵測極限較低，因此常用於金屬元素微量分析。

(2) 陰極剝除伏安法

陰極剝除伏安法是將工作電極在一定的外加電位之下，氧化生成的金屬離子與待測物形成難溶化合物，濃縮在電極表面，一定時間後，在負向掃描電壓下，將其還原剝除，測定還原時的伏安曲線，其峰值電流與待測離子的濃度成正比。因此，可根據峰值電流的測定，得到待測離子的濃度；但是，由於陰極剝除伏安法的電極過程要比陽極剝除伏安法複雜，再現性不佳；而且此法的測定靈敏度也易受難溶鹽的溶解度積影響，因此，陰極剝除伏安法的應用不如陽極剝除伏安法佳。

參考資料

1. 儀器分析，方嘉德審閱，2011 年 1 版，滄海出版社。

2. 儀器分析，林志城、梁哲豪、張永鍾、薛文發、施明智，總校閱：林志城，2012 年 1 版，華格那出版社。
3. 儀器分析，孫逸民等著，1997 年 1 版，全威圖書股份有限公司。
4. 儀器分析，柯以侃等著，文京圖書出版社。

本章重點

1. 電解分析法是通入電流使電解質溶液進行電解反應，再依據法拉第電解定律來定量陰極析出物的質量或是所消耗的電量，此分析方法又稱為電重量分析法。可區分為控制電位電解分析法和恆電流電解分析法兩種。
2. 法拉第電解的第一定律：電解過程中，於電極所析出之物質質量與通過電解質之電量成正比。
3. 法拉第電解的第二定律：相同之電量在電解過程中，產生游離物質之質量與它們的化學當量成比例。
4. 分解電位 (E_d) 是電解分析開始電解過程時所需要的最小外加電位值；當外加電位增加到接近分解電位時，電池所產生的電位將會阻止電解反應進行，稱為反電位。
5. 分解電位值與理論的分解電位值二者之間的差稱為超電位；超電位是由於電極極化產生的，電流越大極化現象越嚴重。極化現象分為活性極化及濃度極化，二者同時而且獨立的發生於電化學反應過程中，全部極化作用為二者之和。
6. 電化學極化現象造成電極電位與原來平衡電位兩者之間的差異稱為活化超電位，活化超電位的數值大小可用來衡量電極極化的程度，是活化超電位和濃度差異之超電位兩者之總和值。
7. 庫侖分析法是由測定在電解過程的消耗電量，進行物質定量的方法，其基本理論是法拉第電解定律。庫侖分析法可分為恆電位庫侖分析法和恆電流庫侖分析法兩種。
8. 恆電位庫侖分析法的一個重要的應用是氣體庫侖計，在一定條件之下測量

電解水產生 H_2 和 O_2 的總體積,以計算通過的電量。

9. 恆電流庫侖分析法又稱為庫侖滴定法,是在恆定的電流條件之下進行電解,生成的滴定劑滴定待測物溶液,滴定劑消耗的電量可算出待測物含量。加入陰極或陽極去極劑可以克服庫侖滴定法的差選擇性。

10. 雙安培滴定法是在滴定溶液中插入兩個相同的電極,滴定過程中加入不同滴定劑,以電流強度對滴定劑體積作圖,或是觀察滴定過程中通過兩個電極間的電流突變以確定滴定終點,此法又稱死停滴定法,或稱永停滴定法。

11. 待測物溶液在某特定條件之下進行電解,以電流強度對電位作圖分析,若是滴汞電極作為工作電極,稱為極譜分析法;若使用鉑、石墨等電極作為工作電極,則稱為伏特安培法。

12. 在一定條件之下,待測離子的濃度與其極限擴散電流成正比,這是極譜分析定量的依據。

13. 當擴散電流為極限擴散電流的一半時,所對應的電位為半波電位,不同的物質其半波電位不同,半波電位與其在溶液中的濃度無關,可作為定性分析的依據。

14. 伏安法是以一定的速率改變外加的電位,並經由還原掃描及氧化掃描,記錄瞬間的電流,以電位對電流作圖的方法;常見的有循環伏安法與剝除伏安法。

15. 循環伏安法是改變電位以得到氧化還原電流方向的分析方法,可繪製可逆氧化反應物分析的 CV 圖,若是可逆的氧化還原反應,CV 圖中的還原峰與氧化峰的兩波峰之間必須是十分接近的,即 $i_{pc} = i_{pa}$。

16. 剝除伏安法是一種將濃縮與測定結合在一起的電化學分析法,根據溶出時的工作電極發生氧化反應或是還原反應,分為陽極剝除伏安法和陰極剝除伏安法。

本章習題

一、單選題

1. 重量分析法中,鐵的定量常以何種型態稱量?
   (1) Fe
   (2) FeO
   (3) Fe_2O_3
   (4) Fe_3O_4

   答案:(3)

2. 重量分析法中,加入沉澱劑時需要注意?
   (1) 急速加入,不斷攪拌
   (2) 緩慢加入,不可攪拌
   (3) 急速加入,不可攪拌
   (4) 緩慢加入,不斷攪拌

   答案:(4)

3. 以下何者為電池實測電位小於計算值之原因?
   (1) 溫度
   (2) 極化現象
   (3) 過電位
   (4) 電解質濃度

   答案:(2)

4. 在電位滴定,以 E~V (E 為電位,V 為滴定液體積) 繪製滴定曲線,滴定終點為?
   (1) 曲線的最小斜率點
   (2) 曲線的最大斜率點
   (3) E 為最正值的點
   (4) E 為最負值的點

   答案:(2)

5. 以下何種敘述正確?
   (1) 極譜半波電位相同的,都是同一種物質
   (2) 極譜半波電位隨被測離子濃度的變化而變化
   (3) 當溶液的組成一定時,任一物質的半波電位相同
   (4) 半波電位是極譜分析定量的依據

   答案:(3)

6. 滴汞電極用於下列何者分析方法？

(1) 伏安分析法 (2) 電位分析法

(3) 電導分析法 (4) 電解分析法

答案：(1)

7. 極譜分析法之陽極為下列何者？

(1) 滴汞電極 (2) 汞電極

(3) 網柱型鉑電極 (4) 玻璃電極

答案：(3)

8. 各陽離子極譜分析之下列何者特性不同，而可作為陽離子定性之依據？

(1) 擴散電流 (2) 半波電位

(3) 極限電流 (4) 殘餘電流

答案：(2)

9. 在極譜分析中，一般不攪拌溶液，其原因為？

(1) 消除遷移電流 (2) 減少充電電流的影響

(3) 加速達到平衡 (4) 有利於形成濃度極化

答案：(4)

10. 用離子選擇電極進行測量時，需用磁攪拌器攪拌溶液，其目的為？

(1) 減小濃度極化

(2) 加快應答速度

(3) 使電極表面保持乾燥

(4) 降低電極內阻

答案：(2)

11. 一電解電池於陰極沉積銅，陽極產生氧氣，若以固定電流 0.5A 電解 20 分鐘，則沉積的銅重量 (g) 為？(Cu=63.5)

(1) 0.033 (2) 0.098

(3) 0.197 (4) 0.395

答案：(3)

12. 下列何者電極適合作為金屬離子水溶液之極譜分析？

    (1) 滴汞電極　　　　　　　　(2) 鉑電極

    (3) 碳糊電極　　　　　　　　(4) 金電極

    答案：(1)

二、複選題

1. 下列有關用 Fe^{3+} 滴定 Sn^{2+} 的滴定曲線敘述，哪些正確？

    (1) 滴定百分率為 100% 處的電位為計量電位

    (2) 滴定百分率為 50% 處的電位為 Sn^{4+}/Sn^{2+} 電對的條件電位

    (3) 滴定百分率為 200% 處的電位為 Fe^{3+}/Fe^{2+} 電對的條件電位

    (4) 滴定百分率為 25% 處的電位為 Sn^{4+}/Sn^{2+} 電對的條件電位

    答案：(1)(2)(3)

2. 利用間接伏哈法進行氯化鈉含量測定時，下列哪些是加入硝酸的目的？

    (1) 防止碳酸銀沉澱物之生成　　(2) 防止磷酸銀沉澱物之生成

    (3) 防止鐵明礬水解　　　　　　(4) 防止硫氰酸銨液水解

    答案：(1)(2)(3)

3. 下列有關滴定曲線之敘述，哪些正確？

    (1) 係經由滴定過程其體積與 pH 值的變化而繪製

    (2) 是選擇指示劑的依據

    (3) 無法經由中和反應理論計算之數據而得

    (4) 可求出滴定反應之終點

    答案：(1)(2)(4)

4. 有關以銀電極電量測定法間接定量溶液中氯離子的敘述，下列哪些正確？

    (1) 氯離子在此過程中進行氧化反應

    (2) 溶液中會產生氯化銀沉澱

    (3) 銀電極必須為陽極

    (4) 銀電極必須為陰極

    答案：(2)(3)

5. 有關極譜分析法的半波電位，下列敘述哪些正確？
   (1) 半波電位是擴散電流為極限擴散電流一半時的電極電位
   (2) 半波電位相同的，都是同一種物質
   (3) 半波電位與其樣品溶液的組成有關
   (4) 半波電位是極譜定量分析的依據

   答案：(1)(3)

6. 使用庫侖分析法時，下列哪些因子必須精確控制才能獲得正確結果？
   (1) 電位   (2) 電流
   (3) 電阻   (4) 電荷

   答案：(1)(2)(3)

7. 下列有關極譜分析的操作，哪些正確？
   (1) 通入氮氣   (2) 攪拌
   (3) 恆溫操作   (4) 加入表面活性劑

   答案：(1)(3)(4)

8. 下列哪些方法可降低恆電位電解的濃差極化？
   (1) 增加工作電極面積
   (2) 提高溶液的溫度
   (3) 加強機械攪拌
   (4) 降低溶液的濃度

   答案：(1)(2)(3)

9. 下列有關極譜分析的敘述，哪些正確？
   (1) 工作電極是滴汞電極，也是陰極
   (2) 無機酸根離子在極譜分析時不受任何因素影響
   (3) 只適用於分析無機酸根離子
   (4) 分析物會在滴汞表面發生反應產生電流

   答案：(1)(4)

10. 有關滴汞電極的敘述，哪些正確？
    (1) 電流密度小，易於極化
    (2) 滴汞作陽極時，汞本身會被氧化
    (3) 滴汞電極上進行還原反應是為陰極
    (4) 滴汞電極是標準電極

    答案：(2)(3)

11. 下列有關安培滴定法的敘述，哪些正確？
    (1) 用滴汞電極作為極化電極稱為死停終點法
    (2) 用滴汞電極作為極化電極稱為極譜滴定法
    (3) 兩個極化電極的安培滴定法稱為死停終點法
    (4) 兩個極化電極的安培滴定法稱為極譜滴定法

    答案：(2)(3)

第十章 氣相層析法

吳玉琛

　　從上世紀初起，特別是在近 50 年中，由於氣相層析法、高效液相層析法及離子層析分析法的飛速發展，而形成一門專門的層析科學。層析分析法 (chromatography) 最早稱為色層分析法，係蘇俄植物學家茲偉特 (Michael Tswett) 於 1906 年利用已填充了細顆粒碳酸鈣的玻璃管柱，來分離植物葉汁中的色素。將植物葉汁的色素混合汁液通過該玻璃管柱時，由於各種色素分子大小不同及對碳酸鈣顆粒之吸附力不同，使其由管柱流下的速率不同，結果在玻璃管柱不同高度呈現不同顏色之層帶，因此他將此種分離法命名為色層分析法。層析法已廣泛應用於各個領域，成為複雜多成分混合物最重要的分離方法，在各學科中有著重要作用。1941 年英國二位化學家馬丁 (A. J. P. Martin) 與欣革 (R. L. M. Synge) 發展出液-液層析法 (liquid-liquid chromatography, LLC)，使用靜相或稱固定相 (stationary phase) 液體分散在吸附劑表面上代替上述的固體吸附劑，它與流動相 (mobile phase，簡稱動相) 不互溶。根據樣品中之各成分在此二液相間的溶解度不同，而達到分離的目的，進而可做定性及定量分析。他們二人於 1952 年又發展出氣相層析法 (gas-chromatography, GC)，由於他們在此領域的研究成果，二人同時獲得 1952 年諾貝爾化學獎，而發展出今日許多類型的層析分析法，用來有效率地鑑定及分離許多複雜的混合物。

10.1 層析分析法

色層分析法 (chromatography analytical method) 簡稱層析法 (chromatography)，是利用吸附劑 (adsorbent) 對於一個溶液中不同成分物質具有不同的吸附能力，利用另一沖提用的溶劑，予以展延成不同的位置 (或高度)，而將溶液中所含各種物質加以分離純化的方法。層析分析法是一種有效的物理分離分析方法，它根據試樣混合物中各成分在不互溶的兩相 (固定相與流動相) 中的吸附能力、分配係數或其他親和作用之性能的差異，使其流速不同，作為分離的依據。至今層析法已成為分離化合物最有利的工具，除了提供成千上萬的有機化合物的分離之外，還提供了定性鑑定及定量分析的數據層析法。層析法使用高靈敏度的偵測器，將被分離之成分的濃度變化轉換成電子信號，由信號處理器產生輸出信號，由記錄器繪製成層析圖 (chromatogram) 又稱色譜圖。根據層析圖中，各層析峰 (chromatographic peak) 的面積及峰高，來計算出每成分的含量。與傳統的分離純化方法 (蒸餾、再結晶、萃取、昇華等) 相比，層析法具有微量、快速、簡便、安全及高效率等優點。目前層析法廣泛應用於有機合成、石油加工、環境保護、醫藥、食品工業及冶金工業等之分析。

1. 層析分析法原理

它的分離原理是，讓混合物中的各組成分在兩相之間進行分配過程，其中的一相是不動的，而稱為固定相；另一相是攜帶混合物流過固定相的液體，稱之為流動相。當流動相中樣品混合物經過固定相時，就會與固定相發生作用，由於各組成分在性質和結構上的差異，與固定相相互作用的類型、強弱也有差異，因此在同一推動力的作用下，不同組成分在固定相滯留時間長短不同，從而按先後不同的次序從固定相中流出。所以層析原理是利用試樣混合物中各成分受到固定相與移動相不同作用力而分離 (separation)，達到層析之目的。如圖 10.1 所示，樣品混合物含 A 及 B 二成分，注入固定相管柱頂端，藉著流動相的移動，將樣品混合物分配成二相 A 及 B 的層帶 (band)。由於二成分 A 及 B 對於流動相及固定相之吸附、溶解及其他作用力不同，使 A 及 B 之移動速率不同，

即在固定相中之滯留時間不同。由偵測器可將其通過管柱下端的信號傳出，在記錄器上顯示出來 (圖 10.1b) 稱為層析圖。由層析圖上尖峰的位置可用來鑑定樣品的成分 (定性分析)，由尖峰下的面積可提供每一成分的定量分析。由於相對於 A、B 在管柱的固定相中有較強滯留，因此流動速率較慢。在時間 t_1 時，A 及 B 二成分濃度的層帶部分重疊，但隨時間延長，在時間 t_3 時二成分充分分離，其濃度層帶不再重疊，但層帶之寬度變寬。只要固定相的管柱長度足夠長，樣品中的成分可以清楚分離。

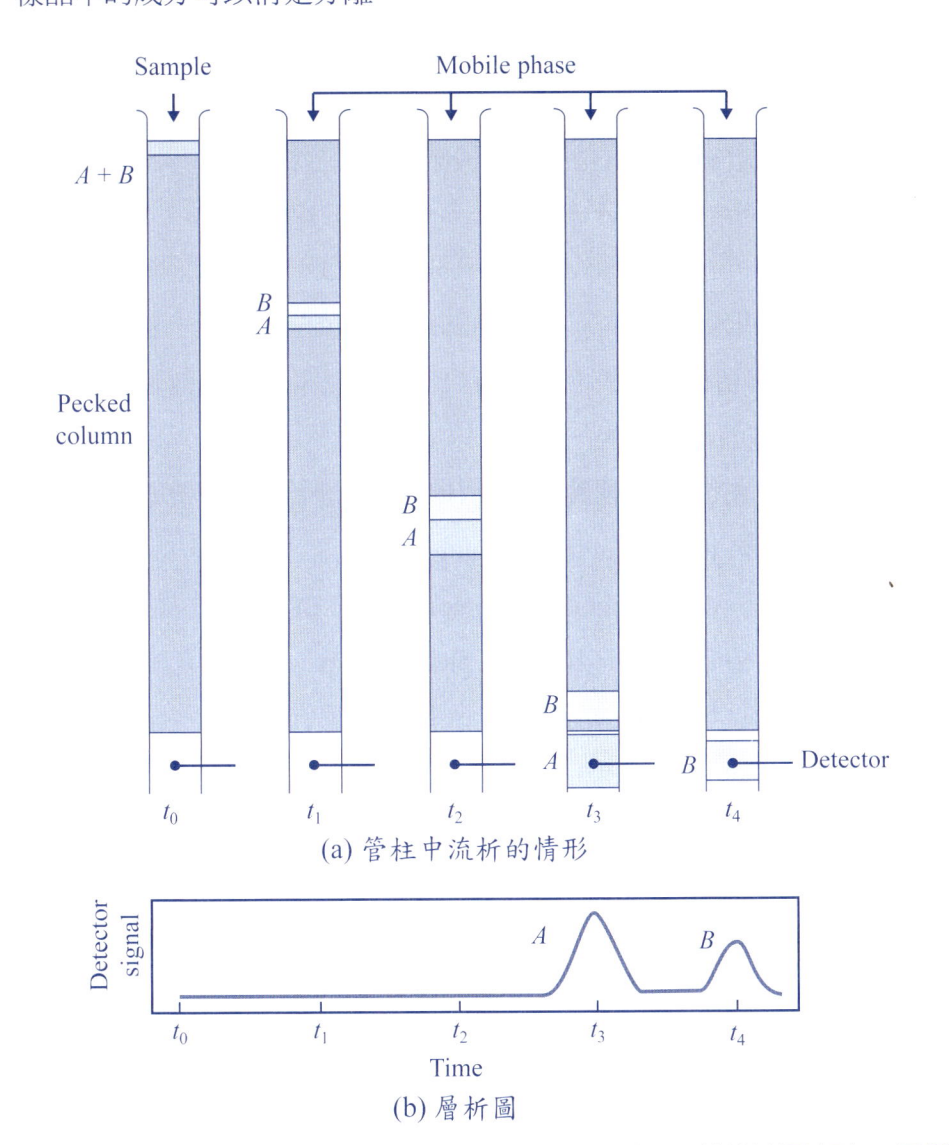

(a) 管柱中流析的情形

(b) 層析圖

圖 10.1 層析分析混合物中各成分分離原理 (a) A 及 B 二成分在管柱沖提情形 (b) 層析圖

2. 層析法分類

(1) 按固定相的外形 (製備方式) 分類

固定相裝於管柱 (玻璃或金屬管) 內的層析法，稱為管柱層析 (column chromatography)。固定相呈平板狀的層析法，稱為平面 (板) 層析法 (planar chromatography)，它又可分為：薄層層析法 (thin-layer chromatography, TLC)；固定相在平板上。紙層析法 (paper chromatography, PC)；固定相在濾紙上。

(2) 按兩相狀態分類

氣體為流動相的層析稱為氣相層析 (GC)，根據固定相是固體吸附劑還是固定液 (附著在惰性載體上的一薄層有機化合物液體)，又可分為：

◆ 氣 - 固層析 (gas-solid chromatography, GSC)

◆ 氣 - 液層析 (gas-liquid chromatography, GLC)

◆ 氣 - 鍵結相層析 (gas-bonded phase chromatography)

固定相為鍵結在固體表面上的有機物種，其平衡類型為試樣成分在氣體和鍵結相表面之間分配。

液體為流動相的層析稱液相層析 (LC)。同理，液相層析亦可分為：

◆ 液 - 固層析 (liquid-solid chromatography, LSC)

◆ 液 - 液層析 (liquid-liquid chromatography, LLC)

◆ 液 - 鍵結相層析 (liquid-bonded phase chromatography)

以超臨界流體為流動相的層析稱為超臨界流體層析 (supercritical-fluid chromatography, SFC)。

(3) 按分離機制分類

(A) 利用組成分在吸附劑 (固定相) 上的吸附能力強弱不同而得以分離的方法，稱為吸附層析法 (adsorption chromatography)，又稱液 - 固層析。

(B) 利用組成分在惰性固體上的液體 (固定相) 中溶解度不同 (即在二不互溶液體間之分配係數的差異)，以萃取法而達到分離的稱為分配層析法 (partition chromatography)，又稱液 - 液層析。

(C) 利用組成分在離子交換樹脂 (固定相) 上的親和力大小不同而達到分離的方法，稱為離子交換層析法 (ion-exchange chromatography)。

(D) 利用大小不同的分子在多孔固定相中的選擇滲透而達到分離的方法，稱為凝膠滲透層析法或尺寸排除層析法 (size exclusion chromatography) 或分子篩層析法。

(E) 利用不同組成分與固定相 (固定化分子) 的高專屬性親和力進行分離的技術稱為親和層析法 (affinity chromatography)，常用於蛋白質的分離。

3. 層析法分離理論

層析管柱的分離效率部分取決於二成分物種在流動相中流動的相對速率，而此相對速率由物種在流動相與固定相間之分配係數 (distribution constant) K 的大小所決定。物種 A 在動相與固定相間形成分配平衡。

對一個溶質 A：

$$A_{stationary} \rightleftharpoons A_{mobile}$$
$$Kc = (a_A)_s / (a_A)_m = Cs / Cm$$

$(a_A)_s$：溶質 A 在固定相中的活性

$(a_A)_m$：溶質 A 在流動相中的活性

Cs：溶質 A 在固定相中的濃度

Cm：溶質 A 在流動相中的濃度

當樣品注入管柱之後至分析物種的波峰到達偵測器所需的時間，稱為滯留時間 (retention time)，以符號 t_R 表示。圖 10.2 說明二成分混合物的典型層析圖。左方的小波峰代表管柱對物種不會有任何滯留力的波峰，其到達偵測器的時間大約等於一流動相分子流經管柱所需的時間，稱為無感時間或靜止時間 [dead (or void) time]。與滯留時間的差稱為調整滯留時間 (adjusted retention time)，以符號 t'_R 表示：

$$t'_R = t_R - t_M$$

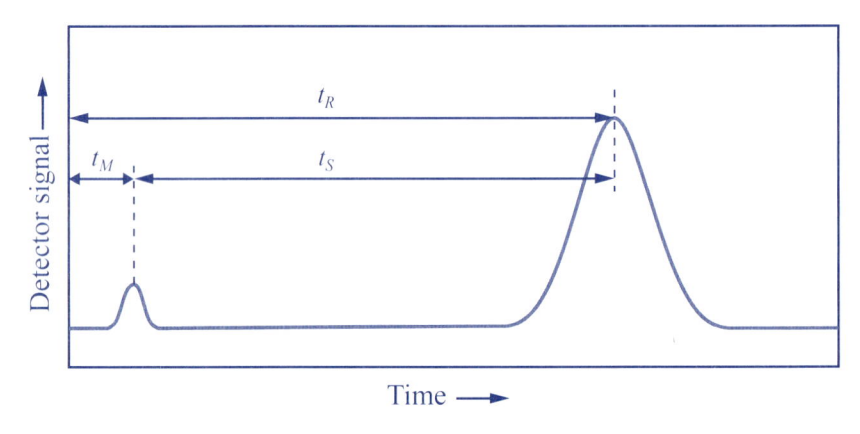

圖 10.2　典型層析圖

馬丁 (Martin) 和欣革 (Synge) 將層析管柱視為由無數個不連續但相鄰的理論平板的薄層所組成，在每一平板上，假設分析物種在流動相和固定相間發生平衡。層析峰的形狀為對稱的高斯曲線 (Gaussian curve)。層析峰的寬度 W 與測量中的變異值 (variance) σ^2 或標準偏差 (standard deviation) σ 成正比。因此可使用每單位管柱長度的變異值 σ^2 來定義管柱效率，而管柱效率通常用平板高度表示。平板高度 (plate height) H 可定義為

$$H=\sigma^2/L$$

其中 L 為管柱填充之長度 (單位為厘米，cm)。平板高度一般稱為理論平板相當高度 (height equivalent of theoretical plate, HETP)，簡稱平板高度。

管柱的理論板數 (number of theoretical plate) N，可用平板高度 H 及管柱填充之長度 L 來表示：

$$N=L/H$$

假若 L 管柱填充之長度增加，則滯留時間也增加。一般的層析管柱效率隨平板數 N 的增加及平板高度 H 的減少而增加。由於管柱型式、流動相及固定相之不同，層析管柱的效率有很大的差異。以平板數表示的效率值，可由數百至數十萬不等。平板高度範圍由數十分之一至數千分之一厘米。

根據研究層析峰帶加寬的因素是由下列三個程序所造成：渦流擴散 (eddy diffusion)、縱向擴散 (longitudinal diffusion) 與非平衡質量傳遞 (nonequilibrium mass transfer)。這三個程序的效應由下列控制變數來決定：流動速率、填充物粒子大小、擴散速率及固定相厚度。1950 年由荷蘭化學工程師凡迪姆特 (van Deemter) 導出這三個程序造成峰帶加寬對平板高度 H 的影響，將流動相的流動速率 u 對 H 的關係式稱為凡迪姆特方程式 (van Deemter equation)：

$$H = A + B/u + Cu$$

式中 A、B、C 式影響峰寬的三項因素，u 為柱溫、柱壓下載氣的平均線速度。

A 為與渦流擴散有關的量，它與流動速率無關，但與粒子大小、幾何形狀及固定相填充之緊密度有關。

B 為與縱向擴散有關的量，它對 H 的影響與流動相的流動速率成反比。當擴散隨時間增加時，流動速率減低，造成帶加寬的程度增加。

C 為與非平衡質量傳遞有關的量，流動相的流動速率太快時，無法達到平衡而造成帶加寬，它的影響與流動速率成正比。若流動速率減少時，此項因素的影響就變小。

公式指出影響板高的三個因素：填充物的多徑相引起氣體移動距離的偏差；成分在氣相中停留時的分子擴散；成分在氣相和液相中的質傳阻力。

下面分別討論凡氏方程式中 A、B、C 三個常數項的含意：

(1) 渦流擴散 (A) 也稱多徑相 (multiple paths)

在填充柱中，氣流碰到固定相會不斷改變流動方向，形成類似渦流的流動。由於載氣中的成分分子經過不同長度的路徑流出層析柱，形成一個統計分布，使層析增寬，因此這一項稱為渦流擴散。

$$A = 2\lambda d_p$$

式中 λ 為填充不規則因子，填充越不均勻，λ 越大；d_p 是固定相顆粒的平均直徑。對於空心毛細管柱，$A = 0$。

(2) 分子擴散 (B) 也叫縱向擴散

當樣品成分被載氣帶入層析柱後，在以「塞子」形式的前後存在著濃度梯度，運動的分子勢必產生前後 (縱向) 的擴散。縱向擴散與分子在氣相中停留的時間及擴散係數 D_g 成正比。

$$B = 2rD_g$$

式中 r 是與填充物有關的因素,稱彎曲因子,D_g 是成分在氣相中的擴散係數,對矽藻土載體 r 在 0.5~0.7 之間,空心毛細管柱 $r=1$(因無擴散的阻礙)。D_g 與成分的性質、柱溫、柱壓及載氣性質有關。分子量大,D_g 小;柱溫升高 D_g 增大;D_g 反比於柱壓;D_g 與載氣分子量的平方根成反比,使用氮氣比氫氣作載氣 B 值小,由於成分在液相裡的擴散係數 D_L 比 D_g 小的多,只有 D_g 的 10^{-4}~10^{-5} 倍,因而成分在液相裡的分子擴散可忽略。

(3) 質傳阻力項 (C)

試樣成分在層析柱中在氣液兩相中分配的一部分由氣液界面溶入固定液,並擴散到固定液內部,直至平衡,由於載氣得不斷流動,使平衡破壞,一部分成分分子逸出氣液界面而進入氣相,這種溶解、擴散、平衡及轉移的程序成稱為質傳程序,影響這一過程進行的阻力稱為質傳阻力。

實驗證明,質傳阻力項由兩部分組成:

$$Cu = (C_g + C_L)u = C_g u + C_L u$$

式中 $C_g u$ 為氣相質傳阻力項,$C_L u$ 液相質傳阻力項,C_g 為氣相質傳阻力係數,對於填充柱:

$$C_g = \frac{0.01\kappa^2}{(1+\kappa)^2} \cdot \frac{d_p^2}{D_g}$$

式中 κ 為分配容量因子,其餘符號同前。

C_g 與填充物顆粒直徑的平方成正比,與成分在載氣流中擴散係數成反比。在經典填流柱中,固定液含量較多,中等線速時,C_g 很小可忽略,因而原凡氏方程中沒有 $C_g u$ 這一項。

C_L 為液相質傳阻力係數:

$$C_L = \frac{2}{3} \cdot \frac{k}{(1+k)^2} \cdot \frac{d_f^2}{D_L}$$

式中 k 為分配比，d_f 為固定液的液膜厚度，D_L 為成分在固定液中的擴散係數，減小液膜厚度 d_f，增大成分在液相中的擴散係數 D_L 均可減小 C_L。

將 A、B、C 代入凡氏方程式，得到凡氏速率理論方程：

$$H = 2\lambda d_p + \frac{2rD_g}{u} + 0.01\frac{k^2 d_g^2}{(1+k)^2 D_g}u + \frac{2kd_f^2}{3(1+k)^2 D_L}u$$

以板高 H 對線速 u 作圖可得一條如圖所示的曲線。

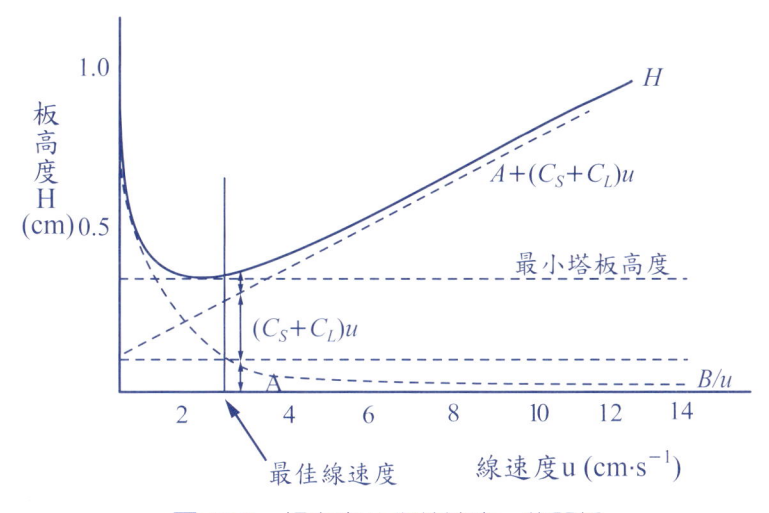

圖 10.3 板高度 H 與線速度 u 的關係

由圖 10.3 顯示出，板高依雙曲線是隨線速度變化，曲線有一最低點稱為最佳點，此點對應的線速稱為最佳線速。對應的板高稱為最小板高。用最佳線速，所需時間往往過長，為縮短分析時間，一般採用的線速略高於最佳線速。

管柱的解析度 (resolution) R_s 亦稱為分離度、鑑別率，說明管柱對於分離二分析物種之能力的定量衡量。在層析分離過程中，不但要根據所分離的物質，選擇出適當的固定相，使得其中的各組成分都有可能被分離

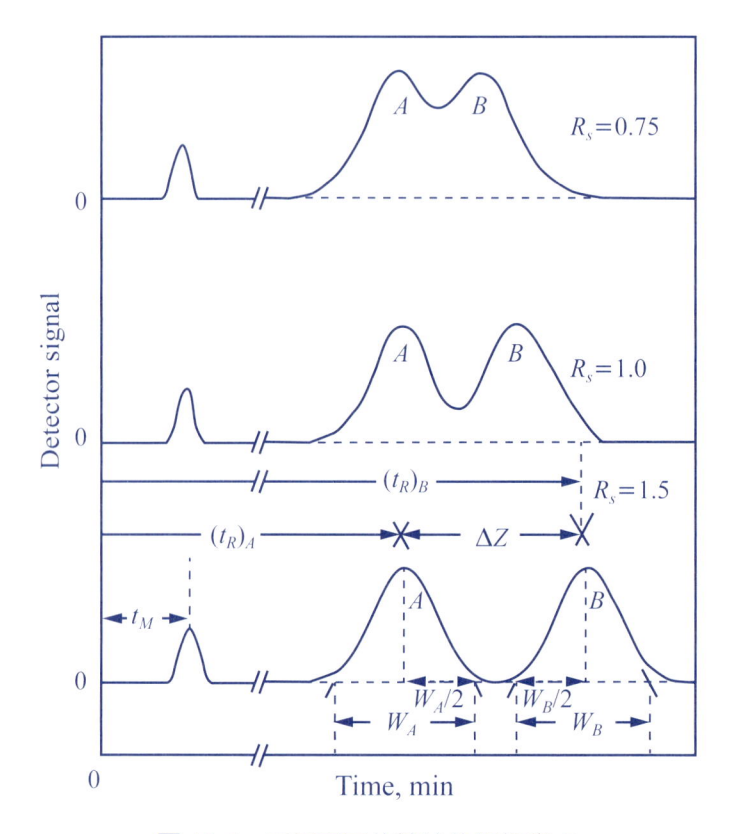

圖 10.4 三個不同的管柱的解析度 R_s

出,而且還要創造一定的操作條件,讓這種可能性得以實現並達到最佳化的分離效果。

R_s 其定義為相鄰兩種組成分之層析峰線滯留時間之差異值 ΔZ,與兩種組成分之層析峰線底寬總和一半的比值:

$$R_s = 2\Delta Z / (W_A + W_B)$$

圖 10.4 可以說明如果峰線形狀對稱且能滿足於常態分布,則當 $R_s<1$ 時,兩只峰線總會發生部分重疊現象;當 $R_s=1$ 時,其分離程度可以達到 96%;而當 $R_s=1.5$ 時,其分離程度就可以達到 99.7%。因而可以用 $R_s=1.5$ 來作為相鄰兩只峰線已經被完全分離開的一種指標。

4. 層析法特點

(1) 分離效率高:由於層析管柱具有很高的理論平板數,對於填充管柱而

言，可以換算成在每一公尺中約有數千的理論平板數，而對於毛細管柱，則在每公尺中可以高達 10^5~10^6 個理論平板數，因此當分離多成分的複雜混合物時，能夠以極高的分離效率將各個組成分予以分離成單一層析峰線。

(2) 靈敏度高：層析分析方法的高靈敏度是表現在可以偵檢出 $\mu g\ g^{-1}(10^{-6})$ 級甚至 $ng\ g^{-1}(10^{-9})$ 級的物質，因此在微量分析工作中是非常有用的。

(3) 分析速度快：層析法，特別是氣相層析法的分析速度是較快的。在一般上，分析一個樣品只需要幾分鐘或幾十分鐘即可完成一個試樣的分析。

(4) 高選擇性：層析法對於那些性質相似的物質，譬如，同位素、同系物、烴類異構物等，都有很好的分離效果。

(5) 應用範圍廣：可分析有機物及無機物，並可以用來製備各種純成分。
    氣相層析：沸點低於 400°C 的各種有機或無機試樣的分析。
    液相層析：高沸點、熱不穩定、生物試樣的分離分析。

10.2 氣相層析儀原理

氣相層析法 (gas chromatography) 於西元 1952 年由詹姆士 (James) 及馬丁 (Martin) 所創。因對揮發性混合物之分離及純化特別有效，迄今在分析化學上已占有極重要之地位。此方法之特徵為靈敏度高、分析時間短、簡便。不但能應用於定性及定量，近來並與質譜儀及資料處理機連結使用 (GC-MS) 之設備，對物質鑑別及有機化學結構之推定貢獻良多。

氣相色層分析法之移動相為氣體，帶動氣體將被分配在固體表面之液相內之混合物依分配係數之大小依次帶出。此方法稱為氣-液層析 (gas-liquid chromatography, GLC)，此時倘無靜止相之液體而只利用固體之吸附作用時，則稱為氣-固層析 (gas-solid chromatography, GSC)，所用帶動氣體常為惰性氣體如氦氣、氮氣等。

氣相層析法是一種伴隨著氣體流動相通過含有固定相層管柱的分離技術，氣-液層析，其固定相(即層柱填充物)是分配在惰性固體支持物上的液體物質。氣-固層析，其固定相是介面活性吸附物質(如木炭、矽膠凝體、活性礬土等)。樣品分離是利用物質在兩相(移動相氣體及固定相)間吸引力不同，導致停留在管柱時間不同而將其分離。

氣相層析法由於流動相為氣體，氣相的黏度極小，在管柱內流動的阻力也很小，並且氣體的擴散係數很大(比液體的擴散係數大 10^4~10^5 倍)，因此樣品成分在流動相及固定相間的質量傳送速率很快，有利於快速的分離。氣相層析法有下列五個特點：

1. 高性能 (high performance)：GC 可以在極短時間同時分離及測定多成分的混合物。
2. 高選擇性 (high selectivity)：GC 能分離及分析性質極相近的成分，如同分異構物、同位素等是選用高選擇性的固定相來分離。
3. 高靈敏度 (high sensitivity)：GC 所需要的樣量很少(少於 10^{-2} μL)，經過高靈敏度的偵測器，可檢測出 10^{-11}~10^{-13} g 之微量成分。
4. 高分析速度 (high speed of analysis)：GC 完成一個分析週期只需要幾分鐘，如果結合電腦則不但可以快速並且可以自動化操作。
5. 應用廣泛 (wide application)：GC 不僅可分析氣體樣品也可分析液體及固體樣品；可分析有機物及無機物，並可以用來製備各種純成分。

10.3 氣相層析儀的基本構造

氣相層析儀的型號及種類很多，雖然其外形及構造有所不同，但通常由下列六個基本系統所組成：氣路系統、樣品注入系統、分離系統、溫控系統、偵測系統及電腦處理系統。一般氣相層析儀組件略圖如 10.5 所示。

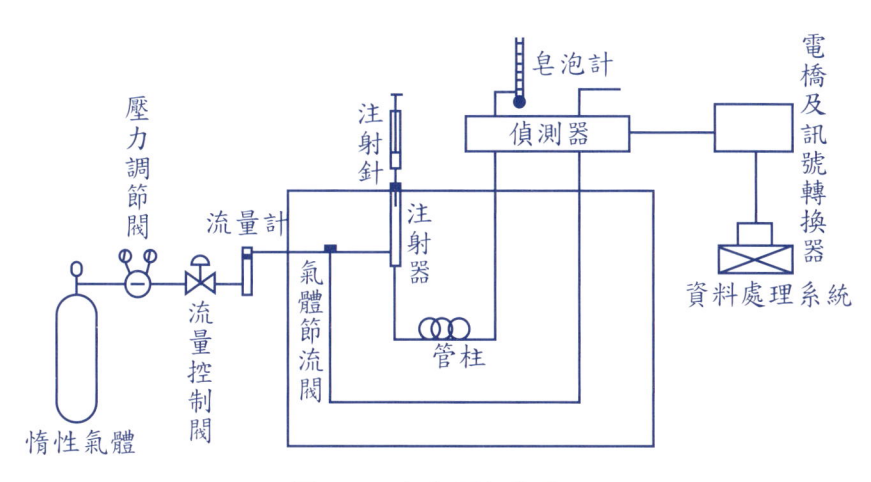

圖 10.5 氣相層析儀略圖

1. 氣路系統

氣相層析儀的氣路系統,包含載體氣體供應源(一般為鋼瓶)、壓力調節器、淨化器、流量控制閥、穩壓恆流裝置等。管路密閉的氣路系統,其氣密性、載體氣體流速的穩定性及流量測定的準確性,對層析圖的結果均有很大的影響,必須注意控制。

(1) 載體氣體供應源:氣相層析的流動相為氣體,稱為載體氣體,簡稱載氣(carrier gas),必須是化學惰性。常用的載體氣體為氮、氬、氦、氫及二氧化碳等。通常用高壓的鋼瓶儲裝。至於選用何種載體氣體,通常由所使用的偵測器來決定。

(2) 壓力調節器:由於載體氣體供應源為高壓鋼瓶,故需要使用壓力調節來減壓。

(3) 淨化器:由於鋼瓶中含有微量雜質,如水、氧、烴類氣體及一些無機雜質。這些微量雜質對層析圖會有影響,在進入層析柱分離之前,必須經過淨化器來除掉雜質。淨化器內含有矽膠、活性碳、分子篩等淨化劑,可將這些微量雜質吸附。

(4) 穩壓恆流裝置:由於載體氣體的流速是影響層析分離及定性分析的重要參數之一,因此要求載體氣體的流速穩定。在恆溫層析管柱中,於一定操作條件下,使用穩壓閥使進入管柱之壓力穩定,則可保持流速穩定。但在程式增溫(temperature programming)的層析管柱中,由於管柱內阻

隨溫度而不斷增加，致使流速逐漸減緩，因此必須在穩壓閥之後加一個穩流閥。流速測量可使用浮子流量計、毛細管流量計(示差流量計)與肥皂泡沫流量計。通常使用肥皂泡沫流量計，係一橡膠球內含肥皂胺或清潔劑溶液，被擠壓時會在氣體通路上形成一肥皂泡沫，量測此肥皂泡沫在滴定管刻度間移動所需時間，換算成體積流速。流量計一般接於管柱出口末端。

2. 樣品注入系統

樣品注入系統通包含樣品注入裝置和氣化室，係將樣品定量地快速注入，並瞬時氣化，以利用載體氣體帶入管柱中。固體樣品先用可揮發溶劑溶解成液體。液體樣品則使用微量注射器(具有 0.5、1、5、10、20、50 μL 等規格)，吸取定量樣品試液，刺入樣品注射裝置的矽膠墊後快速注入。氣體樣品可使用旋轉式六通閥 (six-port rotary valve) 或使用拉桿閥 (sliding plate valve) 將氣體樣品注入隨同載體氣體帶入管柱中。樣品放入裝置如圖 10.6 所示。

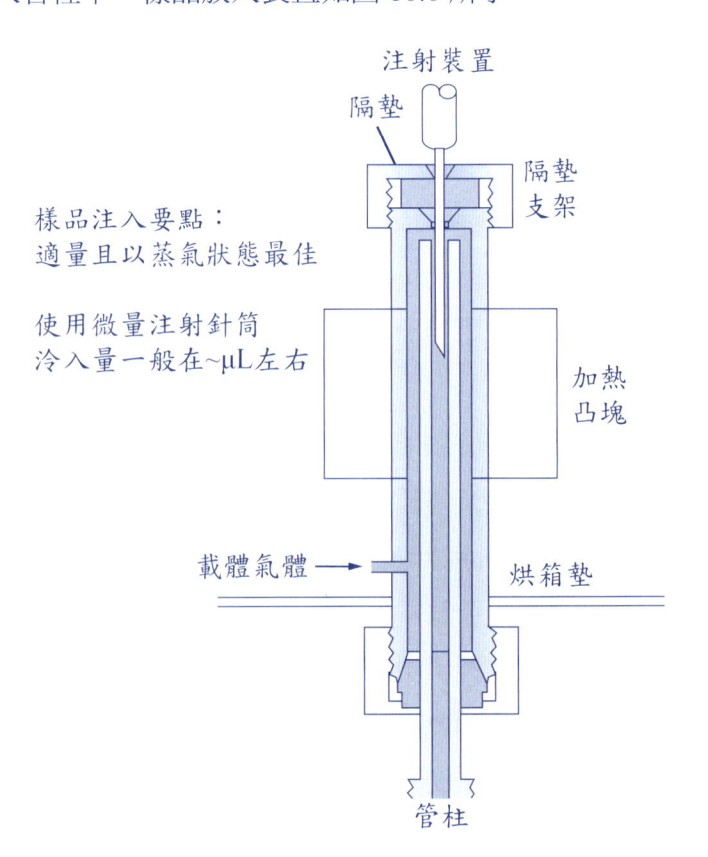

圖 10.6
GC 樣品注入器

3. 分離系統

氣相層析儀的分離系統為層析管柱，由管柱及裝在其內的固定相所組成。層析管柱是層析儀的心臟，樣品在管柱中進行各種的反應。層析管柱可由不銹鋼、聚四氟乙烯(鐵氟龍)、玻璃、銅等製成。不銹鋼製成的管柱，其機械強度佳、耐腐蝕、耐溫，在高溫下操作對大部分物質無催化作用，但對某些物質如生物鏈則會催化促進分解、玻璃管柱對管內填充物是否均勻、是否變質可以容易檢查，並且玻璃對樣品成分不具催化作用。但玻璃管柱之機械強度較差，其導熱性也較差為其缺點。聚四氟乙烯對樣品不具催化作用，對於某些含硫的有機物，其分離效果良好。銅製管柱因其有催化作用，較少被使用。管柱形狀有直線形、U形、螺旋形等。

層析管柱可分為填充柱及毛細管柱二種類型。一般填充柱，其內徑約為 2~6 mm、長 0.5~5 m。填充物質可以是具其有吸附性的吸附劑或覆蓋在載體上的均勻固定液膜。填充柱可供選擇的填料種類很多，因而有廣泛的選擇性，應用很廣。但由於填充管柱的滲透性較小，質量傳送阻力大，且管柱不能太長而使其分離效能不甚高。基本上毛細管柱有較佳的解析度與選擇性，除了一些特殊運用上仍使用填充管柱外，大部分使用者均會以毛細管為主。毛細管一般常用規格有內徑 0.53 mm、0.25 mm 等，膜厚有 1.0 μm、0.25 μm 等，長度有 30 公尺或 60 公尺長，它們是由不銹鋼、玻璃、融合矽或鐵氟龍所構成。空心毛細管柱是將固定液直接塗在毛細管的內壁表面。由於毛細管柱的質量傳送阻力小且管柱長，因此其分離效能甚高，分析速率快。

4. 溫控系統

溫控系統式層析儀，包括層析管柱、氣化室、偵測器等均要控制在一定溫度下進行操作。

(1) 層析管柱溫度：層析管柱的操作溫度要求恆溫或是程式增溫。前者在恆溫烘箱中控制，適當的管柱溫度隨樣品的沸點及所需分離的程度而定，一般控制在樣品沸點的平均溫度或略高些，可得到合理的滯留時間 (2~30 min)。

(2) 氣化室溫度：一般由層析儀上的氣化室溫度調節器來控制，使其溫度比管柱溫度高 30~50℃。

(3) 偵測器溫度：偵測器大都對溫度變化很敏感，依不同類型的偵測器，控制在不同的溫度。

5. 偵測系統

偵測系統主要為偵測器 (detector) 是將管柱流出的分離成分和濃度變化轉變成可測量的電子信號，作為定性及定量分析的資訊。檢測作用的基本原理是：利用樣品組成分與載氣等兩者的物化性質之間的差異性，當流經偵測器的組成分與其濃度發生變化時，偵測器會產生相對應的感應訊號。

理想偵測器的特性，如下所述：

a. 適當的靈敏度：一般偵測器的靈敏度範圍在 10^{-9}~10^{-15} 克分析物／秒之間。
b. 具有良好的穩定性及再現性。
c. 溫度範圍由室溫至 800℃。
d. 對樣品無破壞性。
e. 反應時間短且與流速無關。
f. 可性度高且容易使用。
g. 對所有反應物有相似的反應，對某些分析物具選擇性反應。
h. 對分析物的校正曲線呈線性。

(1) 熱傳導偵測器 (TCD)

熱傳導偵測器 (thermal conductivity detector, TCD) 是最早且廣泛被使用的一種偵測器。它具有結構簡單、性能穩定、靈敏度適宜、應用範圍廣可偵測有機物及無機物、不破壞樣品等優點。熱傳導偵測器是根據當有分析物分子出現時，氣流的熱導性會改變而被偵測。其感應元件 (sensing element) 是電熱元件，它在固定功率下其溫度與周圍氣體的熱導性有關。加熱元件可能是金屬絲 (filament) 或熱電阻器 (thermistor)，由其電阻可量度氣體的導熱性。圖 10.7 為雙金屬絲電熱元件的熱傳導偵測器之

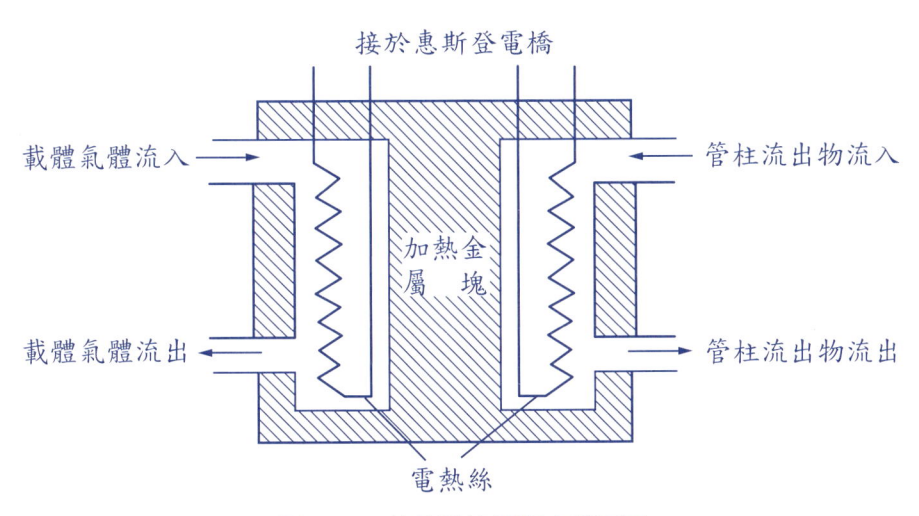

圖 10.7 熱傳導偵測器之截面圖

截面圖，此裝置可使載體氣體之熱導效應抵消。

氫 (H_2) 和氦 (He) 的熱導性約為大部分有機化合物的 6 至 10 倍，故微量有機化合物存在於氫或氦的載體氣體中，偵測器即可檢出。若使用氮為載體氣體，由於氮的熱導性較有機化合物略高或相近，故使熱傳導偵測器的靈敏度降低。熱傳導偵測器的靈敏度比其他偵測器為低 (約 10^{-8} 克／秒)，而不適宜使用毛細管層析柱。因毛細管層析柱只能容納微量樣品而不易檢出。

(2) 火焰游離偵測器 (FID)

火焰游離偵測器 (flame ionization detector, FID) 是使用最廣泛的的偵測器，係利用 H_2 在 O_2 中燃燒生成火焰，當樣品成分在火焰中產生離子 (離子化) 時，於電場作用下形成離子流，收集於電極成為電流而加以偵測。FID 具有結構簡單、靈敏度高 (約 10^{-13} 克分析物／秒)、響應快、線性範圍寬 (約 10^7)、選擇性好、低干擾性、堅固易於使用等優點。但缺點是對樣品有破壞性。

像羰基、醇、鹵素、胺等官能基，在火焰中只產生少量離子，甚至不能產生離子，此種偵測器對這些官能基不靈敏。此外，此偵測器對於安定性氣體，如 H_2O、CO_2、SO_2、NO、SiF_4、$SiCl_4$、CS_2、NH_3 等亦不靈

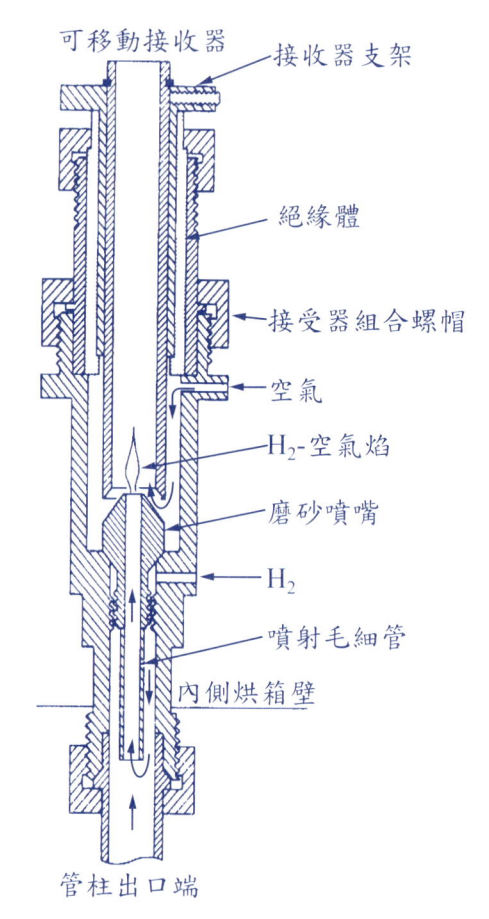

图 10.8　火焰游離偵測器之截面圖（資料來源：Hewlett-Packard co.）

敏。FID 主要用於偵測有機樣品其靈敏度甚高（約 10^{-13} 克／秒）且不受管柱溫度影響，適於程式增溫層析。

(3) 電子捕獲偵測器 (ECD)

電子捕獲偵測器 (electron capture detector, ECD) 對於含陰電性較大原子的有機物如鹵素有機物、過氧化物、醌 (quinone)、硝基化合物等具有選擇性及高靈敏度，但對於胺類及醇類之官能基以及烴類不靈敏。此偵測器之優點是高敏度且不破壞樣品（此點與火焰游離偵測器不同），但其缺點是線性響應範圍較小，約為 10^2。

電子捕獲偵測器的結構如圖 10.9 所示。管柱流出物通過二電極，其中二電極表面有放射性同位素可發射高能量電子 (β 粒子)，β 粒子撞擊

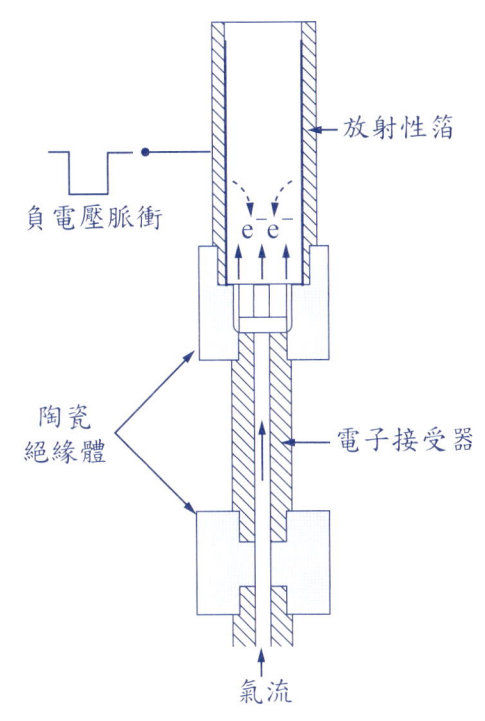

圖 10.9 電子捕獲偵測器的結構圖

載體氣體 (一般用氮氣)，結果形成帶正電離子、自由基及熱電子的電漿。當只有載體氣體 (N_2) 通過偵測器時，所收集的熱電子形成定電流為基線信號 (baseline signal)。但當載體氣體中出現吸電子化合物 (electron absorbing compounds)，例如：鹵素有機物、硝基化合物、醌、過氧化物等時，則與熱電子反應產生較大質量的負離子。由於熱電子減少使電流減少，其電流減少的量與吸電子化合物的量成正比，作為定量的基準。電子捕獲偵測器所用的放射性同位素為氚 (吸附在鉑箔或鈦箔上)，具有較高靈敏度，但使用壽命較短。一般可改用 Ni-63 及 Fe-55 放射性同位素。ECD 主要用來偵測及測量含氯殺蟲劑、多氯聯苯、含鉛有機物等。

(4) 火焰光度偵測器 (FPD)

火焰光度偵測器 (flame photometric detector, FPD) 使用氫-空氣火焰，與火焰游離器相似，它使用光電倍增管 (photomultiplier tube, PMT) 來測量樣品成分在火焰中所發射的輻射，火焰光度偵測器通常用來偵測含硫和

表 10.1　常用偵測器性能比較

性能＼偵測器	熱傳導偵測器	火焰游離偵測器	電子捕獲偵測器	火焰光度偵測器
靈度度	10^4 mV·mL/mg	10^{-2} A·s/g	800 A·mL/g	400 A·s/g
偵測限	2×10^{-6} mg/mL	10^{-13} g/s	10^{-14} g/mL	10^{-12} g/s(P) 10^{-11} g/s(S)
最小偵測濃度	0.1 ppm	1.0 ppb	0.1 ppb	10 ppb
線性範圍	10^4	10^7	10^3	10^3
最高溫度	500°C	1000°C	225°C (^{3}H) 350°C (^{63}Ni)	270°C
進樣量	1~40 μL	0.05~0.5 μL	0.1~10 ng	1~400 ng
載體氣體流速 (mL/min)	1~1000	1~200	10~200	1~400
樣品性質	無機氣體有機物	含碳有機物	多鹵、親電子物	硫、磷化物

磷的化合物，及有機金屬化合物其所含的金屬在火焰中可被激發而發射輻射，也可用來偵測含鹵素的化合物，因此普遍使用於分析空氣汙染、水汙染、殺蟲劑。它的最小偵測極限為 10^{-11} g，但是動力線性範圍是較狹窄的。表 10.1 是常用偵測器性能比較。

火焰光度偵測器是一具簡單的放射光譜儀，而使用一個溫度 200~300 K 的富氫型火焰作為放射源。當含有硫(或磷)的樣品被送進氫焰游離室，在富含氫氣之空氣中被燃燒時，會發生下列反應：

$$RS + 空氣 + O_2 \rightarrow SO_2 + CO_2$$
$$SO_2 + H_2 \rightarrow S + H_2O$$

即有機硫化物先被氧化成 SO_2，然後再被氫氣還原成 S 原子。而 S 原子在適當溫度下會形成激發態的 S_2^* 分子，當它躍遷回到基態時會放射出 350~430 nm 的特性分子光譜。磷與硫的檢測機制是不同的，磷只需要還原成化學放光性的 HPO* 就能夠被檢測出，它會以 HPO* 碎片形式而放射出 526 nm 波長的特徵光束。

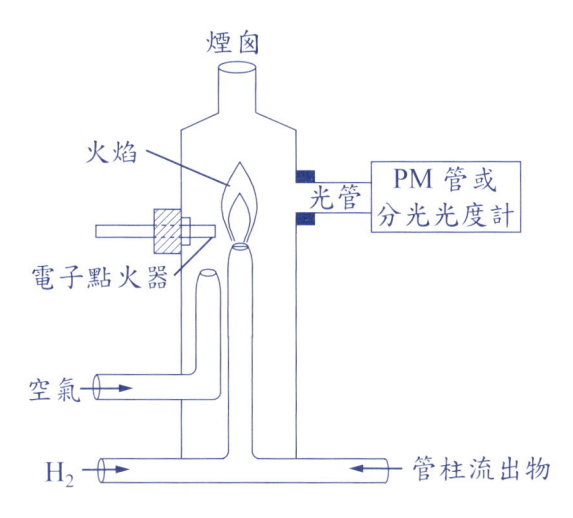

圖 10.10 火焰光度偵測器的結構圖

(5) 其他偵測器

光游離偵測器 (photo ionization detector, PID)，係使用紫外線的能量由 8.3 至 11.7 eV (波長由 149 至 106 nm) 使樣品分子離子化。這些離子在帶正電荷的電極上被收集而轉換成電流經放大後被測量，只要化合物離子化電位低於紫外線燈源的離子化能量，均可利用此偵測器來偵測檢出。

6. 電腦處理系統

目前使用電腦來處理數據分析，將結果印出。

10.4 氣相層析管柱的固定相

氣相層析法能否將某一樣品完全分離其成分，主要取決於層析柱的選擇性和性能，但是大部分是取決於固定相的選擇是否適當。氣相層析的固定相分為二類：液體固定相及固體固定相。其中液體固定相是由固定液和載體構成，而固體固定相主要為固體吸附劑。

固定液主要為高沸點有機化合物，它與被分離成分間的相互作用力，直接

影響層析柱的分離能力。與固定液作用力大的成分將較慢流出，與固定液作用力小的成分較快流出。因此，在進行層析分析前，應先了解樣品中各成分的性質及各類固定液的性能，以便正確的選擇合適的固定液。分子間的作用力，主要包括靜電力、誘導力與氫鍵作用力。此外，固定液與被分離成分之間還可能存在形成化合物或錯合物的鍵結力等。表 10.2 為固定相吸附劑的性能比較。

固定液的種類很多，一般按其極性及化學結構來分類，說明如下：

(1) 按固定液的極性分類

以強極性的固定液 β, β'- 氧二丙腈 (β, β'-oxydipropionitrile) 的極性定為 100，非極性固定液角鯊烷 (squalane，即異三十烷) 的極性定為 0。表 10.3 列出常用固定液的相對極性數據。

表 10.2　固定相吸附劑的性能比較

吸附劑	主要化學組成	性質	比表面積 (m²/g)	最高使用溫度	活化方法	分析對象
活性碳	C	非極性	300~500	< 300	用苯浸泡幾次在 380°C 下用蒸汽吹至乳白色消失在 N_2 保護下裝柱，在 180°C 下活化 4 小時備用	分離低沸點，烴類及永久性氣體，不適於分離極性化合物
矽膠	$SiO_2 \cdot nH_2O$	氫鍵型	500~700	< 400	用 1：1 HCl 浸泡 2 小時，用蒸餾水洗至無氯離子再以 180°C 下烘乾 6 小時備用	分離永久性氣體及低級烴類
氧化鋁	Al_2O_3	弱極性	100~300	< 400	置於高溫爐內在 600°C 下灼燒 4 小時，進行活化備用	分離烴類及有機異構物，在低溫下分離氫同位素
分子篩 (沸石)	矽鋁酸鹽	強極性	500~1000	< 400	置於高溫爐內在 550~600°C 下灼燒 4 小時，進行活化備用	特別適用於永久性氣體及惰性氣體的分離

(2) 按固定液的化學結構分類

依固定液的化學結構,將相同官能基的固定液排列在一起,然後按官能基的類型不同來分類。這樣便於將固定液與樣品成分,依照「結構相似」原則來選擇固定液。表 10.4 列出若干固定液的化學結構分類。

表 10.3　常用固定液相對極性

固定液	相對極性	級別	固定液	相對極性	級別
角鯊烷	0	－1	XE-60	52	＋3
阿皮松	7~8	＋1	新戊二醇丁二酸聚酯	58	＋3
SE-30．0V-1	13	＋1	PEG-20M	68	＋3
DE-550	20	＋2	PEG-600	74	＋4
己二酸二辛酯	21	＋2	己二酸聚己二酯	72	＋4
鄰苯二甲酸二辛酯	28	＋2	己二酸二乙醇酯	80	＋4
鄰苯二甲酸二壬酯	25	＋2	雙甘油	89	＋5
聚苯醚 OS-124	45	＋3	TCEP	98	＋5
磷酸三甲酚酯	46	＋3	β, β′-氧二丙腈	100	＋5

表 10.4　固定液的化學結構的分類

固定液結構類型	極性	固定液舉例	分離對象
烴類	最弱極性	角鯊烷、石蠟油	分離非極性成分
矽氧烷類	從弱極性至強極性	甲基矽氧烷、苯基矽氧烷、氟基矽氧烷、氰基矽氧烷	不同極性混合物
醇類和醚類	強極性	聚乙二醇	強極性化合物
酯類和聚酯類	中等極性	苯甲酸二壬酯、苯甲酸二辛酯	應用較廣
腈類和腈醚類	強極性	氧二丙腈、苯乙腈	極性化合物
有機皂土	強極性		分離芳香異構物

10.5 氣相層析操作條件的選擇

1. 固定液及配比

選擇層析系統是分離條件選擇的最關鍵問題,首先是層析分離的類型、固定相的選擇,其次才是操作條件的選擇。由速率方程式知,降低固定液配比,可以降低液膜厚度,減少質傳阻力,提高柱效。但含量過低,無法覆蓋載體表面,會因載體的吸附效應而使管柱效率下降,一般來說,要達到較高的管柱效能,不同的載體的固定液配比往往不同。

2. 管柱溫度

柱溫影響分配係數 K,從而影響選擇性。柱溫升高,選擇性下降。溫柱低可減少固定液流失,故一般盡量選擇低柱溫。降低柱溫時,要減少固定液含量,使能得到合適的滯留時間。沸點在 300~400°C 的樣品,若使用 1~3% 的固定液的含量,可在低於沸點 100~150°C 的柱溫下分析。沸點 200~300°C 的樣品,固定液配比在 5~10%,柱溫可低於樣品平均沸點 100°C 左右。而氣體、氣態烴等低沸點試樣,須採用 15~25% 的固定液配比,可在室溫或 50°C 以下分析。對於寬沸點樣品,可採用程序增溫的方法,使低沸點、高沸點成分均能獲得滿意的分離。

3. 柱長及載體粒度

增加柱長可增加理論板數 N,但同時也加寬層析峰及延長分析時間。柱長可選擇難分離物質的解析度 R_S 達到所需求數值的長度。從凡氏方程式知,載體粒徑小,篩分範圍窄,柱填裝均勻,都能使柱效增高。但粒徑太細,層析柱壓降增高,因此不宜太細,對於 4~6 mm 內徑的層析柱,長柱用 60~80 目矽藻土載體,短柱用 80~100 目矽藻土載體為宜。

4. 載氣流速及載氣種類

在實際工作中,使用稍高於最佳線速的載氣線速。當流速較小,分子擴散項 (B/u) 成為主要因素時,宜採用分子量較大的載氣,以使成分在載氣中有較

小的擴散係數 D_g，相反，當流速較大時，質傳阻力項 (Cu) 成為層析峰擴散的主要因素，宜採用低分子量載氣，以增大 D_g，降低 C_g。

5. 氣化室溫度和偵測器溫度

氣化室溫度一般選在試樣的沸點或稍高於沸點，以保證快速及完全氣化，對於在沸點附近可能分解的試樣，可以大大減少進樣量，在低於沸點的溫度下氣化。偵測器溫度的選擇要根據不同偵測器的要求進行。熱傳導偵測器溫度一般要比柱溫高些，以防被分離物質冷凝，控溫精度要高。火焰離子化偵測器溫度一般要高於 100℃，以防水蒸氣冷凝。電子捕獲偵測器溫度對激流和峰高有較大影響。

10.6 氣相層析法的應用

氣相層析法有三方面的應用：(1) 完成分離的工具，普遍應用於複雜有機物、有機金屬化合物、生化系統上的分離，具有優異的分離功能。(2) 定性及定量分析的應用，除了利用滯留時間或滯留體積做定性鑑定外，可利用峰高或峰面積提供定量分析的資訊。(3) 可與其他分析儀器 (如質譜法 MS，紅外線光譜法 IR) 結合應用。

GC 在分離分析上的應用

氣相層析法具有分離效率高、靈敏度高及分析速度快等特點，它廣泛地應用在分離分析氣體、易揮發之液體和固體。

(1) GC 的定性分析：

用 GC 的層析圖來進行定性分析時，要確定每個峰代表何種成分，是根據滯留值 (包括滯留時間、滯留體積、滯留係數、相對滯留值等) 與其相關值來進行判斷。

(a) 用已知物對照進行定性：在相同層析操作條件下，將已知物純試樣

與待測樣品進行氣相層析分析，由所得二層析圖之滯留時間、滯留體積或比較換算為以某一標準物為基準的相對滯留值，當二者的參數相同時，可認定待測樣品中可能含有已知物的成分。

(b) 用標準加入法：在待測樣品中加入已知成分之標準物，在相同層析操作條件下進行層析，所得層析峰比原來待測樣品的層析峰更高，則表示可能含有該已知成分存在樣品中。

(c) 配合其他儀器之定性法：利用層析法分離多成分之試樣，並由排出口按照各成分滯留時間之先後分別收集之，再利用紅外線光譜、紫外光譜或質譜儀等予以確認，則結果必十分正確。

(2) GC 的定量分析：

利用氣相層析峰的峰高或峰面積，可用於定量分析，在嚴格控制操作條件下，氣相層析法的定量分析準確度可達 1~3%。注入試樣之量與尖峰的峰高或面積之大小有關，故測定尖峰的峰高或面積之大小為定量分析之依據。

(a) 絕對檢量線法 (calibration by absolute mass)：先繪製純物質在同濃度不同注入量下或相同注射量不同濃度下之層析圖，然後以尖峰面積對注入量作圖，即得絕對檢量線，然後在同一操作條件下測出未知試樣的層析圖與尖峰面積，未知試樣的尖峰面積對應到絕對檢量線即可求出待測成分的含量。

(b) 內部標準檢量線法 (internal standard method)：將一已知物質 K 與試樣中某已知成分按不同比例混合後測其層析圖，分別求出各尖峰的面積，然後以尖峰面積比對組成比作圖，稱為內部標準檢量線 (如圖 10.11)。然後在同一操作條件下，將一定量之物質 K 加入試樣中測其層析圖，並計算尖峰面積比。即可由檢量線求出其組成比，由此組成比可算出待測成分的含量。試樣中其他成分之定量亦按同法求之。

(c) 純成分的添加法

取微量待測試樣，測其層析圖。令 W_{A_0} 表試樣中成分 A 之含量，W_{B_0}

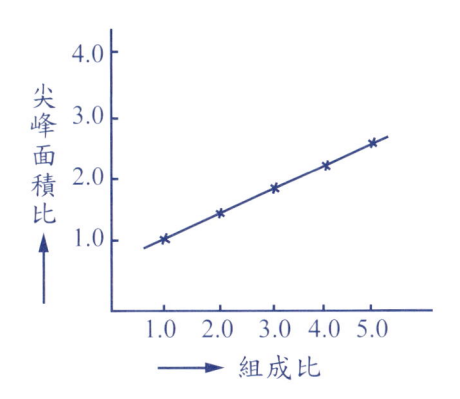

圖 10.11 已知物質 K 與被檢成分 A 任意比例混合之層析圖

表試樣中成分 B 之含量，A_0 表成分 A 之尖峰面積，B_0 表成分 B 之尖峰面積，則

$$\frac{W_{A_0}}{W_{B_0}} = K \cdot \frac{A_0}{B_0}，式中 K 為常數。$$

再取同量之試樣，加入一定量之純物質 A，並測其層折圖。令 ΔW_A 表純物質 A 加入之量，A_1 表成分 A 之尖峰面積，B_1 表成分 B 之尖峰面積，即

$$\frac{W_{A_0} + \Delta W_A}{W_{B_0}} = K \cdot \frac{A_1}{B_1}$$

因兩次取試樣之量未必完全相等，所以假設 $B_1 \neq B_0$。
由上二式可得

$$\frac{W_{A_0} + \Delta W_A}{W_{A_0}} = \frac{A_1}{B_1} \times \frac{B_0}{A_0} = r$$

$$\therefore W_{A_0} = \frac{\Delta W_A}{r - 1}$$

即得成分 A 之含量。

10.7　GC 與 MS 結合的分析法

1. 氣相層析質譜儀原理

氣相層析質譜儀 (gas chromatography - mass spectrum) 是由氣相層析儀加上質譜儀所組成，也就是說氣相層析儀的偵測器不再接 FID 或 ECD 等偵測器，而是以質譜儀作為偵測器。樣品在經由氣相層析儀層析後，先行分離出各種成分來，再將各成分一一通過質譜儀進行質譜分析，如此一來既可兼顧層析的分離效果又可利用質譜分離進行定量與定性上之分析。

質譜分析原理為樣品進入注入系統後會被離子源 (ion source)(可能是電子、離子、分子或光子) 撞擊，產生離子碎片，再經由質量分析器進行離子碎片收集，經由偵測器之電子倍增管將訊號放大，由訊號處理彙整成層析圖譜，即完成分析。樣品遭電子撞擊的地方，在此處必須先產生離子源，產生離子源的方法常用的有電子離子化 (EI) 及化學離子化 (CI)，過程都是先將樣品揮發，在氣態成分下以不同方式予以離子化。

電子離子化 (EI) 是利用高熱鎢絲或錸絲發射，經加速後直接以直角方式與分子在離子源中心撞擊，產生離子化，其優點是便於使用並容易產生高離子電流，因此靈敏度較好，但是因電子能量過大，造成碎片也多，因斷碎作用而使分子離子峰消失，以致於無法得知分析物之分子量，但是此缺點亦是優點，因為如此，我們反而更容易鑑定分析物，此外另一個缺點是，樣品離子化前需揮發，如此一來分析物可能已受熱分解。

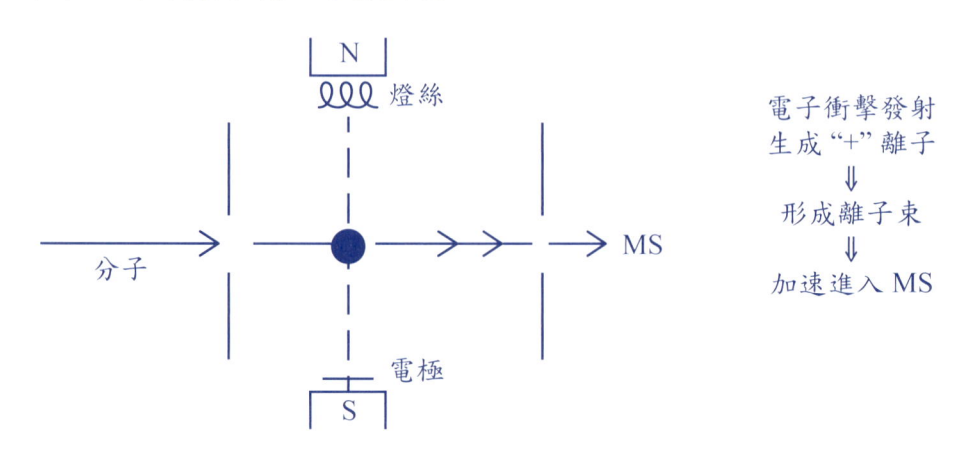

化學離子化 (CI) 是利用樣品的氣態原子與以電子撞擊過量試劑氣體所產生的離子發生碰撞而離子化。試劑的種類有甲烷、丙烷、異丁烷等，優點是撞擊離子強度較小，斷碎作用較小，質譜較簡單，缺點是結構訊息較少。

過程是將反應試劑如果甲烷和樣品的氣態原子一起送入電離室：

$$CH_4 + e^- \rightarrow CH_4^+ + 2e^-$$

$$CH_4^+ \rightarrow CH_3^+ + H$$

$$CH_4^+ + CH_4 \rightarrow CH_5^+ + CH_3$$

$$CH_3^+ + CH_4 \rightarrow C_2H_5^+ + H_2$$

這些離子與樣品分子 RH 發生質子轉移反應：

$$CH_5^+ + RH \rightarrow RH_2^+ + CH_4$$

$$C_2H_5^+ + RH \rightarrow RH_2^+ + C_2H_4$$

$$C_2H_5^+ + RH \rightarrow R^+ + C_2H_6$$

2. 質量分析區

被撞擊之離子碎片在此區將被電磁場加速，而進入質量分析器中，質量分析器是根據離子碎片的 m/z (質荷比，mass-to-charge ratio) 的不同，在分析區會落在不同區域的特性予以分離，一般常用之質量分析器為「四極棒」(quadrupole)。在四極棒中，我們可以設定它直流電與交流電交互作用，讓一組僅在此操作條件的小範圍 m/z 比的離子通過，所有其他離子將被中性化並被當

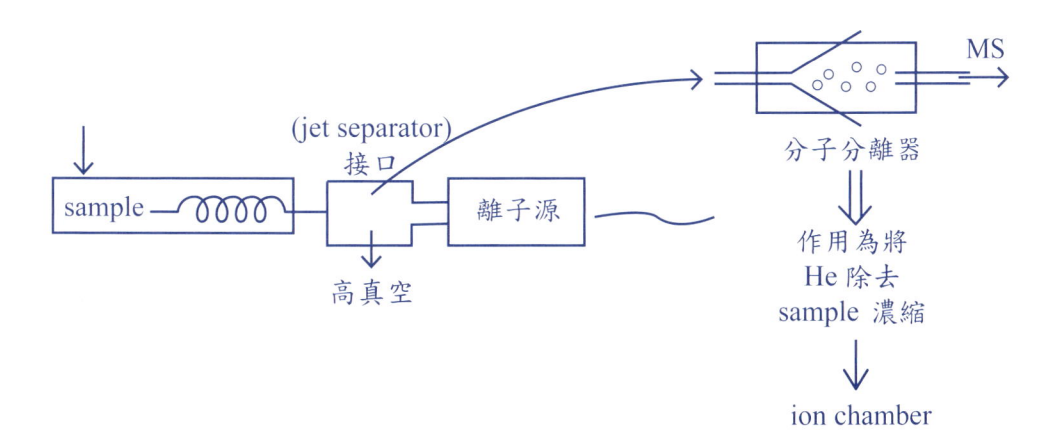

圖 10.12 氣相層析質譜儀示意圖

成不帶電荷的分子帶走,因此經由改變四極棒電訊號,則可以改變穿過 m/z 的範圍,因此光譜掃描成為可行,所以,四極體與其說是質量分析器倒不如說是質量過濾器來的貼切。

3. **定量與定性分析**

   (1) 定性分析:分析物被撞擊所產生之不同 m/z 值碎片其訊號的高度或面積會呈現一定比例,因此我們可利用此特性在不同分析物間其相同 m/z 碎片之高度或面積比是否相似,來決定分析物與標準品是否為同一物種。

   (2) 定量分析:既然撞擊後所產生之離子峰也會有高度與面積形成,我們可以利用面積或高度最大離子峰或不受干擾的離子峰,進行定量分析。

4. **氣相層析質譜儀 (GC-MS) 的特性**

   (1) GC-MS 方法的定性參數增加,定性可靠。

   (2) GC-MS 檢測感度高於氣相層析儀的其他偵測器。

   (3) GC-MS 可採用選擇離子模式分離氣相層析儀上所不能分離的化合物,藉降低雜訊以提高雜訊比 (S/N)。

   (4) 一般經驗來質譜儀定量不如氣相層析儀。但是採用同位素稀釋法和搭配使用內標準品等技術,GC-MS 依舊可以達到較高準度的定量分析。

參考資料

1. Dougls A. Skoog & James J. Leary, *Principles of Instrumental Analysis*, Fourth Edition, Harcourt Brace Jovanovich College Publisher, 1992.
2. Gary D. Christian & James E. O'Reilly, *Instrumental Analysis*, Second Edition, Allyn and Bacon, Inc., 1986.
3. 儀器分析,方嘉德審閱,2011 年 1 版,滄海出版社。
4. 儀器分析,林志城、梁哲豪、張永鍾、薛文發、施明智,總校閱:林志城,2012 年 1 版,華格那出版社。
5. 儀器分析,孫逸民等著,1997 年 1 版,全威圖書股份有限公司。

6. 儀器分析，柯以侃著，1996 年 1 版，文京圖書股份有限公司。
7. 儀器分析，林志城等著，2012 年 2 版，華格那圖書出版社。

本章重點

1. 層析法是利用吸附劑對於一個溶液中不同成分物質具有不同的吸附能力，利用另一沖提用的溶劑，予以展延成不同的位置 (或高度) 將溶液中所含各種物質加以分離純化的方法。層析分析法是一種有效的物理分離分析方法，它根據試樣混合物中各成分在不互溶的兩相 (固定相與流動相) 中的吸附能力、分配係數、或其他親和作用之性能的差異，使其流速不同，作為分離的依據。

2. 層析法特點：
   (1) 分離效率高：對於填充管柱，每一公尺中約有數千的理論平板數，而對於毛細管柱，則在每公尺中可以高達 10^5~10^6 個理論平板數，因此當分離多成分的複雜混合物時，能夠以極高的分離效率將各個組成分分離成單一層析峰線。
   (2) 靈敏度高：層析分析方法的高靈敏度是表現在可以偵檢出 µg g^{-1}(10^{-6}) 級甚至 ng g^{-1}(10^{-9}) 級的物質。
   (3) 分析速度快：層析法，特別是氣相層析法的分析速度是較快的。在一般上，分析一個樣品只需要幾分鐘或幾十分鐘即可完成一個試樣的分析。
   (4) 高選擇性：層析法對於那些性質相似的物質，譬如，同位素、同系物、烴類異構物等，都有很好的分離效果。
   (5) 應用範圍廣：可分析有機物及無機物，並可以用來製備各種純成分。
      氣相層析：沸點低於 400°C的各種有機或無機試樣的分析。
      液相層析：高沸點、熱不穩定、生物試樣的分離分析。

3. 氣相層析法是種伴隨著氣體流動相通過含有固定相層管柱的分離技術，氣-液層析，其固定相 (即層柱填充物) 是分配在惰性固體支持物上的液體

物質。氣-固層析其固定相是界面活性吸附物質 (如木炭、矽膠凝體、活性礬土等)。樣品分離是利用物質在兩相 (移動相氣體及固定相) 間吸引力不同，導致停留在管柱時間不同而將其分離。

4. 氣相層析法有下列五個特點：
   (1) 高性能：GC 可以在極短時間同時分離及測定多成分的混合物。
   (2) 高選擇性：GC 能分離及分析性質極相近的成分，如同分異構物、同位素等是選用高選擇性的固定相來分離。
   (3) 高靈敏度：GC 所需要的樣量很少 (少於 $10^{-2}\mu L$)，經過高靈敏度的偵測器，可檢測出 $10^{-11} \sim 10^{-13}g$ 之微量成分。
   (4) 高分析速度：GC 完成一個分析週期只需要幾分鐘，如果結合電腦則不但可以快速並且可以自動化操作。
   (5) 應用廣泛：GC 不僅可分析氣體樣品也可分析液體及固體樣品；可分析有機物及無機物，並可以用來製備各種純成分。

5. 氣相層析儀的型號及種類很多，雖然其外形及構造不同，但通常由六個基本系統所組成：(1) 氣路系統、(2) 樣品注入系統、(3) 分離系統、(4) 溫控系統、(5) 偵測系統、(6) 電腦處理系統。

6. 氣相層析法有三方面的應用：(1) 完成分離的工具，普遍應用於複雜有機物、有機金屬化合物、生化系統上的分離。(2) 定性及定量分析的應用，利用滯留時間或滯留體積做定性鑑定，也利用峰高或峰面積提供定量分析的資訊。(3) 可與其他分析儀器 (如質譜法 MS，紅外線光譜法 IR) 結合應用。

7. 氣相層析質譜儀是由氣相層析儀加上質譜儀所組成，也就是說氣相層析儀的偵測器不再接 FID 或 ECD 等偵測器，而是以質譜儀作為偵測器。樣品在經由氣相層析儀層析後，先行分離出各種成分來，再將各成分一一通過質譜儀進行質譜分析，如此一來既可兼顧層析的分離效果又可利用質譜分析進行定量與定性上之分析。

課後習題

一、單選題

1. 下列何者不為氣相層析儀之偵測器？
   (1) 火焰游離偵測器
   (2) 熱傳導偵測器
   (3) 電子捕獲偵測器
   (4) 光散射偵測器

   答案：(4)

2. 以氣相層析儀分析如 N_2、O_2、CO_2、CO、H_2S、NO_x 及 SO_x 等氣體樣本時可使用
   (1) 火焰游離偵測器
   (2) 熱傳導偵測器
   (3) 電子捕獲偵測器
   (4) 光散射偵測器

   答案：(2)

3. 在氣相層析中，層析柱使用的上限溫度取決於
   (1) 試樣中沸點最低成分的沸點
   (2) 試樣中各成分沸點的平均值
   (3) 固定相的沸點
   (4) 固定相的最高使用溫度

   答案：(4)

4. 利用氣相層析法偵測含氯化合物時，下列最適用的偵測器是
   (1) TCD
   (2) FID
   (3) ECD
   (4) FPD

   答案：(3)

5. 利用氣相層析法偵測一般有機化合物，最廣用的偵測器是
   (1) TCD
   (2) FID
   (3) ECD
   (4) FPD

   答案：(2)

6. 利用氣相層析法偵測有機化合物並欲收集時，適用的偵測器是
   (1) TCD
   (2) FID
   (3) ECD
   (4) FPD

   答案：(1)

7. 氣-液層析 (GLC) 法上，分析物是依據何種原理而分離？
   (1) 吸附
   (2) 分配
   (3) 離子交換
   (4) 尺寸排除
   答案：(2)

8. 氣相層析儀分析樣品時，在同一系統中，會改變分析物之分配係數 (K) 的原因是
   (1) 管柱長度
   (2) 管柱溫度
   (3) 動相速度
   (4) 動相種類
   答案：(2)

9. 以下四種氣相層析儀偵測器中，何種非為質量敏感型？
   (1) TCP
   (2) ECD
   (3) FID
   (4) FPD
   答案：(2)

10. 以下四種氣相層析儀偵測器中，何種非為破壞型？
    (1) ECD
    (2) TCD
    (3) FID
    (4) FPD
    答案：(2)

11. 以毛細管氣相層析法分析高濃度樣品時應採用
    (1) 分流注射器 (split injector)
    (2) 不分流注射器 (splitless injection)
    (3) 冷直接管柱內注射器 (cold on-column injector)
    (4) 微快速揮發直接注射器 (micro-flash direct injector)
    答案：(1)

12. 下列何種儀器較適宜分析柴油成分？
    (1) 逆相高效能液相層析儀
    (2) 充填式管柱氣相層析儀
    (3) 正相高效能液相層析儀
    (4) 毛細管柱式氣相層析儀
    答案：(4)

13. 以氣相層析法分析樣品時，有時必須先將樣品中之有機物衍生化，下列何者不為其衍生化之理由？

    (1) 增加分析之靈敏度　　　　　(2) 增加待測物之熱穩定度

    (3) 增加分析之解析度　　　　　(4) 增加分析之速度

    答案：(4)

14. 下列何者能增加氣相層析法之解析能力？

    (1) 升溫　　　　　　　　　　　(2) 改用較長管柱

    (3) 改用較大管柱　　　　　　　(4) 加快動相流速

    答案：(2)

二、複選題

1. 下列哪些是氣相層析儀的偵測器？

    (1) 光散射偵測器　　　　　　　(2) 熱傳導偵測器

    (3) 電子捕獲偵測器　　　　　　(4) 火焰游離偵測器

    答案：(2)(3)(4)

2. 下列有關氣相層析的載體氣體的敘述，哪些正確？

    (1) 載流氣體通常用高壓鋼瓶儲裝　(2) 選用載流氣體與所使用的偵測器無關

    (3) 載流氣體必須具有化學惰性　　(4) 氮氣適合為氣相層析的載流氣體

    答案：(1)(3)(4)

3. 下列何種化合物較適於採用氣相層析法火焰離子化偵測器分析？

    (1) 多環芳香化合物　　　　　　(2) 環境中有機磷農藥

    (3) 甲烷　　　　　　　　　　　(4) 環境中有機氯農藥

    答案：(1)(3)

4. 下列何種化合物較適於採用氣相層析法火焰光度偵測器分析？

    (1) 多環芳香化合物　　　　　　(2) 環境中有機磷農藥

    (3) 甲烷　　　　　　　　　　　(4) 甲硫醇

    答案：(2)(4)

5. 下列何種化合物較適於採用氣相層析法電子捕獲偵測器分析？

(1) 甲醛 　　　　　　　　　　　(2) 有機氯農藥

(3) 汽油 　　　　　　　　　　　(4) 多氯聯苯

答案：(2)(4)

6. 下列 GC 定性方法中，哪些較可靠？

(1) 用文獻值對照定性

(2) 用兩種偵測器測定訊號比

(3) 用兩根極性完全不同的管柱進行定性

(4) 將已知物加入待測物中，利用峰高增加來定性

答案：(2)(3)(4)

7. 下列因素，哪些不能決定 GC 層析柱使用的上限溫度？

(1) 試樣中沸點最低組分的沸點　　(2) 試樣中各組分沸點的平均值

(3) 固定液的沸點　　　　　　　　(4) 固定液的最高使用溫度

答案：(1)(2)(3)

8. 下列選項，哪些不是 GC 通用的定性參數？

(1) 滯留時間　　　　　　　　　　(2) 調整滯留時間

(3) 相對滯留值　　　　　　　　　(4) 調整滯留體積

答案：(1)(2)(4)

9. 下列氣相層析圖中的參數，哪些不能用於定性分析？

(1) 滯留時間　　　　　　　　　　(2) 選擇因子

(3) 半峰寬　　　　　　　　　　　(4) 峰面積

答案：(2)(3)(4)

10. 下列決定 GC 層析柱使用下限溫度的敘述，哪些錯誤？

(1) 應該不低於試樣中沸點最高組分的沸點

(2) 應該不低於試樣中沸點最低組分的沸點

(3) 應該超過固定液的熔點

(4) 不應該超過固定液的熔點

答案：(1)(2)(4)

11. 下列氣體，哪些常用於氣相層析法的載氣？
    (1) 氮氣
    (2) 空氣
    (3) 氧氣
    (4) 氦氣

    答案：(1)(4)

三、簡答題

1. 試簡述出氣相層析分析的分離原理。
2. 請敘述氣相層析儀偵測器的原理。並比較其優缺點。
3. 氣相層析法定性的依據是什麼？主要有哪些定性方法？
4. 氣相層析法如何定量分析？
5. 氣相層析質譜儀在分析上有何優勢？

第十一章　液相層析與離子層析法

吳玉琛

　　高效液相層析法 (high performance liquid chromatography, HPLC) 是 1960 年代末 70 年代初發展出的一種新型分析技術，隨著不斷改進與發展，目前已成為應用極為廣泛的化學分析方法。它是在古典液相層析基礎上，引進了氣相層析的理論，在技術上採用了高壓泵、高效固定相和高靈敏度偵測器，因而具備速度快、效率高、靈敏度高、操作自動化的特點。高效液相層析技術為分析技術中應用最廣泛的一種層析法。層析分離過程，主要由不同物質，在兩個不相容的媒介 (亦即固定相及移動相) 之間的平衡分布差異而定。欲分離的成分需先溶於溶劑中，然後在高壓下注入分離管柱，樣品中的各個成分藉由移動相的帶動，滲透通過分離管柱中的固定相。由於各成分與固定相的作用不同，造成移動速度的差異，因此產生分離效果，其領域可適用於化學、化工、醫藥檢驗、農化、環境檢驗、生化、食品飲料等各類樣品分析及作為學術研究與開發產品研究之應用工具。

　　在目前，高效能液相層析法的發展主要集中在使用微管柱 (柱徑小於 1 mm) 可以讓溶劑使用量變得非常少，既降低成本，又可以減少汙染，但是為配合微管柱的使用，進樣裝置、偵測器以及泵也都要小型化，儀器製造上有其挑戰性。

11.1 液相層析法分類與分離原理

液相層析法 (liquid chromatography, LC) 是移動相為液體的層析法。依固定相的類型不同，可分為：液-固吸附層析法 (liquid-solid adsorption chromatography, LSC)，其固定相為吸附劑；液-液分配層析法 (liquid-liquid partitionchromatography, LLC)，固定相為均勻分布在惰性固體上的液體；離子交換層析法 (ion-exchange chromatography, IEC)，固定相為填充在管柱的離子交換樹脂；尺寸排除層析法 (size-exclusion chromatography, SEC)，又稱凝膠滲透層析法 (gel-permeation chromatography, GPC)，固定相為凝膠或惰性多孔性無機物體。以上均在管柱上進行層析，因此屬於管柱層析法。另一種液相層析法是在平板上進行的，屬於平面液相層析法 (planar liquid chromatography, PLC)，分為：薄層層析法 (thin-layer chromatography, TLC) 及紙層析法 (paper chromatography, PC)。以下簡述各液相層析法的分離原理。

1. 液-固吸附層析法

液-固吸附層析法 (LSC)，其固定相是吸附劑，而移動相則是以非極性烴類為主的溶劑。它是根據混合物中之各組成分在固定相上的吸附力差異性來進行分離的。當混合物在移動相攜帶下通過固定相時，其表面對組成分分子和移動相分子等兩者的吸附力不同，有的會被吸附，而有的不會被吸附，因此產生了一種競爭吸附現象，如此會導致各組成分在移動相上的滯留值不同而達到最終分離效果。當組成分與吸附劑性質是相近時，會容易被吸附，而具有高滯留值；在吸附層析法中，如果採用如矽膠或礬土極性吸附劑，則極性分子對吸附劑的作用能力會比較強。

液-固層析法具有質傳快、分離速度快、分離效率高、自動化等各項優點，適用於分離相對中等分子量 (< 1000)、低揮發性化合物和非極性或中等極性而非離子型的親油性樣品，對於具有不同官能基的化合物和異構物，都會具有較高的選擇性。液-固吸附層析技術的應用性會受到下列的限制：

(1) 不容易獲得具有良好再現性的吸附劑。
(2) 具有不可逆吸附或催化作用的吸附劑，會使得樣品性質改變而或造成樣品損失。
(3) 吸附劑由於具可逆性吸附現象，會使得因含水量失去活性等，而產生不穩定的管柱效率。
(4) 樣品容量小，需要選用高靈敏度的偵測器。

2. 液-液分配層析法

液-液分配層析法 (LLC) 是根據各組成分在固定相與移動相中的相對溶解度 (分配係數) 之差異性來進行分離的。其固定相與移動相都是液體，固定相是透過化學鍵結合的方式固定在惰性載體上的。由於各組成分在二相中的溶解度、分配係數等都不同，使得各組成分能夠被分離，而分配係數大的組成分其滯留值較大，會較慢才被沖提出層析管柱。

樣品中各成分根據其在二相間的分配容量因子 K′ 不同或分配係數 K 不同而進行分離。若樣品中各成分在管柱內滯留時間較長，則較慢從管柱流出。根據固定相和移動相溶劑間的極性不同，可分為正相液-液分配層析法 (normal-phase partition chromatography) 及逆相分配析法 (reverse-phase chromatography)，如表 11.1 所示。在正相分配層析法中，固定相的極性會大於移動相的極性，而組成分在管柱內的被沖提出來之順序是依照極性從小到大地被沖提出。因為在逆相分配層析法中，其移動相的極性大於固定相的極性，所以樣品極性較大的成分與移動相溶劑間的親和力較大，故隨移動相較早流出管柱。

液-液分配層析法是液相層析法中較精的確技術之其中一種，其主要優點是填充物的再現性佳，層析管柱操作之再現性也較佳，比起其他類型層析法，

表 11.1 液-液分配層析法的分類

類型	移動相極性	固定相極性	分析對象
正相分配層析法	非極性	極性	極性物質
逆相分配層析法	極性	非極性	非極性物質

其具有更廣泛的應用性；同時也有較多的相系統可選用，也可以使用惰性支撐物；適用於低溫條件，可以避免在液-固吸附層析法中的樣品水解反應，或者在氣相層析法中的熱分解反應等問題。因此它可分離極性化合物，也能分離非極性化合物。不論水溶性或油溶性，是有機物或無機物，是小分子或大分子 (最大分子量可達 2000) 等都可分離，只要它所有官能基的差異，或相同官能基而數目不同，都可利用液-液分配層析法來分離。

3. 離子交換層析法

離子交換層析法 (IEC) 是以離子交換樹脂為固定相，一般以水作為移動相，是用來分離及鑑定離子的一種層析法。其原理為根據樣品中各種離子對於離子交換樹脂的親和力不同，而將它們分離。離子交換樹脂 (ion-exchange resin)，又名離子交換高分子化合物 (ion-exchange polymer)，是一種利用固定的高分子化合物來達成離子交換的物質。合成的離子交換樹脂有陽離子交換樹脂主要為強酸性的磺酸基型 $R-SO_3^-H^+$，另一種為弱酸性羧基型 $R-COO^-H^+$。陰離子交換樹脂主要為弱鹼性的一級胺基型 $R-HN_3^+OH^-$，及強鹼性的四級胺基型 $R-NC(H_3)_3^+OH^-$。

離子交換層析法主要用來分離離子或可解離的化合物。它不僅廣泛地應用於無機離子的分離，而且廣泛地運用於有機和生化物質的分離，例如胺基酸、核酸、蛋白質等的分離。離子交換層析法由於缺乏良好偵測器而影響其應用。電導電偵測器可適用各種離子，但洗脫劑需要高電解質濃度才能將大部分的分析離子洗脫，此高濃度電解質溶液電導度將抑制來自樣品分析成分的電導度，因此大大降低了電導度偵測器的靈敏度。幸好已研究出一種洗脫劑抑制管柱 (eluent suppressor column)，接於離子交換管柱之後，它填充第二種離子交換樹脂，可以有效地將溶劑中的離子轉換成不易離子化的分子物種，而不會影響分析物離子。

4. 尺寸排除層析法

尺寸排除層析法又稱為凝膠滲透層析法 (gel-permeation chromatography) 或凝膠過濾層析法 (gel-filtration chromatography) 或分子篩過濾層析法，主要是用

來分離高分子量的化合物。它是根據樣品組成分的分子大小和形狀不同來分離。根據所使用移動相的不同，凝膠層析法又可以區分為兩類：用水溶液作為移動相的，稱為凝膠過濾層析法；而使用有機溶劑作為移動相的，則稱為凝膠滲透層析法。在尺寸排除層析法中，組成分和移動相、固定相等兩者之間並沒有作用力，分離過程只和凝膠的孔徑分布大小、溶質的流體力學體積，以及分子大小等各項因子有關。

當被分離的混合物隨著移動相通過凝膠層析管柱時，大於凝膠孔徑的組成分大型分子，因為不能滲入孔隙內而被移動相攜帶著沿凝膠顆粒間隙而最先被沖提出層析管柱。小體積的組成分分子則可以進入所有孔隙中，因而被最後沖提出層析管柱，由此進行了因分子大小不同之組成分的分離過程。此由於分子大小的不同，滲透到固定相凝膠顆粒內部的程度和比例就不同，被滯留在管柱中的程度也會不同，其滯留值也是不同的。尺寸排除層析法是液相層析法中較容易操作的一種技術，其不必使用梯度沖提或峰線問題。對於同系物而言，分子量大的會先被沖提出層析管柱，而分子量小的則比較慢才從層析管柱被沖提出來，因此可以依照分子量大小順序進行分離。尺寸排除層析缺點是不能夠分辨分子大小較相近的化合物，相對分子質量差別必須大於 10%，或者相對分子質量要相差 40 以上時，才能夠被分離。

5. 紙層析法

紙層析法又稱濾紙層析法 (PC)，因為其固定相使用濾紙。紙層析法屬於平面層析法 (planar chromatography)，是固定相附著在多孔濾紙上，其移動相則利用毛細管現象或重力作用而流經固定相，以進行成分分離及分析，圖 11.1 為紙層析操作流程圖。

由色點至原點的垂直距離為 D，由展開劑前沿 (移動相前沿) 至原點的垂直距離為 L，二者的比值，稱為該成分的移動比 (ratio of flow) R_f 值：

$$R_f = \frac{某成分移動的距離}{展開劑移動的距離} = \frac{D}{L}$$

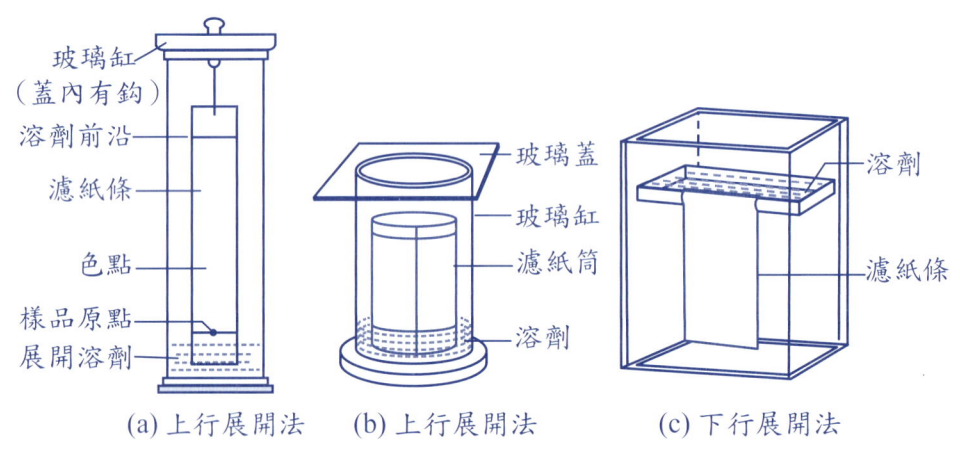

圖 11.1　紙層析操作流程圖

求出 R_f 的用途為：

(1) 判定兩種物質是否相同：在同一條件下，若兩物質的 R_f 值相同，可推論他們極可能為同一種物質；若 R_f 值不同，則必定是不相同物質。

(2) 判定兩種物質能否在該條件下用色層分析法來分離：一般而言，在一混合溶劑系中 (或單一種溶劑) 兩物質的 R_f 數值若差別在 0.1 以上者即可加以分離，當色點拖尾 (tailing) 過長，則仍難分離。

6. 薄層層析法

薄層層析法 (TLC) 的基本原理和紙層析法相似，只是用玻璃平板或塑膠質平版，其表面上塗布一薄層矽膠或其他吸附劑，以代替紙層析法中的濾紙。圖 11.2 為薄層層析操作流程圖。TLC 的固定相是一片外層鍍上一層矽膠、礬土或纖維的玻璃、塑膠片或鋁箔。移動相亦稱為展開液，通常為混合溶液 (例如：己烷和乙酸乙酯等，根據要分離的樣本選擇不同極性的溶液)。首先將要分離的樣本以毛細管點在固定相的薄片上，並將此薄片放入裝有適當移動相混合液的容器內 (移動相的液體不可超過樣本點的高度)，然後將容器蓋上蓋子以密封，避免移動相的溶液揮發。接著移動相將會因毛細作用在薄片上向上移動，當遇到樣本點時，將會溶解樣本內的成分並依據極性的差異將其往上帶動。

$$R_f = \frac{\text{化合物所行距離}}{\text{展開劑所行距離}} = \frac{a\ cm}{b\ cm}$$

計算各種化合物的 R_f 值

圖 11.2　薄層層析操作流程圖

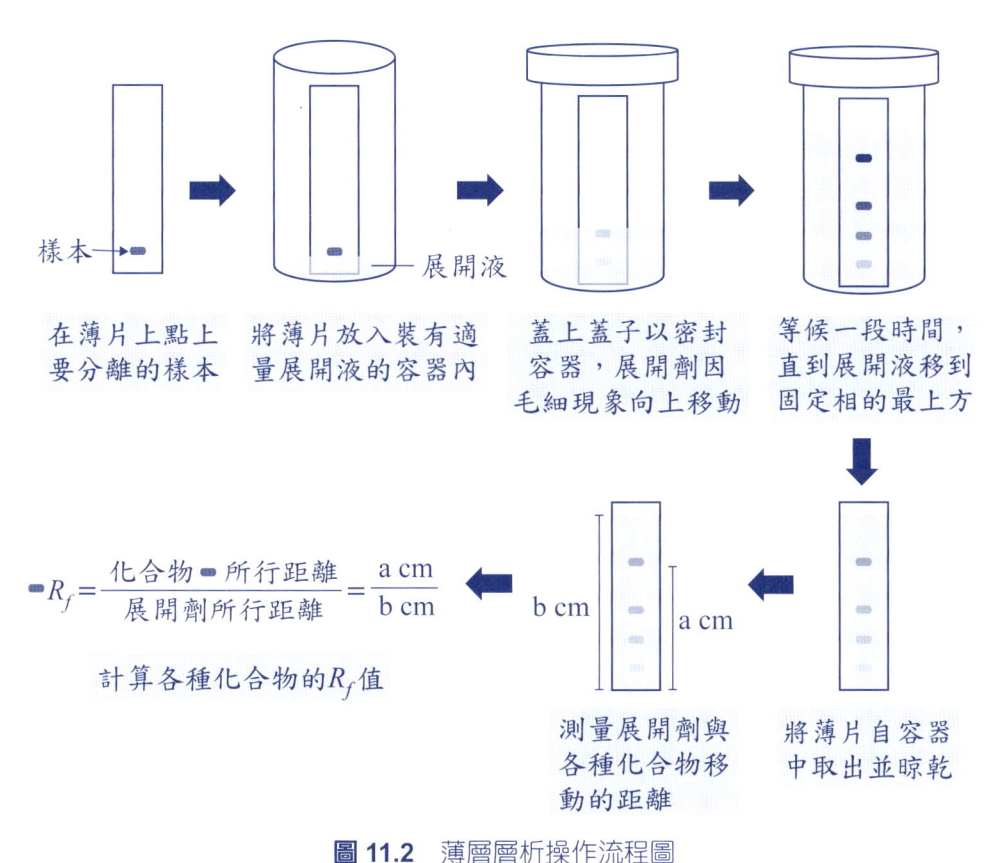

11.2　高效能液相層析管柱(固定相)的選擇

　　層析管柱是高效能液相層析法分離效能的關鍵，而其中最重要的是固定相與其充填技術。一般會要求層析管柱填充劑應該具有以下特點：顆粒度小而均勻(數微米至數十微米)；篩分範圍窄，以便於填充均勻；表面孔徑淺，方便於迅速質傳；機械強度佳，可以承受高壓。

1. 液-固層析

　　液-固層析 (liquid-solid chromatography, LSC) 是指當固定相為固體的液相層析，主要作用力為吸附作用 (adsorption)。其固定相顆粒大小約為 5~10 μm 的矽膠顆粒，而表面積約為 200 m²/g，在矽膠顆粒表面不規則地接上—OH 基，利

用這些—OH 基與欲分離之化合物間之作用力不同而將不同化合物分離。由於移動相不應與固定相有作用，因此移動相中若含有水或極性溶劑將使分離效果降低。由於薄層層析法 (thin-layer chromatography, TLC) 移動相和固定相的組合與液-固層析相同，因此可利用薄層層析分析分離的樣品多能使用於液-固層析管柱分析。此外液-固層析是唯一可以將同分異構物 (isomer) 分開的層析方法。適用於液-固層析管柱的樣品條件為：

(1) 低極性或有機溶劑的可溶化合物。

(2) 分子量在 100~2,000。

(3) 無解離性。

高效能液-固層析應選用略為低極性溶劑進行沖提分離，但當分析管柱受汙染後，活性降低，此時可使用較高極溶劑如 50% (v/v) 苯／甲醇除去吸附的汙染物，再以較低極性溶劑如 10% (v/v) 異丙醇／戊烷或 100% 乙醚等洗去殘留的甲醇，再調整以分析條件的移動相溶液沖提。

2. 液-液層析法

液-液層析法 (liquid-liquid chromatography, LLC) 是指當固定相為液體的液相層析，主要作用力為分配作用 (partition)。這裡所指的液體固定相係指附著在均勻顆粒上的液體。固定相液體與移動相液體不互溶，但因溶質成分對二種不互溶液體有分配率差異的作用，而達分離的效果。液-液層析分析中二液相間配合適當可得適當的容量因子 (capacity factor) K' 值及良好的選擇性。欲以液-液層析管柱分析之樣品溶液最好能以移動相配製，因為配製使用溶劑極性若較移動相高，每次注入管柱的微量溶劑將損傷管柱充填物，亦會導致溶解度較低的溶質沉積在管柱中內，會導致波峰拖尾及變寬。此外，液-液層析所使用的溶劑一定需先脫氣 (degas)，以免產生氣泡，而影響流速與分離效果。

將化合物與支持物作化學性結合的層析法稱為結合相層析 (bonded-phase chromatography, BPC)，也屬於液-液層析法，具有安定、固定相不易流失的優點。溫度會影響結合層析分離效果，50~60°C 是常用之溫度，提高溫度會降低黏度，增加溶質在移動相中的溶解度及改變分離選擇性。

3. 離子交換層析法

離子交換層析法 (ion-exchange chromatography, IEC) 是指當固定相為離子交換樹脂的液相層析，作用力主要為離子交換作用。離子交換層析管柱主要用於分離與分析離子樣品。陰離子交換層析固定相為陰離子交換樹脂，試樣應為陰離子，移動相應以鹼液沖提；陽離子交換層析固定相為陽離子交換樹脂，試樣為陽離子，移動相應以酸液沖提。影響離子交換層析管柱分析效果的因素有 pH 值、離子性質、強度、溫度、有機溶劑添加、固定相性質與鉗合作用等。

4. 尺寸排除層析法

尺寸排除層析法 (SEC) 是指當固定相為分子篩的液相層析，因此又稱為分子篩層析 (molecular sieve chromatography)，主要作用力為依尺寸大小分離的斥濾作用。分子篩為表面有微細孔洞的凝膠顆粒，當沖提進行時，尺寸越小的分子會跑到孔洞中而延後流出，因此尺寸越大的分子會越早被沖提出來。尺寸大小斥濾層析管柱適用於分析分子量高於 2,000 的不解離化合物或分子量差距大的樣品，也可作為檢測未知樣品的分子量分布。

凝膠的材質需為化學惰性，與分離物不能產生變性或是其他化學反應，最好具有能長期反覆使用的穩定性，並可以在較大的 pH 和溫度範圍內使用。由於凝膠上的離子交換基團會吸附帶電荷的物質，而產生離子交換的效果，所以凝膠上最好不具有離子交換的基團。此外，凝膠要有一定的機械強度，在層析過程中才不會變形，增加機械強度也可使層析在較高壓力的環境進行，縮短分離時間。如果要分離的分子大小相差很多，則可選用柱高：直徑 = 5：1~15：1 的管柱，且管柱體積要大於 4~15 倍的樣品體積；如果要分離的物質之間分子量差異不大，則要選用柱高：直徑 = 20：1~100：1 的管柱，且管柱體積要大於樣品體積的 25~100 倍。

11.3 高效液相層析法

高效液相層析法 (high performance liquid chromatography, HPLC)，由於使用高壓泵，又稱高壓液相層析法。在一根不銹鋼製成的密封管柱內，緊密地填入微粒填充物作為固定相，用高壓泵連續以一定流量將溶劑送入層析管柱中。HPLC 用注射器將定量樣品注入管柱頂端，再用溶劑連續地洗脫管柱，樣品中各成分就逐漸地分離，按一定順序從管柱中流出，進入偵測器，將各成分的濃度變化轉換成電子信號，經放大後進入記錄器或電腦繪出層析圖。

1. **高效液相層析法的特點**
    (1) 高壓：由於移動相(溶劑)的黏度比氣體大很多，而層析管柱內填充了緊密的微粒(固定相)，當溶劑通過管柱時會受到很大的阻力。一般在 1m 長的管柱其壓力降約為 $75 \times 10^5\ P_a$。故需要採用高壓泵輸液系統，壓力可達 $150\sim350 \times 10^5\ P_a$。
    (2) 高速：溶劑通過管柱的流量可達 3~10 mL/min，製備層析之速度可達 10~50 mL/min，將使分離速率加快。
    (3) 高效：使用高效固定相，其填充料的微粒均勻，直徑小於 10 μm，質量傳送快。管柱效率高，理論平板數可達 10^4/m。
    (4) 高靈敏度：採用高靈敏度偵測器，例如紫外線吸收偵測器的靈敏度可達 5×10^{-10} g/mL，而折射率偵測器的靈敏度可達 5×10^{-7} g/mL。

2. **高效液相層析儀之基本組件**
    高效能液相層析儀主要由：溶劑輸送供應系統 (solvent supply)、高壓幫浦 (high pressure pump)、樣品注入系統 (injector)、分離系統：層析管柱 (column)、偵測器 (detector) 及數據處理系統 (data procession) 所組成如圖 11.3。

    (1) 溶劑輸送供應系統
        HPLC 儀器設備上裝有一個或一個以上的玻璃或不鏽鋼儲液槽，每一個儲液槽可裝 500 mL 或更多的移動相或溶劑，此儲液槽通常裝有去除溶

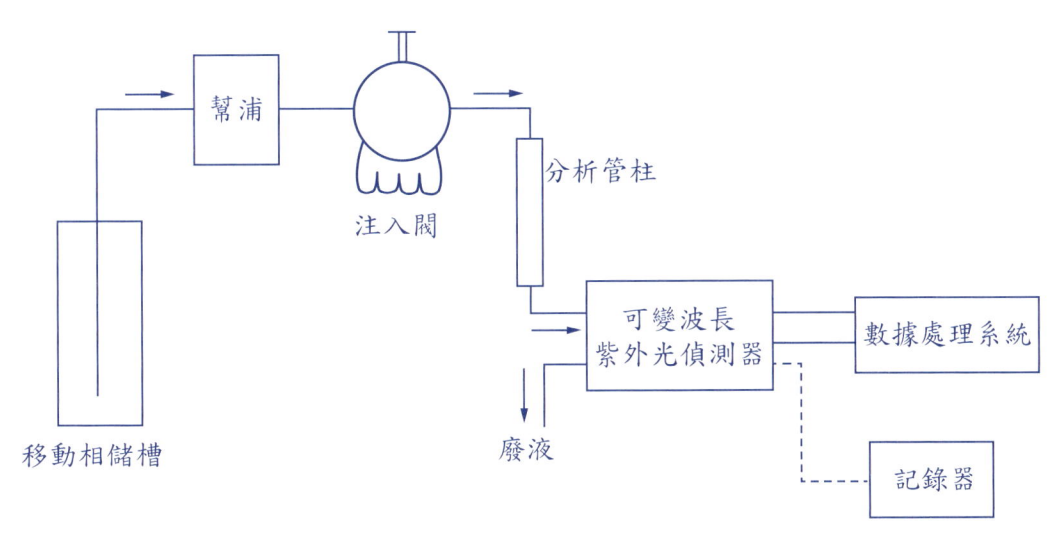

圖 11.3　高效液相層析儀之基本組件

解氣體的裝置，通常是去除氧氣和氮氣，這些氣體所形成氣泡會造成沖提的困擾與對偵測系統干擾。除氣器 (degasser) 含有真空幫浦系統、蒸餾系統和加熱及攪拌溶劑的裝置，或噴氣 (sparging) 系統以降低溶解度的惰性氣體形成的微小氣泡將溶液中溶解的氣體趕出；通常此系統也包括從溶劑中過濾雜質和顆粒物質的功能。

溶劑輸送供應系統有等位溶劑式及梯度 (gradient) 溶劑式兩種。使用一定組成的溶劑系統的分離稱為等位沖提 (isocratic elution)；使用二種 (有時更多) 不同極性溶劑的系統，其比率隨程序變化，稱為梯度沖提 (gradient elution)。梯度沖提開始後，二種溶劑的比率以程式方式階梯式改變，有時是連續的，有時是經一系列的步驟；溶劑的體積比可以隨時間呈線性或指數關係而變化，此種方式可縮短分析時間或提高分離效率。

(2) 高壓幫浦

HPLC 的高壓泵是用以驅使流動溶劑流經分離管柱，其工作條件要求很嚴格，因其直接影響分離的可靠性。一般高壓泵要求：(a) 泵輸出壓力至少 1000 psi，最高可高達 6000 psi，(b) 無脈衝輸出，(c) 流速範圍從 0.1~10 mL/min，(d) 流量控制的穩定性高，其精度在 0.5％以內，(e) 抗

腐蝕性佳，不受各種溶劑所腐蝕。

幫浦是產生作用力 (driving force) 的來源，可將移動相輸送至整個分析管路中，通常使用往復式幫浦 (reciprocating pump)，係由一小槽室組成，可使溶劑由馬達推動的活塞來回運動而抽取。二個球形止回閥的一開一關可控制溶劑流進或流出氣缸，此溶劑是直接與活塞接觸，相對的，壓力可經由一彈性隔膜傳遞到溶劑，再藉逆活塞油壓抽氣。HPLC 幫浦應具備可提供穩定液流與無壓力脈衝 (pressure pulses) 的特性。壓力脈衝是基線中雜訊的來源，簡單的唧筒幫浦 (piston pumps) 主體為不鏽鋼和仔細研磨的寶石構成，其進出流由止回閥控制，為降低壓力脈衝，可藉由適當切割的凸輪 (cam) 驅動唧筒，以提供固定流速。另外使用兩個平行配置唧筒幫浦 (two single piston pumps) 的雙頭唧筒幫浦 (twin-headed pump) 可進一步降低壓力脈衝情形。往復式幫浦的優點包括：小的內部體積 (35~400 μL)、高輸出壓力、適合梯度沖提以及流速固定，且不易受到管柱的逆壓及溶劑黏度的影響。

(3) 樣品注入系統

高效能液相層析分析儀最常使用樣品閥 (sample valves) 載入樣品，由於位於幫浦與管柱間必須承受 10,000 psi 的壓力。樣品閥必須載入定量的樣品進入管柱，通常會設計以定量的迴圈 (loop) 來達成。分析用的高效能液相層析分析儀之樣品閥容積多選用 μL 至數百 μL，但是製備用途的高效能液相層析分析儀其樣品閥容積可能需要超過 10 mL。為保持系統效率，樣品閥必須被設計成有極低分散性 (low dispersion) 的特性，也就是將樣品在閥表面因吸附和脫附所造成的分散，以及閥的運作過程中，樣品進出所導致的擴散降到最低。

(4) 分離系統

HPLC 的分離系統主要為不鏽鋼或厚壁玻璃製成之分析管柱 (前者可耐高壓，後者之壓力限低於 600 psi)。典型的管柱長度 20~150 cm，柱內徑為 2~10 mm。填充例子大小有 3、5 及 10 μm。填充物為矽膠、礬土、離子交換樹脂或矽藻土。在溶劑進入管柱分析之前，通常先進入預備管

柱或稱前置管柱 (precolumn) 或保護管柱 (guard column)，以除去雜質以免汙染分析管柱。層析分析管柱 (analytical column) 為 HPLC 的心臟，直接影響樣品中各個化合物分離的好壞。另外有製備型管柱 (preparative column) 主要用以粗分離或區分樣品中之化合物。液相層析法的分析管柱一般是由不鏽鋼管作為外支撐擔體 (support)，雖然有時會用厚壁玻璃管，但壓力限制需低於 600 psi。液相層析法中的多孔性粒子填充物是由直徑範圍從 3~10 μm 的微粒子所組成，這些粒子由矽膠、礬土或離子交換樹脂組成，目前最常使用的是矽膠。矽膠粒子是由次微米的矽膠凝聚而成直徑較大的高度均勻粒子。製得的粒子常用化學鍵結或物理方法在表面上塗布一薄層有機物，例如：帶有 18 個碳的長鏈有機分子，即為 C_{18} 管柱。於分析管柱之前通常裝置保護管柱，去除移動相中的顆粒和汙染物，以保護分析管柱、延長分析管柱的壽命。在液-液層析法 (liquid-liquid chromatography, LLC) 中，保護管柱可使固定相中的移動相飽和，使溶劑在分析管柱的損失減至最小。保護管柱填充物的成分組成類似於分析管柱；充填物質的粒子大小通常較分析管柱大。

(5) 偵測系統

偵測器用以偵測沖提流出液中待測化合物之訊號或含量，一般在測定時樣品為液態或溶液的儀器，均可使用作為 HPLC 的偵測器。最常配備的偵測器有紫外光-可見光偵測器、螢光 (fluorescence) 偵測器與折射率 (RI) 偵測器等。理想的偵測器其反應時間短且和流速無關，應有最小的內部體積以減少帶加寬效應 (zone broadening)，且應具備適當的靈敏度和選擇性、良好穩定性與再現性、干擾訊號低、非破壞性、線性範圍長及較不易受溫度之變化影響。幾種常見偵測器分述如下：

(A) 紫外光-可見光偵測器

最常用的 HPLC 偵測器是紫外光-可見光偵測器。其 UV 光源可用汞的發射譜線或氘光源的濾光輻射。使用光度偵測需要樣品成分可吸收而溶劑在儀器波長範圍內可透過。一般紫外光-可見光偵測器的靈敏度可達 10^{-8} g/mL，優點是溫度效應低，易於梯度沖提，而且便

宜、使用方便,可分析大部分的有機物質,所以是 HPLC 的基本配備偵測器。

(B) 螢光偵測器

利用螢光強度偵測成分的含量,對於易生螢光的物質適合使用,螢光偵測器的優點是靈敏度高,可達 10^{-12} g/mL,適合作微量分析,其選擇性也比紫外光-可見光偵測器高很多,在食品分析常被利用來偵測維生素或特殊微量成分。

(C) 折射率 (RI) 偵測器

因每一種化合物對光線都有不同的折射率,故利用折射率變化來偵測樣品的成分。此偵測器靈敏度較差,約達 $10^{-5} \sim 10^{-6}$ g/mL,但優點為對所有化合物皆有感應。使用折射率偵測器的待測樣品應具有折射率示差才會被偵測到,在食品分析常被利用來偵測醣類;使用分子篩層析定量時最好也能考慮折射率偵測器,以獲得較佳的線性關係。

(D) 電化學偵測器

HPLC 的偵測器也可使用電分析法來作偵測器,它提供高靈敏度、簡便、應用性廣泛等優點。目前有四種電分析法:伏安測定法 (voltammetry)、安培測定法 (amperometry)、電導測定法 (conductometry) 及電量測定法 (coulmetry)。

電化學偵測器在生物、藥物臨床分析上相當重要,目前在環境分析上的應用越來越多。其中電導度偵測器其靈敏度可達 10^{-7} g/mL,安培偵測器其靈敏度可達 10^{-10} g/mL。雖然電導度偵測器和安培偵測器等電化學偵測器的靈敏度不低,但是化合物若能被電導度偵測器偵測到,除非量太低,不然亦可被紫外光-可見光偵測器偵測到;而能被紫外光-可見光偵測器偵測到的化合物,未必能讓電導度偵測器偵測到,這是因為測定方式不同所致,電化學偵測器在測量化合物時,必須含有電解質,使其產生電位變化。因此整體而言,電化學偵測器沒有比紫外光-可見光偵測器實用。

(E) 光電二極體陣列偵測器 (photodiode array detector, PDA)

新式的光電二極體陣列偵測器和紫外光-可見光偵測器非常相似，待測物須有吸收紫外光或可見光的能力，即含有雙鍵。光電二極體陣列偵測器光學途徑設計與紫外光-可見光偵測器略有不同，樣品先通過樣品偵測槽後才進行分光，然後照射至光電二極管陣列再量測各波長之吸光度。光電二極體陣列偵測器不僅能提供吸光度的訊息，同時還能提供各波峰光譜，所得到的是三度空間的資訊，即滯留時間 (retention time) 軸、吸光度 (absorbance) 軸與波長 (wavelength) 軸，由光譜的訊號即可判斷波峰的純度和強度。天然物分析上大多使用光電二極體陣列偵測器來分析，可提供樣品三度 (波長、滯留時間、吸光度) 空間的圖層。圖 11.4 光電二極體陣列偵測器三度空間的圖層示意圖。

(F) 質譜偵測器

高效能液相層析儀接質譜儀 (mass spectroscopy 簡稱 LC/MS)，是快速分離鑑定的高價設備，可分離並判斷混合物的樣品組成物。質譜分析主要是利用游離步驟將樣品中的化合物斷裂成快速移動的氣態

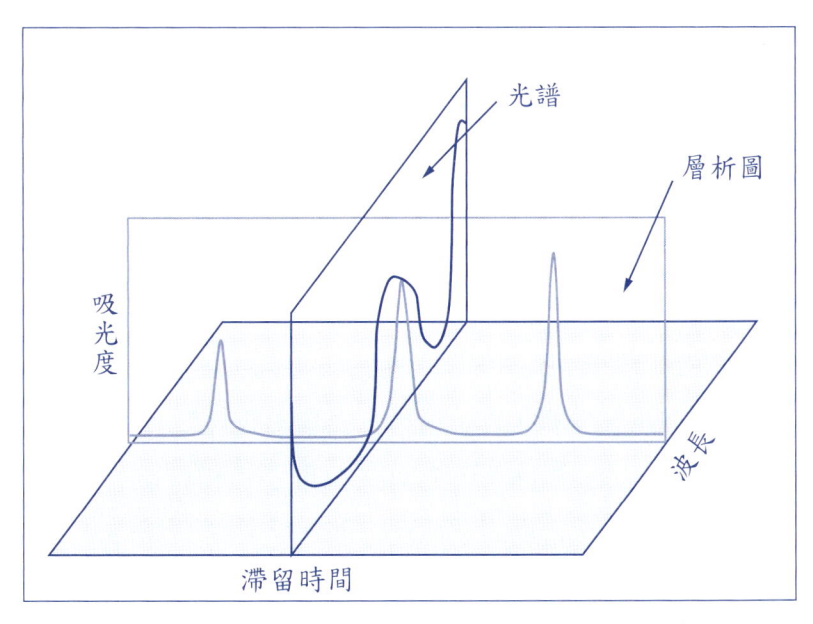

圖 11.4　光電二極體陣列偵測器三度空間的圖層示意圖

離子，然後根據其質量電荷比(m/z)加以分離得質譜，此技術可提供混合物中無機和有機分析物的定性和定量組成，與各種複雜分子的物種結構。

高效能液相層析儀串聯質譜儀簡稱 HPLC/MS/MS，原理是當第一部質譜儀游離分析物成些許不同的離子峰之後，再將這些離子一個一個地導入第二部質譜儀中，最後離子被斷裂而產生一系列質譜，此技術稱為串聯質譜儀測定法(tandem mass spectrometry, MS/MS)。高效能液相層析串聯質譜儀(HPLC/MS/MS)的應用非常廣泛，在生物分子結構分析、藥物研發及檢測、新生兒疾病篩檢、農藥殘存量檢測、食品成分分析、環境物質分析、中藥成分分析、刑事鑑定等方面，是非常方便及分析快速的儀器。

(6) 數據處理系統

數據處理系統包括：記錄器(recorder)及積分儀(integrator)，記錄器接受偵測器傳來的電流訊號，將之轉換成波峰，再由記錄器描繪出來；配合積分儀，將波峰面積或高度以數字的方式表現。此類系統已可由電腦作全部資訊控制與參數修改。

3. 高效液相層析儀之應用

高效液相層析法(HPLC)的主要應用是定性及定量分析、純物質的製備和混合物之分離。HPLC 在定性及定量分析方面可採用氣相層析法中的定性及定量方法來進行。HPLC 的分離效能和分離速度，也比一般化學方法優異。它不受樣品揮發度和熱穩定性的限制，對於分離離子型的化合物、不穩定的天然產物、生物藥品以及其他高分子量之混合物的分離都非常有效。

HPLC 已經得到廣泛應用，特別是適用於分子量大、揮發性低、熱安定性差的有機汙染物之分離和分析工作，譬如，多環芳香烴類(PAHs)、酚類、多氯聯苯(PCBs)、鄰苯二甲酸酯類、聯苯胺類、陰離子性和非離子性表面活性劑、有機農藥、除草劑等各種化合物的定性及定量分析。

11.4 離子交換層析法

離子交換層析法 (ion-exchange chromatography, IEC) 是以離子交換劑為固定相，依據移動相中的組成離子與交換劑上的平衡離子進行可逆交換時的結合力大小的差別而進行分離的一種層析方法。1848 年，Thompson 等人在研究土壤鹼性物質交換過程中發現離子交換現象。20 世紀 40 年代，出現了具有穩定交換特性的聚苯乙烯離子交換樹脂。50 年代，離子交換層析進入生物化學領域，應用於胺基酸的分析。目前離子交換層析仍是生物化學領域中常用的一種層析方法，廣泛地應用於各種生化物質如胺基酸、蛋白質、醣類、核苷酸等的分離純化。

1. 原理與組件

離子交換層析法是從複雜的混合物中，分離性質相似大分子的方法之一，依據的原理是物質的酸鹼性、極性，也就是所帶陰陽離子的不同。電荷不同的物質，對管柱上的離子交換劑有不同的親和力，改變沖洗液的離子強度和 pH 值，物質就能依序從層析柱中分離出來。

離子交換層析是藉由待測離子與固定相上帶相反電荷之官能基兩者之間的庫侖作用力 (coulombic interaction) 來結合、再利用移動相使目標離子脫離而被沖提出來，再度形成自由離子。待測物的滯留時間取決於目標離子和固定相 (stationary phase，一般稱為管柱，因固定相會填充在空心管中) 所填充的離子交換樹脂兩者之間的親和力大小，而影響的因素如：離子的電荷數、離子半徑、質量等等。因親和力越大的離子越難沖提，造成滯留時間不同，並可以形成不同的離子群達到分離的效果，當移動相通過偵測器時，便可進行定性及定量的分析。離子層析法包含了數種分離的方式，如：離子交換法 (市售儀器最常見的方法)、離子排除法、離子配對法等等。

離子交換樹脂的交換反應是可逆的，遵循化學平衡的規律，定量的混合物通過管柱時，離子不斷被交換，濃度逐漸降低，幾乎全部都能被吸附在樹脂上；在沖洗的過程中，由於連續添加新的交換溶液，所以會朝正反應方向移

動，因而可以把樹脂上的離子沖洗下來。圖 11.5 則是以陽離子為例的離子交換層析示意圖。

　　在離子層析法中，使用離子交換樹脂作為靜相，而使用電解質溶液作為移動相。通常會以電導度偵測器作為通用型偵測器，為了消除在移動相中的強電解質背景離子對於電導度偵測器的干擾效應，會裝設有抑制管柱。樣品組成分在分離管柱和抑制管柱上的反應原理，與離子交換層析儀是相同的。離子層析儀主要由：溶劑輸送供應系統、高壓幫浦、樣品注射系統、分離系統：層析管柱、抑制器 (suppressor)、偵測器：電導度偵測器及數據處理系統所組成如圖 11.6。

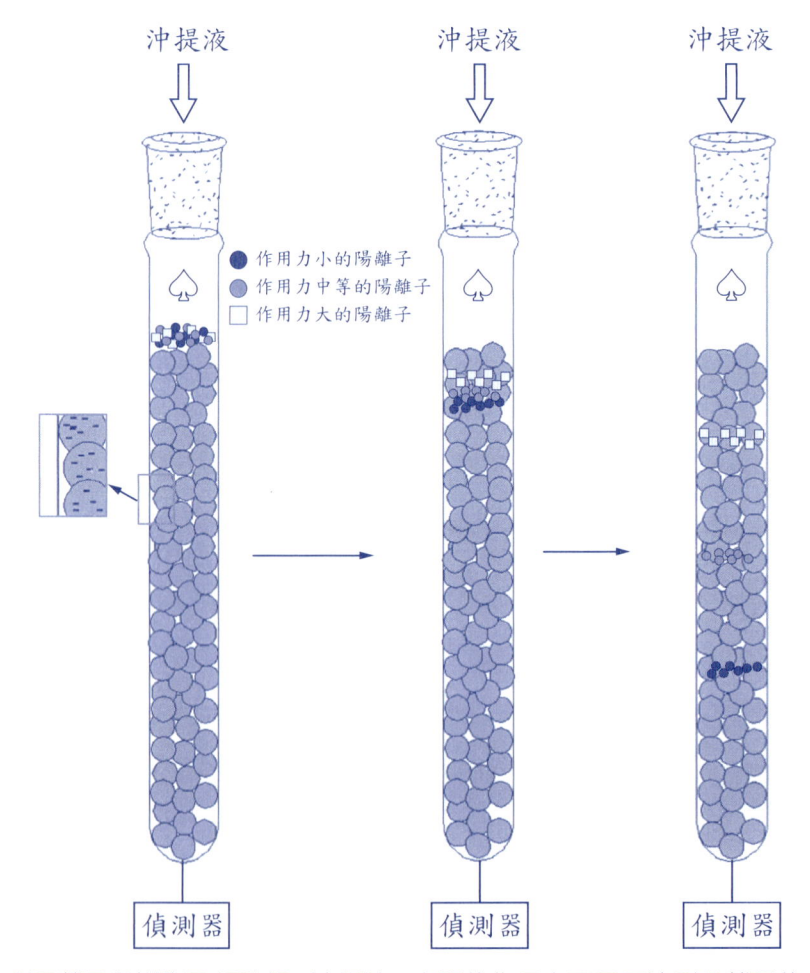

圖 11.5　利用離子與樹脂及移動相 (沖提液) 之間的作用力不同而達到分離目的之離子層析示意圖

圖 11.6
離子層析儀組件

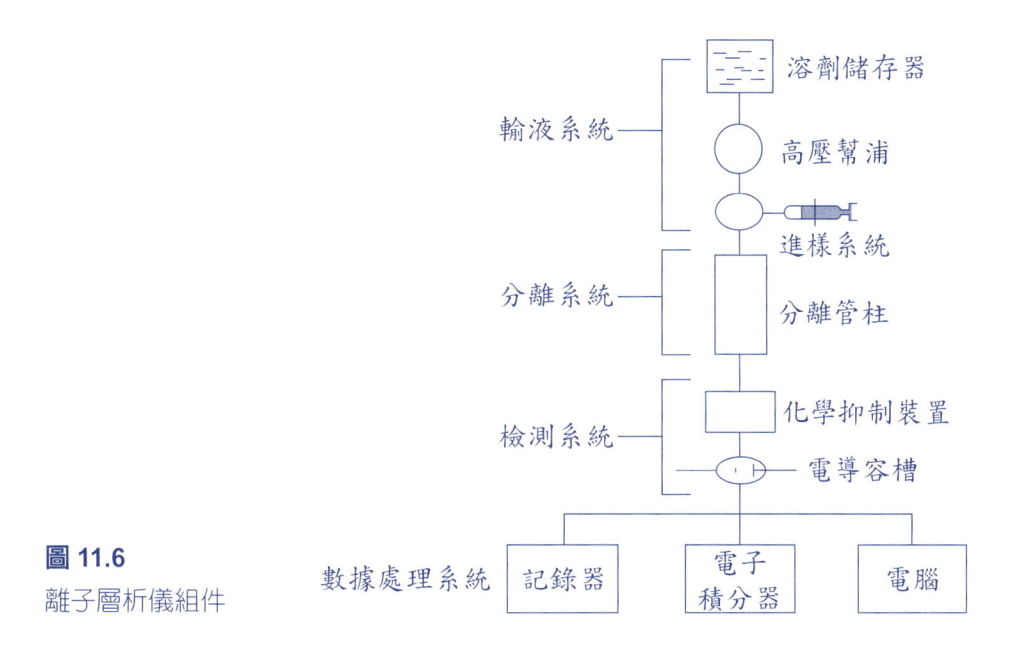

2. 樹脂材質

離子層析所使用的固定相通常是苯乙烯及二乙烯基苯合成的共聚物樹脂或矽樹脂（圖 11.7），將樹脂進行官能基化的修飾後得到離子交換樹脂做成管柱的填充物。合成樹脂是一類高分子化合物，在苯環上可接上酸性或鹼性基團，而具有電離的能力。離子交換樹脂因此分為兩大類：分子中具有酸性基團，能交換陽離子的稱為陽離子交換樹脂分子中具有鹼性基團，能交換陰離子的稱陰離子交換樹脂。離子交換樹脂的外形通常做成微球或無定形的粒狀。根據交換樹脂的性能可分為陽離子與陰離子交換樹脂。

(1) 陽離子交換樹脂

當待測目標為陽離子時，則有很多可以選擇的官能基，如：磺酸

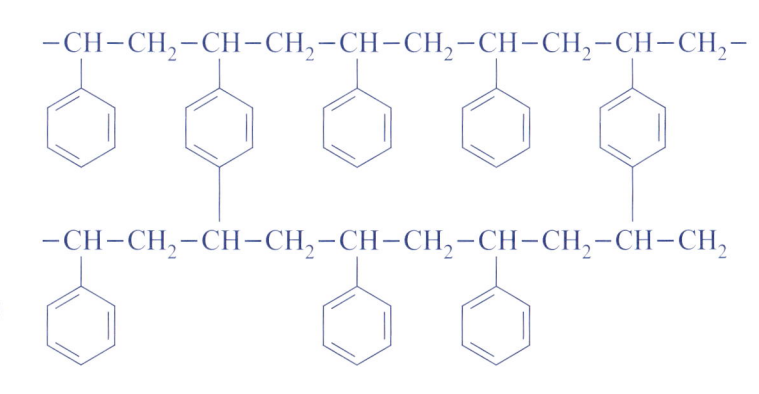

圖 11.7
苯乙烯及二乙烯基苯共聚物結構

鹽 (sulfonates)、磷酸酯類 (phosphonates)、羧酸鹽 (carboxylates)、冠醚類 (crown ethers) 等其反應式如圖 11.8 所示：分為強酸型、中強酸型和弱酸型三類，強酸型樹脂含有 $-R-SO_3H$，中強酸型樹脂含有 $-PO_3H_2$、$-PO_2H_2$ 或 $-O-PO_2H_2$，弱酸型樹脂含有 $-COOH$ 或 $-OH$。陽離子交換樹脂進行的反應如圖 11.8：

$$R'-SO_3-H + Y^+ \longrightarrow R'-SO_3-Y + H^+$$
$$R'-SO_3-Y + HCl \longrightarrow R'-SO_3-H + YCl$$

圖 11.8 待測物為陽離子 Y^+、管柱以磺酸鹽修飾時的反應式

(2) 陰離子交換樹脂

當待測目標為陰離子時，管柱填充物為陰離子交換樹脂，其官能基帶有能和陰離子結合的官能基團，如四級銨離子基團 (quaternary ammonium group，與陰離子作用力強) 或是三級胺基團 (tertiary amine groups，作用力較弱) 等等。分為強鹼型、中強鹼型和弱鹼型三類，含有四級銨鹽 $[-N^+(CH_3)_3]$ 為強鹼型樹脂，三級以下銨鹽 $[-N(CH_3)_2]$、$[-NHCH_3]$、$[-NH_2]$ 都屬弱鹼型樹脂；同時具有強鹼和弱鹼型基團的，為中強鹼型的樹脂。陰離子交換樹脂進行的反應如圖 11.9。

$$R'-\overset{+}{N}R_4-HCO_3^- + X^- \longrightarrow R'-\overset{+}{N}R_4-X^- + HCO_3^-$$
$$R'-\overset{+}{N}R_4-X^- + NaHCO_3 \longrightarrow R'-\overset{+}{N}R_4-HCO_3^- + NaX$$

圖 11.9 待測物為陰離子 X^-、管柱以四級銨離子基團修飾時的反應式，R' = 樹脂

3. 移動相

通常使用的移動相有水、水與甲醇混合液，鈉、鉀、銨等的檸檬酸鹽、磷酸鹽、硼酸鹽、甲酸鹽、乙酸鹽，與它們對應的酸類等混合而成的酸性緩衝溶液，或者與氫氧化鈉混合而成鹼性緩衝溶液。

在離子交換層析分析過程中選擇移動相的 pH 值是格外重要的，經常會使

用緩衝溶液系統，這樣既可以維持 pH 值，又能夠維持離子強度。通常強酸性與強鹼性之離子交換樹脂在較寬 pH 值範圍內都能夠解離，而弱酸性陽離子交換樹脂在酸性介質中不會解離，只能夠採用酸鹼中性或鹼性移動相。由於樣品為水溶液，移動相也會選擇水溶液，主要使用稀釋過的酸、鹼、鹽類溶液。有時也可在水溶液加入微量可與水互溶的有機物(如丙酮)作為移動相。增加鹽類的濃度會導致滯留值降低，但是鹽的濃度值增加，移動相黏度也會增加，因此管柱壓力要對應提高。

由於移動相離子與交換樹脂之交互作用力不同，因此移動相中的離子類型對樣品組成分的滯留值有顯著的影響。在常用的聚苯乙烯-苯二乙烯樹脂上，各種陰離子的滯留順序為：$SO_4^{2-} > C_2O_4^{2-} > I^- > NO_3^- > CrO_4^{2-} > Br^- > SCN^- > Cl^- > HCOO^- > CH_3COO^- > OH^- > F^-$。

陽離子的滯留順序大致為：$Ba^{2+} > Pb^{2+} > Ca^{2+} > Ni^{2+} > Cd^{2+} > Cu^{2+} > Co^{2+} > Zn^{2+} > Mg^{2+} > Ag^+ > Cs^+ > Rb^+ > K^+ > NH_4^+ > Na^+ > H^+ > Li^+$。

4. 離子交換劑的選擇

離子交換劑的選擇，首重保持欲分離物質的生物活性，以及在不同 pH 值環境中，此物質所帶的電荷和電性強弱。

(1) 陰陽離子交換劑的選擇

若被分離物質帶正電荷，例如 polymyxin、cytochrome C 這些鹼性蛋白質，它們在酸性溶液中較穩定，親和力強，故採用陽離子交換劑；其他像 heparin、nucleic acid 這類酸性物質，在鹼性溶液中較穩定，則使用陰離子交換劑；如果欲分離的物質是兩性離子，一般考慮在它穩定的 pH 範圍帶有何種電荷，作為交換劑的選擇。以胰島素 (insulin) 為例，它的等電點為 pH 5.3，因此在 pH<5.3 (酸性) 溶液中，採用陽離子交換劑，在 pH>5.3 的鹼性溶液中，使用陰離子交換劑。簡言之，已知等電點的物質，在高於等電點的 pH 條件下，因帶有負電荷，應採用陰離子交換，在低於等電點的 pH 下，則採用陽離子交換。未知等電點的物質，在一定 pH 條件下進行電泳，向陽極移動較快的物質，在同樣條件下可

被陰離子交換劑吸附，向陰極移動較快的物質可被陽離子交換劑吸附。

(2) 緩衝液的選擇

緩衝液酸鹼性的選擇，決定於被分離物質的等電點、穩定性、溶解度和交換劑離子的 pK 值。使用陰離子交換纖維時要選用低於 pK 值的緩衝液，若欲分離的物質屬於酸性，則緩衝液的 pH 值要高於該物的等電點；用陽離子交換纖維時要選用高於 pK 值的緩衝液，目的物屬於鹼性物質的話，緩衝液要低於該物等電點的 pH 值。緩衝液離子以不干擾分離物活性測定、不影響待測物溶解度、不發生沉澱為原則，如使用 UV 吸收法測樣品，那麼 pyridine 或 barbital 這類會吸收 UV 的物質就不適用。

5. 離子交換層析的應用

離子交換層析的應用範圍很廣，主要有以下幾個方面。

(1) 水處理

離子交換層析是一種簡單而有效的去除水中的雜質及各種離子的方法，聚苯乙烯樹脂廣泛地應用於高純水的製備、硬水軟化以及污水處理等方面。純水的製備可以用蒸餾的方法，但要消耗大量的能源，而且製備量小、速度慢，也得不到高純度。用離子交換層析方法可以大量、快速製備高純水。一般是將水依次通過 H^+ 型強陽離子交換劑，去除各種陽離子及與陽離子交換劑吸附的雜質；再通過 OH^- 型強陰離子交換劑，去除各種陰離子及與陰離子交換劑吸附的雜質，即可得到純水。如果再通過弱型陽離子和陰離子交換劑進一步純化，就可以得到純度較高的純水。離子交換劑使用一段時間後可以通過再生處理重複使用。

(2) 分離純化小分子物質

離子交換層析也廣泛的應用於無機離子、有機酸、核苷酸、胺基酸、抗生素等小分子物質的分離純化。例如對胺基酸的分析，使用強酸性陽離子聚苯乙烯樹脂，將胺基酸混合液在 pH 2~3 上柱。這時胺基酸都結合在樹脂上，再逐步提高洗脫液的的離子強度和 pH 值，這樣各種胺基酸

將以不同的速度被洗脫下來，可以進行分離鑑定。目前已有全部自動的胺基酸分析儀。

(3) 分離純化生物大分子物質

離子交換層析是依據物質的帶電性質的不同來進行分離純化的，是分離純化蛋白質等生物大分子的一種重要方法。由於生物樣品中蛋白的複雜性，一般很難只經過一次離子交換層析就達到高純度，往往要與其他分離方法配合使用。使用離子交換層析分離樣品要充分利用其按帶電性質來分離的特性，只要選擇合適的條件，通過離子交換層析可以得到較滿意的分離效果。

參考資料

1. Dougls A. Skoog & James J. Leary, *Principles of Instrumental Analysis*, Fourth Edition, Harcourt Brace Jovanovich College Publisher, 1992.
2. Gary D. Christian & James E. O'Reilly, *Instrumental Analysis,* Second Edition, Allyn and Bacon, Inc., 1986.
3. 儀器分析，方嘉德審閱，2011 年 1 版，滄海出版社。
4. 儀器分析，林志城、梁哲豪、張永鍾、薛文發、施明智，總校閱：林志城，2012 年 1 版，華格那出版社。
5. 儀器分析，孫逸民等著，1997 年 1 版，全威圖書股份有限公司。
6. 儀器分析，柯以侃著，1996 年 1 版，文京圖書股份有限公司。
7. 儀器分析，林志城等著，2012 年 2 版，華格那圖書出版社。
8. 生物化學實驗原理和方法，李建武等合編，藝軒圖書出版社。
9. 薄層色層分析｜科學 online- 科技部高瞻自然科學教育平台。
10. 液相層析｜科學 online- 科技部高瞻自然科學教育平台。
11. 離子層析｜科學 online- 科技部高瞻自然科學教育平台。

本章重點

1. 液相層析法是移動相為液體的層析法。依固定相的類型不同，可分為：液-固吸附層析法，其固定相為吸附劑；液-液分配層析法 (簡稱 LLC) 固定相為均勻分布在惰性固體上的液體；離子交換層析法，固定相為填充在管柱的離子交換樹脂；尺寸排除層析法，又稱凝膠穿透層析法，固定相為凝膠或惰性多孔性無機物體。以上三者均在管柱上進行層析，屬於管柱層析法。另一種液相層析法是在平板上進行的，屬於平面液相層析法，分為：薄層層析法及紙層析法。

2. 液相層析法原理：

   (1) 液-固吸附層析法 (LSC)，其固定相是吸附劑，而移動相則是以非極性烴類為主的溶劑。它是根據混合物中之各組成分在固定相上的吸附力差異性來進行分離的。

   (2) 液-液分配層析法 (LLC) 是根據各組成分在固定相與移動相中的相對溶解度(分配係數)之差異性來進行分離的。其固定相與移動相都是液體，固定相是透過化學鍵結合的方式固定在惰性載體上的。由於各組成分在二相中的溶解度、分配係數等兩者都不同，使得各組成分能夠被分離。

   (3) 離子交換層析法 (IEC) 是以離子交換樹脂為固定相，一般以水作為移動相，是用來分離及鑑定離子的一種層析法。其原理為根據樣品中各種離子對於離子交換樹脂的親和力不同，而將它們分離。

   (4) 尺寸排除層析法又稱為凝膠滲透層析法或凝膠過濾層析法或分子篩過濾層析法，主要是用來分離高分子量的化合物。它是根據樣品組成分的分子大小和形狀不同來分離。根據所使用移動相的不同，凝膠層析法又可以區分為兩類：用水溶液作為移動相的，稱為凝膠過濾層析法；而使用有機溶劑作為移動相的，則稱為凝膠滲透層析法。

   (5) 紙層析法又稱濾紙層析法 (PC)，因為其固定相使用濾紙。紙層析法屬

於平面層析法，是固定相附著在多孔濾紙上，其移動相則利用毛細管現象或重力作用而流經固定相，以進行成分分離。

(6) 薄層層析法 (TLC) 的基本原理和紙層析法相似，只是用玻璃平板或塑膠質平板，其表面上塗布一薄層矽膠或其他吸附劑，以代替紙層析法中的濾紙。

3. 高效液相層析法，由於使用高壓泵，又稱高壓液相層析法。在一根不銹鋼製成的密封管柱內，緊密地填入微粒填充物作為固定相，用高壓泵連續按一定流量將溶劑送入層析管柱中。用注射器將定量樣品注入管柱頂端，再用溶劑連續地洗脫管柱，樣品中各成分就逐漸地分離，按一定順序從管柱中流出，進入偵測器，將各成分的濃度變化轉換成電子信號，經放大後進入記錄器或電腦繪出層析圖。

4. 高效液相層析法的特點

(1) 高壓：由於移動相 (溶劑) 的黏度比氣體大很多，而層析管柱內填充了緊密的微粒 (固定相)，當溶劑通過管柱時會受到很大的阻力。一般在 1 m 長的管柱其壓力降約為 75×10^5 P_a。故需要採用高壓泵輸液系統，壓力可達 $150~350 \times 10^5$ P_a。

(2) 高速：溶劑通過管柱的流量可達 3~10 mL/min，製備層析圖之速度可達 10~50 mL/min，使分離速率加快。

(3) 高效：使用高效固定相，其填充料的微粒均勻，直徑小於 10 μm，質量傳送快。管柱效率高，理論平板數可達 10^4/m。

(4) 高靈敏度：採用高靈敏度偵測器，例如紫外線吸收偵測器的靈敏度可達 5×10^{-10} g/mL，而折射率偵測器的靈敏度可達 5×10^{-7} g/mL。

5. 高效能液相層析儀主要由：(1) 溶劑輸送供應系統；(2) 高壓幫浦；(3) 樣品注射系統；(4) 分離系統：層析管柱；(5) 偵測器；(6) 數據處理系統。

6. 在離子層析法中，使用離子交換樹脂作為靜相，而使用電解質溶液作為移動相。通常會以電導度偵測器作為通用型偵測器，為了消除在移動相中的強電解質背景離子對於電導度偵測器的干擾效應，會裝設有抑制管柱。樣品組成分在分離管柱和抑制管柱上的反應原理，與離子交換層析儀是相同

的。離子層析儀主要由：(1) 溶劑輸送供應系統；(2) 高壓幫浦；(3) 樣品注入系統；(4) 分離系統：層析管柱；(5) 抑制器；(6) 偵測器：電導度偵測器；(7) 數據處理系統所組成。

7. 由於移動相離子與交換樹脂之交互作用力不同，因此移動相中的離子類型對樣品組成分的滯留值有顯著的影響。在常用的聚苯乙烯－苯二乙烯樹脂上，各種陰離子的滯留順序為：SO_4^{2-} > $C_2O_4^{2-}$ > I^- > NO_3^- > CrO_4^{2-} > Br^- > SCN^- > Cl^- > $HCOO^-$ > CH_3COO^- > OH^- > F^-。

陽離子的滯留順序大致為：Ba^{2+} > Pb^{2+} > Ca^{2+} > Ni^{2+} > Cd^{2+} > Cu^{2+} > Co^{2+} > Zn^{2+} > Mg^{2+} > Ag^+ > Cs^+ > Rb^+ > K^+ > NH_4^+ > Na^+ > H^+ > Li^+。

本章習題

一、單選題

1. CFA (Continuous Flow Analysis) 最常用之偵測器為？
   (1) 電化學偵測器　　　　(2) 電導度偵測器
   (3) 紫外光-可見光偵測器　(4) 螢光偵測器

   答案：(3)

2. 以離子層析法分析鹼金屬或鹼土金屬離子時，常用的偵測器是？
   (1) 電導度偵測器　　　　(2) 紫外光-可見光偵測器
   (3) 電化學偵測器　　　　(4) 折射率偵測器

   答案：(1)

3. 下列有關抑制離子層析法分析無機陰離子的敘述中，何者為正確？
   (1) 分離管柱為低容量陰離子交換樹脂，抑制管柱為高容量陽離子交換樹脂
   (2) 分離管柱為高容量陰離子交換樹脂，抑制管柱為低容量陽離子交換樹脂
   (3) 分離管柱與抑制管柱皆為高容量陰離子交換樹脂
   (4) 分離管柱與抑制管柱皆為低容量陰離子交換樹脂

答案：(1)

4. 下列沖提液中，何者最常被用在抑制離子層析法分析無機陰離子的過程中？

    (1) 碳酸鈉／碳酸氫鈉　　　　(2) 苯甲酸鈉

    (3) 氫氧化鈉　　　　　　　　(4) 鄰苯二甲酸氫鉀

    答案：(1)

5. 下列何者不適合作為離子層析儀之偵測器？

    (1) 電化學偵測器　　　　　　(2) 電導度偵測器

    (3) 紫外光-可見光偵測器　　　(4) 螢光偵測器

    答案：(4)

6. 在離子層析法中，欲分離與決定陽離子時，一般以何種溶液作為沖提液？

    (1) 鹽酸水溶液　　　　　　　(2) 氰甲烷溶液

    (3) 碳酸氫鈉水溶液　　　　　(4) 碳酸鈉水溶液

    答案：(1)

7. 以離子層析儀分析水中陰離子，其化學抑制器 (chemical suppressor) 通常以何種溶液再生？

    (1) 稀鹽酸　　　　　　　　　(2) 稀硫酸

    (3) 稀磷酸　　　　　　　　　(4) 稀硝酸

    答案：(2)

8. 離子層析儀不適用於分析

    (1) 河川水中之硫酸根　　　　(2) 海水中之亞硝酸根

    (3) 海水中之硫酸根　　　　　(4) 河川水中之硝酸根

    答案：(2)

二、複選題

1. 下列參數，哪些不能用於層析法之定量？

    (1) 峰高　　　　　　　　　　(2) 相對滯留值

    (3) 半峰寬　　　　　　　　　(4) 峰面積

答案：(2)(3)

2. 下列指標中，哪些不可用來衡量層析管柱的柱效能？
   (1) 解析度　　　　　　　　(2) 容量因子
   (3) 相對滯留值　　　　　　(4) 分配係數

   答案：(1)(2)(4)

3. 下列哪些可作為衡量層析管柱的效能指標？
   (1) 解析度　　　　　　　　(2) 相對滯留值
   (3) 理論板數　　　　　　　(4) 分配係數

   答案：(2)(3)

4. 下列液相層析法偵測器中，哪些屬於非選擇性？
   (1) 電化學偵測器　　　　　(2) 螢光偵測器
   (3) 導電度偵測器　　　　　(4) 蒸發散射偵測器

   答案：(1)(2)(3)

5. 下列有關 HPLC 偵測器的敘述，哪些正確？
   (1) HPLC 最常用的偵測器為螢光偵測器
   (2) HPLC 最常用的偵測器為紫外光偵測器
   (3) 光二極體陣列偵測器適合用於開發新成分或是未知條件時使用
   (4) 在高波長 (800 nm 以上)，光二極體陣列偵測器相對於光電倍增管準確度較差

   答案：(2)(3)(4)

6. 下列有關層析分析樣品的敘述，哪些正確？
   (1) 樣品注射前進行過濾，可避免阻塞
   (2) 樣品分析得到之訊號值 (層析高度、層析面積、電導度值) 不需在標準品檢量線範圍內
   (3) 如樣品需稀釋，稀釋後得到之訊號值須由檢量線公式換算再乘回原稀釋倍數而獲得濃度
   (4) 加入內標物可作為層析分析的定量方法

   答案：(1)(3)(4)

7. 下列有關離子層析法的敘述，哪些正確？

(1) 分離陽離子，可以鹽酸水溶液為沖提液

(2) 分離陰離子，可以氫氧化鈉水溶液為沖提液

(3) 分離陰離子，可以碳酸氫鈉／碳酸鈉緩衝溶液為沖提液

(4) 分離陽離子，可以氰甲烷水溶液為沖提液

答案：(1)(2)(3)

8. 下列有關離子分析儀器之敘述，哪些正確？

(1) 分離管柱大多填充有機離子交換樹脂

(2) 一般使用電導度偵測器

(3) 抑制管柱可降低訊號雜訊比

(4) 可用以分析水中的陰陽離子

答案：(1)(2)(4)

三、簡答題

1. 試簡述出液固吸附層析法的基本原理。
2. 請敘述離子交換層析法的基本原理。
3. 請敘述高效液相層析儀的主要組件。
4. 請敘述高效液相層析儀最常使用哪一種偵測器？原因為何？
5. 高效液相層析儀在分析上有何優勢？
6. 何謂逆相液相層析法？

第十二章 質譜分析法

陳順基

12.1 前言

　　質譜分析法 (mass spectroscopy) 所使用的儀器為質譜儀 (mass spectrometer)，質譜儀本身就是一個偵測器，具有偵測原子或分子質量的基本功能，其主要原理為利用適當的游離步驟，將原子或分子離子化，游離成帶正電的離子，所呈現的分別為各種元素之原子質譜，及各種化合物之分子質譜。原子質譜較分子質譜簡單可作為各種元素之鑑定，分子質譜則可作為各種化合物之鑑定，如果無特別說明是原子質譜，一般所說的質譜係指分子質譜。

　　質譜的原理為以適當的離子源 (ionic sources) 將分子離子化，其中只帶 1 個正電的分子離子又稱為母離子 (molecular ion; parent ion)，分子離子會進一步斷裂生成許多斷裂分子片段，斷裂分子片段又稱為子離子 (fragment ion; daughter ion)，再以質量分析器 (mass analyzer) 分離不同質荷比 (mass to charge ratio, m/z) 的離子，並由偵測器偵測不同 m/z 值離子之強度，以得到有關化合物分子量與結構訊息之質譜圖，可用來推論分子離子的斷裂過程，提供官能基種類與分子結構之相關訊息。

　　質譜儀所產生的碎片在感光紙或電腦螢幕上呈現的條狀圖形即為質譜圖，其 x 軸為質荷比 (m/z)，y 軸為強度或相對強度 (relative intensity, %)。其中最大

強度之質荷比峰，又稱為基峰 (base peak)，代表該化合物最容易斷裂之分子片段，將此基峰的強度值定為 100，其他分子片段的相對強度值則是相對於基峰強度的比值。母離子 (M^+) 之質荷比峰，又稱為母峰或分子離子峰，因只帶 1 個正電，其質荷比大小等於分子量。基峰不見得是分子離子峰 (或稱母峰)，它只是最強峰。有可能母峰等於基峰，這意味此分子結構較為穩定而有較少的斷裂情形，通常分子亦會被斷裂成很多的分子片段 (子離子)，除了常被用來定性該分子特徵之外，定量分析亦常將標準劑與試樣的基峰強度值比對，以得知試樣中該成分之含量。

例如以質譜儀進樣分析氣體分子苯乙醇 ($C_6H_5CH_2CH_2OH$)，經過離子源離子化成只帶 1 個正電的分子離子 $C_6H_5CH_2CH_2OH^+$(M^+，m/z = 122)，大部分的分子離子因吸收能量會再進一步斷裂為 $C_3H_3^+$、$C_4H_4^+$、$C_5H_5^+$、$C_6H_5^+$、$C_6H_5CH_2^+$ 的分子片段，而這些分子片段混在一起後，必須透過質量分析器分離不同質荷比的離子，最後由偵測器偵測不同 m/z 值離子之強度，得到苯乙醇之質譜圖，如圖 12.1 所示。其中又以 $C_6H_5CH_2^+$ 的分子片段數目最多，因此以 $C_6H_5CH_2^+$ 的質荷比峰 (m/z = 91) 為基峰，基峰強度常被用來當作與標準劑化合物定性比對之用，在相同離子源的離子化能量之下，化合物分子片段彼此之間的數目比例是固定的，因此分子片段的質荷比以及分子片段之間的相對比值，常被用來當作與標準劑化合物定性比對之用。

因為質譜分析法有很好的原子或分子定性及定量功能，本身又是一個偵測器，因此質譜儀常與感應耦合電漿 (ICP)、氣相層析儀 (GC) 及液相層析儀 (LC) 結合應用：

1. **感應耦合電漿質譜法 (ICP-MS)**：感應耦合電漿與質譜儀結合使用時，ICP 是理想的離子源，大部分的元素在 ICP 中都能游離生成一價的離子，質譜儀則具有測定同位素比的能力，因此，ICP-MS 可用於測定無機試樣中的微量元素及微量元素之同位素比，為原子質譜之分析方法。

2. **氣相層析質譜法 (GC-MS)**：氣相層析質譜儀是將氣相層析儀與質譜儀連結，由層析儀分離試樣，以質譜儀當偵測器。GC-MS 適用於分析揮發性較

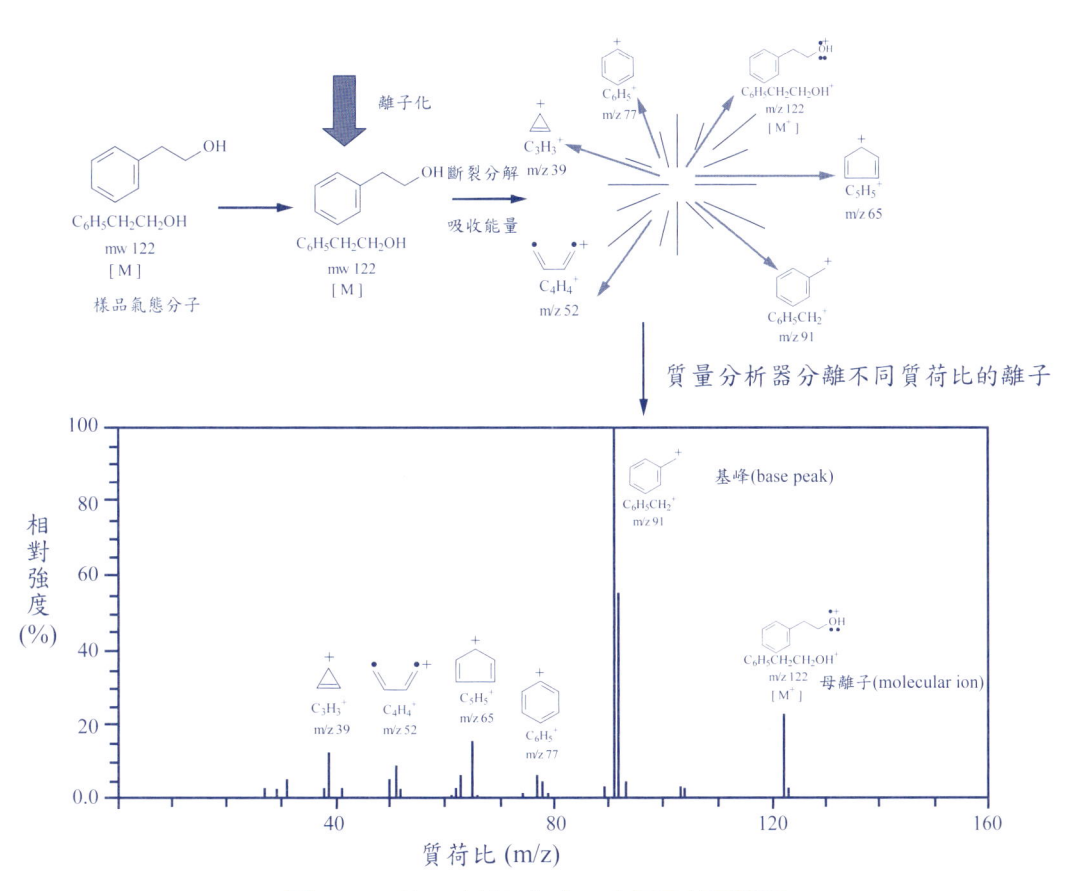

圖 12.1　苯乙醇離子化之示意圖及其質譜圖

高、熱穩定性較佳的試樣，為分子質譜之分析方法。

3. **液相層析質譜法 (LC-MS)**：液相層析質譜法是以高效液相層析儀進行試樣之分離，以質譜儀當作偵測器。LC-MS 可用於非揮發性試樣之分離與鑑定，為分子質譜之分析方法。

12.2　儀器組件

質譜儀是一個需要高度真空系統的儀器，主要由六種組件所構成：

1. **注入系統 (inlet system)**：使樣品氣化的裝置，通常是搭配氣相層析儀、液相層析儀或感應耦合電漿光譜儀作為質譜儀的進樣系統。

2. 離子源 (ionic sources)：將已氣化的分子進行離子化及斷裂生成分子片段的裝置。
3. 質量分析器 (mass analyzer)：分離不同質荷比 (m/z) 離子的裝置。
4. 偵測器：偵測電子訊號之裝置。
5. 訊號處理器與輸出裝置。
6. 真空系統裝置 (vacuum system)：負責將「離子源」、「質量分析器」、「偵測器」保持高度真空的裝置。

　　質譜儀之組合模式，依序為「注入系統」→「離子源」→「質量分析器」→「偵測器」→「訊號處理器與輸出裝置」，其中離子源、質量分析器與偵測器須由真空系統裝置隨時保持高度真空的狀態，如圖 12.2 所示。

1. 注入系統 (inlet system)

　　在不影響真空度的情形下，將極少量的樣品導入離子源中，並將固態或液態樣品利用揮發方式轉換成氣態。質譜儀的注入系統有「批式注入系統」、「直接探針注入系統」兩種方式。

(1) 批式注入系統

　　質譜儀批式注入系統如圖 12.3 所示，氣態樣品由圖中之氣體樣品入口處進樣，氣體體積可由計量區量測，樣品為液態時由圖中之液體樣品入口處進樣，對於沸點大於 150°C 之液體樣品，加熱帶及烘箱必須保持比樣品沸點更高之溫度，以使樣品維持為氣體分子狀態，整個注入系統必須壓力保持在 10^{-4}torr~10^{-5}torr 範圍，以便進入壓力為 10^{-5}torr~10^{-8} torr 範圍之離子化室。

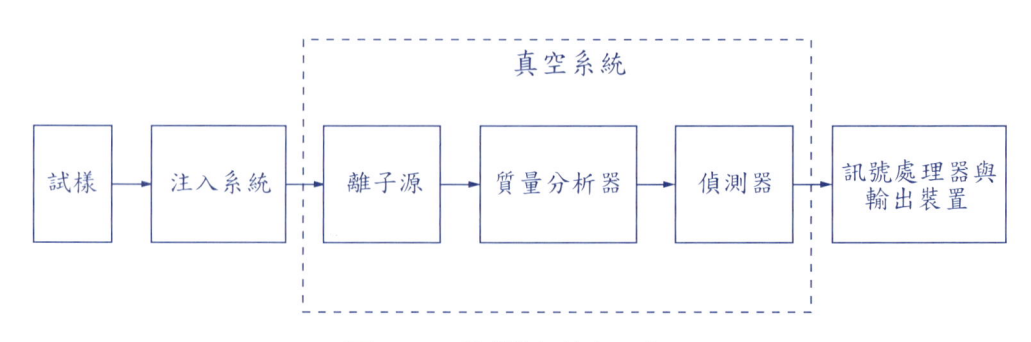

圖 12.2　質譜儀組件之示意圖

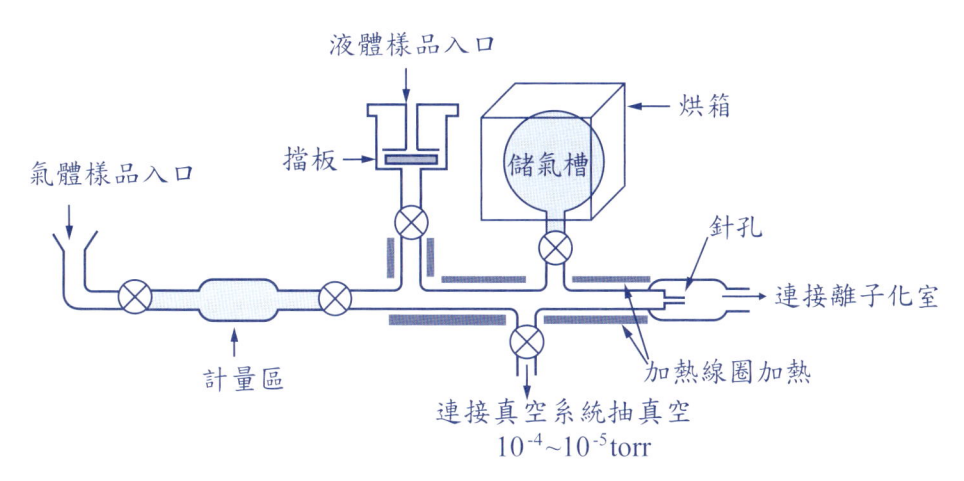

圖 12.3 質譜儀批式注入系統之示意圖

(2) 直接探針注入系統

如圖 12.4 所示為質譜儀直接探針注入系統之示意圖，固態和非揮發性液體可經由探針直接進入壓力為 10^{-5} torr~10^{-8} torr 範圍之離子化室。

此外，質譜儀亦可與其他儀器結合，對於揮發性高，極性低具熱穩定性的化合物，可與氣相層析儀 (GC) 結合，作為進樣系統。揮發性低，極性高易熱分解的化合物，可與液相層析儀 (LC) 結合，作為進樣系統。其他水溶性無機物如重金屬等，可與感應耦合電漿光譜儀 (ICP-OES) 結合，作為進樣系統。

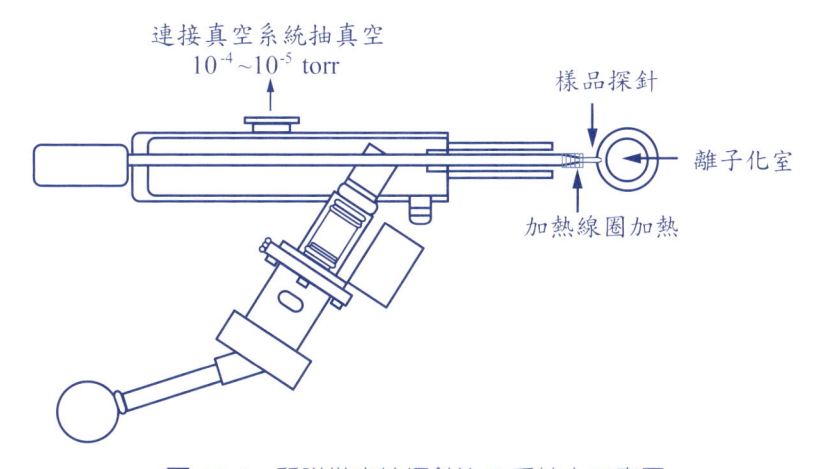

圖 12.4 質譜儀直接探針注入系統之示意圖

2. 離子源 (ionic sources)

離子源是將樣品以電子、離子、分子或光子撞擊樣品，也就是以熱能或電能達成樣品離子化的目的。離子源依其能量強度一般分為「硬離子源 (hard ionization source)」與「軟離子源 (soft ionization source)」兩種類型。

(1) 硬離子源：傳統氣相層析質譜儀的電子撞擊法 (electron impact, EI) 屬於硬離子化法，一般使用 70 eV 撞擊，能量較強，產生的斷裂離子較多。

(2) 軟離子源：軟離子化法如化學離子化法 (chemical ionization, CI)、快速原子撞擊法 (fast atom bombardment, FAB)、電噴灑離子化法 (electrospray ionization, ESI) 等，其能量較低，產生的斷裂離子較少，通常可以得到包含分子離子峰之質譜圖。

質譜分析之首要步驟為試樣之離子化，應用之試樣範圍則隨使用之離子源而定，表 12.1 說明不同離子化方法及其應用之試樣範圍。

A. 電子撞擊法 (EI)

如圖 12.5 所示為質譜儀電子撞擊法之離子源示意圖，所使用的電子撞

表 12.1　不同離子化方法及其應用之試樣範圍

離子化方法	應用之試樣範圍
A. 電子撞擊法 (electron impact, EI)	氣體、可氣化之揮發性高，極性低具熱穩定性的有機化合物與無機質。
B. 化學離子化法 (chemical ionization, CI)	氣體、可氣化之揮發性高，極性低具熱穩定性的有機化合物與無機質。
C. 快速原子撞擊法 (fast atom bombardment, FAB)	較低分子量之蛋白質、低聚醣等。
D. 電噴灑離子化法 (electrospray ionization, ESI)	揮發性低，極性高易熱分解的有機小分子 (如藥物、代謝物) 等至蛋白質、核酸等較大之有機分子。
E. 基質輔助雷射脫附離子化法 (matrix-assisted laser desorption ionization, MALDI)	揮發性極低，蛋白質、核酸等較大之有機分子。
F. 感應耦合電漿法 (inductively coupled plasma, ICP)	無機試樣中之微量元素。

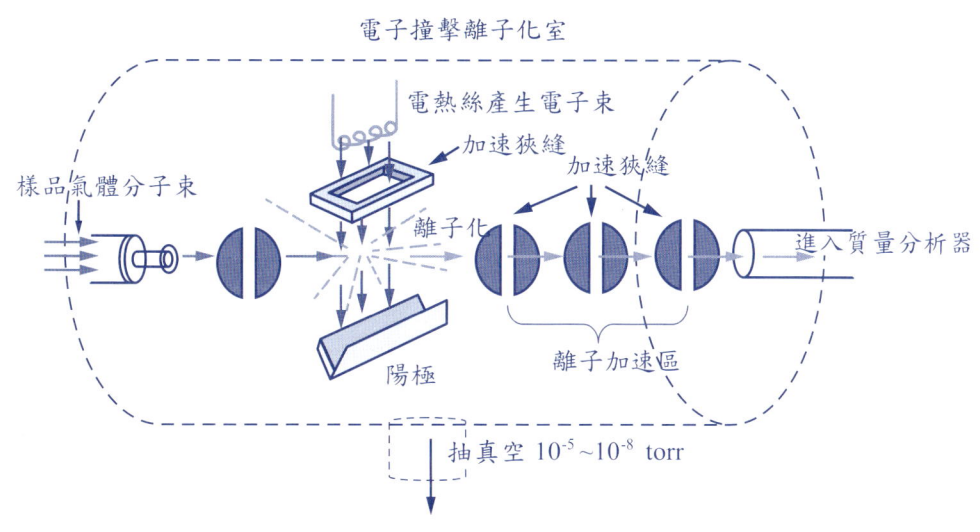

圖 12.5 質譜儀電子撞擊法 (EI) 之離子源示意圖

擊式離子源是由高溫之金屬絲釋放出電子，常以 70 伏特作為加速電壓，使帶有 70 電子伏特 (eV) 高能量之電子在離子化室撞擊試樣中性氣體分子，將分子中的電子撞擊出，產生具有高能量、不穩定之母離子，母離子因仍在高能量狀態，這多餘之能量使得母離子進行振動、轉動及分子重新排列之內能變化，會進一步斷裂生成許多不同的子離子。

$$M + e^- \rightarrow M^{\cdot +} + 2e^- \rightarrow A^+ + B^+ + C^+ + \cdots$$

M 代表分析物分子，$M^{\cdot +}$ 為母離子，A^+、B^+、C^+ 為進一步斷裂生成許多不同的子離子，分子束被電子撞擊產生正離子 (含母離子及子離子)，在離子加速區由加速狹縫聚焦，進入質量分析器分離不同質荷比 (m/z) 的離子，質譜儀電子撞擊法之技術相當重要，質譜數據資料庫很多都是以 70 電子伏特加速電子撞擊之分子質譜，作為共通比較之圖譜依據，例如美國國家標準技術研究所 (NIST) 所提供之質譜資料庫即是一例。因此在定量定性上具電子撞擊法 (EI) 離子源的質譜儀，幾乎為實驗室所採用之儀器設備。

電子撞擊法的優點：
- 離子化效率高，可得到大量的試樣分子斷裂碎片之質量。
- 產生具定性功能的斷裂片，由各種子離子的質量資訊反推斷裂重組可能

之模式，進而推導出分子結構。
- 已有電子撞擊法之質譜圖庫可進行成分比對，以獲得可能為何種化合物之相關資訊，因此電子撞擊法常作為鑑定分子種類的方法。

電子撞擊法的缺點：
- 在所有質譜儀中產生斷裂片最多之離子源，可能會造成過多的斷裂片，由於高能電子之撞擊，可能造成母離子全部斷裂成子離子，如果無母離子質荷比資訊，不易決定分子量及結構式。
- 對於同分異構物不容易分辨，因為其具有相同之母離子及子離子的質荷比資訊。
- 不適合遇熱易分解之化合物。
- 不適合低揮發性之化合物。

B. 化學離子化法 (CI)

在離子化室內先通入試劑氣體 (reagent gas)，經金屬絲釋放出的高能電子 (如 70 eV) 撞擊後，試劑氣體會形成離子後再與其他試劑氣體碰撞，生成更多的試劑氣體離子。此時進入離子化室中的試樣分子，將與相對濃度較高的試劑氣體離子相互作用，而產生質子之轉移使試樣分子離子化，CI 為間接游離法。由於化學離子化法僅為試劑氣體之質子轉移所造成試樣分子離子化，其生成的分子離子之能量較低，斷裂程度亦較低，通常可得到包含分子離子峰之質譜圖，因此常用於有機化合物分子量的鑑定。

化學離子化法所使用之試劑氣體，一般以高能電子 (如 70 eV) 撞擊後仍能維持分子離子之簡單分子為宜，如甲烷 (CH_4)。如果以甲烷作為間接游離試樣分子之試劑氣體，假設試樣分子的分子量為 M，則試樣分子經試劑氣體離子質子轉移，可能合併質子 (或失去質子)，或合併烷基離子 (烷基化)，而產生的母離子質荷比為 M-1、M+1、M+29，因此所得母離子質荷比須扣除質子化或烷基化因素，才能得到此試樣分子的分子量。化學離子化法主要分兩個階段，以甲烷作為試劑氣體為例說明如下：

◆ 第一階段：高能電子撞擊試劑氣體 CH_4 造成游離，產生 CH_4^+，並再次游離產生 CH_3^+、CH_5^+、$C_2H_5^+$ 等。

① $CH_4 + e^- \rightarrow CH_4^+ + 2e^-$

② $CH_4^+ \rightarrow CH_3^+ + H$

③ $CH_4^+ + CH_4 \rightarrow CH_5^+ + CH_3$

④ $CH_3^+ + CH_4 \rightarrow C_2H_5^+ + H_2$

◆ 第二階段：試樣分子的游離，經第一階段所產生之試劑氣體離子 (如 CH_3^+、CH_5^+、$C_2H_5^+$) 再與試樣分子相互作用，而產生質子之轉移使試樣分子離子化。

① $CH_3^+ + AH \rightarrow CH_4 + A^+$

　(試樣分子 AH，分子量 M，母離子 A^+，m/z = M-1)

② $CH_5^+ + A \rightarrow CH_4 + AH^+$

　(試樣分子 A，分子量 M，母離子 AH^+，m/z = M+1)

③ $C_2H_5^+ + A \rightarrow A C_2H_5^+$

　(試樣分子 A，分子量 M，母離子 $A C_2H_5^+$，m/z = M+29)

　化學離子化法的優點：

- 不會造成過多的斷裂片，容易鑑別分子量。
- 對於同分異構物分辨，可選擇適當的試劑氣體進行游離，因此有較佳的選擇性。

　化學離子化法的缺點：

- 雖然容易鑑別分子量，但所斷裂碎片太少，可推導出分子結構式資訊不足。
- 無商品化的圖庫可供比對，畢竟相同分子量的化合物實在太多，若僅有母離子峰或基峰等少數質荷比所形成之圖庫，很容易造成誤判。
- 由於使用大量試劑氣體作為離子源，因此離子化室需要較頻繁的維護工作。

C. 快速原子撞擊法 (FAB)

快速原子撞擊法係以不易揮發的惰性液體為基質材料 (matrix material)，以高能量的氙或氬等惰性氣體原子撞擊基質材料的表面上

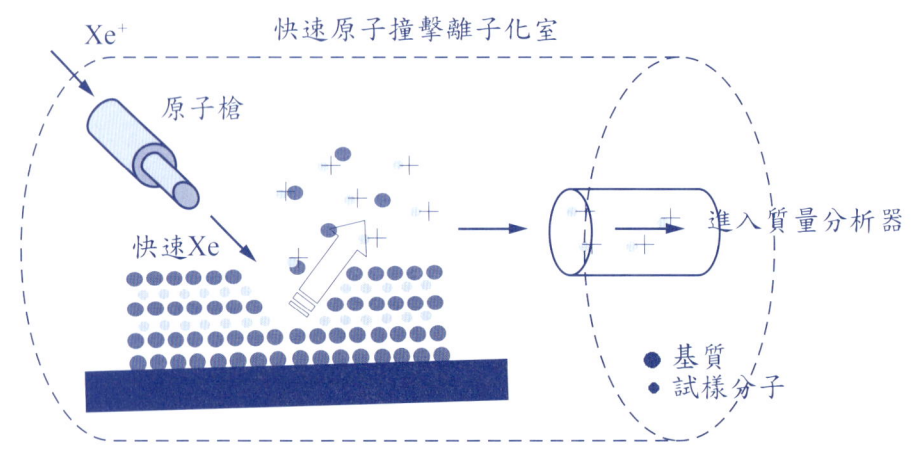

圖 12.6　質譜儀快速原子撞擊法 (FAB) 之離子源示意圖

的樣品，使樣品產生離子化，基質材料例如甘油 (glycerol)、硫代甘油 (thioglycerol)、硝基苯甲醇 (nitrobenzyl alcohol) 等，將樣品塗在此基質材料的表面上，使樣品在此基質材料的表面形成單層 (monolayer)，以利樣品游離化，利用高能量的氙或氬等惰性氣體原子，在原子槍 (atom gun) 進行電荷交換後，加速撞擊基質材料表面上的樣品，使樣品產生離子化，如圖 12.6 所示為質譜儀快速原子撞擊法之離子源示意圖。

　　快速原子撞擊法 (FAB) 的優點：
- 可適用比一般化合物分子量高的試樣，如較低分子量之蛋白質、低聚醣等，可得分子量 3000 以下的完整之結構質譜資料。
- 適用於非揮發性熱不穩定之化合物。
- 對待測物樣品的破壞性極低，因此樣品可重複測量。

　　快速原子撞擊法 (FAB) 的缺點：
- 選擇適合的基質材料不易。
- 樣品在此基質材料的表面不易形成單層。

D. 電噴灑離子化法 (ESI)

　　電噴灑離子化法 (ESI) 為分析蛋白質等生化大分子之重要技術，如圖 12.7 所示為質譜儀電噴灑離子化法之離子源示意圖。電噴灑過程中，液體

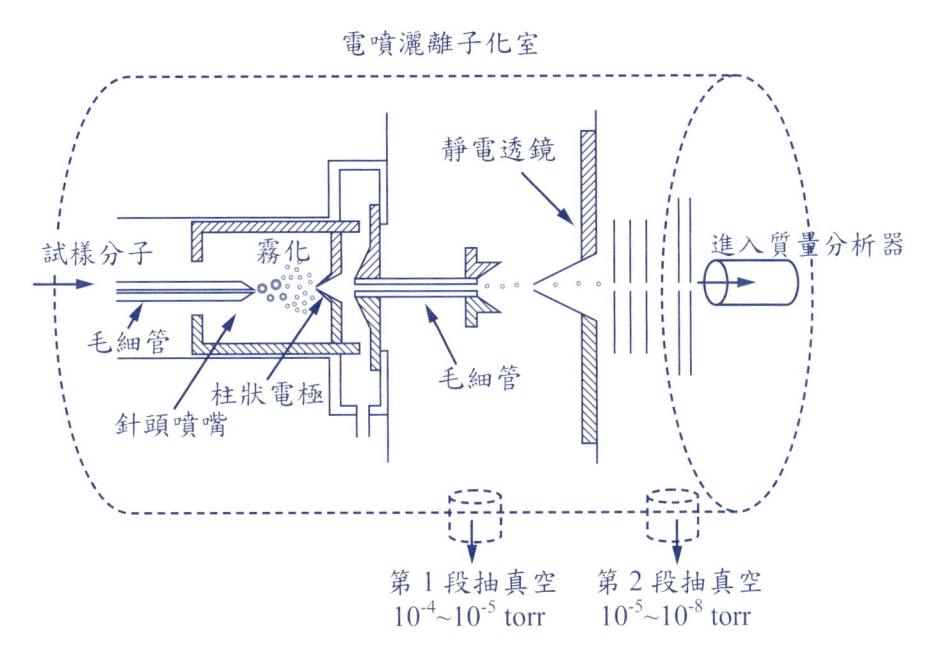

圖 12.7 質譜儀電噴灑離子化法 (ESI) 之離子源示意圖

樣品從一個有加附高電壓的毛細管噴灑出而霧化 (nebulization)，形成帶有電荷的液滴，通過吹有氮氣之氣窗將溶劑趕掉，帶有電荷的液滴則進入質量分析器。

在毛細管噴灑過程中，荷電的微滴粒子因為本身溶劑揮發使得其粒子大小變小，電荷密度增加，大分子會形成多電荷之離子，可降低分子離子之質荷比，使不致超出質量分析器之檢測極限。

電噴灑離子化法 (ESI) 的優點：
- 巨大或熱不穩定的生化分子很少發生斷裂成碎片。
- 質譜儀結合應用高效液相層析儀 (HPLC) 或毛細管電泳 (CE)，其最大的困擾在於質譜儀不允許有大量之液體進入系統，而利用電噴灑離子化法 (ESI) 可將溶劑趕掉，讓帶有電荷的試樣分子離子進入質量分析器。

電噴灑離子化法 (ESI) 的缺點：
- 由於大分子會形成多電荷之離子，使得質譜資訊變得較為複雜，須考慮該分子離子係帶有幾價之正電荷，才能反推分子量。

E. 基質輔助雷射脫附離子化法 (MALDI)

原理與快速原子撞擊法 (FAB)、電噴灑離子化法 (ESI) 類似，都是屬於脫附離子化之方法。電噴灑離子化除了可以分析蛋白質等巨分子外，也廣泛應用於分析有機小分子，如藥物、代謝物等；相對地，基質輔助雷射脫附離子化 (matrix-assisted laser desorption ionization, MALDI) 目前主要是應用於蛋白質等巨大分子的分析。

基質輔助雷射脫附離子化法以高能量的雷射脈衝為樣品離子化能量來源，基質材料包覆著樣品以避免雷射脈衝直接將蛋白質等巨大分子斷裂成碎片，所選擇之基質材料為可吸收雷射脈衝能量之物質，當基質吸收雷射能量後，將能量傳導至樣品，因而造成樣品之脫附游離。快速原子撞擊法偵測分子量達 1×10^4，基質輔助雷射脫附離子化法偵測分子量高達 1×10^5。表 12.2 為常用於基質輔助雷射脫附離子化法之基質及其可吸收之波長，可作為選擇基質之參考。

目前最常使用的脈衝式雷射光源是氮氣雷射 (nitrogen laser)，氮氣雷射能提供 3 奈秒、波長為 337 nm 的脈衝紫外光，在極短的時間內將能量轉移至基質，是基質輔助雷射脫附離子化法發生的必要條件之一。

表 12.2 基質輔助雷射脫附離子化法 (MALDI) 之基質及其可吸收之波長

基質	波長 (nm)
nicotinic acid	266，220~290
2,5-dihydroxybenzoic acid	266，337，355
vanillic acid	266
2-amino benzoic acid	266，337，355
pyrazine carboxylic acid	266
3-amino pyrazine-2-carboxylic acid	337
ferulic acid	266，337，355
sinapine acid	266，337，355
caffeic acid	266，337，355
3-nitro benzyl alcohol	266

備註：本表之資料來源為 M.Karas and U.Bahr, Trend Anal. Chem., 1990, 9, 322.

基質在產生氣態蛋白質離子的過程中至少扮演下列角色：
- 將蛋白質分子在介質中分開
- 吸收雷射光的能量
- 將蛋白質分子送入氣相
- 將蛋白質分子離子化

為使基質有效率地吸收雷射光能量，使用的基質須與雷射光波長配合，例如 sinapinic acid 能有效率的吸收波長為 337 nm 的氮氣雷射光。

基質輔助雷射脫附離子化 (MALDI) 的優點有：
- 可獲得分子量數千至數十萬的極性生化聚合物之正確分子量資訊。
- 基線雜訊低，無大分子碎片。

至於基質輔助雷射脫附離子化 (MALDI) 的缺點則是：
- 如果試樣分子顯著吸收雷射光波長之能量，則產生大量碎片，不適合以基質輔助雷射脫附離子化方法分析。

F. 感應耦合電漿 (ICP)

電漿的產生是由於氬氣在高能量無線電頻場中發生游離所致，因此儀器的主要燃燒氣體為氬氣，能量源為 40 MHz 之無線電頻產生器 (RF generator)，利用無線電頻感應將氬氣游離便能產生感應耦合電漿。

感應耦合電漿 (ICP) 與質譜儀結合使用時，ICP 是理想的離子源，大部分的元素在 ICP 中都能游離生成一價的離子，質譜儀則具有測定同位素比的能力，因此，ICP-MS 可用於測定無機試樣中的微量元素及微量元素之同位素比，如圖 12.8 所示為質譜儀感應耦合電漿之離子源示意圖。

感應耦合電漿的優點是適合重金屬元素分析。但是由於 ICP 屬原子質譜，主要為元素分析，不適合有機物之鑑定。

3. 質量分析器 (mass analyzer)

質量分析器的功能類似光學儀器中的光柵 (grating)，為分離不同質荷比離子的裝置，因此質量分析器需要有足夠數目的離子通過質量分析器，以產生足夠測量之離子電流。

依照不同設計原理可分為磁扇形分析器、雙聚焦分析器、飛行時間分析

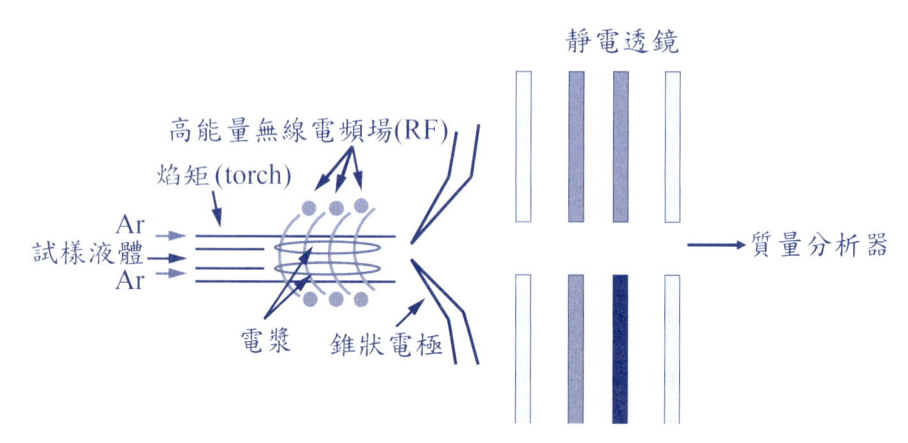

圖 12.8　質譜儀感應耦合電漿之離子源示意圖

器、四極柱分析器、離子阱分析器、傅立葉轉換離子迴旋共振分析器六種，茲分別說明如下：

(1) 磁扇形分析器 (magnetic sector analyzer)

使用磁扇形分析器之單聚焦質譜儀是將試樣游離的離子，經過電場加速後進入磁扇形分析器，使不同質荷比的離子分離。

一般單聚焦質譜儀之操作方式，是藉著固定電場之電壓 (V) 與離子之運動半徑 (r)，於改變磁場強度 (B) 之掃描過程中，將不同質荷比之離子分離，如圖 12.9 所示為質譜儀磁扇形質量分析器示意圖。

在離子化室由狹縫進入磁扇形分析器的質量 m、電荷 z 之正離子，在加速電場 (電位 = V) 加速至速度 v，所獲得之電勢位能為 zV，此能量為正離子動能 E：$E = zV = \frac{1}{2}mv^2$

此正離子，在磁場強度 B 作用下使正離子進入軌道半徑 r 之徑向軌道，此時所受磁場偏轉力 (deflecting force) 為 BzV，即為該正離子之離心力 mv^2/r：

$$BzV = \frac{mv^2}{r}$$

整理可得

$$\frac{m}{z} = \frac{B^2 r^2}{2V}$$

圖 12.9
質譜儀磁扇形質量分析器示意圖

範例

如果磁場強度為 0.2 tesla (W/m^2)，且離子經磁場區的彎曲半徑是 10 cm，單電荷甲烷 (CH$_4^+$) 分子離子在離子收集器穿過狹縫的加速電壓為何？

解答

每個離子電荷 z = 1.6×10^{-19} C

半徑 r = 0.1 m

質量 m = $\dfrac{16 \text{ g/mol}}{6.02 \times 10^{23} / \text{mol}} \times 10^{-3}$ kg/g = 2.66×10^{-26} kg

磁場強度 B = 0.2 W/m^2

代入公式 $\dfrac{m}{z} = \dfrac{B^2 r^2}{2V}$

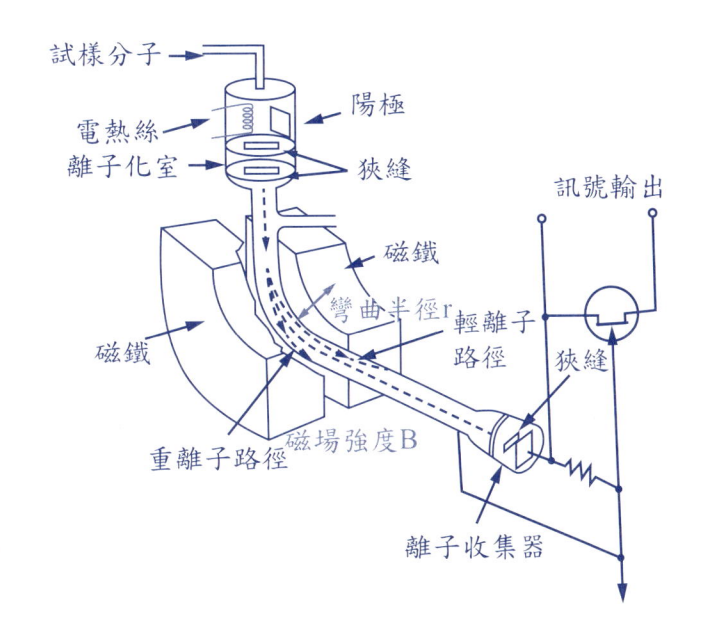

可解得加速電壓 V

$$V = \frac{B^2 r^2 z}{2m} = \frac{(0.2 \text{W/m}^2)^2 (0.1\text{m})^2 (1.6 \times 10^{-19} \text{ C})}{2 \times (2.66 \times 10^{-26} \text{kg})} = 1.20 \times 10^3 \text{volt}$$

(2) 雙聚焦分析器 (double-focusing analyzer)

離開離子化室進入磁扇形分析器的離子，由於移動能量係為波茲曼分布及離子源電場的不均勻性，造成到達離子收集器之前離子束變寬，影響解析度。因此，為解決此一問題，在磁扇形分析器之前，加裝靜電分析器 (electrostatic analyzer, ESA)，此靜電分析器為第一段之調整電場裝置，選擇相同動能的離子束能集中後，再進入第二段磁扇形分析器，以提高解析度，如圖 12.10 所示為質譜儀雙聚焦質量分析器示意圖。

(3) 飛行時間分析器 (time of flight analyzer, TOF)

飛行時間質譜術是利用飛行時間質譜儀來鑑定原子或分子的技術。當中性的原子或分子在靜電場中瞬間被游離時，即成為具有動能的離子，這些離子被加速飛行經過大約 1 m 的零電場導管到達粒子偵測器。由於飛行距離 (L) 是已知的定數，精確記錄的離子飛行時間 (T)，即可得到離子的速度 ($v = L/T$)。而離子的動能 E 也是已知的定數，從 $E = zV = (1/2)mv^2$ 即可得 $v = L/t = (2zV/m)^{1/2}$，也可推導出飛行時間 $t = L(m/2zV)^{1/2}$。典型的飛行時間約 1 μs~50 μs，簡單地說，測得的離子飛行時間即可得到原子或分子的質量。

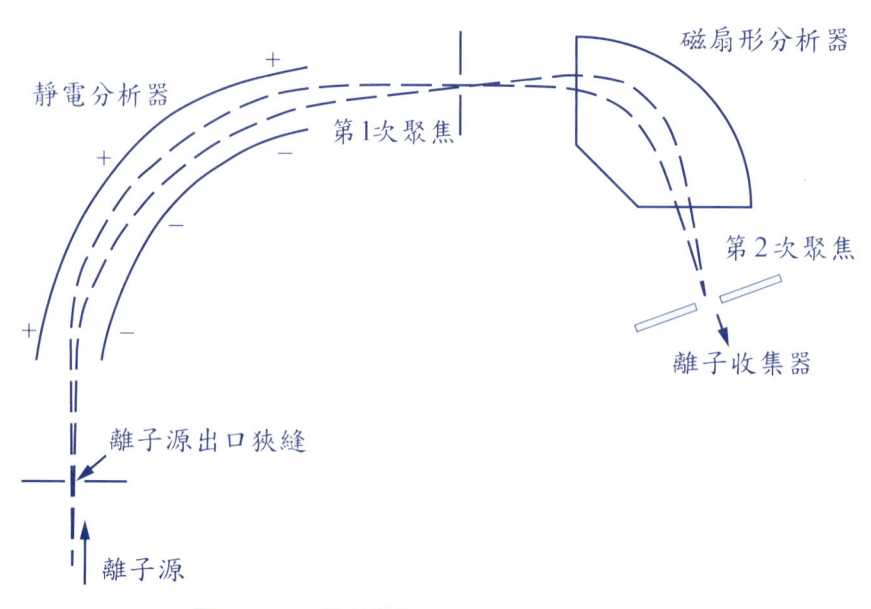

圖 12.10 質譜儀雙聚焦質量分析器示意圖

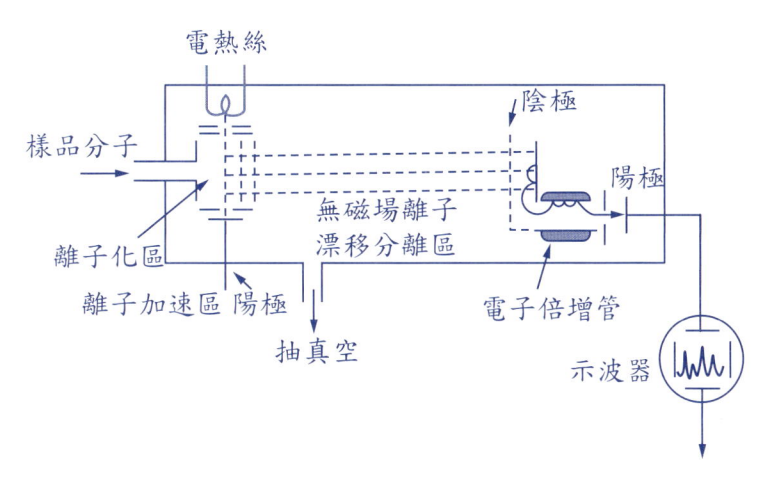

圖 12.11 質譜儀飛行時間質量分析器示意圖

　　飛行時間質量分析器的核心部分是一個電場的離子漂移管，如圖 12.11 所示為質譜儀飛行時間質量分析器示意圖。質荷比小的離子，漂移速度快，最先通過導管到達檢測器。質荷比較大的離子，則漂移速度較慢。檢測通過導管的時間 (t) 及其相對應的信號強度，可得到質譜圖。適合生物大分子，靈敏度高，掃描速度快，設備結構簡單，但是解析度隨著質荷比的增大而降低。

範例

飛行時間質量分析器中，有一個苯離子經 250 volt 加速電壓飛行大約 1 m 的零電場導管到達粒子偵測器，求飛行時間 t ？

解答

苯離子 ($C_6H_6^+$) 質量

$$m = \frac{78 \text{ g/mol}}{6.02 \times 10^{23} \text{/mol}} \times 10^{-3} \text{ kg/g} = 1.29 \times 10^{-26} \text{ kg}$$

代入公式飛行時間 $t = L\sqrt{\dfrac{m}{2zV}} = 1 \times \sqrt{\dfrac{1.29 \times 10^{-25}}{2 \times (1.6 \times 10^{-19}) \times 250}} = 40 \text{ μs}$

(4) 四極柱分析器 (quadrupole analyzer)

四極柱質量分析器主體是由四根平行圓棒所組成的電極，以四方形之對角線排列，並分別通以直流電壓 (DC voltage) 及射頻電壓，使兩個相對電極間形成震盪之電場。當加速的離子進入四極柱間之震盪電場時，可藉著改變電極電位，使特定 m/z 值離子形成共振離子，以正弦波之行進方式通過四極柱，而不與四極柱相撞而除去，通過四極柱後由偵測器偵測其強度，非特定 m/z 值離子無法形成共振離子，將與四極柱相撞而除去，達到質量分離的目的。

由於電極電位由低至高之變化可在快速的掃描過程中進行，因此配備四極柱分析器之質譜儀，可快速進行不同 m/z 值離子之掃描測定，如圖 12.12 所示為質譜儀四極柱質量分析器示意圖。

目前在質譜儀質量分析器的應用上，常將兩個以上的質譜儀加以結合，即成為所謂「串聯式質譜 (tandem mass spectroscopy)」，第一段質譜儀的質量分析器係作為將欲分析的目標離子 (target ion) 從試樣混合物中分離出來，功能類似層析儀的純化分離，所分離出來的目標離子，即母離子，所以在第一段質譜儀所配備的游離源，通常是軟離子源，例如化學離子化法 (CI) 游離源。經第一段質譜儀所形成的母離子，再進入第二段

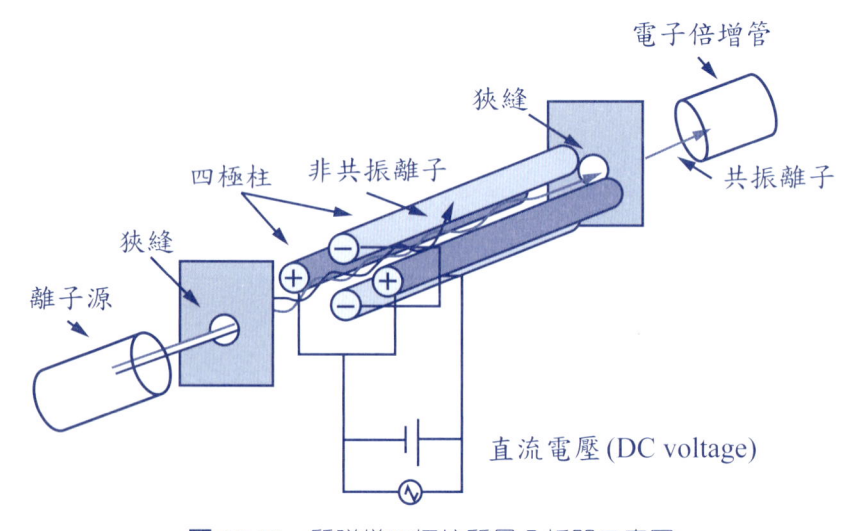

圖 12.12 質譜儀四極柱質量分析器示意圖

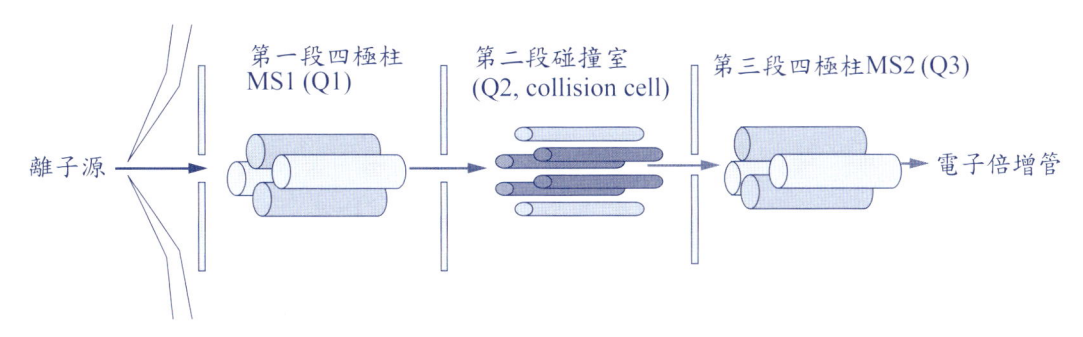

圖 12.13　三段式四極柱之串聯式質譜儀示意圖

質譜儀，通常第二段質譜儀所配備的游離源是填充氦氣的碰撞室，快速移動的氦原子與母離子之間的碰撞，使得母離子碰撞裂解，斷裂成許多的子離子，這些子離子再加以掃描得到質譜圖。由於串聯式質譜具有二次分離純化的效果，有效地降低來自樣品混合物雜訊的干擾，大大提升分析樣品的檢出感度。

串聯式質譜之第一段質譜儀所配備的游離源並非一定要選擇軟離子源，亦可選擇一般常用之電子撞擊法 (EI) 離子源，則此時分析的目的是選擇所欲分析母離子的特定碎片，例如基峰碎片或特定官能基碎片，再由第三段四極柱可得到特定碎片離子之 MS/MS 圖，可進一步確定碎片結構，MS/MS 圖有助於鑑定未知物之成分結構。

圖 12.13 所示為三段式四極柱之串聯式質譜儀示意圖，質量分析器包含第一段四極柱 MS1(Q1)、第二段碰撞室 (Q2, collision cell)、第三段四極柱 MS2 (Q3)。

(5) 離子阱分析器 (ion traps analyzer)

離子阱質量分析器不同於一般質量分析器，是屬於儲存式的一種質量分析器，其構造如圖 12.14 所示，主要是一個井字結構，前後兩邊由 2 個環電極 (ring electrode) 及左右兩邊由加套電極 (endcap electrode) 所組成，兩種電極中間由石英環絕緣。分析時兩邊環電極設定特定之無線電頻率 (radio frequency)，兩邊加套電極設定特定之直流電壓，便形成 1 個三度空間之四極矩，其類似四極柱質量分析器之主體 (四根平行圓棒電

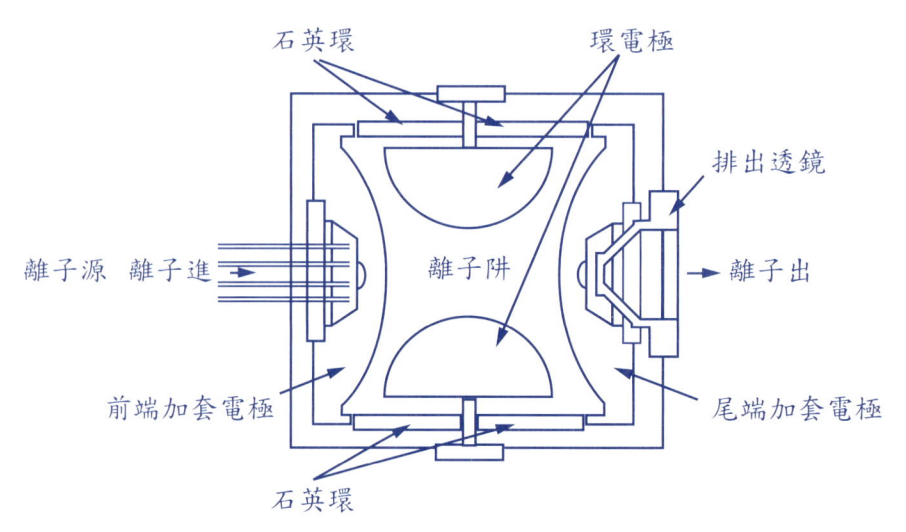

圖 12.14　質譜儀離子阱質量分析器示意圖

極)，因此又稱為四極矩離子阱 (quadrupole ion traps)，來自離子源之離子一旦進入此一質量分析器，如同一個阱將離子限制於其中，故此質量分析器稱之為離子阱分析器。

特定質荷比的離子在阱內軌道上穩定旋轉，改變端電極電壓，利用控制離子阱中三度空間的電場，使不同質荷比的離子依序排出離子阱到達偵測器，藉此分離不同質荷比的離子，由於可針對特定之碎片離子再進行多次質譜分析，離子的形成、儲存、掃描分析皆在同一空間進行，可作多次串聯質譜分析 (MS_n)，因此非常適合未知樣品之結構解析，為目前常應用於質譜儀之質量分析器。

(6) 傅立葉轉換離子迴旋共振分析器 (Fourier transform ion cyclotron resonance, FTICR)

利用不同質荷比的離子，在磁場的作用下，各自產生不同的迴旋頻率。若施加一射頻場，使其頻率等於某一特定質荷比離子的迴旋頻率，則離子就會吸收能量而被激發。激發的離子運動速度增大，運動軌道半徑增大，稱之離子迴旋運動的激發。如果磁場強度一定，改變射頻場的頻率即可激發不同質荷比的離子而得到質譜。

FTICR 的核心為分析室，分析室由三對平行的極板所構成。磁力線沿 z

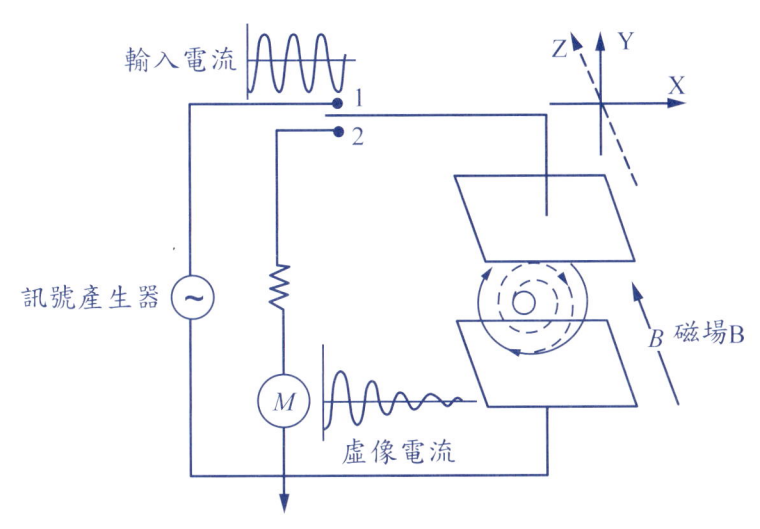

圖 12.15 質譜儀傅立葉轉換離子迴旋共振質量分析器示意圖

軸方向，離子的迴旋運動垂直於 z 軸，在與 x 軸方向垂直的兩極板上施加激發射頻，在與 y 軸方向垂直的兩極板上檢測信號。FTICR 解析度及靈敏度高，檢測質量範圍大，速度快，如圖 12.15 所示為質譜儀傅立葉轉換離子迴旋共振質量分析器示意圖。

4. 偵測器與真空系統裝置

(1) 偵測器

質譜儀一般以電子倍增器 (electron multiplier) 為偵測器，與紫外線-可見光光譜儀的光電倍增管 (photomultiplier tube, PMT) 結構相同。經由質量分析器分離的離子，進入電子倍增器後可將離子訊號轉換成電子流，電子倍增器內含有很多組的二極管 (dynodes)，電子撞擊二極管時則產生更多電子，所產生的電子再撞擊下一個二極管，再產生更多的電子，通常一個離子可產生 $10^6 \sim 10^7$ 個電子，容易放大訊號且感應時間快，相關訊號由輔助電腦處理，所得到的質譜可利用資料庫系統檢索比對，以協助未知化合物之鑑定，如圖 12.16 為電子倍增器示意圖。

(2) 真空系統裝置

質譜儀的真空系統一般是由機械幫浦與油擴散幫浦或機械幫浦與渦輪幫

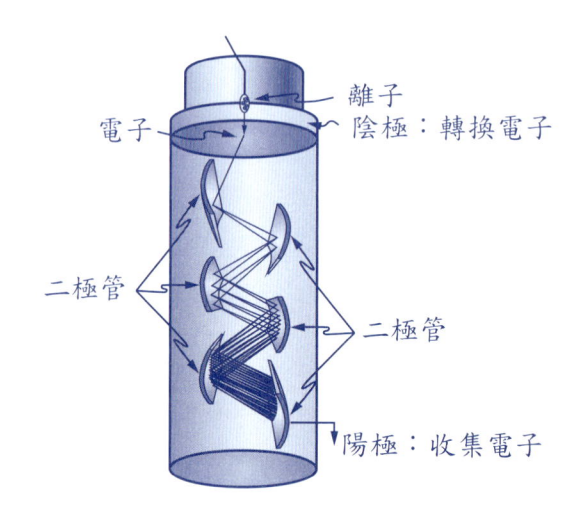

圖 12.16 電子倍增器示意圖

浦所組成，構成雙層真空保護，合乎要求的真空度才能進行精確的質譜分析。

12.3 質譜儀的解析度

質譜儀分辨質荷比吸收峰的能力是以解析度 R 來表示，如圖 12.17 為部分重疊之 2 個質荷比峰示意圖，R 值越高代表解析度越好。

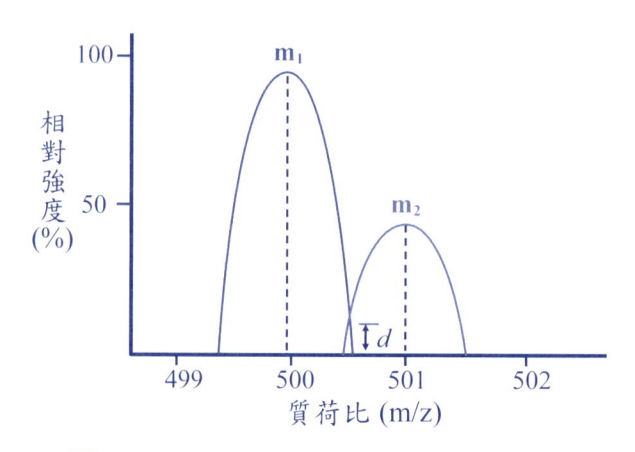

圖 12.17 部分重疊之 2 個質荷比峰示意圖

解析度的定義為 R = $m/\Delta m$，其中 m 為 2 個質荷比吸收峰的平均值，Δm 為 2 個質荷比吸收峰的差值。以圖 12.17 之說明為例，m = (500+501)/2 = 500.5，Δm = 501-500 = 1，因此解析度 R = $m/\Delta m$ = 5.005×10^2。如果 2 個吸收峰間的谷底高度 (如圖 12.17 之 d 值) 不及峰高的 1/10，此 2 個吸收峰一般可視為已分開。

高解析度質譜儀 (high resolution mass spectrometer, HRMS) 可用來測定樣品化合物的分子式，利用 HRMS 可得到更精確的質量，幫助鑑定出正確的化學式。例如考慮分子質量為 28 的分子離子，此近似分子量可能相當於 CO、N_2 或 C_2H_4，從原子量表，這些分子可對應於如下不同的精確質量，如果 HRMS 測量此離子的質量為 28.007，則我們可以獲得結論為 N_2 分子，因為 N_2 的精確質量最接近此觀察值。

	CO		N_2		C_2H_4
C	12.0000	2N	28.0062	2C	24.0000
O	15.9949			4H	4.0313
	27.9949		28.0062		28.0313

範例

欲分離 CH_2N^+(m/z = 28.0187) 及 $C_2H_4^+$(m/z = 28.0313) 之此 2 種離子質譜，所需質譜儀解析度多少？

解答

m = (28.0187+28.0313)/2 = 28.025，Δm = 28.0313-28.0187 = 0.0126，所以解析度 R = $\frac{m}{\Delta m}$ = 2.224×10^3

12.4 質譜儀的定性分析

本章節說明討論質譜的定性分析,雖然有質譜圖庫可進行成分比對(如NIST),但畢竟圖庫僅顯示最有可能化合物之建議,要確認試樣成分含量(包括定性及定量),仍須以已知之成分化合物與試樣成分進行比對,因此母離子、基峰及其他在質譜出現子離子之質荷比峰資訊,就顯得很重要。

試樣氣體分子經高能量 70 eV 電子在離子化室撞擊後,產生具有高能不穩定之母離子,母離子再進行振動、轉動及分子重新排列,會進一步斷裂生成許多不同的子離子,事實上由質譜推論碎片分子的重新排列機制是很困難的,但在質譜中相對強度 (relative intensity) 較高的子離子,表示在所有斷裂片段當中所佔之數目是較多的,可合理推論此子離子應該脫去容易離開之「離去基」,留下較穩定之「子離子」,「離去基」的分子量與「子離子」的分子量總和應等於母離子之分子量,以乙醇為例,即便乙醇是非常簡單之化合物,仍然有很多子離子之質荷比峰,如圖 12.18 為乙醇之質譜圖,說明了乙醇經過離子源離子化成只帶 1 個正電的分子離子 $CH_3CH_2OH^+$(M^+, m/z = 46),又再進一步斷裂為 CH_3CHOH^+(m/z = 45)、CH_2OH^+(m/z = 31)、$CH_3CH_2^+$(m/z = 29)、CH_3^+(m/

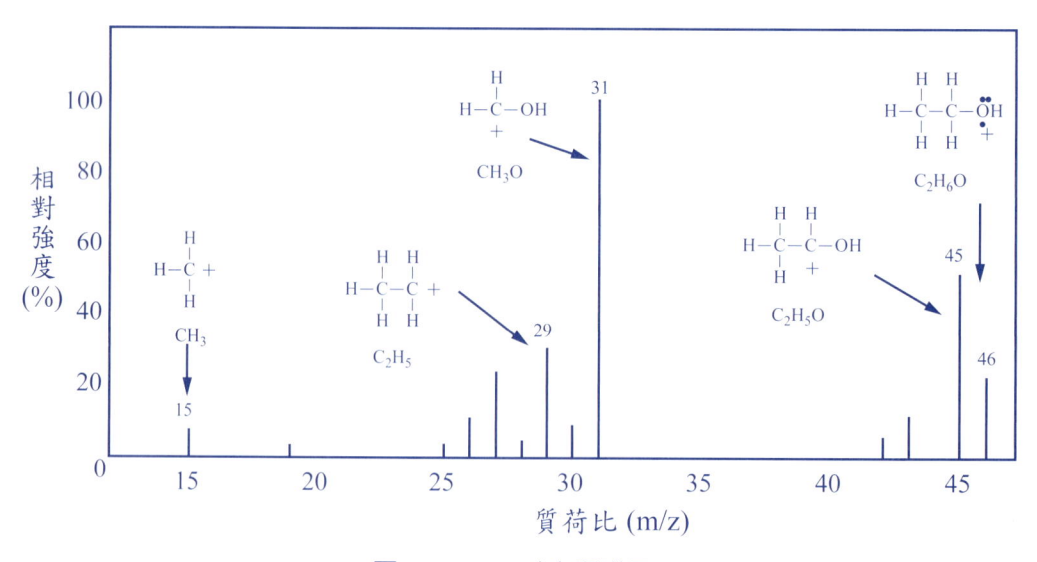

圖 12.18 乙醇之質譜圖

表 12.3 常見元素與其同位素在自然界中之存在豐度比值

元素	存在豐度比值
氫	$H^1 : H^2 = 100 : 0.015$
碳	$C^{12} : C^{13} = 100 : 1.08$
氮	$N^{14} : N^{15} = 100 : 0.37$
氧	$O^{16} : O^{17} : O^{18} = 100 : 0.04 : 0.20$
矽	$Si^{28} : Si^{29} : Si^{30} = 100 : 5.1 : 3.4$
硫	$S^{32} : S^{33} : S^{34} = 100 : 0.80 : 4.40$
氯	$Cl^{35} : Cl^{37} = 100 : 32.5$
溴	$Br^{79} : Br^{81} = 100 : 98.0$

z = 15) 的分子片段，其中 $CH_3CH_2OH^+$(M^+, m/z = 46) 為母離子峰 (或稱分子離子峰)，CH_2OH^+(m/z = 31) 為基峰，CH_2OH^+ 推測為最穩定的「子離子」。

雖然質譜推論碎片分子的重新排列機制不容易，但是在週期表中很多元素存在有一定豐度比例的天然同位素，質荷比峰之相對強度也對應於同位素之存在比值，因此，母離子與其同位素峰之相對強度比值，或基峰離子與其同位素峰之相對強度比值，就成為質譜定性分析很重要的參考依據，表 12.3 列出有機化合物中較為常見元素與其同位素在自然界之存在豐度比值。

分子離子峰 M 是由最大豐度的同位素所產生的，由於質譜儀的靈敏度很高，因此，在質譜圖上也會出現一個或多個由多重同位素組成的同位素分子離子峰。例如一個試樣分子為 $C_wH_xN_yO_z$，如果母離子 (M^+) 質荷比峰之相對強度為 I_M，則同位素 $(M+1)^+$ 質荷比峰之相對強度為 $I_{M+1} = (0.0108w+0.00015x+0.0037y+0.0004z)\ I_M$，或 $I_{M+1}/I_M = (1.08w+0.015x+0.37y+0.04z)\%$，雖然低解析度的質譜儀所提供的質荷比數據為整數，但是只要分子離子峰及其同位素離子峰 $(M+1)^+$、$(M+2)^+$... 等之強度足夠，亦能準確達到定性分辨 2 個相同吸收峰質荷比之目的。

範例

二硝基苯 ($C_6H_4N_2O_4$) 分子量為 168.0171098，1-十二烯 ($C_{12}H_{24}$) 分子量為 168.1878063，低解析度的質譜儀所提供的二硝基苯 ($C_6H_4N_2O_4$) 與 1-十二烯 ($C_{12}H_{24}$) 之質荷比數據相同，皆為 m/z = 168。

(1) 請計算二硝基苯 ($C_6H_4N_2O_4$) 之 I_{M+1}/I_M 比值，以及 1-十二烯 ($C_{12}H_{24}$) 之 I_{M+1}/I_M 比值。

(2) 如果以 I_{M+1}/I_M 比值之量測，該 2 種化合物是否可以分辨？

解答

(1) 由表 12.3 之數據代入公式 $I_{M+1}/I_M = (1.08w + 0.015x + 0.37y + 0.04z)\%$。

二硝基苯 ($C_6H_4N_2O_4$)：

$I_{M+1}/I_M = (1.08 \times 6 + 0.015 \times 4 + 0.37 \times 2 + 0.04 \times 4)\% = 7.44\%$

1-十二烯 ($C_{12}H_{24}$)：

$I_{M+1}/I_M = (1.08 \times 12 + 0.015 \times 24)\% = 12.32\%$

(2) 二硝基苯 ($C_6H_4N_2O_4$) 之 I_{M+1}/I_{M1} 比值為 7.44%，1-十二烯 ($C_{12}H_{24}$) 之 I_{M+1}/I_{M1} 比值為 12.32%，由 I_{M+1}/I_{M1} 比值之量測，該 2 種化合物是可以分辨。

試樣如果含多鹵化烴類分子，即含有鹵素元素 (如氯、溴) 之化合物，則因該元素之同位素所占比例相當高 (表 12.3)，除鹵素元素之外的其他元素同位素所占比值，相對小很多可忽略不計，此時以鹵素元素與其同位素在自然界中之存在豐度比值為主要考量，例如一氯甲烷分子 CH_3Cl，如果 CH_3Cl^{35} 之 M^+ 質荷比峰之相對強度為 I_M，則同位素 CH_3Cl^{37} 之母離子 $(M+2)^+$ 質荷比峰之相對強度為 $I_{M+2} = 0.325 I_M$ (表 12.3)，$I_M : I_{M+2} = 3 : 1$。如果 1 個未知化合物之母離子吸收峰位置，出現 2 支質荷比吸收峰，且 $I_M : I_{M+2} = 3 : 1$，可以預估此化合物可能是含 1 個氯之化合物。

推估 $I_M : I_{M+2}$ 比值之關係，可由公式二項展開式 $(a+b)^x$ 計算得知，式中 $Cl^{35} : Cl^{37} = a : b$，$a = 3$，$b = 1$，x 為 Cl 的數目，因此如果是含 2 個氯之化合物，則 $(3+1)^2 = 9+6+1$，得知 $(M)^+ : (M+2)^+ : (M+4)^+ = 9 : 6 : 1$。

同理，一溴甲烷分子 CH_3Br，$I_{M+2} = 0.98I_M$ (表 12.3)，$I_M : I_{M+2} = 1 : 1$，公式二項展開式 $(c+d)^y$ 仍然成立，式中 $Br^{79} : Br^{81} = c : d$，$c = 1$，$d = 1$，y 為 Br 的數目，一溴甲烷分子 CH_3Br 之 $I_M : I_{M+2} = 1 : 1$。因此如果是含 2 個溴之化合物，則 $(1+1)^2 = 1+2+1$，得知 $(M)^+ : (M+2)^+ : (M+4)^+ = 1 : 2 : 1$。

如果含有 x 個氯及 y 個溴之化合物，則公式為 2 組二項展開式 $(a+b)^x(c+d)^y$ 組合之展開，式中 $Cl^{35} : Cl^{37} = a : b$，$a = 3$，$b = 1$，x 為 Cl 的數目，$Br^{79} : Br^{81} = c : d$，$c = 1$，$d = 1$，y 為 Br 的數目，可用來計算母離子 $(M)^+$ 與同位素離子 $(M+2)^+$、$(M+4)^+$…的強度比，例如一溴一氯甲烷分子 CH_2ClBr，則 $(3+1)^1(1+1)^1 = 3+4+1$，得知 $(M)^+ : (M+2)^+ : (M+4)^+ = 3 : 4 : 1$。

例如二氯甲烷分子 CH_2Cl_2，則同位素分子離子可能之排列組合計有「$CH_2Cl^{35}Cl^{35}$」、「$CH_2Cl^{35}Cl^{37}$」、「$CH_2Cl^{37}Cl^{35}$」、「$CH_2Cl^{37}Cl^{37}$」，假設 $Cl^{35}\% : Cl^{37}\% = a : b$，$CH_2Cl^{35}Cl^{35}$ 所占比值為 $a \times a = a^2$，$CH_2Cl^{35}Cl^{37}$ 所占比值為 $a \times b = ab$，$CH_2Cl^{37}Cl^{35}$ 所占比值為 $b \times a = ab$，$CH_2Cl^{37}Cl^{37}$ 所占比值為 $b \times b = b^2$，將上述比值加總為 $a^2 + 2ab + b^2 = (a+b)^2$ 相當於二項 $(a，b)$ 展開式 $(a+b)^x$，x 為 Cl 的數目，可用來計算母離子 $(M)^+$ 與同位素離子 $(M+2)^+$、$(M+4)^+$…的強度比，$CH_2Cl^{35}Cl^{35}$ 母離子 $(M)^+$ 質荷比峰 (m/z = 84) 之相對強度為 I_M，$CH_2Cl^{35}Cl^{37}$ 母離子 $(M+2)^+$ 質荷比峰 (m/z = 86) 之相對強度為 I_{M+2}，$CH_2Cl^{37}Cl^{37}$ 母離子 $(M+4)^+$ 質荷比峰 (m/z = 88) 之相對強度為 I_{M+4}，將 $(3+1)^2$ 展開為 $9+6+1$，可得知 $I_M : I_{M+2} : I_{M+4} = 9 : 6 : 1$，除了母離子 $CH_2Cl_2^+$ 同位素會有 (9：6：1) 之資訊外，基峰 CH_2Cl^+(m/z = 49) 因只含 1 個氯元素，基峰同位素會有 (3：1) 之資訊，其實由分子量 84，母離子峰 9：6：1，基峰 3：1，由於分子結構簡單，可由質譜圖即可推導出此一化合物為二氯甲烷，如圖 12.19 之二氯甲烷質譜圖所示。

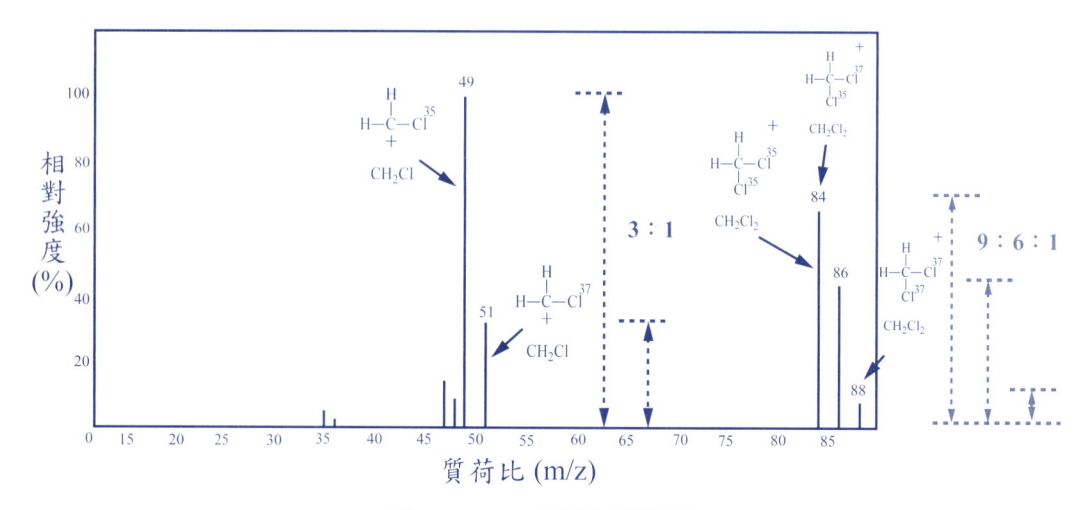

圖 12.19 二氯甲烷質譜圖

範例

一個未知碳氫化合物質譜圖中在母離子峰 (m/z = 84) 的位置出現 3 支吸收峰，強度比值為 $I_M : I_{M+2} : I_{M+4} = 9 : 6 : 1$，在基峰 (m/z = 49) 的位置出現 2 支吸收峰，強度比值為 3：1，求該化合物之化學式為何？

解答

基峰強度比值為 3：1，得知基峰含 1 個氯，母離子峰 (m/z = 84) 的位置出現 3 支吸收峰，得知含有 2 個鹵素元素，可能有 1 個氯 1 個溴的組合，或 2 個氯的組合，如果是 1 個氯 1 個溴組合，$(3+1)(1+1) = 3+4+1$，如果是 2 個氯的組合，$(3+1)^2 = 9+6+1$，本題題目中 3 支吸收峰強度比值為 $I_M : I_{M+2} : I_{M+4} = 9 : 6 : 1$，得知此化合物為 $C_mH_nCl_2$，又題目得知此化合物之分子量 = 84，C_mH_n 的分子量 = $84-(35×2) = 14$，$C_mH_n = CH_2$，因此該化合物為 CH_2Cl_2。

例如一溴一氯甲烷分子 CH_2ClBr，則同位素分子離子可能之排列組合計有「$CH_2Cl^{35}Br^{79}$」、「$CH_2Cl^{37}Br^{79}$」、「$CH_2Cl^{35}Br^{81}$」、「$CH_2Cl^{37}Br^{81}$」，由

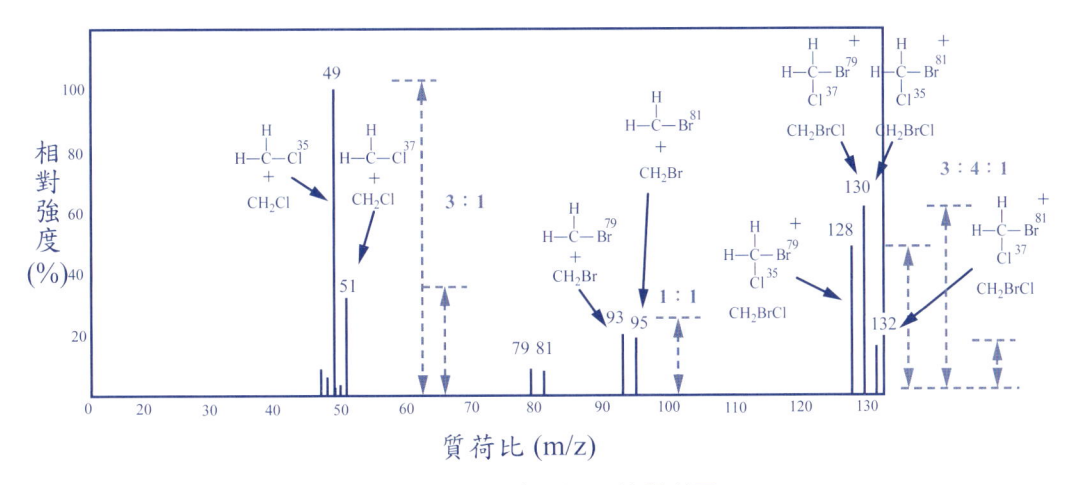

圖 12.20 一溴一氯甲烷質譜圖

(a, b) 與 (c, d) 展開式 $(a+b)^x(c+d)^y$，x 為 Cl 的數目，y 為 Br 的數目，可用來計算母離子 $(M)^+$ 與同位素離子 $(M+2)^+$、$(M+4)^+$…的強度比，$CH_2Cl^{35}Br^{79}$ 母離子 $(M)^+$ 質荷比峰 (m/z = 128) 之相對強度為 I_M，$CH_2Cl^{37}Br^{79}$ 母離子與 $CH_2Cl^{35}Br^{81}$ 母離子有相同 $(M+2)^+$ 質荷比峰 (m/z = 130)，其相對強度為 I_{M+2}，$CH_2Cl^{37}Br^{81}$ 母離子 $(M+4)^+$ 質荷比峰 (m/z = 132) 之相對強度為 I_{M+4}，將 $(3+1)(1+1)$ 展開為 $3+4+1$，可得知 $I_M : I_{M+2} : I_{M+4} = 3 : 4 : 1$，由於 Br 比 Cl 為更佳之離去基，因此推測基峰分子應為 CH_2Cl^+ (m/z = 49)，基峰同位素會有 (3：1) 之資訊，另外一組主要碎片分子為 CH_2Br^+ (m/z = 93)，碎片同位素會有 (1：1) 之資訊，如圖 12.20 之一溴一氯甲烷質譜圖所示。

範例

一個未知碳氫化合物質譜圖中在母離子峰 (m/z = 128) 的位置出現 3 支吸收峰，強度比值為 $I_M : I_{M+2} : I_{M+4} = 3 : 4 : 1$，在基峰 (m/z = 49) 的位置出現 2 支吸收峰，強度比值為 3：1，另外一組主要碎片分子 (m/z = 93) 強度比值為 1：1，求該化合物之化學式為何？

> **解答**
>
> 基峰強度比值為 3：1，得知基峰含 1 個氯，另外一組主要碎片分子 (m/z = 93) 強度比值為 1：1，得知此碎片含 1 個溴，母離子峰 (m/z = 128) 的位置出現 3 支吸收峰，得知含有 2 個鹵素元素，且一定為 1 個氯 1 個溴的組合，代入公式 (3+1)(1+1) = 3+4+1，與本題題目中 3 支吸收峰強度比值為 $I_M : I_{M+2} : I_{M+4}$ = 3：4：1 吻合，得知此化合物為 C_mH_nClBr，又題目得知此化合物之分子量 = 128，C_mH_n 的分子量 = 128−(35+79) = 14，C_mH_n = CH_2，因此該化合物為 CH_2ClBr。

12.5 質譜儀的定量分析

關於質譜儀的定量分析，一般而言都會與層析儀互相結合，例如與液相層析儀結合即成為液相層析質譜儀 (LC-MS)，與氣相層析質譜儀結合即成為氣相層析質譜儀 (GC-MS)。在進行時可先將試樣注入層析儀之層析管柱，然後再導入質譜儀，因此可得到以時間軸為主的層析圖以及以質荷比為主的質譜圖。除此之外，可以將質譜儀設定所欲分析化合物之質荷比，再以時間函數記錄離子電流值，此技術即為選擇離子監測法 (selected ion monitoring)。

選擇離子監測法可以同時監測多筆質荷比之訊號，例如母離子質荷比訊號，基峰離子質荷比訊號，及次要片段離子質荷比訊號等，如果欲分析試樣成分與標準品在相同層析時間點上，擁有相同的母離子、基峰、次要片段..等等質荷比訊號，幾乎可以判定試樣成分與標準品為相同的化合物，定量時通常選擇相對強度最大的基峰離子電流值，當作比對定量之離子吸收峰，有時也會增加次要片段離子電流值，當作另一個比對定量之離子吸收峰，這是因為考慮到

層析管柱無法完全達到分離純化的效果時，因為相同層析時間點上，來自雜質的干擾影響基峰離子電流值同時又影響次要片段離子電流值的機率幾乎為零。層析儀常常因為重疊吸收峰造成定量上的誤差，而質譜儀選擇離子監測法可以改善此一缺點，同時也提高了檢出感度。

參考資料

1. 儀器分析，林敬二審譯，(Principle of instrumental analysis, Dougls A. Skoog)，美亞書版股份有限公司。
2. 最新儀器分析總整理，何雍編著，鼎茂圖書出版股份有限公司。

本章重點

1. 質譜的原理為以適當的離子源將分子離子化，再以質量分析器分離不同質荷比 (m/z) 的離子，並由偵測器偵測不同 m/z 值離子之強度，以得到有關化合物分子量與結構訊息之質譜圖，可用來推論分子離子的斷裂過程，提供官能基種類與分子結構之相關訊息。
2. 質譜中只帶 1 個正電的分子離子又稱為母離子，其質荷比大小等於分子量。
3. 分子離子會進一步斷裂生成許多斷裂分子片段，斷裂分子片段又稱為子離子，最大強度之質荷比吸收峰，又稱為基峰，代表該化合物最容易斷裂之分子片段。
4. 相對強度 (%) 則指每一斷裂物與最多量斷裂離子之比值，將基峰的強度值定為 100，其他分子片段的相對強度值為相對於基峰強度的比值。
5. 質譜儀之組合模式，依序為「注入系統」→「離子源」→「質量分析器」→「偵測器」→「訊號處理器與輸出裝置」，其中離子源、質量分析器與偵測器須由真空系統裝置隨時保持高度真空的狀態。

6. 離子源依其能量強度一般分為硬離子源與軟離子源兩種類型。
   (1) 硬離子源：傳統氣相層析質譜儀的電子撞擊法 (EI) 屬於硬離子化法，一般使用 70 eV 撞擊)，能量較強，產生的斷裂離子較多。
   (2) 軟離子源：軟離子化法如化學離子化法 (CI)、快速原子撞擊法 (FAB)、電噴灑離子化法 (ESI) 等，其能量較低，產生的斷裂離子較少，通常可以得到包含分子離子峰之質譜圖。
7. 質譜分析之首要步驟為試樣之離子化，常用之離子源有：電子撞擊法 (EI)、化學離子化法 (CI)、快速原子撞擊法 (FAB)、電噴灑離子化法 (ESI)、基質輔助雷射脫附離子化法 (MALDI) 與感應耦合電漿法 (ICP)。
8. 質量分析器的功能類似光學儀器中的光柵 (grating)，為分離不同質荷比離子的裝置，依照不同設計原理可分為：磁扇形分析器、雙聚焦分析器、飛行時間分析器、四極柱分析器、離子阱分析器與傅立葉轉換離子迴旋共振分析器。
9. 質譜儀分辨質荷比吸收峰的能力是以解析度 R 來表示，解析度 R 的定義為 R = m/Δm，其中 m 為 2 個質荷比吸收峰的平均值，Δm 為 2 個質荷比吸收峰的差值。
10. 分辨 2 個相同質荷比峰，可以以同位素豐度公式：I_{M+1}/I_M = (1.08w+0.015x+0.37y+0.04z)%方式區別。
11. 含有 x 個氯及 y 個溴之化合物，則公式為 2 組二項展開式 $(3+1)^x(1+1)^y$ 組合之展開，可用來計算母離子 (M)$^+$ 與同位素離子 (M+2)$^+$、(M+4)$^+$…的強度比。
12. 質譜儀定量時通常選擇相對強度最大的基峰離子電流值，當作比對定量之離子吸收峰，有時也會增加次要片段離子電流值，當作另一個比對定量之離子吸收峰，無層析儀之重疊吸收峰層析圖所造成之誤差。

本章習題

一、單選題

1. 飛行時間質量分析器中，有一個乙醇 $(CH_3CH_2OH)^+$ 離子經 250 volt 加速電壓飛行大約 1 m 的零電場導管到達粒子偵測器，求飛行時間 t？(最接近之數值)

    (1) 10 μs
    (2) 20 μs
    (3) 30 μs
    (4) 40 μs

    答案：(3)

2. 若有四極柱質量分析器 (quadrupole analyzer) 之解析度 R 約為 2000，試問下列何者正確？(C = 12.0000000，H = 1.00782522，N = 14.00307440，O = 15.99491502)

    (1) 不可分辨 CO 與 N_2
    (2) 不可分辨 N_2 與 C_2H_4
    (3) 不可分辨 CO 與 C_2H_4
    (4) 三者皆可以分辨

    答案：(1)

3. 下列關於 $C_{10}H_6Br_2$ 之同位素峰比值的敘述，何者正確？

    (1) $(M)^+$：$(M+2)^+$ 強度比為 1：1
    (2) $(M+2)^+$：$(M+4)^+$ 強度比為 1：1
    (3) $(M)^+$：$(M+4)^+$ 強度比為 1：1
    (4) $(M+2)^+$：$(M+4)^+$ 強度比為 1：2

    答案：(3)

4. 下列何者為質譜儀中產生斷裂片最多之離子源？

    (1) 電子撞擊法 (electron impact, EI)
    (2) 化學離子化法 (chemical ionization, CI)
    (3) 快速原子撞擊法 (fast atom bombardment, FAB)
    (4) 電噴灑離子化法 (electrospray ionization, ESI)

    答案：(1)

5. 下列何者為質譜儀中產生斷裂片最少之離子源？
   (1) 電子撞擊法 (electron impact, EI)
   (2) 化學離子化法 (chemical ionization, CI)
   (3) 快速原子撞擊法 (fast atom bombardment, FAB)
   (4) 電噴灑離子化法 (electrospray ionization, ESI)

   答案：(2)

6. 下列敘述何者錯誤？
   (1) 一氯甲烷分子 CH_3Cl 之質譜 $(M)^+$：$(M+2)^+$ 強度比為 3：1
   (2) 為避免分子離子化產生過多之斷裂，可採用化學離子化法
   (3) 雙聚焦分析器是使用 2 組磁場進行聚焦分離
   (4) 質譜係以基峰強度定為 100%，其他離子強度則相對於基峰強度之百分比表示

   答案：(3)

7. 下列何者離子源適合重金屬元素分析？
   (1) 電子撞擊法 (EI)　　　　　　(2) 化學離子化法 (CI)
   (3) 快速原子撞擊法 (FAB)　　　(4) 感應耦合電漿法 (ICP)

   答案：(4)

8. 下列何者離子源適合揮發性極低，蛋白質、核酸等較大之有機分子分析？
   (1) 電子撞擊法 (EI)
   (2) 化學離子化法 (CI)
   (3) 基質輔助雷射脫附離子化法 (MALDI)
   (4) 快速原子撞擊法 (fast atom bombardment, FAB)

   答案：(3)

9. 某一含兩個氯原子化合物，其質譜圖峰強度 M：M+2：M+4 的比為？
   (1) 3：4：1　　　　　　　　　(2) 1：2：1
   (3) 4：3：1　　　　　　　　　(4) 9：6：1

   答案：(4)

10. 下列哪一種化合物適合電子撞擊法 (EI) 離子源而非基質輔助雷射脫附離子化法 (MALDI)？
    (1) 醣類
    (2) 烷類
    (3) 蛋白質
    (4) 核酸

    答案：(2)

二、複選題

1. 下列哪些為質譜儀電子撞擊 (EI) 離子源之優點？
   (1) 離子化效率高，可得到大量的試樣分子斷裂碎片之質量
   (2) 可能造成母離子全部斷裂成子離子
   (3) 產生具定性功能的斷裂片，由各種子離子的質量資訊反推重組斷裂可能之模式，進而推導出分子結構式
   (4) 已有電子撞擊法 (EI) 圖庫可進行成分比對 (如 NIST)，以獲得可能為何種化合物之相關資訊

   答案：(1)(3)(4)

2. 下列哪些為質譜儀化學離子化 (CI) 離子源之優點？
   (1) 不會造成過多的斷裂片，容易決定分子量
   (2) 雖然容易決定分子量，但所斷裂碎片太少，可推導出分子結構式資訊不足
   (3) 由於使用大量試劑氣體作為離子源，因此離子化室需要較頻繁的維護工作
   (4) 對於同分異構物分辨，可選擇適當的試劑氣體進行游離，有較佳的選擇性

   答案：(1)(4)

3. 下列哪些為質譜儀快速原子撞擊 (FAB) 離子源之優點？
   (1) 可適用比一般化合物分子量高的試樣，如較低分子量之蛋白質、低聚醣等
   (2) 適用於非揮發性熱不穩定之化合物

(3) 對待測物樣品的破壞性極低，因此樣品可重複測量

(4) 選擇適合的基質材料不易

答案：(1)(2)(3)

4. 下列化合物中，哪些分子離子峰的質荷比為奇數？

(1) $C_8H_6N_4$ (2) $C_6H_5NH_2$

(3) C_2H_5OH (4) $C_3H_7NO_2$

答案：(2)(4)

5. 某含氮化合物的質譜圖上，其分子離子峰為121，則下列訊息哪些是正確的？

(1) 該化合物含奇數氮   (2) 該化合物含偶數氮

(3) 分子質量為121   (4) 分子質量為122

答案：(1)(3)

第十三章

陳順基

核磁共振光譜分析法

13.1 前言

　　核磁共振光譜分析法 (nuclear magnetic resonance spectroscopy) 為原子核吸收電磁輻射量測的分析方法，1924 年 Pauli 提出原子核具自旋及磁矩等性質，1946 年 Bloch 和 Purcell 發現原子核自旋角動量的磁矩與外加磁場交互作用下，原子核會因為磁場誘導產生能階分裂造成電磁輻射的吸收，而原子核電磁輻射的吸收會受分子環境的影響，1953 年 Varian 公司發展出第一部應用在化學結構研究的核磁共振光譜儀，從此，核磁共振光譜分析法有了快速的成長，舉凡有機化學、無機化學、生物化學 ... 等各種化合物結構的鑑別，常以核磁共振光譜圖作為參考的主要依據。

　　核自旋 (nuclear spin) 可想像為粒子以一固定軸自我旋轉，核自旋的自旋量子數 (I) 可為以下所列幾種情形：

1. 原子核具有奇數的原子量，則核自旋的自旋量子數 (I) 為半個整數，例如 ^1H、^{13}C、^{19}F、^{31}P，其自旋量子數 (I) = 1/2。
2. 原子核具有偶數的原子量和偶數的質子數，則核自旋的自旋量子數 (I) 為 0，例如 ^{12}C、^{16}O，其自旋量子數 (I) = 0。

3. 原子核具有偶數的原子量和奇數的質子數，則核自旋的自旋量子數 (I) 為整數，例如 ^{2}H、^{14}N，其自旋量子數 (I) = 1。

^{12}C、^{16}O，其自旋量子數 (I) = 0，沒有自旋角動量，因此無法以核磁共振光譜儀偵測之。^{1}H、^{13}C、^{19}F、^{31}P，因其具有自旋量子數 (I) = 1/2 重要之磁性質，常用來當作核磁共振光譜儀主要量測之應用。磁量子數 (m) 與自旋量子數 (I) 之關係為，磁量子數 (m) = I、$I-1$、…、$-(I-1)$、$-I$，而自旋量子數 (I) 最多有 $2I+1$ 的自旋能態，因此自旋量子數 (I) = 1/2 之原子核具有 2 種自旋能態，分別為 m = +1/2 及 m = −1/2。

自旋量子數 (I) = 1/2 的原子核，本身因為帶電自旋會產生磁場，所產生之磁矩 (μ) 公式為：

$$\mu = \gamma m \left(\frac{h}{2\pi}\right)$$

式中，μ：核磁矩 (nuclear magnetic moments)
　　　γ：旋磁比 (gyromagnetic ratio)
　　　m：磁量子數 (magnetic quantum number)
　　　h：蒲朗克常數 (Planck's constant)；6.626×10^{-34} J·s

缺乏磁場時，磁矩方向為任意排列，沒有能階差。當外加磁場時，則磁矩的方向會與磁場方向同向或反向，而造成能階分裂。如圖 13.1 所示，磁量子數 (m) = 1/2 的原子核進入一個磁場強度 B_0 的磁場時，原子核的磁矩 (μ) 會繞著外加磁場的同方向旋轉。反之，磁量子數 (m) = −1/2 的原子核則會與外加磁場反方向旋轉。而原子核的位能 (E) 公式：

$$E = -\mu B_0 = -\gamma m \left(\frac{h}{2\pi}\right) B_0$$

式中，B_0：外加磁場

當磁量子數 (m) = +1/2，自旋能量較低，為 α-自旋，位能 $E_{+1/2} = -\dfrac{\gamma h}{4\pi} B_0$

當磁量子數 $(m) = -1/2$，自旋能量較高，為 β-自旋，位能 $E_{-1/2} = \dfrac{\gamma h}{4\pi} B_0$

兩者之能量差 ΔE：

$$\Delta E = \dfrac{\gamma h}{4\pi} B_0 - \left(-\dfrac{\gamma h}{4\pi} B_0\right) = \dfrac{\gamma h}{2\pi} B_0$$

能量差 ΔE 與磁場強度 B_0 成正比，亦即在較強磁場中，兩自旋狀態的能量差 ΔE，比在較弱磁場中的能量差更大。當一個自旋量子數 $(I) = 1/2$ 之原子核在磁場 B_0 中接受一光子時，可由 α-自旋狀態躍遷至 β-自旋狀態，稱此原子核是共振 (resonance)。光子的能量以 $h\nu$ 表示，則合併上式可得能階躍遷之共振吸收頻率 (ν) 公式：

$$\nu = \dfrac{\gamma}{2\pi} B_0$$

式中，ν：共振吸收頻率

γ：旋磁比 (gyromagnetic ratio)，質子為 $26752\ s^{-1}G^{-1}$

B_0：外加磁場

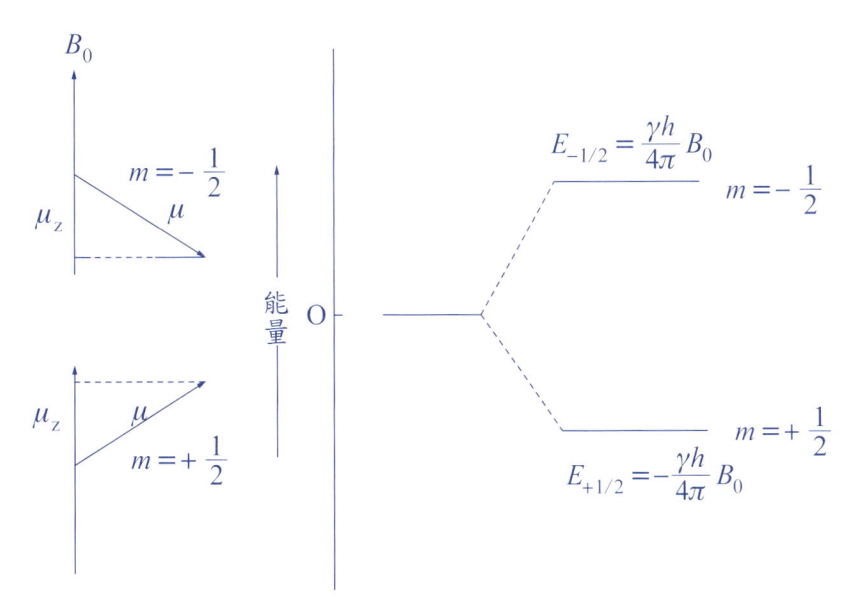

圖 13.1 自旋量子數 $(I) = 1/2$ 時在外加磁場 (B_0) 下原子核的能階分裂情形

範例

許多質子 NMR (^{1}H NMR) 使用磁場強度為 4.69T (tesla) 之磁場，^{1}H 之旋磁比 γ 為 2.6752×10^8 s^{-1} T^{-1}，則在此一磁場中質子的共振吸收頻率為何？
($1\text{ T} = 10^4$ G)

解答

旋磁比 $\gamma = 2.6752 \times 10^8$ s^{-1}T^{-1}，$B_0 = 4.69$T，代入公式 $\nu = \dfrac{\gamma}{2\pi} B_0$

$$\nu = \frac{2.6752 \times 10^8}{2\pi} \times 4.69 = 2.00 \times 10^8 \text{(Hz)} = 200 \text{ MHz}$$

由共振吸收頻率 $\nu = \gamma B_0 / 2\pi$ 得知，一原子核的共振吸收頻率只與原子核特有的旋磁比 γ 及外加磁場 B_0 成正比關係，若外加磁場 B_0 固定，則該原子的共振吸收頻率 ν 只隨著旋磁比 γ 成正比關係，表 13.1 為在 11.744 T 磁場下，各種常用原子核的 γ 值及其共振吸收頻率 ν。

表 13.1　常見原子核之旋磁比 γ 及在 11.744 T 時之共振吸收頻率 ν

原子核	γ (10^6rad · s^{-1} · T^{-1})	ν (MHz)
^{1}H	267.513	500.0
^{2}H	41.065	76.8
^{3}He	−203.789	380.9
^{7}Li	103.962	194.3
^{13}C	67.262	125.7
^{14}N	19.331	36.2
^{15}N	−27.116	50.6
^{17}O	−36.264	67.7
^{19}F	251.662	470.1
^{23}Na	70.761	132.3
^{31}P	108.291	201.5
^{129}Xe	−73.997	138.3

13.2 儀器組件

根據核磁共振實驗中射頻場施加的方式，核磁共振光譜儀可分為連續波核磁共振光譜儀 (CW NMR) 及脈衝傅立葉轉換核磁共振光譜儀 (FT NMR) 兩種。簡單的連續波核磁共振光譜儀主要由六種組件所構成，分別為「超導磁場」、「發射無線電波傳送器」、「微調裝置」、「樣品探頭」、「訊號接受器」、「訊號處理器與輸出裝置」，如圖 13.2 所示。

1. 超導磁場

永久磁鐵無法產生 60 MHz 核磁共振光譜儀 (NMR) 所需要之磁場，要產生高磁場則必須使用電磁鐵，然而電磁鐵產生磁場時，電子在線圈擾動所引起的熱雜訊會造成干擾，為避免熱雜訊干擾，因此目前的核磁共振光譜儀皆以超導磁場 (superconducting magnet) 作為產生外加磁場之方式，在絕對溫度 ≦ 10 K 時，Nb/Ti 及 Pb/Bi 材質之超導線圈才會有超導電流並產生高磁場，在超導磁場中需灌入絕對溫度 4K 之液態氦 (He)，以維持超導磁場小於 10 K 之低溫。

2. 發射無線電波傳送器

發射無線電波傳送器 (RF transmitter) 主要元件為石英晶體振盪電波發射器 (RF X-crystal transmitter)，可以發射精確的頻率。

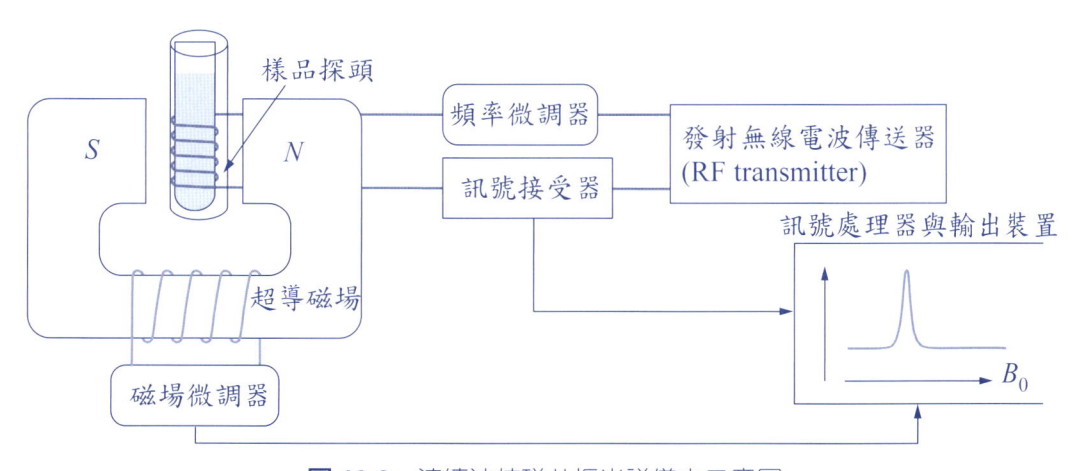

圖 13.2 連續波核磁共振光譜儀之示意圖

3. 微調裝置

例如分析樣品丙醛 (CH$_3$CH$_2$CHO)，「頻率微調器」及「磁場微調器」分別微調無線電波頻率及外加磁場大小，透過頻率與磁場微調，可用來區分分析樣品「CH$_3$」、「CH$_2$」、「CHO」不同 H 與不同 C 之訊號，該訊號是屬於無線電波頻率範圍。

4. 樣品探頭

樣品探頭包括可固定內徑 5 mm 玻璃試管之樣品槽、空氣渦輪裝置、激發 RF 線圈及偵測 NMR 訊號線圈，裝有約 0.4 mL 樣品的玻璃試管置入樣品槽中，空氣渦輪裝置以每秒 20 至 50 的空氣氣流轉速旋轉樣品試管，主要是降低磁場不均勻效應，使核子感受到平均磁場環境。

5. 訊號接受器

NMR 的磁場強度會隨著時間而產生飄移 (drift)，必須維持磁場的時間穩定性 (temporal stability) 及空間均勻度 (spatial homogeneity)，為了抵銷磁場變動的效應，常用磁場頻率鎖定系統 (field frequency lock system) 固定電流以固定磁場，至於磁場均勻度問題，則必須利用磁場內的電子線路調整電流，此一步驟通稱為勻場 (shimming)。

6. 訊號處理器與輸出裝置

由訊號處理器與輸出裝置，繪出吸收 (y 軸上) 在施加磁場 (x 軸上) 函數的圖形。

脈衝傅立葉轉換核磁共振光譜儀 (FT NMR) 則採用脈衝發射，利用調節脈寬及脈衝間隔，可以得到一定頻率範圍的分立頻譜，以使樣品中各種不同核同時激發，經緩解後在接受器可以得到一個隨時間衰減的訊號，稱為自由感應衰減 (free induced decay, FID) 訊號，再透過傅立葉轉換將時間域 (time domain) 的 FID 轉換成頻率域 (frequency doman) 的 NMR 訊號。因此比之 CW NMR，FT NMR 增加了脈衝程序器及數據採集及處理系統，並且發射器及接收器必須適用於脈衝操作。由於 FID 訊號衰減通常只需數秒，因此 FT NMR 可以透過脈衝迅速的重複掃描及累加，而得到更高靈敏度的圖譜。

13.3 核磁共振光譜和有機分子結構

根據核磁共振條件 $\nu = \gamma B_0/2\pi$ 得知，同種核的共振頻率只由磁場大小來決定。例如對質子來說，4.69 T 之磁場強度，其共振吸收頻率為 200 MHz，也就是說所有質子皆在 4.69 T 的磁場產生共振吸收峰。如果真是如此，則核磁共振光譜對於有機化合物的結構分析將是毫無用處。但事實不是這樣，在一定的輻射頻率下，在化合物中的各種環境的質子，其共振磁場強度是與它所處的化學環境有關。質子或其他的核種，由於在分子中所處的化學環境不同，而在不同的磁場下顯示吸收峰的現象稱之為化學位移 (chemical shift)。

這個現象產生的原因是核外電子雲對核的遮蔽作用所引起的，繞核電子在外加磁場的作用下產生對抗的感應磁場 (induced magnetic field)，其與外加磁場方向相反，如圖 13.3 所示。因此，原子核實際受到的磁場強度稍有下降，其關係可表達為：

$$B_{real} = B_0 - \sigma B_0 = B_0(1 - \sigma)$$

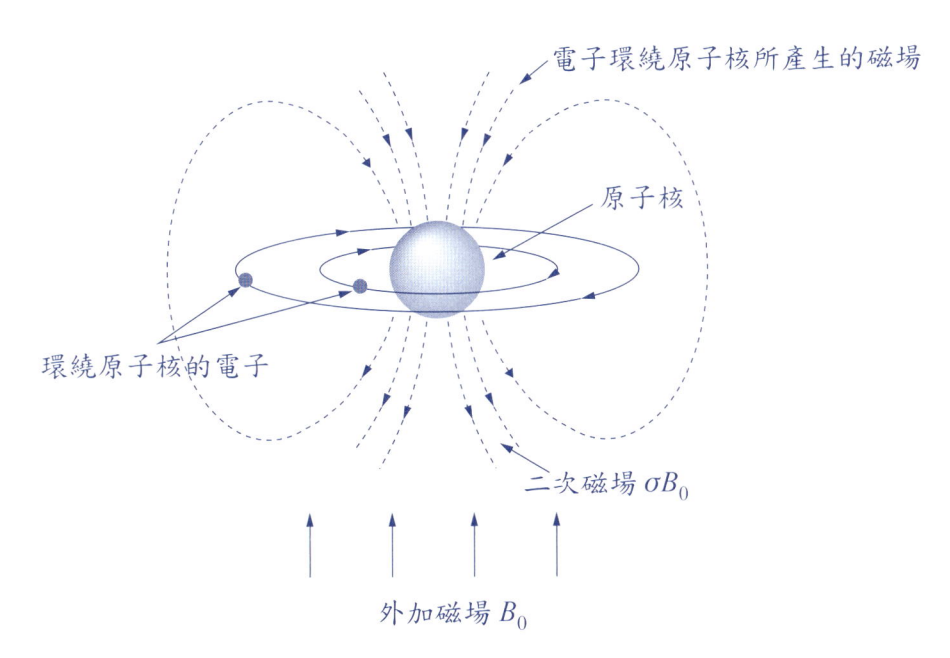

圖 13.3 電子密度造成外加磁場遮蔽之示意圖

式中，B_{real} 為核子實受磁場強度，B_0 為外加磁場強度，σ 為遮蔽常數 (shielding constant)，遮蔽常數與外加磁場強度無關，它的大小只取決於核子所處的化學環境。分子中各個不同原子核因周圍電子密度不同，在外加磁場時不同的電子密度造成不同的遮蔽效應；以質子為例，若一個分子有 n 種處於不同化學環境的質子，因此就有 n 種不同的共振吸收頻率，在 NMR 中就可以看到 n 個具有不同化學位移的峰 (信號峰)，這是核磁共振研究有機分子結構的基礎。

NMR 氫譜 (^{1}H-NMR) 是研究有機分子結構最有利的工具之一，其可根據 NMR 氫譜的特性：(1) 信號峰的主峰數；(2) 信號峰的位置 (化學位移)；(3) 信號峰的面積；(4) 信號峰的分裂數來分析。

1. 信號峰的主峰數

在 NMR 氫譜中，主信號峰的數目代表該分子中不同環境質子的數目。例如圖 13.4 為乙醯乙酸甲酯 (methyl acetoacetate) 的 NMR 氫譜，其有三個信號峰：甲氧基質子 (a) 之化學位移為 $\delta 3.74$，其三個質子是化學等價的 (chemically equivalent)，均受到氧的去遮蔽；亞甲基質子 (b) 之化學位移為 $\delta 3.50$，其兩個

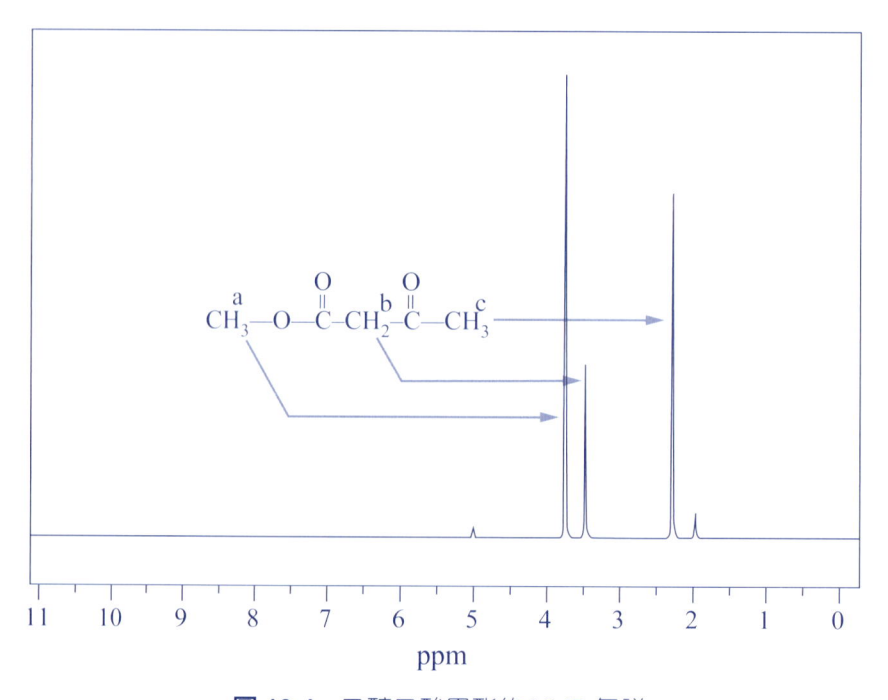

圖 13.4 乙醯乙酸甲酯的 NMR 氫譜

質子是化學等價的，均受到兩個相鄰羰基的去遮蔽；甲基質子 (c) 之化學位移為 δ2.27，其三個質子是化學等價的，均受到相鄰的一個羰基的去遮蔽。

在某些情況下，有些化合物 NMR 氫譜的信號峰數目，可能比實際不同類型的質子為少，尤其是在芳香族上的質子。例如圖 13.5 乙酸苄基酯 (benzyl acetate) 的 NMR 氫譜，只出現三個信號峰，一個在 δ2.10 為甲基的質子信號峰，其三個質子是化學等價的；δ5.11 為亞甲基的質子信號峰，其兩個質子是化學等價的；δ7.37 為苯環上的質子信號峰，但此化合物苯環上有三種不同類型的氫，分別在取代基的鄰位、間位及對位，但在光譜上只約略呈現一信號峰，這種情形稱之為偶然地等價 (accidentally equivalent)，由於這些環境的氫恰好出現在約略相同的化學位移上，而無法分辨之。

2. 信號峰的位置 (化學位移)

在 NMR 氫譜中，信號峰的位置顯示每一種質子的化學環境。分子中各種不同環境的氫核因周圍電子密度不同，在外加磁場時造成不同的遮蔽效應，而有不同共振吸收頻率。將這些共振吸收頻率 (v_{sample}) 與標準品之參考頻率 (v_{ref}) 作一系列之比較，而定出化學位移 δ 標尺 (δ scale)，化學位移 δ 無因次，無論使用相當於 60 MHz、300 MHz 或 600 MHz 的磁場，其 δ 值不變；因此，化學位移 δ 可用來鑑定化合物所含之氫的類型及用來幫助判斷結構的參考。

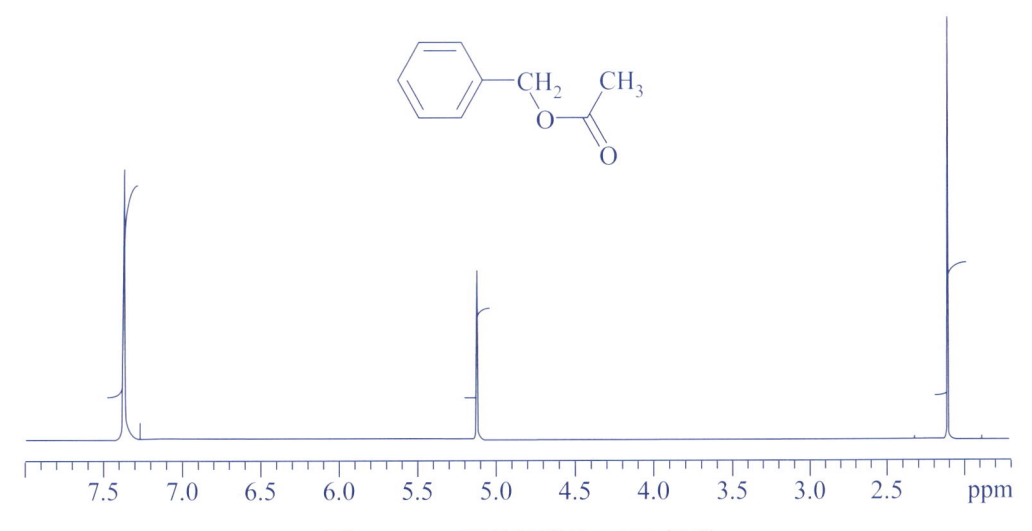

圖 13.5 乙酸苄基酯的 NMR 氫譜

四甲基矽甲烷 (tetramethylsilane, TMS) (CH$_3$)$_4$Si 為最常見的 NMR 標準參考物質，以 TMS 的化學位移當作 0 為參考峰。因矽的陰電性小於碳，TMS 的甲基有相當豐富的電子，其質子受遮蔽十分完全，因此比大多數鍵結於碳或其他元素的氫，在更高磁場吸收，故大多數有機分子的 NMR 訊號出現在 TMS 訊號左邊較低磁場的地方。NMR 圖中通常以 TMS 的共振吸收頻率為參考頻率 (ν_{ref})，則其他樣品不同環境的氫之化學位移 (δ) 公式定義如下：

$$化學位移\ \delta(\text{ppm}) = \frac{\nu_{\text{ref}} - \nu_{\text{sample}}}{\nu_{\text{ref}}} \times 10^6\ \text{ppm}$$

式中，ν_{ref}：四甲基矽甲烷的共振吸收頻率

ν_{sample}：樣品的共振吸收頻率

每一個質子外圍均由快速運動的電子雲所包圍，在外加磁場的影響下，電子雲運動產生與外加磁場方向相反的感應磁場，使質子感受到的外加磁場強度減弱，稱為遮蔽 (shielding)，受遮蔽的質子需要加強外加磁場才會產生吸收。質子的周遭電子密度越大，外加磁場的遮蔽越大，所需加強外加磁場越大，使吸收峰越趨向高磁場 (up field)，其化學位移就越小，越靠近 TMS 峰。反之，若質子鄰近有高陰電性原子存在，則有去遮蔽 (deshielding) 作用，使吸收峰趨向低磁場 (down field) 方向，即遠離 TMS 峰。例如乙醇 (CH$_3$CH$_2$OH) 的 NMR 氫譜，如圖 13.6 所示。

圖 13.6 中乙醇之醇基 (OH) 之 H 原子受緊鄰氧原子拉電子的影響，使得其電子密度比亞甲基或甲基上的 H 還來得小，所以醇基之 H 的化學位移出現在較低磁場的 δ5.4，亞甲基上 H 之電子密度，比起甲基上的 H 更靠近氧原子，所以其化學位移出現在次低磁場的 δ3.7，而甲基上 H 之電子密度是最大的，其化學位移出現在最高磁場的 δ1.2。值得注意的是與氮、氧及硫相連接的氫，在 NMR 光譜中稱之為活性氫，這些氫具有可交換和形成氫鍵的特性，δ 值不固定，與溫度、濃度及溶劑有關，一般脂肪醇類的 OH 在 δ2−5，芳香醇類的 OH 在 δ4−7；脂肪胺類的 NH 在 δ0.5−3.5，芳香胺類的 NH 在 δ3−5；脂肪硫醇類的 SH 在 δ1−2.5，芳香硫醇類的 SH 在 δ3−4 之間。

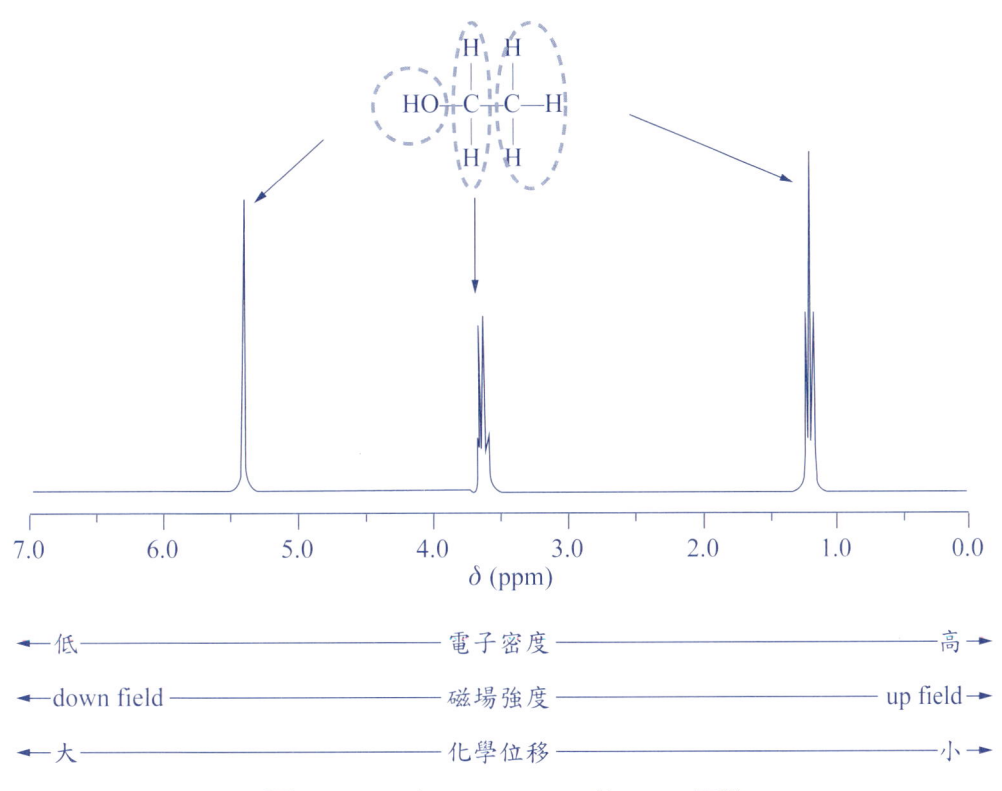

圖 13.6　乙醇 (CH$_3$CH$_2$OH) 的 NMR 氫譜

　　分子結構中因其 H 原子或 C 原子的環境不同，使得 H 原子或 C 原子的化學位移有前後順序之關係，電子密度大者在 NMR 光譜圖的右邊 (up field 或 low chemical shift)，反之電子密度小者在 NMR 光譜圖的左邊 (down field 或 high chemical shift)，可由 NMR 光譜圖的化學位移拼湊出整個分子結構，原因是分子結構有其對應特定之 NMR 氫譜 (^{1}H-NMR) 與碳譜 (^{13}C-NMR)，所以 NMR 光譜是目前儀器分析法當中，最具公信力的鑑定方式，常見化合物之 ^{1}H 和 ^{13}C 化學位移如表 13.2 所示。

　　質子化學位移受電子流產生的二次磁場 (σB_0) 影響而有明顯之位移，例如表 13.2 中之 alkanes ($\delta 0.5-1.3$)、alkynes ($\delta 2-3$) 及 alkenes ($\delta 4.5-7.5$)，其中乙烷 C$_2$H$_6$ ($\delta = 0.9$) 可以很容易理解是因為 CH$_3$ 上之電子密度大，乙烯 C$_2$H$_4$ ($\delta = 5.8$) 與乙炔 C$_2$H$_2$ ($\delta = 2.9$) 上之電子密度小是因為受到 π 電子共振的影響而降低電子密度，理論上，乙炔 C$_2$H$_2$ 之化學位移應大於乙烯 C$_2$H$_4$ 之化學位移

表 13.2　常見化合物之 ^{1}H 和 ^{13}C 化學位移 δ (以 TMS 為標準品)

化合物	^{1}H δ(ppm)	^{13}C δ(ppm)
alkanes	0.5 − 1.3	5 − 35
monosubstituted alkanes	2 − 5	25 − 65
disubstituted alkanes	3 − 7	20 − 75
cyclopropyl	−0.5 − 0.5	0 − 10
R-CH$_2$-NR$_2$	2 − 3	42 − 70
R-CH$_2$-SR	2 − 3	20 − 40
R-CH$_2$-PR$_3$	2.2 − 3.2	50 − 75
R-CH$_2$-OH	3.5 − 4.5	50 − 75
R-CH$_2$-NO$_2$	4 − 4.6	70 − 85
R-CH$_2$-F	4.2 − 5	70 − 80
R-CH$_2$-Cl	3 − 4	25 − 50
R-CH$_2$-Br	2.5 − 4	10 − 30
R-CH$_2$-I	2 − 4	−20 − 0
epoxides	2.2 − 2.7	35 − 45
nitriles	−	100 − 120
alkenes	4.5 − 7.5	100 − 150
allylic	1.6 − 2.1	18 − 30
alkynes	2 − 3	75 − 95
aromatic	6 − 9	110 − 145
benzylic	2.2 − 2.8	18 − 30
acids	10 − 13	160 − 180
esters	−	160 − 175
amides	5 − 9	150 − 180
aldehydes	9 − 11	185 − 205
ketones	−	190 − 220
hydroxyl	4 − 6	−

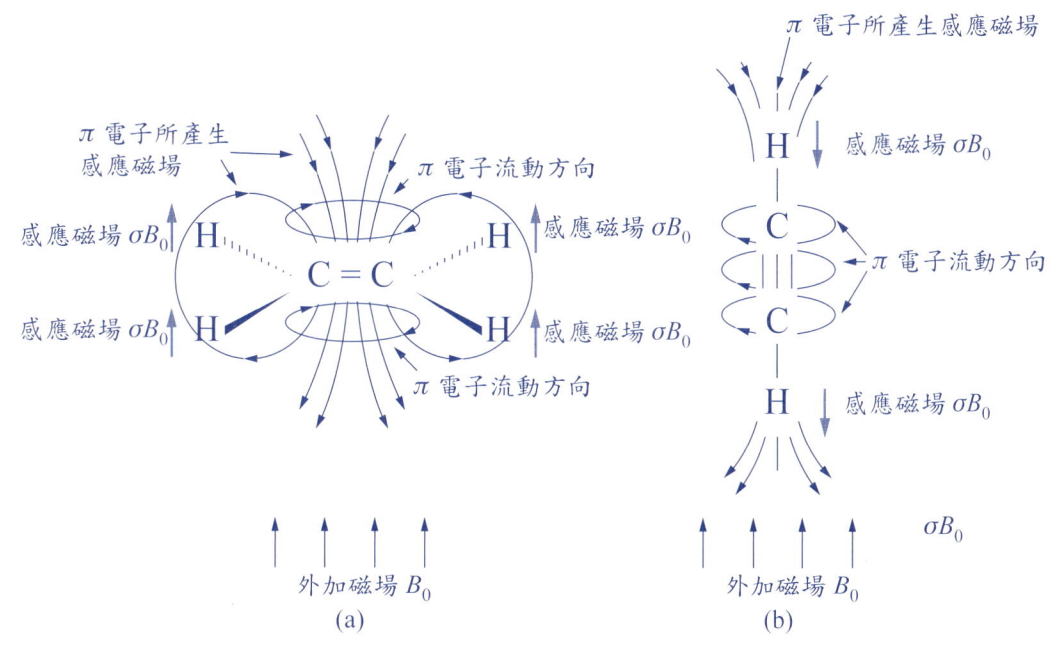

圖 13.7 π 電子環流對乙烯、乙炔的遮蔽效應

才對,但是化學位移剛好相反,事實上這是磁性的一種非均向性 (anisotropy) 效應,或作各向異性效應,如圖 13.7 所示,圖 13.7(a) 中乙烯雙鍵上 π 電子環流所形成之二次磁場 (σB_0) 與外加磁場同方向,因此所需外加磁場較小,而位移至較大之 δ 值 (δ = 5.8);反之,圖 13.7(b) 中乙炔上 π 電子環流所形成之二次磁場與外加磁場反方向,由於遮蔽效應的因素需較大之外加磁場,因此位移至較小之 δ 值 (δ = 2.9)。

同樣道理,表 13.2 中之 aromatic (δ6–9),其去遮蔽效應情形與乙烯相同,以苯環為例如圖 13.8 所示,苯環平面與磁場垂直,π 電子沿著苯環平面流動而產生二次磁場與外加磁場同方向,因而位移至較大之 δ 值 (δ = 7.34)。

3. 信號峰的面積

NMR 氫譜的信號峰面積與產生信號的氫原子數目成正比,一般使用 NMR 光譜儀上的積分器 (integrator),積分器的積分線上升之量與該峰的面積成正比,因此可計算信號峰之間的相對面積。例如圖 13.5 乙酸苄基酯的 NMR 氫譜

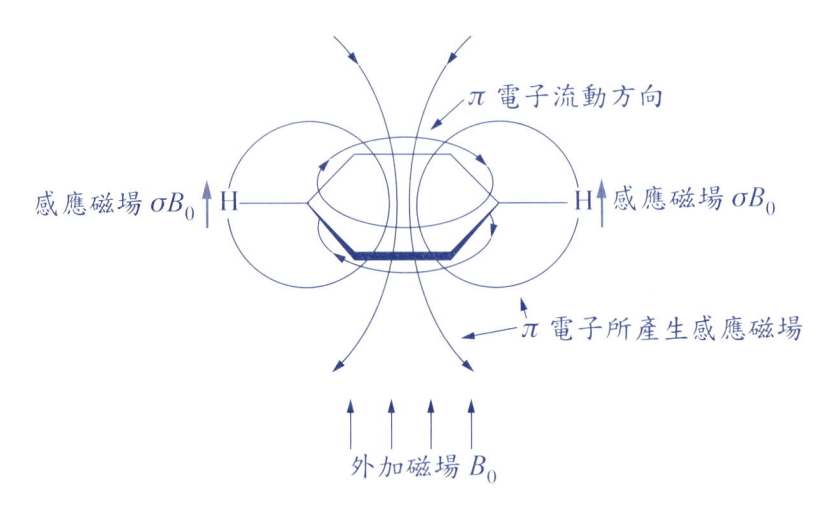

圖 13.8 苯上 π 電子環流所造成之去遮蔽效應

中可以看到三種信號峰的面積積分線，分別為 5：2：3，代表著苯環上的 5 個氫比上亞甲基上的 2 個氫比上甲基上的 3 個氫。

4. 信號峰的分裂

在討論化學位移時，僅考慮了磁核的化學環境，而沒有考慮在同一分子中磁核間的相互作用。例如仔細觀察圖 13.6 乙醇的 NMR 氫譜，可以看到在高磁場的甲基變成三重峰 (triplet)，而次低磁場的亞甲基變成了四重峰 (quartet)，皆不是單峰 (singlet)。這說明了甲基和亞甲基的氫核之間存在著干擾。原子核之間的互相干擾稱之為自旋-自旋耦合 (spin-spin coupling)，由此引起的譜線增多稱為自旋-自旋分裂 (spin-spin splitting)。

當兩個不同環境的質子十分靠近時，其自旋磁場即會互相影響，相鄰 C 原子上的 H 會產生耦合現象而使得原本的吸收峰分裂，分裂的型態可依相鄰 C 原子上之 H 原子數目 (n)，可由下列公式求得波峰數目或多重性 (multiplicity)：

$$m = 2nI+1$$

式中，m：波峰數目或多重性

　　　n：相鄰 C 原子上之 H 原子數目

　　　I：自旋量子數

表 13.3 鄰 C 原子上之 H 原子數目 (n)、波峰數目 (m) 及波峰之相對強度

n	m	波峰之相對強度 (巴斯卡規則)						
0	1 (單峰)				1			
1	2 (二重峰)				1	1		
2	3 (三重峰)			1	2	1		
3	4 (四重峰)			1	3	3	1	
4	5 (五重峰)		1	4	6	4	1	
5	6 (六重峰)		1	5	10	10	5	1
6	7 (七重峰)	1	6	15	20	15	6	1

因此，^{1}H-NMR 中吸收峰分裂之波峰數目為 n+1，又稱為自旋-自旋分裂 n+1 規則：即一信號峰被 n 個等價質子分裂成 n+1 峰。分裂波峰間距大小稱為耦合常數 (coupling constant) J，當「C-C」是可自由旋轉 (free rotation) 時，此時耦合常數 J 約為 7 Hz，所分裂波峰之相對強度 (面積或高度)，則依「巴斯卡規則」分布，如表 13.3 所示。

以圖 13.9 丙醛 (propanal) 之 ^{1}H-NMR 光譜為例，丙醛分子中，醛基 (CHO) 之 H 原子受 C = O 拉電子基之影響，其電子密度比亞甲基 (CH_2) 及甲基 (CH_3)

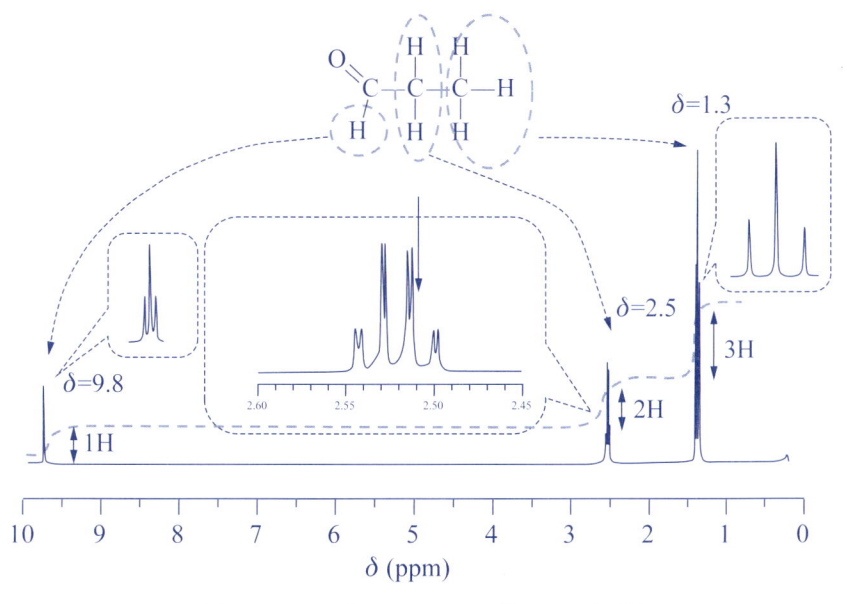

圖 13.9　丙醛 (propanal) 的 NMR 氫譜

之 H 原子都小，醛基之 H 原子化學位移為 $\delta = 9.8$，亞甲基之 H 原子受鄰近醛基之影響，電子密度比甲基之 H 原子小，亞甲基之 H 原子化學位移為 $\delta = 2.5$，甲基之 H 原子電子密度最大，其化學位移為 $\delta = 1.3$。

　　接著考慮自旋-自旋分裂，丙醛分子各種 H 原子 (CHO、CH_2、CH_3) 之 ^1H-NMR 光譜信號峰都不只 1 條，這是因為每一種 H 原子都會受其鄰近碳上的 n 個 H 原子影響而分裂成 n + 1 條波峰，例如丙醛分子之醛基上之 H 受鄰近亞甲基之 2 個 H (n = 2) 影響，會分裂成三重峰。同樣丙醛分子之甲基上之 H 受鄰近亞甲基之 2 個 H (n = 2) 影響，亦會分裂成三重峰。丙醛分子之亞甲基之 H 受右邊甲基上之 H ($n_A = 3$) 影響分裂成四重峰，又受左邊醛基上之 H ($n_B = 1$) 影響，分裂成二重峰，形成一種四重峰-二重峰 (doublet of quartets) 分裂，而分裂成 ($n_A + 1$) × ($n_B + 1$) = (3 + 1) × (1 + 1) = 8 條波峰，為一種不等價質子的分裂，如圖 13.9 中 $\delta = 2.5$ 位置上放大之光譜圖。至於所分裂波峰之相對強度，則依「巴斯卡規則」分布，因此兩個三重峰之相對強度比皆為 1:2:1，至於丙醛分子之亞甲基的 H 之 8 條波峰，因其被兩個以上不等價的質子所分裂，其相對強度比不依「巴斯卡規則」排列，而其主要受 CH_3 上之 H ($n_A = 3$) 影響，次要受 CHO 上之 H ($n_B = 1$) 影響，相對強度比為 1:1:3:3:3:3:1:1。丙醛分子中各種不同 H 之信號峰總強度可由 ^1H-NMR 光譜的強度積分值 (如圖 13.9 中之積分線)，得知 H 原子數目比為 1:2:3，分別為丙醛分子之 CHO、CH_2、CH_3。

　　當分子結構中 C-C 無法自由旋轉時，例如「C = C」或「芳香環」，其各個 H 原子電子密度環境因位置不同，耦合常數 J 不同，下列之表 13.4 為典型結構之耦合常數 J。

　　複雜的自旋-自旋分裂如圖 13.10 苯乙烯的 NMR 氫譜所示，在苯乙烯之苯環上有 3 組 H 原子環境不同 (H^o、H^m、H^p)，在苯乙烯之 C = C 上亦有 3 個 H 原子環境不同 (H^a、H^b、H^c)，依據表 13.2 常見化合物之 ^1H 化學位移 δ 得知，苯環上之 3 組 H 原子 (H^o、H^m、H^p) ^1H-NMR 光譜線分布在 $\delta = 6 - 9$ 之範圍，C = C 上之 3 個 H 原子 (H^a、H^b、H^c) ^1H-NMR 光譜線分布在 $\delta = 4.5 - 7.5$ 之範圍。

表 13.4 典型結構之耦合常數 J

結構	型式	耦合常數 J (Hz) 約略值	結構	型式	耦合常數 J (Hz) 約略值
−C−C− (H,H)	free rotation	7	苯環 (H ortho)	ortho	8
C=C (H cis H)	cis	10	苯環 (H meta)	meta	2
C=C (H trans H)	trans	15	C=C−C (H allylic)	allylic	6
C=C (H geminal H)	geminal	2			

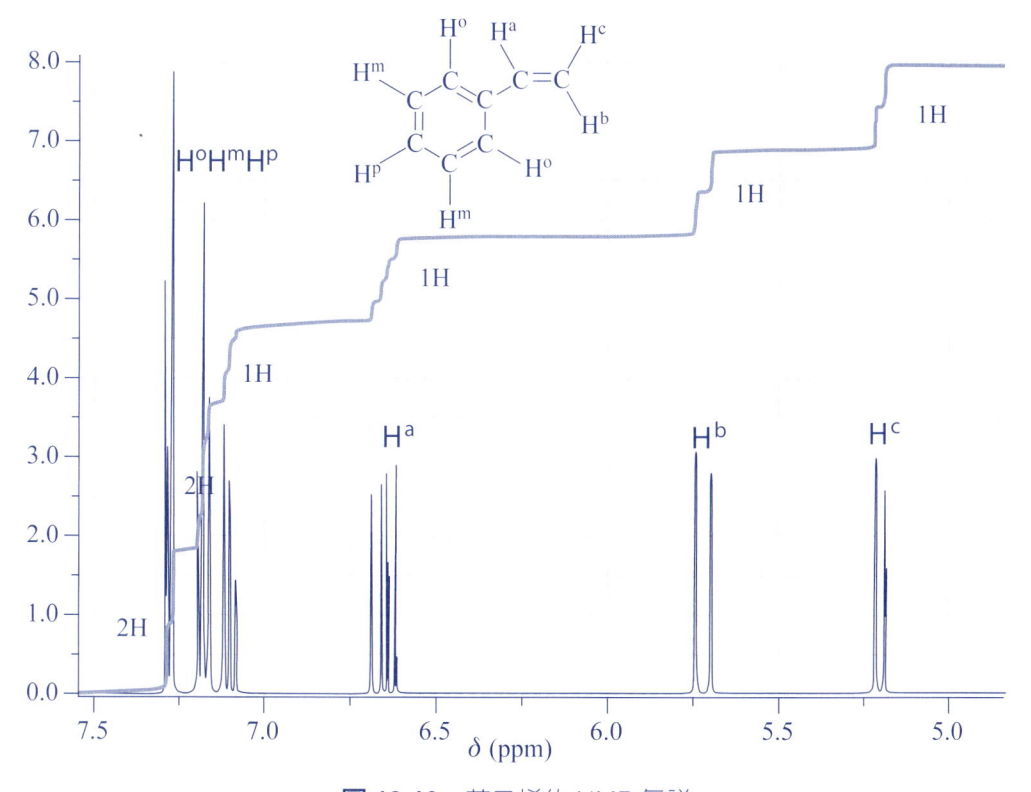

圖 13.10 苯乙烯的 NMR 氫譜

苯乙烯之 ^{1}H-NMR 光譜數據的表示方式為「δ7.35 (5H,m, phenyl)，δ6.6 (1H,dd,J = 11,17 Hz, H^a)，δ5.65 (1H,d,J = 17 Hz, H^b)，δ5.2 (1H,d,J = 11 Hz, H^c)」。其中，符號 s 表示為單峰 (singlet)，符號 d 表示為雙峰 (doublet)，符號 dd 表示為二次雙峰 (doublet of doublets)，符號 t 表示為三重峰 (triplet)，符號 m 表示為多重峰 (multiplet)。

　　苯乙烯之 ^{1}H-NMR 光譜數據 δ7.35 (5H, m, phenyl) 處是苯環上的 5 個 H 原子，在 ^{1}H-NMR 光譜表現是多重峰 (m)，如果還要再進一步細分，又可分為 3 組 H 原子環境不同 (H^o、H^m、H^p)，H^o 因為除了苯環共振之外，π 電子還可共振到 C = C 位置，電子密度最低，化學位移 δ 最大，H^o 原子鄰近碳只有 1 個 H^m 原子，因此分裂成雙峰 (d) 位置在 δ = 7.28，H^m 原子鄰近碳接 1 個 H^o 原子及 1 個 H^p 原子，因此分裂成三重峰 (t)，H^p 原子鄰近碳接 2 個 H^m 原子，因此分裂成三重峰 (t)，在 δ7.35 位置上如果出現 (d、t、t) 之分裂波峰，且相對強度積分比為 2：2：1，表示此官能基為苯環。在苯乙烯之 C = C 上亦有 3 個 H 原子環境不同 (H^a、H^b、H^c)，3 個 H 原子 (H^a、H^b、H^c) 分裂情形，如圖 13.11 所示。

　　苯乙烯之 C = C 上亦有 3 個 H 原子環境不同 (H^a、H^b、H^c)，^{1}H-NMR 光譜數據分別為 δ6.6 (1H,dd,J = 11,17 Hz, H^a)，δ5.65 (1H,d,J = 17 Hz, H^b)，δ5.2 (1H,d,J = 11 Hz, H^c)。在 δ = 6.6 位置之 H^a，先經 trans (H^a − H^b) 分裂成 doublet 後 (耦合常數 J_{ab} = 17 Hz)，再由 cis 位置 (H^a − H^c) 分裂 doublet (耦合常數 J_{ac} = 11 Hz)，因此表現成 doublet of doublets 之 4 條波峰，以「1H,dd,J = 11,17 Hz, H^a」表示。同理在 δ = 5.65 位置之 H^b，先經 trans (H^a − H^b) 分裂成 doublet 後 (耦合常數 J_{ab} = 17 Hz)，再由 geminal 位置 (H^b − H^c) 分裂 doublet (耦合常數 J_{bc} = 1.4 Hz)，由於 J_{bc} 很小可不計算，以「1H,d,J = 17 Hz, H^b」表示。同理在 δ = 5.2 位置之 H^c，先經 cis 位置 (H^a − H^c) 分裂成 doublet 後 (耦合常數 J_{ac} = 11 Hz)，再由 geminal 位置 (H^b − H^c) 分裂 doublet (耦合常數 J_{bc} = 1.4 Hz)，由於 J_{bc} 很小可不計算，以「1H,d,J = 11 Hz, H^c」表示。在 δ = 6.6、δ = 5.65、δ = 5.2 位置上如果出現 (dd、d、d) 之分裂波峰，且相對強度積分比為 1：1：1，表示此官能基為 C = C，且 C = C 上接有 3 個 H 原子。

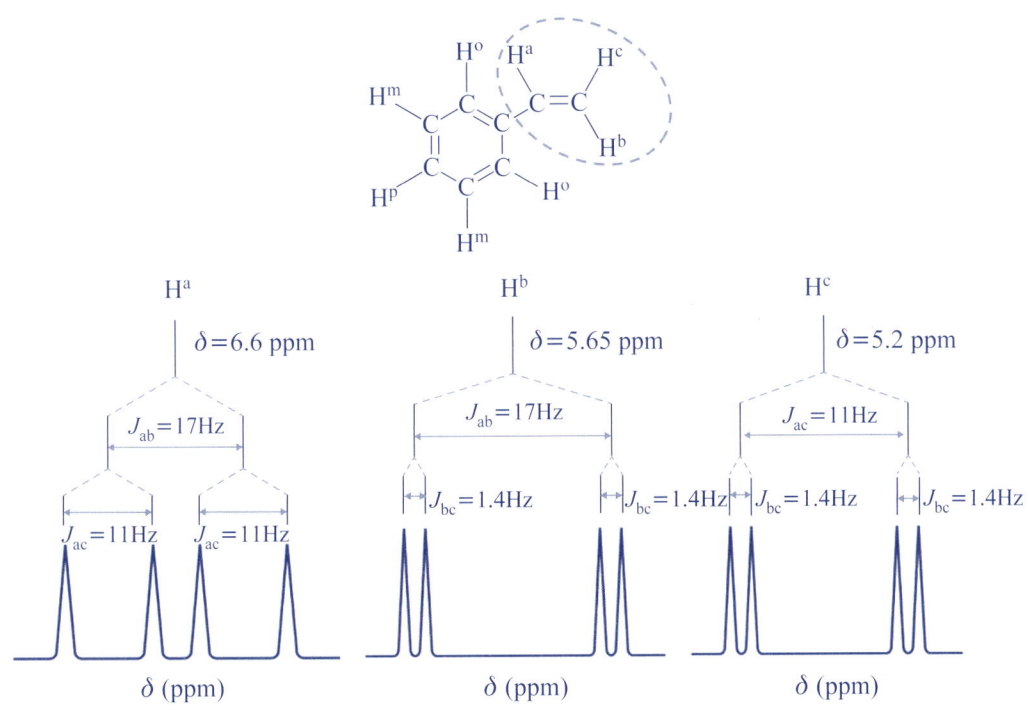

圖 13.11 苯乙烯之 C = C 上 3 個 H 原子 (H^a、H^b、H^c) 分裂情形

範例

請由圖 13.12 C_9H_{12} 之 ^1H-NMR 光譜圖，推估其化合物之結構式為何？

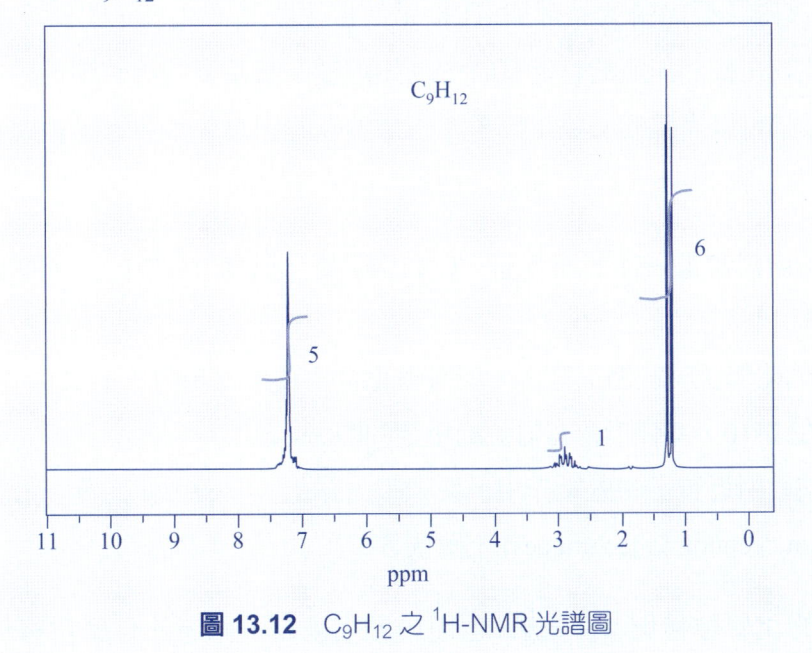

圖 13.12 C_9H_{12} 之 ^1H-NMR 光譜圖

解答

C_9H_{12}

不飽和度計算公式 = (2 × 碳的個數 + 2 − 氫的個數)/2 = (2 × 9 + 2 − 12)/2 = 4，化學位移 δ 為 7.1，且相對強度積分值為 5，表示很有可能為 1 個含 5H 之苯環 (C_6H_5-)，因此 C_9H_{12} 扣除 C_6H_5，尚餘 C_3H_7 之結構，又 ^{1}H-NMR 光譜圖出現在 δ = 2.8 之 CH，其相對強度積分值為 1，且分裂為多重峰 (m)，表示此為只接 1 個 H 原子之 CH，且介於苯環 (C_6H_5) 與 δ = 1.1 烷基之間，在 δ = 1.1 烷基出現雙峰 (d)，其相對強度積分值為 6，表示此為 $(CH_3)_2$ 之烷基，因此，推估此一化合物為異丙苯 cumene，結構式為 $C_6H_5CH(CH_3)_2$。

13.4　^{13}C 核磁共振光譜

^{13}C 核磁共振光譜的原理與 ^{1}H 核磁共振光譜基本相同，對研究有機分子而言，碳譜在檢測無氫的官能基時，例如羰基、腈基及四級碳等，具有獨特的優點。碳譜可以完整的反映出分子中各類碳核的訊息，其與氫譜相比有以下不同：

1. ^{13}C 的自然含量只有 1.1%，且 ^{13}C 的旋磁比 γ 只有 ^{1}H 的 1/4，因此碳譜其靈敏度約只有氫譜的 1/6000。
2. 碳譜的化學位移範圍很寬，一般有機化合物碳譜的 δ 約在 1~220，比起氫譜 δ 約在 1~10，其較不會有信號峰重疊問題。
3. ^{13}C 核與附近質子的磁矩作用，使圖譜複雜化，一般會使用質子去耦合技術 (proton decoupling techniques) 來解決。

^{13}C 的化學位移與 ^{1}H 一樣，也用於結構鑑定，兩者的化學位移值從高磁

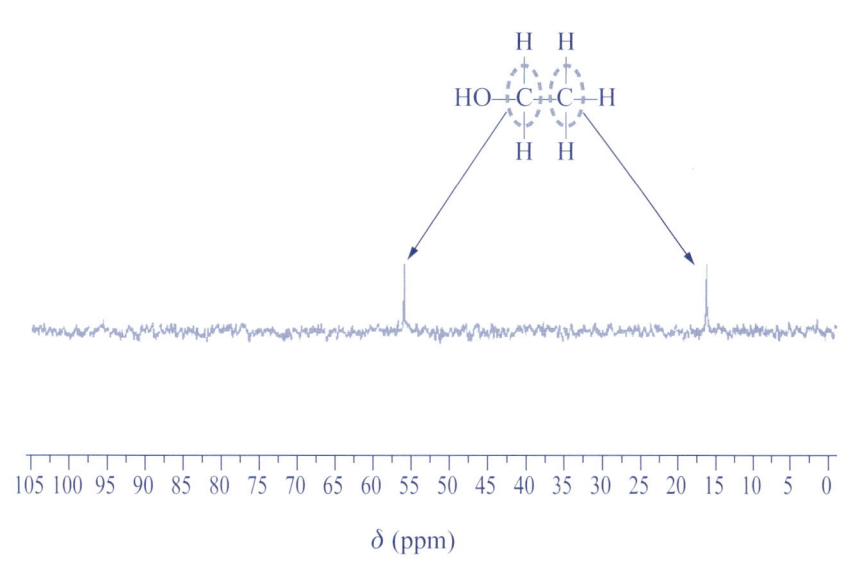

圖 13.13 乙醇 (CH₃CH₂OH) 的 NMR 碳譜

場到低磁場，次序基本是平行的 (如表 13.2)，而 ¹³C 的化學位移約為 ¹H 的 20 倍，因此 ¹³C 譜的信號分離優於 ¹H 譜。

圖 13.13 為乙醇 (CH₃CH₂OH) 的 NMR 碳譜，其為全去耦合譜，圖中乙醇之亞甲基上的 C，因緊鄰拉電子的 O 原子，其電子密度比甲基上的 C 來得小，所以亞甲基的 C 其化學位移 δ 約 56 ppm，而甲基的 C 之化學位移 δ 約 16 ppm。

氫譜 (¹H-NMR) 的特點：

1. 氫譜波峰的積分面積和氫的數目成正比關係，計算每一個 C 上所接氫的數目，可幫助組合分子結構，相較於碳譜面積經常不與碳數成正比關係，因此碳譜不作積分處理。

2. 氫譜波峰位置上的分裂吸收峰與相鄰 C 上 H 原子數目有關，主要是因為相鄰 C 上 H 原子會與之產生耦合現象而使得原本的吸收峰分裂，由吸收峰分裂的數目可以提供該 C 原子之周邊結構 (periphery)，同時結合波峰的積分面積相對比值，是確定分子結構很有用之資訊。

碳譜 (¹³C-NMR) 的特點：

1. 碳譜直接提供化合物分子結構之骨架 (backbone)，而氫譜則提供周邊結構。

2. 碳譜的化學位移範圍 δ 可達 220 ppm，而氫譜的化學位移一般只有 10 ppm，故碳譜較不會有波峰重疊之情形。
3. 碳譜可利用去耦合技術除去 ^{13}C 和 ^{1}H 之間的耦合作用，因此一般碳譜的波峰僅單一波峰，不會有分裂之情形。

參考資料

1. 儀器分析 (*Principle of instrumental analysis*, Dougls A. Skoog)，林敬二審譯，美亞書版股份有限公司。
2. 最新儀器分析總整理，何雍編著，鼎茂圖書出版股份有限公司。

本章重點

1. ^{1}H、^{13}C、^{19}F、^{31}P，因其具有自旋量子數 (*I*) = 1/2 重要之磁性質，常用來當作核磁共振光譜儀主要量測之應用，常見為 NMR 氫譜 (^{1}H-NMR) 與 NMR 碳譜 (^{13}C-NMR)。
2. 磁量子數 (*m*) = 1/2 的原子核進入一個磁場強度 B$_0$ 的磁場時，原子核的磁矩 (μ) 會繞著外加磁場的同方向旋轉，反之，磁量子數 (*m*) = −1/2 的原子核則會與外加磁場反方向旋轉。原子核的位能 (*E*) 公式為

$$E = -\mu B_0 = -\gamma m \left(\frac{h}{2\pi}\right) B_0$$

3. 當一個自旋量子數 (*I*) = 1/2 之原子核在磁場 B$_0$ 中接受一光子時，可由 α-自旋狀態躍遷至 β-自旋狀態，稱此原子核是共振。光子的能量以 h𝜈 表示，則合併上式可得能階躍遷之共振吸收頻率 (𝜈) 公式：

$$\nu = \frac{\gamma}{2\pi} B_0$$

4. 根據核磁共振實驗中射頻場施加的方式，核磁共振光譜儀可分為連續波核磁共振光譜儀 (CW NMR) 及脈衝傅立葉轉換核磁共振光譜儀 (FT NMR) 兩種。簡單的連續波核磁共振光譜儀主要由六種組件所構成，分別為「超導

磁場」、「發射無線電波傳送器」、「微調裝置」、「樣品探頭」、「訊號接受器」、「訊號處理器與輸出裝置」。

5. 在 NMR 氫譜中，信號峰的位置顯示每一種質子的化學環境。分子中各種不同環境的氫核因周圍電子密度不同，在外加磁場時造成不同的遮蔽效應，而有不同共振吸收頻率。將這些共振吸收頻率 (ν_{sample}) 與標準品之參考頻率 (ν_{ref}) 作一系列之比較，而定出化學位移 δ 標尺。

6. NMR 圖中通常以 TMS 的共振吸收頻率為參考頻率 (ν_{ref})，則其他樣品不同環境的氫之化學位移 (δ) 公式定義如下：

$$化學位移\ \delta\ (\text{ppm}) = \frac{\nu_{ref} - \nu_{sample}}{\nu_{ref}} \times 10^6 \text{ppm}$$

7. 化學位移 δ 無因次，無論使用相當於 60 MHz、300 MHz 或 600 MHz 的磁場，其 δ 值不變；因此，化學位移 δ 可用來鑑定化合物所含之氫的類型及用來幫助判斷結構的參考。

8. NMR 氫譜是研究有機分子結構最有利的工具之一，其可根據 NMR 氫譜的特性：(1) 信號峰的主峰數；(2) 信號峰的位置 (化學位移)；(3) 信號峰的面積；(4) 信號峰的分裂數來分析。

9. 自旋-自旋分裂 n + 1 規則：即一信號峰被 n 個等價質子分裂成 n + 1 峰。分裂波峰間距大小稱為耦合常數 J，所分裂波峰之相對強度 (面積或高度)，則依「巴斯卡規則」分布。

10. 氫譜波峰的積分面積和氫的數目成正比關係，計算每一個 C 上所接氫的數目，可幫助組合分子結構，相較於碳譜面積經常不與碳數成正比關係，因此碳譜不作積分處理。

11. 碳譜直接提供化合物分子結構之骨架，而氫譜則提供周邊結構。

12. 碳譜的化學位移範圍 δ 可達 220 ppm，而氫譜的化學位移一般只有 10 ppm，故碳譜較不會有波峰重疊之情形。

13. 碳譜可利用去耦合技術除去 ^{13}C 和 ^{1}H 之間的耦合作用，因此一般碳譜的波峰僅單一波峰，不會有分裂之情形。

本章習題

一、單選題

1. 以 NMR 在量測液態樣品時，經常進行「勻場 (shimming)」，那是因為

   (1) 用來降低樣品之不均勻度　　(2) 用來降低磁場之不均勻度

   (3) 用來降低電場之不均勻度　　(4) 以上皆是

   答案：(2)

2. 可直接提供化合物分子碳原子結構之骨架及其周邊結構氫原子數目之儀器為？

   (1) IR　　　　　　　　　　　(2) UV

   (3) AA　　　　　　　　　　　(4) NMR

   答案：(4)

3. NMR 量測之頻率範圍為？

   (1) 無線電波　　　　　　　　(2) 紅外光

   (3) 可見光　　　　　　　　　(4) 紫外線

   答案：(1)

4. CH_3F、CH_3Cl、CH_3Br、CH_3I 這 4 種化合物其 NMR 氫譜 (^{1}H-NMR) 之化學位移比較，下列何者正確？

   (1) $CH_3I > CH_3Br > CH_3Cl > CH_3F$

   (2) $CH_3Br < CH_3I < CH_3F < CH_3Cl$

   (3) $CH_3I < CH_3Br < CH_3Cl < CH_3F$

   (4) 以上皆非

   答案：(3)

5. 預測對二甲苯 (p-xylene) 的 NMR 氫譜 (^{1}H-NMR) 之敘述，下列何者正確？

   (1) 有一組信號峰　　　　　　(2) 有兩組信號峰

   (3) 有三組信號峰　　　　　　(4) 有四組信號峰

   答案：(2)

6. 預測對二甲苯 (p-xylene) 的 NMR 碳譜 (^{13}C-NMR) 之敘述，下列何者正確？
   (1) 有一組信號峰
   (2) 有兩組信號峰
   (3) 有三組信號峰
   (4) 有四組信號峰

   答案：(3)

7. 核磁共振光譜法中，兩自旋狀態的能量差 ΔE，與磁場強度 B_0 的關係為下列何者 (h 為蒲朗克常數，r 為旋磁比)？
   (1) $\Delta E = (hr/2\pi) B_0$
   (2) $\Delta E = (2\pi h/r) B_0$
   (3) $\Delta E = (hr/2\pi B_0)$
   (4) $\Delta E = (2\pi h/rB_0)$

   答案：(1)

8. 下列化合物，何者的 ^{1}H NMR 光譜有兩組吸收峰？
   (1) CH_3OCH_3
   (2) $CH_3CH_2OCH_2CH_3$
   (3) $CH_3OCH_2CH_3$
   (4) CH_3CH_2OH

   答案：(2)

9. 下列原子何者之核自旋數為 1/2？
   (1) ^{2}H
   (2) ^{12}C
   (3) ^{18}F
   (4) ^{31}P

   答案：(4)

10. 下列關於 NMR 氫譜自旋 - 自旋分裂的訊號峰面積比的敘述，何者正確？
    (1) 二重峰為 1：2
    (2) 三重峰為 1：2：1
    (3) 四重峰為 1：2：2：1
    (4) 五重峰為 1：2：3：2：1

    答案：(2)

二、複選題

1. 下列有關 NMR 的敘述，哪些正確？
   (1) 磁場強度決定自旋分裂大小
   (2) 磁場強度決定化學位移大小
   (3) 相鄰 ^{13}C-^{13}C 原子產生耦合現象不易發生
   (4) 乙醛之 NMR 氫譜 (^{1}H-NMR) 有 2 組波峰

   答案：(3)(4)

2. 下列關於 2-丁酮 NMR 光譜的敘述，哪些是正確的？

 (1) 氫譜有三個信號峰   (2) 氫譜有四個信號峰

 (3) 碳譜有三個信號峰   (4) 碳譜有四個信號峰

答案：(1)(4)

3. 有關 NMR 氫譜 (^{1}H-NMR) 之化學位移比較，下列何者正確？

 (1) CH_3-F > CH_3-Cl > CH_3-Br > CH_3-I

 (2) 苯 > 乙烯 > 乙炔

 (3) CH_3-I > CH_3-Br > CH_2-Cl > CH_3-F

 (4) 乙炔 > 乙烯 > 苯

答案：(1)(2)

4. 有關耦合常數 (J) 大小比較，下列何者正確？

 (1) H₂C=CH₂ (trans) > H₂C=CH₂ (cis) > H₂C=CH₂ (geminal)

 (2) 苯環 ortho-H > 苯環 meta-H

 (3) H₂C=CH₂ (cis) > H₂C=CH₂ (trans) > H₂C=CH₂ (geminal)

 (4) 苯環 meta-H > 苯環 ortho-H

答案：(1)(2)

5. 下列有關四甲基矽甲烷 (TMS) 之敘述，何者正確？

 (1) NMR 圖譜為單一波峰   (2) 為化學惰性之化合物

 (3) 容易蒸餾去除   (4) 在水中溶解度好

答案：(1)(2)(3)

第十四章 熱分析

劉惠銘

熱分析 (thermal analysis, TA) 法是利用熱學原理對物質的物理性能或成分進行分析的總稱，最早在 1887 年被 LeChatelier 用來研究黏土。依據國際熱分析協會 (International Confederation for Thermal Analysis, ICTA) 對熱分析法的定義：熱分析是在溫度控制之下，測量物質的物理性質與溫度關係的技術 [1]。一般而言，物質在溫度變化過程中，會伴隨著微觀結構和巨觀物理、化學性質等變化；巨觀上的物理、化學性質變化通常與物質組成與其微觀結構有關；透過測量和分析物質在加熱或冷卻過程中的物理、化學性質的變化，可以對物質進行定性、定量分析，提供熱性能資料和結構資訊，幫助我們鑑定物質以及開發新的材料。

14.1 熱分析方法的概述

熱分析技術可根據待測的物理性質不同，而採用不同的方法，常見的熱分析方法有：檢測溫度差的**示差熱分析法** (differential thermal analysis, DTA)、檢

---

[1] 表示參考資料

表 14.1 熱分析技術的分類 [1]

名稱	簡稱	測量物件	測量單位
示差熱分析	DTA	溫度差	°C
示差掃描量熱法	DSC	熱量	W (= J/sec)
熱重量分析	TG(TGA)	質量	mg
熱機械分析	TMA	長度	μm
動態機械分析	DMA	能量	Pa, dyn/cm^2

測熱流差量的**示差掃描量熱法** (differential scanning calorimetry, DSC)、檢測重量變化的**熱重量分析** (thermogravimetric analysis, TGA) 與檢測力學特性的**熱機械分析** (thermomechanical analysis, TMA) 以及**動態機械分析** (dynamic mechanical analysis, DMA) 的五種方法,如表 14.1[1] 所示。

各種熱分析方法,提供待測物質的熱穩定性、熱分解產物、熱變化過程的焓變化、各種類型的相變點、玻璃化溫度、爆破溫度、純度、比熱等資料,如表 14.2[1] 所示,以及聚合物的表徵與結構性能研究,也是研究相平衡和化學動力學過程的常用方法。例如:TG 可以針對昇華、蒸發、熱分解、脫水等過程的重量變化進行測量;因此,配合使用 TG 與 DTA 測量,可以獲得比熱之外的所有物質物性。

至於 DSC 是用來測量融解、玻璃轉化、結晶化等反應,DSC 還可以應用在各種化學反應及熱履歷的分析,以及測量物質比熱容量。但是由於這些反應常伴隨著分解反應,而發生樣品量的變化,所以 DSC 得到的測量準確性不佳。而且,分解反應產生的氣體可能會腐蝕 DSC 的感測器,所以一般不建議使用 DSC。

TMA 是對熱膨脹、熱收縮、玻璃轉化、固化反應、熱履歷等伴隨形狀變化的物質和反應進行測量的熱分析方法。雖然融解、結晶化等反應可能會有形狀變化,但是必須注意的是:融解反應會造成探針的熔融。

DMA 主要是透過分子內部的運動和結構的變化,進行測量玻璃轉化、結晶化、固化、重組反應、熱履歷的分析等;雖然融解反應的初期過程是可以用

表 14.2　各種分析方法與測量物質的物性 [1]

現象 (物性)	DSC	TG	TMA	DMA
融解	○	—	△	△
玻璃化轉移	○	—	○	○
結晶化	○	—	—	○
反應 (固化、重組)	○	△	○	○
昇華、蒸發、脫水	△	○	△	△
熱分解	△	○	—	—
熱膨脹、熱收縮	—	—	○	—
熱履歷的分析	○	—	○	○
比熱容量	○	—	—	—

○：表示可以測量物質的物性。
△：表示只能測量物質的一部分物性。
—：表示無法測量物質的物性。

DMA 測量，但是如果樣品的形狀和大小改變很大時，則無法利用 DMA 進行測量。在下一節，我們將分別介紹這些熱分析技術。

14.2 熱重量分析

1. 基本原理

一般化合物在空氣或氧氣中受熱則會氧化燃燒，如果在惰性氣體中受熱則會分解，會有重量減少的現象，因此，**熱重量分析** (thermogravimetric analysis, TGA) 便是依據此種現象，在控制溫度之下，測量物質質量與溫度之間的關係。熱重量分析儀最重要的兩大元件是溫度控制系統和重量量測元件 (通常是微量天平)，其主要原理是將樣品置於一個有程式控制溫度的加熱爐內，通入固定氮氣或氧氣的氣體，當溫度上升至樣品中某一成分的蒸發溫度、裂解溫度或氧化溫度時，樣品會由於蒸發、裂解、氧化等過程而減少重量，因此，我們

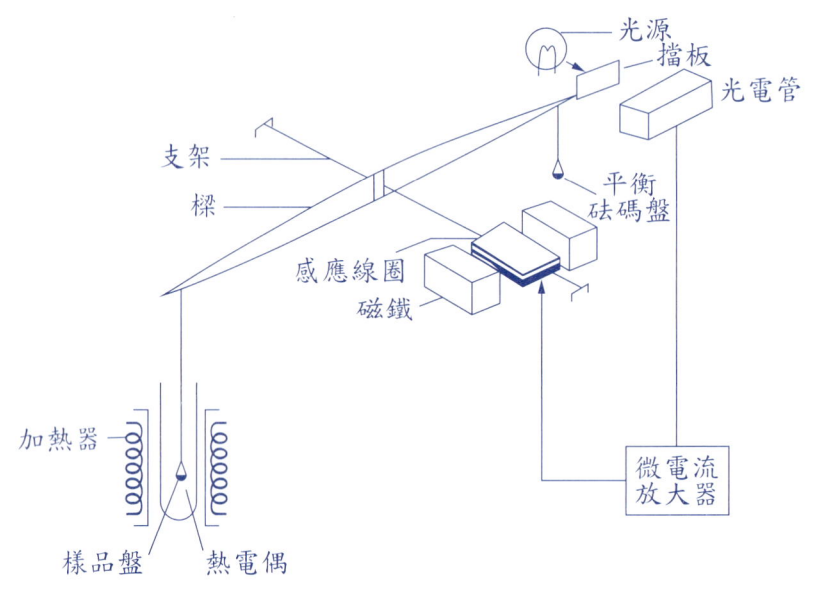

圖 14.1 電磁式微量熱天平示意圖 [2]

可依據樣品重量隨著溫度或是時間的改變，來判定樣品的裂解溫度、熱穩定性、成分比例、純度、水分含量、抗氧化性與還原溫度等物理性質。

熱重量分析一般分為變位法和零位法兩種，所謂變位法，是依據天平樑的傾斜度與重量變化成比例之關係，利用差動變壓器測量其傾斜度並且自動記錄。而所謂零位法是採用差動變壓器法、光學法測定天平樑的傾斜度，然後去調整安裝在天平系統和磁場中線圈的電流，使線圈轉動以恢復天平樑的傾斜；由於線圈轉動所施加的力與重量變化成比例，也與線圈的電流成比例，因此只需測量電流的變化並且記錄之，則可得到重量變化的曲線；其儀器圖如圖 14.1[2] 所示。

2. 熱重量分析的分類

依據質量變化與溫度之間的關係，熱重量分析可以分為三種：

(1) 等溫熱重量法 (isothermal thermogravimetry)：恆溫之下記錄樣品質量隨著時間變化的關係。

(2) 似等溫熱重量法 (quasi-isothermal thermogravimetry)：樣品的溫度上升方式是階段式上升，溫度先呈直線上升，直到質量開始改變，溫度再保持

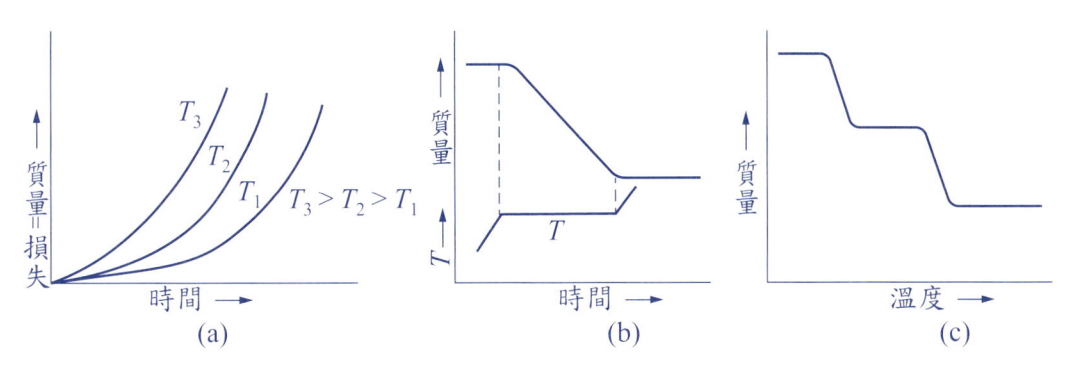

圖 14.2 熱重分析的三種模式 (a) 等溫熱重量法 (b) 似等溫熱重量法 (c) 動態熱重量法 [3]

恆定至質量不變之後，再線性升高溫度。

(3) 動態熱重量法 (dynamic thermogravimetry)：將樣品放置在一溫度變化的環境中加熱，溫度呈線性變化。

圖 14.2 為三種模式的熱重量法的質量變化與溫度之間的關係圖。

3. 熱重量分析儀的構造與元件

熱重量分析儀裝置一般是由天平、位移感測器、質量測量單元及程式控制單元等部件構成，也叫做**熱天平**，見圖 14.3 所示。

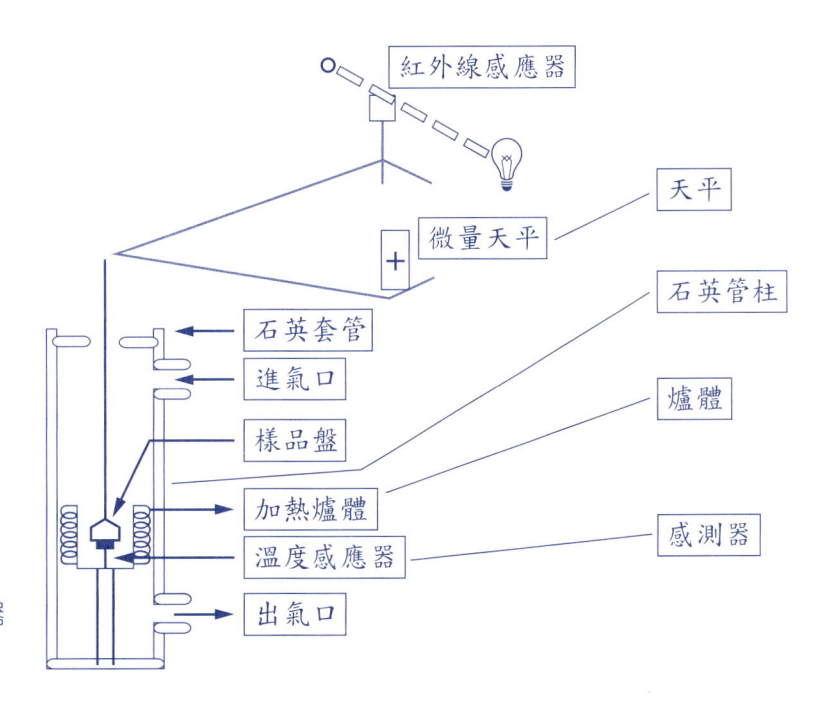

圖 14.3 TGA 熱重量儀器示意圖

熱重分析儀的主要構造包含：

(1) 分析天平

熱重量分析其偵測重量的靈敏度可達 0.1 μg，因此，天平與樣品盤都須處於密閉系統中以避免遭受外界氣流的干擾而造成誤差；市售熱天平大都是微量天平，可提供樣品質量由 0.1 mg 至數千毫克之間的定量資訊。

(2) 高溫爐 (furnace)

一般 TGA 的高溫爐其溫度範圍大致在室溫 (或是 10°C) 至 1400°C，高溫爐體不宜過大，若太大則平衡時間會過長，造成均溫性不佳，溫度的準確度也會較差，而高溫爐的加熱及冷卻速率通常可以自行選擇。

(3) 溫度感測器

一般 TGA 具有階段升 (降) 溫的功能，因此可解決樣品由於分解速度不一致而造成前後兩段分解產物的重疊，以及無法分辨各階段分解量的問題。例如在兩階段的分解過程中，保持等溫使第一階段反應完全後，再升溫進行第二階段的反應，則此兩階段分解過程由於分解而造成的重量損失的資料不會重複。

(4) 降溫裝置 (cooling system)

由於測試 TGA 的溫度都相當的高，所以降溫速率的快慢會影響測試的效率。最常使用的降溫方式是液體循環冷卻與氣體冷卻；液體循環冷卻的降溫設計是利用液體在爐體外圍的管路循環而達到冷卻效果，至於氣體冷卻的原理則是使高爐體在大量的惰性氣體存在之下而降溫。

(5) 樣品盤

一般 TGA 是在高溫之下操作，因此，樣品盤的材質應有抗腐蝕、抗氧化與抗酸鹼等特質，白金及陶瓷為常用的材質。

(6) 清除氣流

使用清除氣體均需高純度 (99.9% 以上)，使用於 TGA 的氣體主要用在清除天平、樣品與氣動式移動爐體的石英管柱。氣體清除天平的目的是要使天平處於某一特定環境之下，不要受到樣品裂解的氣體而影響，常

用的氣體為氮氣；至於樣品清除的氣體則是使樣品可以處於一定環境之下，通常待測樣品若是進行裂解反應時，則使用 N_2，可避免氣體與樣品反應；若要待測樣品進行氧化反應時，則更改氣體為 O_2；至於在氣動式移動爐體石英管柱方面，清除氣體的作用是在於控制爐體的升降，一般是使用空氣。

4. 熱重量曲線

從熱重量分析法得到的質量-溫度曲線稱為**熱重量曲線** (thermogravimetric curve, TG 曲線)。

圖 14.4[2] 說明一條單階段質量損失曲線的特性：T_i 稱為起始溫度或是分解溫度，它是質量變化累積到達天平偵測範圍的最低溫度，需要注意的是：T_i 不是相轉變溫度，也不是真正的分解溫度。T_f 為終止溫度，它是質量變化的累積到達最大值。在線性的加熱速率之下，T_f 大於 T_i，$T_f \sim T_i$ 的溫度區間稱為反應區間。對於任何一個加熱反應，T_f 隨著加熱速率的增大而升高之趨勢比 T_i 快，因此當加熱速率增加，反應區間會隨之增大。

在 TG 曲線中，我們以溫度或時間為橫座標，質量為縱座標，有時也可用失重百分率等為縱座標，失重百分率表示的 TG 曲線也稱之為失重曲線；一般常用失重曲線上的溫度來比較材料的熱穩定性，如圖 14.5[2] 所示，A 點叫**起始分解溫度**，是 TG 曲線開始偏離基線的溫度。B 點叫外延起始溫度，它是曲線下降段的切線與基線延長線二者的交會點；通常 B 點溫度再現性最佳，所以

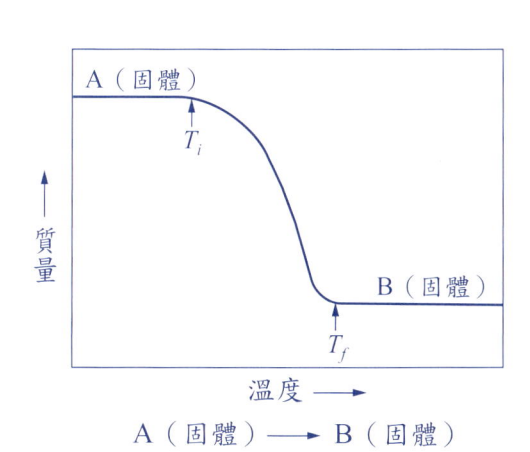

圖 14.4
一個單階段反應的 TG 曲線圖 [2]

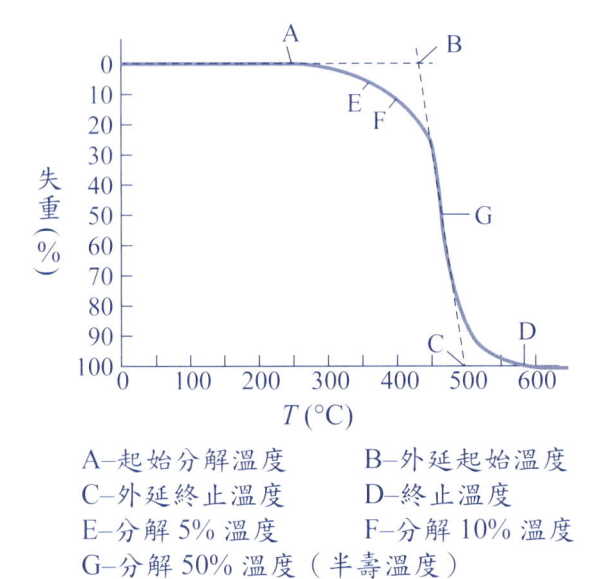

圖 14.5
失重曲線圖 [2]

A–起始分解溫度　　B–外延起始溫度
C–外延終止溫度　　D–終止溫度
E–分解 5% 溫度　　F–分解 10% 溫度
G–分解 50% 溫度（半壽溫度）

B 點溫度多被用來表示其材料的穩定性。C 點叫外延終止溫度，C 點是此條切線與最大失重線的交點。D 點是 TG 曲線到達失重最大時的溫度，又稱為**終止溫度**。E、F、G 點分別為失重率為 5%、10%、50% 時的溫度，其中失重率為 50% 的溫度 (G 點) 又稱為**半壽溫度**。

由於 TG 曲線下降的切線不易獲得，美國 ASTM 定義分解溫度為：通過失重率 50% 與失重率 5% 兩點的直線，此線與基線的延長線之交會點；國際標準 (ISO) 的定義分解溫度為：通過失重率 50% 與失重率 20% 兩點的直線，此直線與基線的延長線兩者交點即是 [2]。

TG 曲線可以獲得原始樣品與中間產物的穩定性、熱分解溫度、熱分解產物和組成，通常由 TG 曲線獲得的資料只是經驗性的，因為不同的儀器和樣品得到的轉變溫度也會不同。

5. TGA 熱重分析法的應用

熱重分析法的應用幾乎涵蓋所有領域。50 年代主要是應用在無機的重量分析，60 年代則應用在聚合物化學分析，目前熱重分析的應用更為廣泛，各種材料的熱性能、成分或熱分解與藥物性質的研究都會使用 TGA。一般而言，熱重分析的應用如下：

(1) 材料分析

TGA 常用於測定材料的熱穩定性；材料的水分及揮發物含量；材料的氧化穩定性；反應性或腐蝕性氣體對材料的影響；還可以確定化合物熱分解的中間產物，因為在熱重曲線上，化合物的兩次熱分解的重量之比等於兩次分解產物分子量之比，此比例關係便可以確定化合物熱分解中間產物。

範例

$CaC_2O_4 \cdot H_2O$ 的熱分解 TG 曲線如下圖所示。現設 $CaC_2O_4 \cdot H_2O$ 重量為 W_0，分子量為 M_0，第一次熱分解的損失重量為 W_1，第二次熱分解損失重量為 W_2，第三次熱分解損失重量為 W_3，從下圖的熱分解曲線可求 226°C~398°C 的中間產物為何？

解答

假設已知 $W_0 = 146.1$，
$W_1 = 18$，
$M_0 = 146.1$

$$\frac{M_x}{M_0} = \frac{W_0 - W_1}{W_0}$$

$$M_x = \frac{W_0 - W_1}{W_0} \times M_0 = 128.1$$

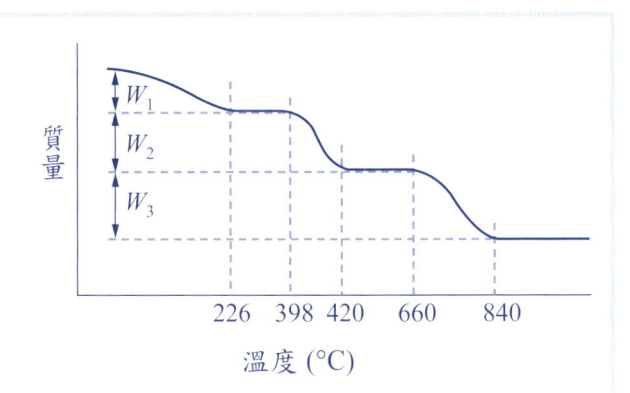

圖 14.6　$CaC_2O_4 \cdot H_2O$ 的失重曲線圖

因為第一次熱分解 $CaC_2O_4 \cdot H_2O$ 失去結晶水，$CaC_2O_4 \cdot H_2O_{(s)} \rightarrow CaC_2O_{4(s)} + H_2O_{(g)}$，第二次熱分解 $2CaC_2O_4 + O_2 \rightarrow 2CaCO_3 + 2CO_2$。根據計算 M_x 得知 226°C~398°C 分解後的中間產物是 CaC_2O_4，因為 CaC_2O_4 的分子量是 128.1。用同樣方法可知 420°C~660°C 的中間產物是 $CaCO_3$，840°C~1000°C 的中間產物是 CaO。

範例

一純化合物可能為 MgO, MgCO$_3$ 或 MgC$_2$O$_4$。樣品熱重分析顯示由 175.0 mg 的樣品損失 91.0 mg，試求樣品之化學式。

解答

化合物的熱分解反應分別如下：

$$MgC_2O_{4(s)} \rightarrow MgCO_{3(s)} + CO_{(g)}$$

$$MgCO_3 \rightarrow MgO_{(s)} + CO_{2(g)}$$

$$MgO \rightarrow Mg_{(s)} + O_{2(g)}$$

由於 (175 − 91)/175 不等於 $M_{MgCO_3}/M_{MgC_2O_4}$ 與 M_{Mg}/M_{MgO}

而 (175 − 91)/175 等於 M_{MgO}/M_{MgCO_3}

因此，樣品可能為 MgCO$_3$。

(2) 其他應用

利用熱重測定法可以進行物質的成分分析，例如：從鈣和鋇離子的二元混合物中，利用熱重測定法可以測定鈣、鋇離子的含量，其方法是加入草酸使其將鈣、鋇離子轉化為草酸鹽沈澱，然後由草酸鹽沈澱的 TGA 曲線求算出鈣、鋇離子的含量。

14.3 示差熱分析法

1. 基本原理

在溫度控制之下，待測物在加熱 (冷卻) 過程中會發生各種物理與化學變化，物理或化學變化發生時，就會有吸熱或放熱的效應產生，我們如果以實驗溫度範圍內不會發生物理和化學變化的惰性物質為參考物，則待測物和參考物之間就出現溫度差；因此，**示差熱分析**是測量物質與基準物 (參考物) 之間的

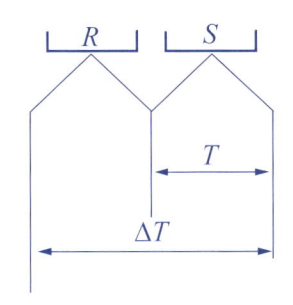

圖 14.7
DTA 原理示意圖 [4]

S 試樣　R 基準物（參考物）
T 溫度　ΔT 溫度差

溫度差與溫度變化的技術。

溫度差是以材料相同的兩對熱電偶組成的示差熱電偶測量，兩對熱電偶依相反方向串接，將其熱端分別與待測物和參考物容器底部接觸，並使待測物和參考物容器放在爐內的相同受熱處，圖 14.7 為 DTA 原理的簡單示意圖。

當樣品與參考物之間沒有熱效應發生時，樣品溫度 (T_S) 與參考物的溫度 (T_R) 相等，即 $\Delta T = T_S - T_R = 0$。兩對熱電偶的熱電動勢大小相等方向相反而互相抵消，差示熱電偶無信號輸出，DTA 曲線為一直線，我們稱之為基線。樣品有吸熱效應發生時，即 $T_S - T_R < 0$；差示熱電偶就有信號輸出，DTA 曲線會偏離基線，隨著吸熱效應速率的增加，則溫度差增大，DTA 曲線會偏離基線更遠，直到吸熱效應結束，DTA 曲線又回到基線，因此，在 DTA 曲線上會形成一個峰，稱之為吸熱峰。至於樣品有放熱效應發生時，亦即 $T_S - T_R > 0$，線上形成峰的方向與吸熱峰相反，我們稱之為放熱峰 [4]。

一般而言，放熱峰與吸熱峰的形狀、數目與在 DTA 曲線的位置，可用作定性分析。熱量變化與峰面積是成正比，因此，也可用 DTA 來定量反應熱大小，如果已知待測物的反應熱，可利用 DTA 量測反應熱來測定待測物的含量。

2. DTA 曲線

圖 14.8 為典型的 **DTA 曲線**，縱座標為溫度差 (ΔT)，ΔT 負值時表示待測樣品是進行吸熱；ΔT 正值時表示待測樣品進行放熱；橫座標表示溫度。圖 14.8 的 ABCA 包圍的面積為峰面積，A′C′ 為峰寬，BD 為峰高，常用溫度差或時間差來表示。A 點對應的溫度 T_i 為待測物反應開始的溫度，因為 T_i 會受到儀器的

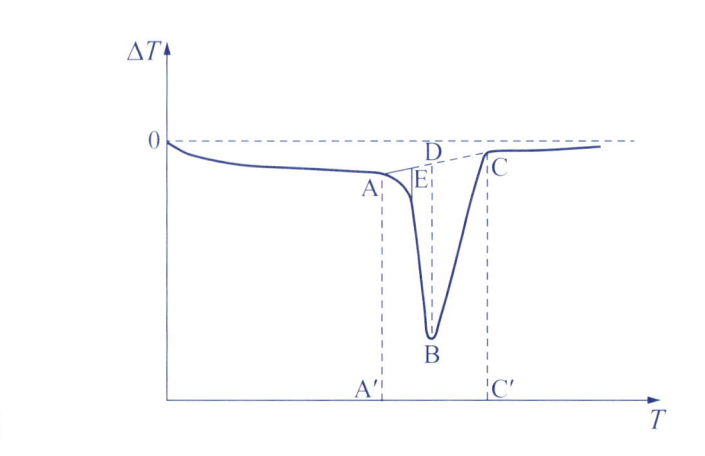

圖 14.8
DTA 曲線 [4]

靈敏度影響，因此無法視為待測樣品的特徵溫度。E 點對應的溫度 T_e 為外延起始溫度，此點溫度被國際熱分析協會 (ICTA) 定為反應的起始溫度；E 點是由峰的前坡 (圖中 AB 段) 上斜率最大的一點作切線與外延基線的交點，稱外延起始點。B 點對應的溫度 T_p 為峰頂溫度，此溫度會受實驗的條件影響，也不能用作物質的特徵溫度 [4]。

3. 示差熱分析儀的組件

一般的 DTA 儀器包含下列元件：樣品槽、加熱裝置、溫度控制系統、溫度偵測器、放大器、氣體控制系統與記錄器。下圖 14.9[4] 是典型的 DTA 儀器示意圖。

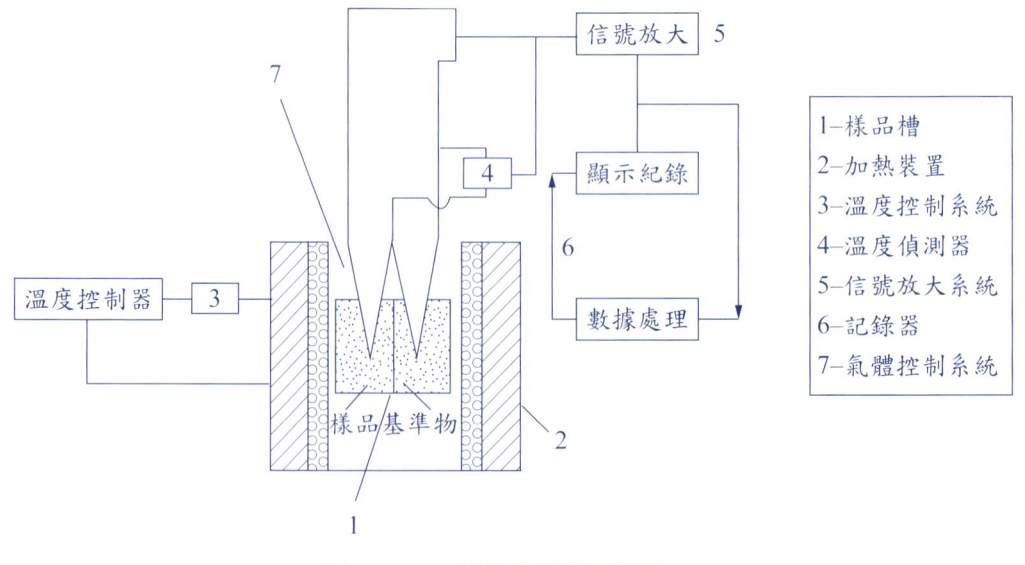

圖 14.9 示差熱分析儀示意圖 [4]

(1) 樣品槽

一般 DTA 的樣品槽大小取決於樣品的種類和份量，常見的形狀為皿狀和管狀，容量大小為數毫克。至於樣品槽的材質則為石英、石墨、礬土、硼矽玻璃、不鏽鋼、鉑、銅、鎢、鎳與鋁等。

(2) 加熱裝置

DTA 儀器的加熱裝置可用電阻元件、高射頻振盪、紅外線輻射、流體循環螺旋管等；加熱溫度的範圍由 200°C 到 3000°C。應用最廣的的加熱裝置是電阻元件，電阻元件的使用溫度極限由鎳鉻合金材質的 1000°C 到鎢材質的 2800°C。

(3) 溫度控制系統

DTA 加熱裝置必須要均勻對稱的加熱或冷卻，以及能夠在多種不同的溫度範圍內操作，以適合各種不同型式的熱電偶；溫度的控制是由溫度控制系統來控制，其種類有簡單的可變電壓變壓器、同步電動機耦合的程式控制器，以及較佳反饋比例式的程式控制器等。

(4) 溫度偵測器

選擇適合的溫度檢測裝置必須考慮測量所需的最高溫度、樣品的反應性、信號放大器和記錄器的靈敏度等因素，最常使用的溫度偵測器是熱電偶，熱電偶產生的電位差，大小是與溫度差成正比，因此較適合用來顯示差式溫度，材質可採用石墨或銅、鐵、鉑等金屬的合金。此外，光學高溫計、熱敏電阻器與電阻元件也常使用。

(5) 訊號放大器

熱電偶所輸出的電壓很小 (約為 0.1~100 μV)，除非有使用高靈敏度的記錄器，否則就需要放大器來放大訊號。一般 DTA 儀器的放大器不穩定時會導致不穩定的基線產生，而輸入電壓或環境溫度變化所造成的漂移，也會產生輸出波動。因此，為了降低放大器的雜訊，常在放大器的輸入端或是輸出端處安裝電容器，但是安裝這些電容器同時也會降低放大器的響應時間，而會減少峰的分離效果與峰的偏移。因此，必須要選擇適當的電容器，才可以減少雜訊和降低峰的分離效果。

(6) 記錄器

　　DTA 使用的記錄器種類有很多，例如電子電位記錄器與光束電流計式的記錄器等，可依實際測量選擇所需的適當記錄器。

　　DTA 操作簡單，但同一樣品在不同儀器上測量，或不同的人在同一儀器上測量，發現所得到的差熱曲線也會有不同，主要是由於許多因素會影響熱傳遞速率。一般說來，影響 DTA 曲線的因素有下列各點：

(1) 儀器因素：

　(A) 樣品槽的材質、形狀與大小：由於 DTA 曲線會受到熱傳遞速率的影響，因此。樣品槽的材質、形狀與大小會影響 DTA 曲線，如果樣品槽的擴散率減少、熱容量增加，以及半徑變大時，將會導致峰的扭曲變形。

　(B) 熱電偶的導線以及熱電偶的位置：熱量沿著熱電偶導線傳導時所造成的能量損失，會影響峰的位置。再者，熱電偶在樣品槽與參考槽的位置不對稱也會改變峰的形狀。

　(C) 加熱系統的大小與形狀。

　(D) 記錄器的靈敏度和響應速度。

(2) 實驗條件：

　(A) 加熱爐的氣體與壓力：DTA 曲線中的波峰形狀與其位置會受到系統的氣體壓力之影響，尤其是環境的氣體與反應所放出 (或吸收) 的氣體相同時，造成的影響更為明顯。

　(B) 加熱速率：通常加熱速率愈快，波峰的面積愈大。

　(C) 稀釋劑的影響：稀釋劑會降低熱效應，而導致波峰的面積減少。

　(D) 參考物質的選擇：DTA 常用的參考物質為 α-三氧化二鋁 (Al_2O_3) 與煅燒過的氧化鎂 (MgO) 或石英砂。如果分析樣品是金屬，可以用金屬鎳粉為參考物。適宜的參考物才能獲得平穩的基線，因此，參考物必須在加熱或冷卻過程中不會進行任何反應而改變，也就是說，在整個升溫過程中，參考物的導熱係數與比熱必須與樣品一致或是

相近。如果樣品與參考物的性質差異很大時,可以使用稀釋樣品以減少反應劇烈,常用的稀釋劑有 SiC、鐵粉、Fe_2O_3、Al_2O_3 等,須注意的是稀釋劑不能與樣品起任何反應。

(3) 樣品的特性:

(A) 樣品的質量:由於波峰的面積與樣品質量、反應熱成正比;通常,樣品的質量增加時,波峰頂的溫度也會增高。

(B) 樣品顆粒大小與填充方式:波峰的面積和樣品的熱傳導速率成正比,而熱傳導速率則和樣品顆粒的大小和樣品的填充方式有關。

4. 示差熱分析儀的應用

DTA 可用來測定物質所貯存的輻射能、吸附熱、聚合能等,以及定量混合物中各反應成分和物理變化或化學變化所涉及的反應熱;此外,DTA 也可用於測定熔點、凝固點、熔化熱、氣化熱、純度、沸點、多晶轉變、液晶相變、玻璃轉化溫度;還可用於研究固相反應、脫水反應、熱分解反應、異構化反應、催化劑性能、高聚合物性能等;因此,示差熱分析的應用領域很廣,例如:示差熱分析法在鑑定有機化合物和無機化合物,如金屬、黏土、煤、聚合物、油脂、木材等,可以提供定性和定量的分析數據。

(1) 含水的化合物:具有結晶水或結構水的物質,在加熱過程中失去水而進行吸熱反應,因此在差熱曲線上會有吸熱峰的出現。

(2) 高溫下有氣體放出的物質:硫酸鹽、碳酸鹽及硫化物等化學物質,在加熱過程中由於 CO_2、SO_2 等氣體的放出,這些吸熱效應會在 DTA 曲線上形成吸熱峰,不同的物質放出氣體時的溫度也不同,差熱曲線也不同,利用此特性可以鑑定不同種類的物質。

圖 14.10 是水合草酸鈣在空氣中加熱後得到的 DTA 曲線,第一個吸熱峰表示水合草酸鈣分子加熱到 220°C 時而失去水分子,此過程為吸熱反應;第二個吸熱峰是碳酸鈣加熱到 800°C 時會分解成二氧化碳和氧化鈣,此過程也是吸熱反應;兩個吸熱峰之間的放熱峰是草酸鈣和氧氣反應,生成二氧化碳與碳酸鈣,此過程為放熱反應;若是以惰性氣體(氮

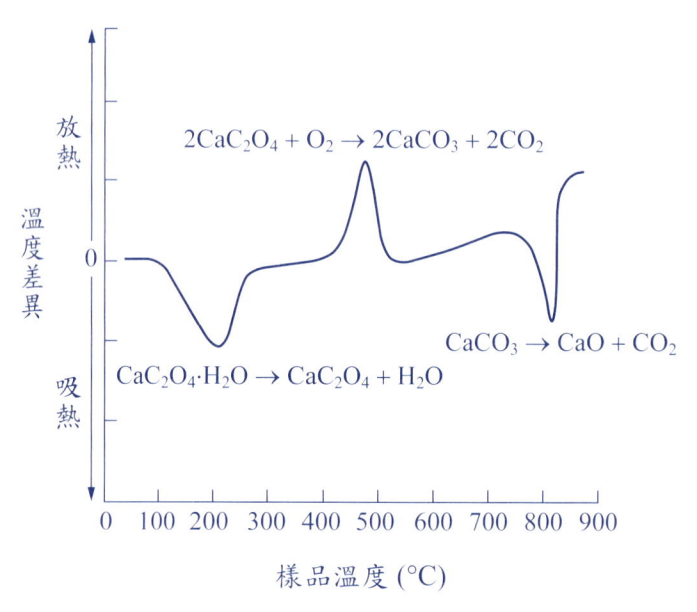

圖 14.10 $CaC_2O_4 \cdot H_2O$ 在有氧環境下的 DTA 曲線圖 [5]

氣)取代空氣進行反應，此放熱波峰會消失，取而代之是一個吸熱峰，此時的草酸鈣會進行分解反應，而產物為碳酸鈣和一氧化碳 [5]。

範例

有一包含 $CaC_2O_4 \cdot H_2O$(MW146.12) 和熱穩定鹽的混合物 125.70 毫克樣品，其熱曲線具在對應於水的汽化的起始溫度約 140°C 時有質量損失 6.98 mg。試求樣品中的 $CaC_2O_4 \cdot H_2O$ 的百分比 (W/W)？

解答

因為第一次熱分解 $CaC_2O_4 \cdot H_2O$ 失去結晶水，

$CaC_2O_4 \cdot H_2O_{(s)} \rightarrow CaC_2O_{4(s)} + H_2O_{(g)}$

$\dfrac{6.98}{18} \times 146.12 = 56.6 \ CaC_2O_4 \cdot H_2O$

$\%CaC_2O_4 \cdot H_2O = \dfrac{56.6}{125.70} \times 100\% = 45\%$

(3) 非晶態物質的再結晶：在加熱過程中，有些非晶態物質會出現再結晶而放出熱量，在差熱曲線形成放熱峰；此外，如果物質的晶格結構在加熱過程中被破壞，轉變為非晶態物質之後再出現再結晶現象，此時也會形成放熱峰。

(4) 測定晶型的轉變：在加熱過程中有些物質會因為其晶型的轉變而吸收熱量，在差熱曲線上會形成吸熱峰。晶型轉變產生的吸熱峰較適合金屬或者合金與無機礦物的分析鑑定。

(5) 適用於熔點、玻璃轉化、熔融與結晶性的相變測定。

(6) 熱穩定性評估、老化評估、乾燥減重或燃燒損耗評估、與熱解和燒結行為評估。

DTA 和 TGA 是互補的技術，常利用此兩種方法獲得完整的分析數據；反應若是涉及重量變化，常採用 TGA 的分析技術；若反應沒有重量變化，則採用 DTA 進行分析，因為 DTA 獲得的資訊較 TGA 更多。一般而言，差熱曲線的峰面積與熱量的比值隨溫度而改變，因此熱量定量會有困難，下一節介紹的示差掃描量熱法則可以彌補此缺點。

14.4 示差掃描量熱法

1. 基本原理

示差掃描量熱法 (differential scanning calorimetry, DSC) 的原理是當樣品發生相變、玻璃化轉變和化學反應時，會吸收和釋放熱量，補償器可測量出增加或減少熱流以保持樣品和參考物的溫度一致，也就是在程式控制溫度之下，測量樣品與參考物兩者功率差與溫度之間的關係。

DSC 是動態型的量熱技術，根據測量方法不同，又有功率補償型 (power compensation) 及熱流型 (heat flux) 兩種。圖 14.11[6] 為功率補償型及熱流型

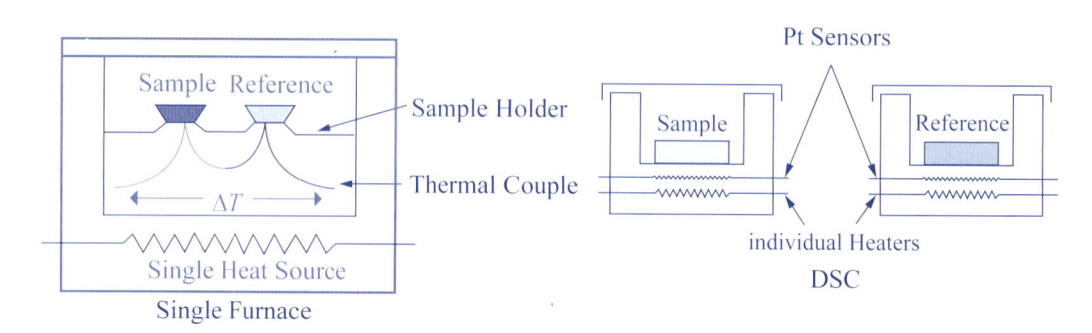

圖 14.11 功率補償型及熱流型兩種 DSC 之示意圖 [6]

兩種 DSC 之儀器示意圖，熱流型的 DSC 主要量測樣品和參考物間的溫度差 (ΔT)，由溫度差 (ΔT) 與補償校正係數 k 可得到 ΔH ($\Delta H = k\Delta T$)；功率補償型的 DSC 則是在溫度相同之下測定樣品和參考物所需的能量差，可以直接量測 ΔH，不須經由複雜數學運算。

2. DSC 曲線

利用示差掃描量熱儀記錄可得到 **DSC 曲線**，DSC 曲線的縱座標是樣品吸熱或放熱速率 (又稱熱流率)，橫座標是時間 (t) 或溫度 (T)，如圖 14.12[3]，由於 DSC 曲線記錄的是 dP/dt 隨溫度的變化關係，波峰向上表示為放熱，波峰向下表示為吸熱，而波峰面積表示為熱量的變化。如圖 14.13 為高分子材料的 DSC 曲線圖。

示差掃描量熱儀是將樣品置於特定氣體環境中，改變環境溫度或是維持在一定溫環境之下，觀察樣品的能量變化；當樣品發生蒸發、熔融、結晶、相轉

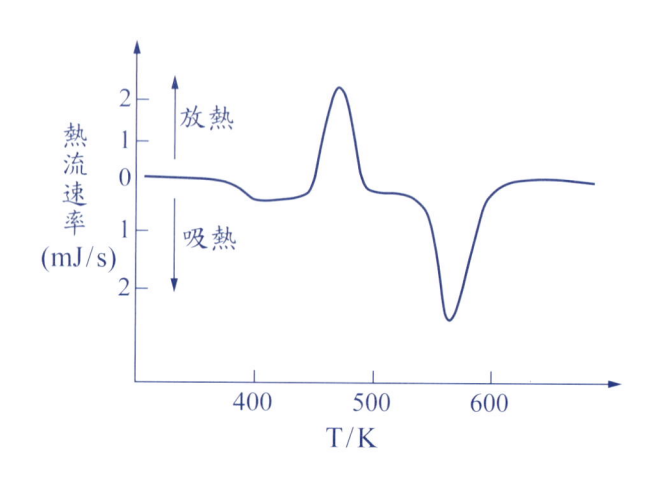

圖 14.12 典型的 DSC 曲線 [3]

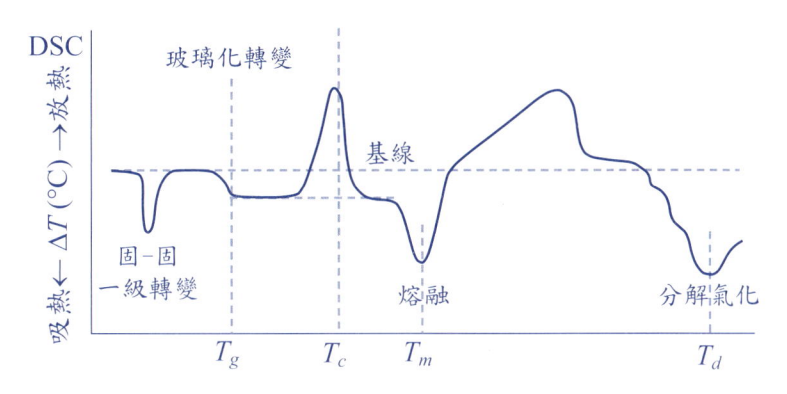

圖 14.13 高分子材料的典型的 DSC 曲線 [3]

變等物理或化學變化時，會出現吸熱或放熱的波峰圖譜，例如：熔化熱 ΔH 與峰面積成正比關係；因此，示差掃描量熱法可直接量測樣品發生變化時的熱效應，例如：樣品純度、材料的熔點 (T_m)、反應速率、結晶速率、聚合物的結晶度、反應熱、玻璃轉化溫度 (T_g)、結晶溫度與比熱 (C_p) 等。

範例

化合物 A 及 B 均在相同溫度熔化，利用熔化熱 ΔH 與峰面積成正比關係，已知化合物 A (M = 98.4) 的熔化熱為 1.63 kcal/mol，化合物 B (M = 64.3)。今各使用 500 mg 樣品 A 及 B，熱分析得到峰面積為 60.0 及 45.0 cm²，求化合物 B 之熔化熱？

解答

假設化合物 B 之熔化熱為 x，熔化熱 ΔH 與峰面積成正比關係，即

$$\frac{1.63\left(\dfrac{0.5}{98.4}\right)}{x\left(\dfrac{0.5}{64.3}\right)} = \frac{60}{45}$$

得到化合物 B 之熔化熱為 0.799 kcal/mol

3. 示差掃描量熱儀的組件

DSC 和 DTA 的功能十分類似，而且具有互補性。DSC 的儀器設備大致與

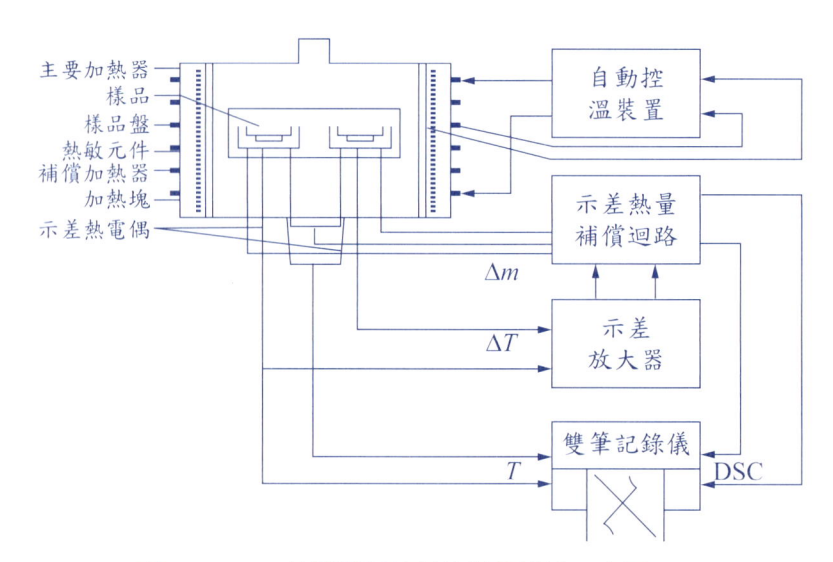

圖 14.14 示差掃描量熱儀的儀器構造示意圖 [6]

DTA 相似，但是 DSC 控制樣品與參考物質的溫度是相同的，僅記錄加入的熱量多寡。

　　DSC 的儀器組件示意圖如圖 14.14，樣品在加熱過程中，會因為熱效應而與參考物之間出現溫差，此時若通過差熱放大電路和差動熱量補償放大器，可使流入補償電熱絲的電流改變，亦即當樣品吸熱時，補償放大器使樣品的電流變大；相反地，樣品放熱時會使參考物的電流變大，直到二者的熱量達成平衡；即樣品在熱反應時發生的熱量變化，由於輸入電功率而得到補償，實際得到的紀錄是樣品與參考物兩者電熱補償熱功率之差，如果升溫速率恆定時，紀錄是兩者熱功率之差隨溫度改變的數值。

4. DSC 分析儀的應用

　　示差掃描量熱儀使用溫度範圍很寬 (−175°C~725°C)、解析度高、需要的樣品量少，因此，適用於無機物、有機化合物及藥物的多種熱力學和動力學參數測定，例如比熱、反應熱、轉化熱、反應速率、結晶速率、高聚物結晶度、樣品純度等。常見的例子如：塑膠、橡膠等原料及製成品的熱特性分析；金屬、合金等材料熱特性分析；玻璃、氧化鋁等矽酸鹽類原料與其製成品的材料特性分析；奈米碳管、奈米纖維等材料及複合材料的熱特性分析；食品的應用；新藥開發、製藥與配方等熱特性分析等。

範例

有一石灰石礦，其粉塵的 TG-DSC 分析圖上有一吸熱峰，其熱降解之起始溫度 (on set) 為 880°C，所對應的面積為 360 × 4.184 J/g，對應的 TG 曲線上失重為 25.0%，計算：

(1) 該礦物的碳酸鈣含量？(已知碳酸鈣分子量為 100.09)
(2) 碳酸鈣的分解溫度？
(3) 單位質量碳酸鈣分解時需吸收的熱量？

解答

(1) 該礦物的碳酸鈣含量

設：石灰石礦為 m 克，碳酸鈣的百分比含量為 x，CO_2 氣體的質量為 y 克，則 $CaCO_3$ 的質量為 mx。

$$CaCO_3 \rightarrow CaO + CO_2$$
$$\quad mx \qquad\qquad\quad y$$

$$\frac{mx}{100.09} = \frac{y}{44} \text{，且 } \frac{y}{m} = 25.0\%$$

解出 $x = 56.8\%$

(2) 碳酸鈣的分解溫度為 880°C

(3) 單位質量碳酸鈣分解時需吸收的熱量為

$$\frac{360 \times 4.184}{0.568} \text{ J/g} = 2651.8 \text{ J/g}$$

14.5 熱機械分析法

1. 基本原理

一般的材料在溫度改變時，物性也會變化，例如：收縮膨脹、軟化與交聯

圖 14.15 CTE (膨脹係數) 相關曲線圖

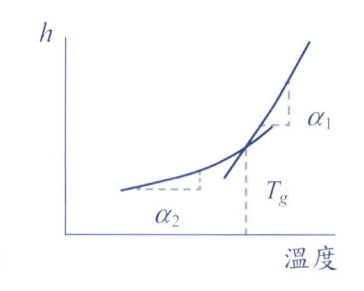

α_1：T_g 點前膨脹係數
α_2：T_g 點後膨脹係數
h：樣品高度

硬化等，熱機械分析 (thermal mechanical analysis, TMA) 即是測量在溫度變化下的材料物性變化。換句話說，TMA 主要係用以量測樣品隨溫度變化產生的膨脹收縮現象，其方法是利用在樣品上施予一固定大小的力，搭配可以溫度控制的爐體，當升溫或降溫時，樣品材料會膨脹或是收縮，量測探針的變化，可獲得膨脹 (或是收縮) 係數。

大多數的材料會有明顯相變化點，例如 T_g (玻璃轉化溫度)、T_c、T_m。材料經過 T_g 時，材料的分子鍵會擺動而體積變大，所以，可利用 TMA 測試觀察到材料 T_g 點後膨脹係數較 T_g 點前更大，而形成轉折；其轉折點即為 T_g 點，其高度變化斜率即為膨脹係數 (coefficient of the thermal expansion，簡稱 CTE) 的相關曲線，如圖 14.15 所示 [8]；CTE 計算方式如式 (14-1)[8]。當樣品軟化時，會由於高度的變化而產生轉折，利用轉折點可以測得樣品的軟化點 (softing point)。由於 TMA 是加熱 (或是冷卻) 的同時測量樣品所發生的膨脹 (收縮) 的變形及其變形量的方法，因此，TMA 可測得 T_g 或是 CTE 等，對電子產業、複合材料、高分子、玻璃、陶瓷、PCB 印刷電路板產業製程的控制與改善十分有助益。

$$\frac{\Delta h}{h_{25°C} \times \Delta T} \times 100\% = \text{CTE} \tag{14-1}$$

2. 熱機械分析儀

TMA 裝置的示意圖如圖 14.16，樣品放在試管的底部，一個稱作探針的檢測棒直接放在樣品上面，施加一定負載的狀態之下，樣品被加熱 (或冷卻)，當樣品的形狀改變時，探針與樣品同時移動，感測器會檢測此時的移動量，因

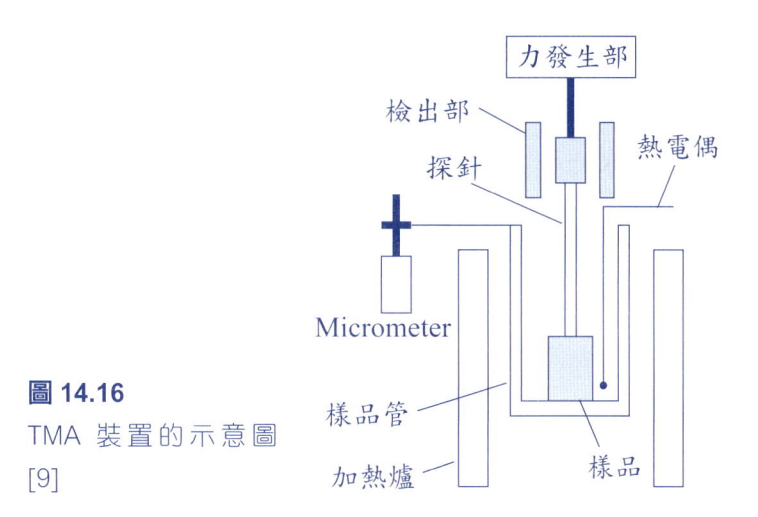

圖 14.16
TMA 裝置的示意圖
[9]

此，可以進行測量熱膨脹、熱收縮等 [9]。

標準的 TMA 測量模式有：壓縮、穿透、彎曲、薄膜拉伸和纖維拉伸，其中的前三種模式採用直徑 3 mm 的圓探針，薄膜拉伸和纖維拉伸兩種模式是拉伸樣品，探針的施力範圍是 0.001 N 至 1 N。圓探針通常是用來進行穿透實驗，探針與樣品的接觸面在開始測量時很小，當溫度升高時，樣品會變軟，探針也會逐漸地穿透樣品，因此，探針與樣品的接觸面積也變大。

所以，典型的 TMA 會由於測量目的之不同，而使用的探針形狀、載重量大小也不同，表 14.3[9] 為 TMA 典型的測量方法以及量測的性質。

通常在力較大的情況之下進行 TMA 測量時，實驗結果與施力大小和樣品硬度有關。例如在 0.5 N 的施力狀態下，石英晶體樣品無任何形變；而對於有機物質如可食用的脂肪，只需用 0.01 N 的力，就可觀察到固體狀態到熔融狀態的過程；由於金屬表面的氧化膜會變形，則必須要較大的力如 0.5 N。

表 14.3　TMA 典型的測量方法 [9]

測量方法	使用的探針	量測的性質
膨脹、壓縮測量	膨脹、壓縮探針	膨脹率、玻璃化轉變溫度
針入測量	針入探針	軟化點 (玻璃化轉變溫度、熔融溫度)
拉伸測量	拉伸探針	拉伸、收縮、膨脹率、玻璃化轉變溫度
彎曲測量	彎曲探針	熱變形溫度

3. TMA 測量的應用

TMA 測量通常採用動態溫度控制，升溫速率為 2 K/min 至 10 K/min，最常使用的升溫速率是 5 K/min；此外，由於 TMA 測量必須在樣品分解之前完成，以避免熔融或發泡分解的產物汙染了樣品的支架 [10]。常見的 TMA 測量應用有下列四項：

(1) 物理轉變的 TMA 效應

通常把樣品夾在兩個石英片之間，用 0.5 N 的負載和 0.5 K/min 的升溫速率來觀察材料的熔融過程；夾在石英片間的樣品愈小，熔化的時間愈短，如圖 14.17a。

塑膠薄膜或塗層等平坦的樣品，可直接採用圓探針進行測量，當樣品熔化時，探針會完全穿透樣品。半結晶的聚合物由於熔化過程的粘滯性較大，樣品在石英片間的擠出相對較慢；對於一個三維尺寸的交聯彈性體，例如交聯 PE-X，樣品就會被壓縮而不是被擠出，如圖 14.17b。

在冷卻熔融樣品時通常不會觀察到 TMA 效應，因為熔融物已被擠出，但是交聯 PE 是例外，因為交聯 PE 結晶時，其體積會收縮。無定形聚合物在加熱時常常會存在結晶的傾向，叫做冷結晶，如圖 14.17c。

TMA 技術檢測可以針對固-固相轉變的尺寸的變化，即同質多晶之明顯的各向異性，在此測量中最好使用 1 mm^2 的探針施力於單一晶體，如圖

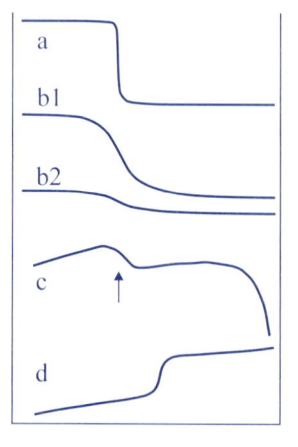

a：熔化
b1：具有較寬熔程的半結晶高聚物的熔化
b2：交聯 PE-X 未熔化
c：無定形聚合物的冷結晶和熔化
d：同質多晶：固-固相轉變

圖 14.17 物理轉變時的典型 TMA 曲線 [10]

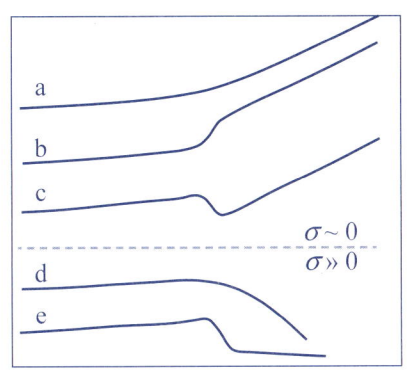

a：膨脹係數增加的理想玻璃化轉變
b：在玻璃化轉變時樣品的膨脹
c：在玻璃化轉變時樣品的收縮
d：在穿透模式下的玻璃化轉變
e：高度填充聚合物的玻璃化溫度

$\sigma \sim 0$
$\sigma \gg 0$

圖 14.18 TMA 曲線中的玻璃化轉變 [10]

14.17d。

(2) 玻璃化轉變的 TMA 曲線

TMA 技術進行熱分析的重要應用，就是可以確定玻璃化的溫度。膨脹係數表示在玻璃化溫度轉變區域會有一個顯著的增長，此正是在玻璃化溫度轉變區尺寸變化曲線變陡的原因，如圖 14.18a。

由於體積和壓力的鬆弛效應、乾燥效果或者是外來物體在樣品變軟時穿過樣品，尤其一個新樣品的首次升溫曲線有反常傾向在玻璃化溫度轉變區，如圖 14.18b 與圖 14.18c。

至於穿透模式測量時，圓探針直接施力於樣品上，在玻璃化轉變時會更穿透到樣品內，如圖 14.18d。

對於碳纖維增強的複合物的高度填充聚合物，若是使用穿透模式較不適合，需採用彎曲模式，如採用 0.5 N 的負載進行彎曲實驗，如圖 14.18e。

4. TMA 分析儀的應用

TMA 定量測樣品尺寸隨溫度的變化過程，可獲得材料的線性膨脹、燒結過程、玻璃化轉變、軟化點等特性，應用的領域很廣，例如：金屬、陶瓷、複合材料、耐火材料、高分子材料等。

TMA 方法只測量樣品單一方向上的尺寸變化；反之，在不同的測量方向，不同物質特性如熱膨脹、熱收縮也會不同，此特性稱為異向性。我們可以利用

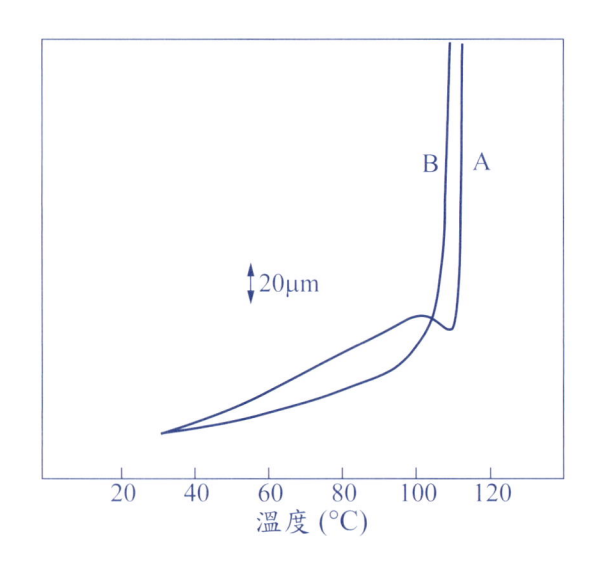

圖 14.19
聚乙烯薄膜的拉伸測量

TMA 測量，瞭解物質的異向性。聚乙烯薄膜的拉伸測量結果如圖 14.19 所示。這是對薄膜的延伸方向和其垂直方向分別進行測量的結果。由於通常聚合物薄膜在製膜時，分子是順著延伸方向排列的，所以，薄膜在延伸方向和其垂直方向的物性就不同，從圖 14.19 中的結果可知延伸方向的伸長率要比其垂直方向大，而且在即將熔融時有收縮行為 [9]。

14.6 動態機械分析

1. 動態機械分析 (DMA) 基本原理

一般材料會受到自然界中的三種環境變化影響而改變其物理特性，分別為力量、頻率與溫度。施加不同大小的力於材料時，材料特性會有所不同；施力的頻率不同，材料的特性亦會不同，一般而言，施力頻率低則材料會變得較柔軟，施力頻率高則材料會變得較堅硬；溫度的變化較為明顯，所有材料在溫度變化時都會有物性上的變化，如膨脹收縮、軟化、交聯硬化等。因此，將樣品置於特定環境下，動態機械分析儀 (dynamic mechanical analyzer, DMA) 即是用

來測量樣品在溫度、力量或頻率改變之下，其機械性質變化的情形，進而判定樣品材料的特性。

DMA 是樣品在程式溫度與在定頻率交變力的作用之下，測量其儲能模量、損耗模量和損耗因數等與溫度、時間與力的頻率的關係。DMA 得到材料的黏彈性能隨溫度與頻率的變化關係，並能夠推斷材料的內在結構轉變，如玻璃化轉變、二級相變等，並可獲得相關的轉變活化能。

2. DMA 曲線

DMA 即為利用正弦波的震盪方式，測量樣品回應的分析儀器。DMA 測量時，施加一正弦交變的應力在待測物，如果待測樣品的反應延遲，可測得相角差，同時測量其應變的變化，如圖 14.20[6] 所示。對於理想的虎克彈體，應力與應變是同相位的，$\delta = 0°$，每一週期的能量沒有損耗。對於理想的黏性液體而言，應變延後應力 90°，即外力對體系所做的功在每一個週期中全部以熱的形式損耗完。而對於黏彈性材料，應力與應變之間的相位差介於 0° 與 90° 之間。

由於有相位差的存在，我們可得到不同材料的一些基本參數，如儲能模量、損耗模量、tan δ、複合模量、黏性、彈性、應力、強度、T_g 點等 [11]，如圖 14.21 所示。

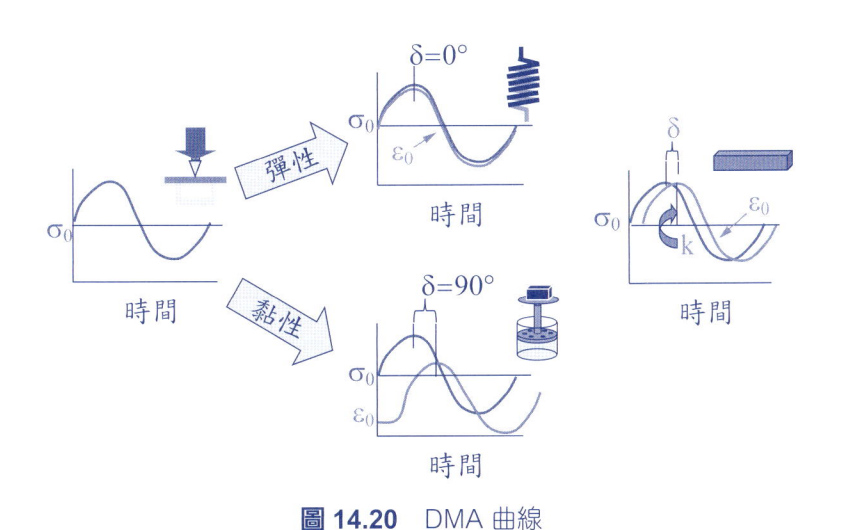

圖 14.20 DMA 曲線

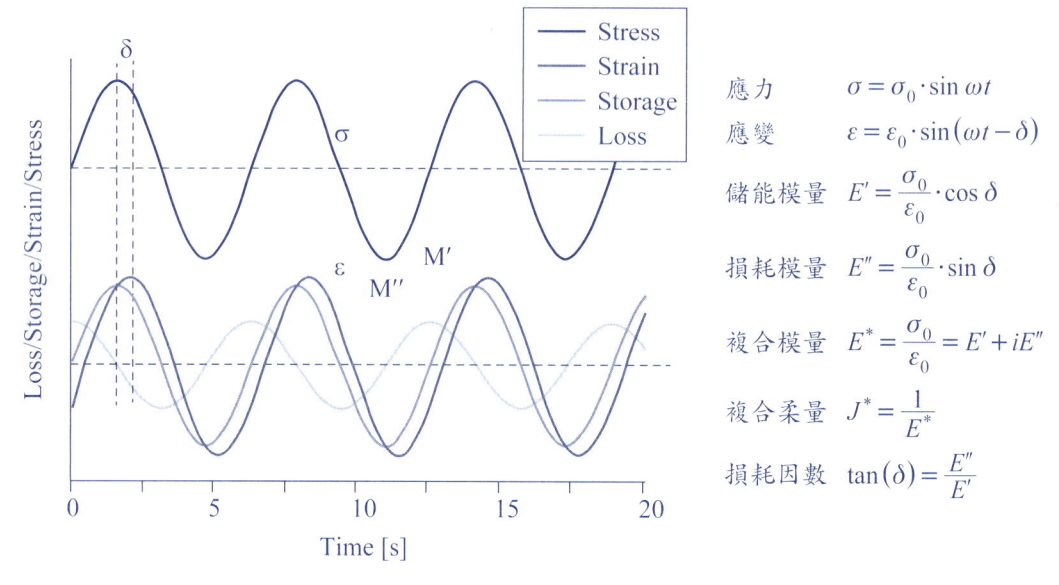

圖 14.21　黏彈性物質在正弦交變載荷之下的應力應變相關圖 [11]

應力　　$\sigma = \sigma_0 \cdot \sin \omega t$

應變　　$\varepsilon = \varepsilon_0 \cdot \sin(\omega t - \delta)$

儲能模量　$E' = \dfrac{\sigma_0}{\varepsilon_0} \cdot \cos \delta$

損耗模量　$E'' = \dfrac{\sigma_0}{\varepsilon_0} \cdot \sin \delta$

複合模量　$E^* = \dfrac{\sigma_0}{\varepsilon_0} = E' + iE''$

複合柔量　$J^* = \dfrac{1}{E^*}$

損耗因數　$\tan(\delta) = \dfrac{E''}{E'}$

3. 動態機械分析儀組件

DMA 的一個關鍵組成部分是 LVDT (線性可變差動變壓器)，通常裝置 LVDT 在樣品附近以減少任何影響變形的因素，可增加力與位移之間的時間差測量的準確性；在整個測量範圍內，LVDT 測量的長度變化為 ±1 mm，平均解析度為 2 nm。如圖 14.22 所示，DMA 同時提供不同變形模式的選擇。

(1) 三點彎曲：如圖 14.22A，此種 DMA 測量模式應用於精確測量非常硬的樣品，例如複合材料或熱固性塑膠，特別是玻璃轉化溫度以下的測量。
(2) 單懸臂彎曲：如圖 14.22B，此種模式非常適合具有高剛度的條形材料。

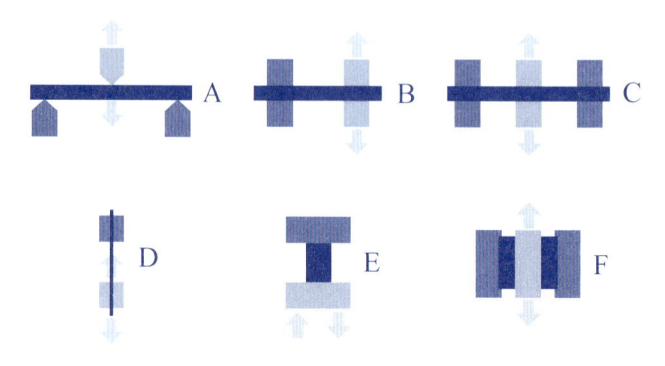

圖 14.22　DMA 不同的變形模式 [10]

其方法是理想的玻璃轉化溫度以下的測量，也是粉狀物料的損耗因數確定的常用模式。

(3) 雙懸臂彎曲：如圖 14.22C，此種模式較適合於剛度較低的材料，特別是薄的樣品，例如薄膜。

(4) 張力：如圖 14.22D，此種模式是薄膜或纖維常用的變形模式，是非常重要的 DMA 測量。

(5) 壓縮：如圖 14.22E，此種壓縮模式是用來測量發泡、凝膠以及靜態力的 DMA 測量。

(6) 剪切：如圖 14.22F，此種剪切模式適合於軟的樣品，例如彈性體。

4. DMA 的應用

因為一般材料都有黏彈性，DMA 可以用來分析各種材料的黏彈性，如塑膠、熱固性材料、複合材料、高彈性體、塗層材料、金屬、陶瓷等，高分子化合物是最為典型的黏彈性材料，所以，DMA 最適用於高分子材料的分析。此外，使用 DMA 可以用來評估溫度、頻率對於材料機械性能的影響，而得到一些材料的特性，例如：剛性、阻尼、相轉變溫度和玻璃轉化溫度、固化速率和固化度、材料的吸音效能、抗衝擊強度與應力鬆弛等。

14.7 熱分析技術的未來發展趨勢

熱分析技術迄今已有百餘年的發展歷史，19 世紀末到 20 世紀初，熱分析技術主要用來研究黏土、礦物以及金屬合金。到了 20 世紀中期，熱分析技術才應用於無機物的化學領域，而後才逐漸擴展到聚合物、有機化合物和高分子領域中，目前為研究高分子結構與性能的一個重要的工具，未來將可應用於物質的結構分析、價態分析、表面分析及細微分析，以及環境科學，新材料科學、生命科學及生物醫學等領域。

一般來說，每種熱分析技術只能瞭解物質性質及其變化的某些方面，若是

一種熱分析手段與其他的熱分析手段串聯使用，不僅擁有各種單一熱分析儀器的分析優點之外，還可對物質的各種熱效應進行綜合判斷，更能準確地判斷物質在溫度變化過程中的性質變化，而獲得全面的資訊，目前的熱分析串聯技術，如 DTA-TG、DSC-TG、DSC-TG-DTG、DTA-TMA、DTA-TG-TMA 等。

熱分析儀與其他的分析儀器功能相結合，可以實現串聯分析，擴大分析內容是現代熱分析儀發展的另一個趨勢。例如熱分析與氣相層析 (GC)、質譜 (MS)、紅外光譜 (IR) 等儀器的串聯分析形成 TG-FTIR、DSC-FTIR、TG-MS-FTIR、TG-DSC-FTIR-MS。

對多成分共混、共聚或複合成的材料及製品以紅外光譜 (IR) 進行分析時，經常會遇到材料中混合成分的紅外光譜吸收光譜帶位置十分接近或是重疊，無法判定。而採用 DSC 法測定混合物時，不需要分離材料即可將混合物中幾種成分依據熔點的高低而分辨。IR-DSC 串聯技術，可根據 IR 法提供的特徵吸收光譜帶來初步判斷混合物特性基團的種類，再由 DSC 法提供的熔點和曲線，就可準確地鑑別共混物組成，對於共混物、多成分混合物和難以分離的複合材料而言，此方法是一種有效又準確的快捷方法。

熱分析與質譜 (MS) 串聯，同步測量樣品在熱處理中的熱焓和析出氣體成分的變化，對分析物質的組成、結構以及研究熱分析或熱合成機制來說，都是極為有用的一種串聯技術。未來的熱分析儀器的發展趨勢必然會朝著高精度、高靈敏度，全自動化、小型化的方向發展。

參考資料

1. Hitachi Instruments (Shanghai) Co., Ltd 網站。
2. 瀋陽化工學院精品課程網站材料科學與工程學院。
3. 《熱分析》陳道達譯，渤海堂文化事業有限公司，1992。
4. 台灣 Wiki 百科網站。
5. PerkinElmer，熱分析儀簡介。
6. PerkinElmer；博精儀器網站。

7. TechMax；科斯邁集團，熱分析 DSC 應用 - 醫療藥品性質分析。
8. TechMark；先馳精密儀器，靜態機械分析儀 (TMA) 之原理。
9. Hitachi Instruments (Shanghai) Co., Ltd 網站，熱分析的基礎與分析。
10. (Mettler-Toledo)；梅特勒 - 托利多，Thermal Analysis eNewsletter。
11. 潘明祥，近代古體物理分析方法之三。

本章重點

1.

	熱重分析法 (TGA)	示差熱分析法 (DTA)	示差掃描量熱法 (DSC)
適用情況	高分子、有機、複合材料等。	測定樣品的質量或是反應熱變化。	反應熱、熔點、玻璃化溫度、結晶溫度、比熱、熱穩定性、氧化安定性、交聯反應熱及動力學分析。
示意圖形	質量(g) vs 溫度(°C)	示差溫度 vs 溫度(°C)，放熱/吸熱	示差功率 vs 溫度(°C)，放熱/吸熱
量測變數	質量	$T_s - T_t$	dH/dt
儀器設備	熱天平	DTA 儀器	DSC 熱卡計
感測器	微天平	熱電偶	熱電偶或鉑電阻

2. 熱分析法的定義：熱分析是在溫度控制之下，測量物質的物理性質與溫度關係的技術，亦即透過測量和分析物質在加熱或冷卻過程中的物理、化學性質的變化，可以對物質進行定性、定量分析，提供熱性能資料和結構資訊，鑑定物質以及開發新的材料。

3. 熱分析技術可根據待測的物理性質不同，而採用不同的方法，常見的熱分析方法有：檢測溫度差的示差熱分析法 (DTA)、檢測熱流差量的示差掃描量熱法 (DSC)、檢測重量變化的熱重量分析 (DTA) 與檢測力學的特性的熱機械分析 (TMA) 以及動態機械分析 (DMA) 的五種方法。

4. 熱重量分析法 (TGA) 是在控制溫度之下，測量物質質量與溫度之間的關係。熱重分析儀裝置一般是由天平、位移感測器、質量測量單元及程式控制單元等部件構成，也叫作熱天平。從熱重量法得到的質量-溫度曲線稱為熱重量曲線 (TG 曲線)，TG 曲線可獲得原始樣品與中間產物的穩定性和組成。

5. 示差熱分析法 (DTA) 是測量物質與基準物 (參考物) 之間的溫度差與溫度變化之技術。一般的 DTA 儀器包含下列元件：樣品槽、加熱裝置、溫度控制系統、溫度偵測器、放大器、氣體控制系統與記錄器。

6. DTA 和 TGA 是互補的技術，常利用此兩種方法獲得完整的數據；反應若是涉及重量變化，常採用 TGA 的分析技術；若反應沒有重量變化，則採用 DTA 分析，因為 DTA 獲得的資訊較多。

7. 示差掃描量熱法 (DSC) 是在程式控制溫度之下，測量樣品與參考物兩者功率差與溫度之間的關係。DSC 的儀器設備大致與 DTA 相似，但是 DSC 控制樣品與參考物質的溫度是相同的，僅記錄加入的熱量多寡。利用示差掃描量熱儀記錄可得到 DSC 曲線，DSC 曲線記錄的是 dP/dt 隨溫度的變化關係，DSC 曲線波峰向上表示放熱，波峰向下為吸熱，而波峰面積表示為熱量的變化。

8. 熱機械分析 (TMA) 即是測量在溫度變化下的材料物性變化，亦即量測樣品隨溫度變化產生的膨脹收縮現象，其方法是利用在樣品上施予一固定大小的力，搭配可以溫度控制的爐體，當升溫或降溫時，樣品材料會膨脹或是收縮，量測探針的變化，可獲得膨脹 (或收縮) 係數。TMA 定量測樣品尺寸隨溫度的變化過程，可獲得材料的線性膨脹、燒結過程、玻璃化轉變、軟化點等特性。

9. 動態機械分析儀 (DMA) 即是用來測量樣品在溫度、力量或頻率改變之下，其機械性質變化的情形，進而判定樣品材料的特性。DMA 可以用來分析各種材料的黏彈性，最適用於高分子材料的分析。此外，使用 DMA 可以用來評估溫度、頻率對於材料機械性能的影響，而得到一些材料的剛性、阻尼、相轉變溫度…等特性。

10. 目前的熱分析串聯技術，如 DTA-TG、DSC-TG、DSC-TG-DTG、DTA-

TMA、DTA-TG-TMA 等，不僅擁有各種單一熱分析儀器的分析優點之外，還可對物質的各種熱效應進行綜合判斷。熱分析也可與氣相層析 (GC)、質譜 (MS)、紅外光譜 (IR) 等儀器的串聯分析形成 TG-FTIR、DSC-FTIR、TG-MS-FTIR、TG-DSC-FTIR-MS，可以實現串聯分析，擴大分析內容，是現代熱分析儀發展的另一個趨勢。

11. IR-DSC 串聯技術，IR 法提供混合物特性基團的種類，DSC 法可提供的熔點和曲線，就可準確地鑑別共混物組成。熱分析與質譜 (MS) 串聯技術，同步測量樣品的熱焓和析出氣體成分的變化，提供分析物質的組成、結構以及熱合成機制等資訊。

本章習題

一、單選題

1. 下列何者為傳統示差掃描量熱法分析 (DSC) 之優點？

(1) 可同時得到高解析及高靈敏度

(2) 比熱之量測簡易

(3) 不僅可得總熱流，更可分辨重疊之熱轉移

(4) 測量樣品的轉移溫度及過程中的熱流變化與時間及溫度之關係

答案：(4)

2. 熱重量分析法 (TGA) 不可提供下列何項資訊？

(1) 樣品之正確乾燥溫度　　　(2) 判斷樣品之熱反應為吸熱或放熱

(3) 由逸出之氣體了解樣品之組成　(4) 分析混合物樣品的組成及含量

答案：(2)

3. 欲測樣品之熔解熱，則需選用下列何者方法為最佳？

(1) 熱重量分析法 (TGA)　　　(2) 微分熱重量分析法 (DTG)

(3) 示差熱分析法 (DTA)　　　(4) 示差掃描量熱法 (DSC)

答案：(4)

4. 含有草酸鈣結晶及矽土之混合物 10 g，加熱至 600°C 稱得其重量為 9.5 g，求混合物中草酸鈣之含量為何？
   (1) 1.6 g
   (2) 2.4 g
   (3) 3.6 g
   (4) 5.4 g
   答案：(1)

5. 某純樣品經由熱分析由 175.0 mg 減少至 83.7 mg，此樣品可能為下列化合物？(Mg 之原子量為 24.31)
   (1) MgO
   (2) $MgCO_3$
   (3) MgC_2O_4
   (4) $Mg(OH)_2$
   答案：(2)

6. TGA 係測量被測物之下列何者特性改變？
   (1) 溫度
   (2) 壓力
   (3) 質量
   (4) 波長
   答案：(3)

7. 物質吸熱或放熱之定性分析宜用下列何者分析方法？
   (1) MS
   (2) AAS
   (3) DSC
   (4) TGA
   答案：(3)

8. 下面哪種物質不能作為示差熱分析的參考物質？
   (1) $CuSO_4·5H_2O$
   (2) Al_2O_3
   (3) MgO
   (4) Ni
   答案：(1)

9. 示差熱分析圖譜峰的個數代表
   (1) 變化的次數
   (2) 方向
   (3) 大小
   (4) 物質的種類
   答案：(1)

10. 示差熱分析圖譜中面積的大小表示

(1) 減少的結晶水 　　　　　(2) 減少的結構水

(3) 熱效應的大小 　　　　　(4) 物質的種類

答案：(3)

11. 差熱分析中，以下哪種類型的水會對基線產生較大影響？

(1) 結晶水 　　　　　　　　(2) 結構水

(3) 受潮產生的吸濕水 　　　(4) 空氣中的水蒸氣

答案：(3)

二、複選題

1. 熱重量分析法可提供下列哪些資訊？

(1) 判斷樣品的熱反應為吸熱或放熱

(2) 由逸出氣體可了解樣品組成

(3) 可分析混合物樣品的組成及含量

(4) 可量測樣品的質量改變

答案：(2)(3)(4)

索引

8-Hydroxyquinoline　8-羥基喹啉　103
γ-ray　γ射線　27, 45

A

absorbance　吸光度　31, 323
absorption filter　吸收濾光鏡　53, 96
absorptivity　吸光係數　31
ac arc　交流電弧　178
ac spark　交流電火花　179
accidental or random error　隨機誤差　8
accidentally equivalent　偶然地等價　383
accuracy　準確度　7
acetylene　乙炔　145
activation overpotential　活化超電位　241
activation polarization　活性極化　241
adjusted retention time　調整滯留時間　275
adsorbent　吸附劑　272
adsorption chromatography　吸附層析法　274
adsorption　吸附作用　315
affinity chromatography　親和層析法　275
alkenes　烯類　129
amperometric titration curve　電流滴定曲線　257
amperometry　安培測定法　322
analytical column　層析分析管柱　321
analytical sensitivity　分析靈敏度　8
analytical signals　分析信號　2
anisotropy　非均向性　387

anode　陽極　198
anodic peak current　陽極波峰電流　259
anodic peak potential　陽極波峰電位　259
anodic stripping voltammetry, ASV　陽極剝除伏安法　261
antibonding　反鍵結　85
atom gun　原子槍　348
atomic absorption spectrometer, AAS　原子吸收光譜儀　137
atomic absorption spectroscopy, AAS　原子吸收光譜法　28, 137
atomic absorption　原子吸收　137
atomic emission spectroscopy, AES　原子發射光譜法　28, 175
atomic spectrum　原子光譜　28
atomization　原子化　140
atomizer　原子化器　140, 144
attenuated total reflectance, ATR　調減全反射　127
Aufbau principle　構築原理　85

B

backbone　骨架　395
band　層帶　272
bandpass　波帶寬　143, 153
base peak　基峰　340
baseline signal　基線信號　289
beam splitter　分光鏡　47, 92

437

Beer's law　比爾定律　28, 32, 138
bending vibration　彎曲振動　114
benzyl acetate　乙酸苄基酯　383
bias　偏差　8
biphenyl　聯苯　103
black body radiation　黑體輻射　49
blank　空白值　4
blue shift 或 hypsochromic shift　藍位移　59, 102
bolometer detector　電阻式熱偵測器　123
Boltzmann distribution　波茲曼分布　57
bond order　鍵級　90
bonded-phase chromatography, BPC　結合相層析　316
bonding　鍵結　85
boron　硼　54
burner　燃燒器　144

C

calibration by absolute mass　絕對檢量線法　296
calibration curve method　校正曲線法、檢量線法　67, 189
calibration curve　校正曲線　11, 67
calibration range　校正範圍　11
calibration sensitivity　校正靈敏度　8
calomel electrode　甘汞電極　205
cam　凸輪　320
capacity factor　容量因子　316
carbonyl group　羰基　89
carboxylates　羧酸鹽　328
carrier gas　載氣　283
cathode　陰極　142, 198
cathodic peak current　陰極波峰電流　259
cathodic peak potential　陰極波峰電位　259
cathodic stripping voltammetry, CSV　陰極剝除伏安法　261
cell reaction　電池反應　199
characteristic concentration　特徵濃度　163
charge injection device, CID　電荷注射元件　151
charge-coupled device, CCD　電荷耦合元件　151
chemical ionization, CI　化學離子化法　344

chemical shift　化學位移　381
chemically equivalent　化學等價的　382
chopper　阻斷器　153, 154
chromatogram　層析圖　272
chromatographic peak　層析峰　272
chromatographic analytical method　色層分析法　2, 272
chromatography　層析分析法、層析法　271, 272
chromophore　發色團　47, 60
classical mechanics　古典力學　116
cleaning process　清除步驟　149
coefficient of the thermal expansion, CTE　膨脹系數　422
coefficient of variation, CV　變異係數　6
cold vapor generation　冷蒸氣生成法　149
column chromatography　管柱層析　274
column　管柱　318
combination band　組合譜帶　119
complex　複合體　100
complexion ion　錯合離子　61
concentration polarization　濃度極化　241
conductometry　電導測定法　322
conjugated double bonds structure　共軛雙鍵結構　101
constant-current coulometry　恆電流庫侖分析法　246
constant-current electrolysis　恆電流電解分析　238
continuing calibration verification　持續校正確認　161
continuous light source　連續光源　143
controlled-current electrolysis　控制電位電解分析法　238
cool-down process　降溫步驟　149
cooling system　降溫裝置　406
correlation coefficient　相關係數　12
coulmetry　電量測定法　322
coulomb　庫侖　236
coulombic interaction　庫侖作用力　325
coulometric titration　庫侖滴定法　246
coulometry　庫侖分析法　243
coupling constant　耦合常數　389

coupling 耦合 120
cross-flow nebulizer 交叉流動霧化器 182
crown ethers 冠醚類 328
cyclic voltammetry 循環伏安法 259

D

dark current 暗電流 55
data procession 數據處理系統 318
dc arc 直流電弧 178
DC voltage 直流電壓 356
dead (or void) time 無感時間或靜止時間 275
dead-stop titration 死停滴定法 248
deflecting force 偏轉力 352
degas 脫氣 316
degasser 除氣器 319
degenerate 簡併 120
degrees of freedom 自由度 120
delocalized 非定域化 60
deposition potential 析出電位 244
deshielding 去遮蔽 384
detection limit, DL 偵測極限 8
detector 偵測器 140, 286, 318
determinate error 已定誤差 7
diamagnetism 反磁性 90
differential scanning calorimetry, DSC 示差掃描量熱法 402, 417
differential thermal analysis, DTA 示差熱分析法 401
diffusion current 擴散電流 251
dimer 二聚體 35
diode-array spectrophotometer 二極體陣列式分光光度計 47
dipole moment 偶極矩 120
direct potentiometry 直接電位法 203
discharge gap 放電間隙 178
dispersive type 色散型 121
distribution constant 分配係數 275
double-beam spectrophotometer 雙光束分光光度計 47
double-focusing analyzer 雙聚焦分析器 354
doublet of doublets 二次雙峰 392
doublet of quartets 四重峰-二重峰 390

doublet 雙峰 392
down field 低磁場 384
drift 飄移 380
driving force 作用力 320
dropping mercury electrode, DME 滴汞電極 250
dynamic mechanical analysis, DMA 動態機械分析 402
dynamic mechanical analyzer, DMA 動態機械分析儀 426
dynamic thermogravimetry 動態熱重量法 405
dynodes 二極管 55, 359

E

eddy current 渦電流 182
eddy diffusion 渦流擴散 276
electrical signal 電子信號 2
electrochemical analytical method 電化學分析法 2
electrode 電極 197
electrodeless discharge lamp, EDL 無電極放電管 142
electrogravimetric analysis method 電重量分析法 235
electrolyte solution 電解質溶液 197
electrolytic analysis method 電解分析法 235
electrolytic cell 電解電池 198
electromagnetic radiation 電磁輻射 23, 43
electromagnetic spectrum 電磁光譜 25
electron absorbing compounds 吸電子化合物 289
electron capture detector, ECD 電子捕獲偵測器 288
electron impact, EI 電子撞擊法 344
electron multiplier 電子倍增器 359
electronic configuration 基態電子組態 87
electronic transition 電子轉移 29
electrospray ionization, ESI 電噴灑離子化法 344
electrostatic analyzer, ESA 靜電分析器 354
electrothermal atomic absorption spectrometry, ETAAS 電熱式原子吸收光譜法 147

electrothermal vaporization 電熱蒸發 185
eluent suppressor column 洗脫劑抑制管柱 312
emission of radiation 輻射的發射 31
emission spectrum 發射光譜 104
end point of titration 滴定終點 221
endcap electrode 加套電極 357
energy level diagrams 能階狀態用能階圖 28
equivalent point 滴定當量點 72
ethylenediaminetetraacetic acid, EDTA 乙二胺四乙酸 225
evanescent wave 虛波 127
error 誤差 7
excimer 激態雙體 100
exciplex 激態複合體 100
excitation spectrum 激發光譜 104
excited state 激發態 28, 57
excited 激發 30
eximer laser 準分子雷射 96
extrapolation method 外插法 11

F

far 遠 113
Faradaic current 法拉第電流 202
Faradaic process 法拉第過程 202
fast atom bombardment, FAB 快速原子撞擊法 344
Fermi resonance 費米共振 120
field frequency lock system 磁場頻率鎖定系統 380
figures of merit 評估數字 5
filament 金屬絲 286
filter 濾光鏡 53, 96
first-order indicator electrode 第一級指示電極 208
flame atomizer 火焰原子化器 144
flame ionization detector, FID 火焰游離偵測器 287
flame photometric detector, FPD 火焰光度偵測器 289
flicker noise 閃爍雜訊 38
fluorene 茀 103
fluorescence 螢光 31, 85, 321

force constant 力常數 115
formaldehyde 甲醛 89
Fourier transform infrared spectrometer, FTIR 傅立葉轉換紅外線光譜儀 125
Fourier transform ion cyclotron resonance, FTICR 傅立葉轉換離子迴旋共振分析器 358
fragment ion; daughter ion 子離子 339
Franck-Condon 弗蘭克－康登 58
free ground state atom 基態的自由原子 137
free induced decay, FID 自由感應衰減 380
free rotation 自由旋轉 389
frequency doman 頻率域 380
frequency 頻率 24
furan 呋喃 63
furnace 高溫爐 406

G

galvanic cell 電流電池 198
gas chromatography - mass spectrum 氣相層析質譜儀 298
gas-chromatography, GC 氣相層析法 271, 281
gas-bonded phase chromatography 氣-鍵結相層析 274
gas-liquid chromatography, GLC 氣-液層析 274, 281
gas-sensing electrode 氣敏電極 210
gas-solid chromatography, GSC 氣-固層析 274, 281
Gaussian curve 高斯曲線 276
gel-filtration chromatography 凝膠過濾層析法 312
gel-permeation chromatography, GPC 凝膠滲透層析法 310, 312
glass electrode 玻璃電極 209
globar 碳化矽發熱體 122
glycerol 甘油 348
Golay detector 格雷偵測器 124
gradient elution 梯度沖提 319
gradient 梯度 319
graphite furnace atomic absorption spectrometry, GFAAS 石墨爐式原子吸收光譜法 146

graphite furnace　石墨爐　145
grating monochromator　光柵單色器　51
grating　光柵　50, 96, 122, 351
ground state　基態　28, 57
guard column　保護管柱　321
gyromagnetic ratio　旋磁比　376, 377

H

half wave potential, E1/2　半波電位　252
half-cell reaction　半電池反應　199
hard ionization source　硬離子源　344
heat flux　熱流型　417
height equivalent of theoretical plate, HETP　理論平板相當高度　276
high performance liquid chromatography, HPLC　高效液相層析法　309, 318
high performance　高性能　282
high pressure pump　高壓幫浦　318
high resolution mass spectrometer, HRMS　高解析度質譜儀　361
high selectivity　高選擇性　282
high sensitivity　高靈敏度　282
high speed of analysis　高分析速度　282
hollow cathode lamp, HCL　中空陰極管　140, 141
Hooke's law　虎克定律　115
Hund's rule of maximum multiplicity　罕德最大多重度規則　86
Hund's rule　罕德定則　87
hybridization　混成　85
hydride generation atomic absorption spectrometry, HGAAS　氫化物原子吸收光譜法　150
hydroquinone　還原態氫醌　219

I

identification　鑑定　1
IDL　儀器偵測極限　9
indeterminate error　未定誤差　8
indicator relectrode　指示電極　203
induced magnetic field　感應磁場　381
induction coil　感應線圈　182
inductively coupled plasma, ICP　感應耦合電漿　175, 182

inductively coupled plasma-atomic emission spectroscopy, ICP-AES　感應耦合電漿原子發射光譜法　183
infrared absorption spectrometry, IR　紅外線吸收光譜法　113
infrared　紅外光　26
initial calibration verification　初始校正確認　161
injector　樣品注入系統　318
inlet system　注入系統　341, 342
instrument detection limit, IDL　儀器偵測極限　164
instrumental analysis　儀器分析　1
insulin　胰島素　329
integrator　積分儀、積分器　324, 387
interference filter　干涉濾光鏡　53, 96
interferogram　干涉光譜　125
interferometer　干涉儀　125
internal conversion, IC　內轉換　98
internal heavy atom effect　分子內重原子效應　102
internal standard method　內部標準檢量線法　296
internal standard method　內標準法　14, 71
internal standard　內標準品　14
International Confederation for Thermal Analysis, ICTA　國際熱分析協會　401
intersystem crossing, ISC　系統間穿越　88, 98
ion laser　離子雷射　96
ion traps analyzer　離子阱分析器　357
ion-exchange chromatography, IEC　離子交換層析法　275, 310, 317, 325
ion-exchange polymer　離子交換高分子化合物　312
ion-exchange resin　離子交換樹脂　312
ionic sources　離子源　298, 339, 342, 344
ionization suppressor　游離抑制劑　159
isocratic elution　等位沖提　319
isothermal thermogravimetry　等溫熱重量法　404

J

Jaroslav Heyrovsky　海洛夫司基　250

Job's method　賈伯斯法　76, 78
Johnson noise　強生雜訊　37
junction　連接點　123

K
Kasha's rule　卡莎規則　58
known　已知物　160

L
laser diode　雷射二極體　143
laser　雷射　180
least squares method　最小平方法　12
Lenz's law　愣次定律　90
life time　生命期　101
light amplification by stimulated emission of radiation, LASER　雷射　94
light source　光源　140
limiting current　極限電流　252
limit of linearity　線性極限值 LOL　8
limit of quantization　定量極限值 LOQ　8
linear combination of atomic orbitals, LCAO　原子軌域線性組合得到　85
linear dynamic range　動力線性範圍　10
linear regression　線性迴歸校正法　12
liquid chromatography, LC　液相層析法　310
liquid-bonded phase chromatography　液-鍵結相層析　274
liquid-liquid chromatography, LLC　液-液層析法　271, 274, 316, 321
liquid-liquid partitionchromatography, LLC　液-液分配層析法　310
liquid-membrane electrode　液膜電極　209
liquid-solid adsorption chromatography, LSC　液-固吸附層析法　310
liquid-solid chromatography, LSC　液-固層析　274, 315
longitudinal diffusion　縱向擴散　276
longitudinal heated graphite atomizer, HGA　縱向加熱式石墨管　147
loop　迴圈　320
low dispersion　極低分散性　320
low-lying excited state　最低激發態　58

M
magnetic quantum number　磁量子數　376
magnetic sector analyzer　磁扇形分析器　352
magnetic susceptibility　物質的磁化率　90
mass analyzer　質量分析器　339, 342, 351
mass spectrometer　質譜儀　323, 339
mass spectroscopy　質譜分析法　339
mass to charge ratio, m/z　質荷比　299, 339
matrix material　基質材料　347
matrix modifiers　最佳基質修飾劑　149
matrix-assisted laser desorption ionization, MALDI　基質輔助雷射脫附離子化　350
Max-Min　最小的數據值　4
mechanical signal　機械信號　2
metallic indicator electrode　金屬指示電極　207
method detection limit, MDL　方法偵測極限　164
methyl acetoacetate　乙醯乙酸甲酯　382
Michael Faraday　法拉第　236
Michael Tswett　茲偉特　271
Michelson　邁克生　125
microwave　微波　25, 45
middle　中　113
mobile phase　流動相　271
molar absorptivity　莫耳吸光係數　32
molar extinction coefficient 或 molar absorptivity　莫耳吸光係數　63
molecular ion; parent ion　母離子　339
molecular laser　分子雷射　96
molecular orbital theory, MO　分子軌域理論　85
molecular sieve chromatography　分子篩層析　317
molecular spectrum　分子光譜　29
monochromator　單光器、單色器　50, 96, 122, 140, 151, 186
monolayer　單層　348
monomer　單體　35
multichannel detector　多管道偵測器　151
multichannel　多頻道　47
multiple paths　多徑相　277
multiplet　多重峰　392

multiplicity　多重性　388

N

naphthalene　萘　103
Nd:Yag　固態雷射　95
near　近　113
nebulization　霧化　349
nebulizer　霧化器　144
Nernst glower　能斯特燈　122
net positive overlap　淨正值重疊　58
neutral atom laser　中性原子雷射　96
nitrobenzyl alcohol　硝基苯甲醇　348
nitrogen laser　氮氣雷射　350
nitrous oxide　笑氣　145
nonbonding　未鍵結　85, 88
nondispersive type　非色散型　121
nonequilibrium mass transfer　非平衡質量傳遞　276
normal distribution　一般分布　94
normal-phase partition chromatography　正相液 - 液分配層析法　311
nuclear magnetic moments　核磁矩　376
nuclear magnetic resonance spectroscopy　核磁共振光譜分析法　375
nuclear spin　核自旋　375
number of theoretical plate　管柱的理論板數　276

O

on set　起始溫度　421
optical density　光密度　188
output signal　輸出信號　2
overtone　倍頻　119
oxygen wave　氧波　256

P

paper chromatography, PC　紙層析法　274, 310
para　對位　131
paramagnetism　順磁性　90
partition chromatography　分配層析法　274
partition　分配作用　316
Pauli exclusion principle　包立不相容原理　85

percision　精密度　5
periphery　周邊結構　395
phase difference　相位差　126
phosphonates　磷酸酯類　328
phosphorescence　磷光　31, 85
phosphorus　磷　54
photo detector　光子偵測器　54, 97
photo ionization detector, PID　光游離偵測器　291
photoconductivity detector　光導電度偵測器　123
photodiode array detector, PDA　光電二極體陣列偵測器　151, 323
photodiode detector, PD　光電二極體偵測器　151
photodiode　光電二極體　144
photomultiplier tube, PMT　光電倍增管　55, 97, 123, 289, 359
phototube　光電管　55, 97
photovoltaic cell　光電池　54, 97
piston pumps　唧筒幫浦　320
pixel　像點　152
planar chromatography　平面層析法　274, 313
planar liquid chromatography, PLC　平面液相層析法　310
Planck's constant　蒲朗克常數　24, 44, 376
Planck-Einstein relation　蒲朗克 - 愛因斯坦方程式　43
plasma gas　電漿氣體　182
plasma　電漿　181, 185
plate height　平板高度　276
pneumatic detector　氣壓式熱偵測器　124
polarization　極化　241
polarizer　極化器　157
polarographic analysis method　極譜分析法　250
polychromator　多光器、多色儀　143, 186
population inversion　分布反轉　94
potentiometric analysis　電位分析法　203
potentiometric titration　電位滴定法　203
potentiometry　電位測量法　203

potentiostatic coulometry　恆電位庫侖分析法　244
power compensation　功率補償型　417
precolumn　前置管柱　321
preparative column　製備型管柱　321
pressure pulses　無壓力脈衝　320
prism monochromator　稜鏡單色器　50
prism　稜鏡　50, 96, 122
propanal　丙醛　389
protective agent　保護劑　155
proton decoupling techniques　質子去耦合技術　394
pyroelectric detector　熱電荷偵測器　125

Q

Q2, collision cell　第二段碰撞室　357
quadrupole　四極棒　299
quadrupole analyzer　四極柱分析器　356
quadrupole ion traps　四極矩離子阱　358
qualitative analysis　定性分析　1
quantitative analysis　定量分析　1
quantum efficiency　量子效率　101
quantum mechanics　量子力學　116
quantum yield　量子產率　101
quartet　四重峰　388
quasi-isothermal thermogravimetry　似等溫熱重量法　404
quaternary ammonium group　328　四級銨離子基團
quencher　淬熄劑　100
quinhydrone electrode, QE　醌-氫醌電極　219
quinone　醌　219, 288

R

radiationless　無輻射　98
radio frequency　無線電頻率　357
radio　無線電波　25
raised ultimate line　極限線　188
ratio of flow　移動比　313
reagent gas　試劑氣體　346
reciprocating pump　往復式幫浦　320
recorder　記錄器　2, 324

red shift 或 bathochromic shift　紅位移　59, 103
reduced mass　折合質量　116
reduction potential　還原電位　200
reference electrode　參考電極　203
relative intensity　相對強度　339, 362
relative standard deviation, RSD　相對標準偏差　6
relaxation processes　弛緩過程　98
relaxtion　鬆弛　31
releasing agent　釋放劑　155
residual current　殘餘電流　252
resolution　解析度　48, 279
resonance line　共振線　176
resonance　共振　377
response　響應值　15
retention time　滯留時間　275, 323
reverse-phase chromatography　逆相分配層析法　311
RF generator　無線電頻產生器　351
RF transmitter　無線電波傳送器　379
RF X-crystal transmitter　石英晶體振盪電波發射器　379
rigid structure　剛性結構　103
rigid　剛性　103
ring electrode　環電極　357
rocking　搖擺　114
rollover　反轉　158
rotation　轉動　120
ruby laser　紅寶石雷射　96

S

salt bridge　鹽橋　198
sample cell　樣品槽　54
sample valves　樣品閥　320
saturated calomel electrode　飽和甘汞電極　205
scissoring　交剪　114
second-order indicator electrode　第二級指示電極　208
selected ion monitoring　選擇離子監測法　368
selection rule　選擇律　57, 118
selectivity　選擇性　10

self-absorption 自吸收、自我吸收、自吸 105, 141, 176
self-quenching 自消光 105
sensing element 感應元件 286
sensitivity 靈敏度 8, 48
separation 分離 272
sequential 序列式 186
shielding constant 遮蔽常數 382
shielding 遮蔽 384
shimming 勻場 380
signal processor 信號處理器 2
signal shot noise 射出雜訊 38
signal to noise, S/N 雜訊比 126
silica diode detector 矽二極體偵測器 47, 55, 97
silver-silver chloride electrode 銀-氯化銀電極 206
simple harmonic oscillator 簡諧振盪 115
simultaneous 同步式 186
single channel detector 單管道偵測器 151
single-beam spectrophotometer 單光束分光光度計 47
singlet excited state 單重態的激發態 88
singlet ground state 單重態基態能階 86
singlet state 單重態 88
singlet 單峰 388, 392
six-port rotary valve 旋轉式六通閥 284
size-exclusion chromatography, SEC 尺寸排除層析法 275, 310
sliding plate valve 拉桿閥 284
slits 狹縫 125
soft ionization source 軟離子源 344
softing point 軟化點 422
solid state electrode 固態電極 210
solvent effect 溶劑效應 102
solvent supply 溶劑輸送供應系統 318
sparging 噴氣 319
spatial homogeneity 空間均勻度 380
spectral analytical method 光譜分析法 2
spectrofluorometer 螢光光譜儀 92
spectrophotometric titration method 光度滴定分析方法 61
spiking 添加 12

spin-forbidden 自旋禁止的 99
spin-spin coupling 自旋-自旋耦合 388
spin-spin splitting 自旋-自旋分裂 388
sputtering 濺射 142
squalane 鯊烷 292
stable ground state atom 穩定的基態原子 137
standard addition method 標準添加法 12, 68, 155
standard curve 標準曲線 11
standard deviation, SD 絕對標準偏差、標準偏差 5, 6, 276
standard electrode potential 標準電極電位 200
standard hydrogen electrode, SHE 標準氫電極 204
standard reduction potential 標準還原電位 200
standard solution 標準溶液 11
standard 標準品 160
state energy diagram 態能階圖 98
stationary phase 固定相 271, 325
stiffness 剛硬度 115
stock solution 儲備溶液 160
stretching vibration 伸縮振動 114
stripping voltammetry, CV 剝除伏安法 259, 261
substituent group effect 取代基效應 103
sulfonates 磺酸鹽 327
superconducting magnet 超導磁場 379
supercritical-fluid chromatography, SFC 超臨界流體層析 274
support 外支撐擔體 321
supporting electrolyte 輔助電解質 252
suppressor 抑制器 326
systematic error 系統誤差 7

T

tailing 拖尾 314
tandem mass spectrometry, MS/MS 串聯質譜儀測定法 324
tandem mass spectroscopy 串聯式質譜 356
target ion 目標離子 356
temperature effect 溫度效應 103

temperature programming　程式增溫　283
temporal stability　時間穩定性　380
tertiary amine groups　328　三級胺基團
tetramethylsilane, TMS　四甲基矽甲烷　384
the method of continuous variation　連續變化法　76
the mole-ratio method　莫耳比法　76
thermal analysis, TA　熱分析　401
thermal conductivity detector, TCD　熱傳導偵測器　286
thermal detector　熱偵測器　123
thermal mechanical analysis, TMA　熱機械分析　422
thermistor　熱電阻器　286
thermocouple　熱電偶　123
thermogravimetric analysis, TGA　熱重量分析　402, 403
thermogravimetric curve, TG 曲線　熱重量曲線　407
thermomechanical analysis, TMA　熱機械分析　402
thin-layer chromatography, TLC　薄層層析法　274, 310, 316
thioglycerol　硫代甘油　348
time domain　時間域　380
time of flight analyzer, TOF　飛行時間分析器　354
torch　火炬　185
total ionic strength adjustment buffer, TISAB　總離子強度調節緩衝液　217
transducer　轉換器　2
translation　移動　120
transmittance　穿透率　32, 114
transport current　遷移電流　255
transverse heated graphite atomizer, THGA　側向加熱式石墨管　147
trimer　三聚體　35
triplet excited state　叁重態的激發態　88
triplet state　叁重態　88
triplet　三重峰　388, 392
true value　真值　7
tunable　可調式的　144

tungsten anode　鎢製的陽極　141
twin-headed pump　雙頭唧筒幫浦　320
twisting　扭轉　115
two single piston pumps　兩個平行配置唧筒幫浦　320

U

ultraviolet　紫外光　26
ultraviolet-visible spectroscopy, UV-Vis　紫外光-可見分光光度法　30
unknown　未知物　160
up field　高磁場　384
UV　紫外線　45
UV-Vis spectrophotometer　紫外線-可見光光譜儀　47, 92

V

vacuum system　真空系統裝置　342
van Deemter equation　凡迪姆特方程式　277
variance　變異值　276
vibration relaxation, VR　振動弛緩　98
vibration　振動　120
vibrational fine structure　振動細微結構　58
visible　可見光　45
visible-light　可見光　26
voltammetry　伏安法、伏安測定法　259, 322
voltammogram　伏特安培法　250

W

wagging　搖動　114
wave function　波函數　58
wave　波　23
wavelength　波長　24, 323
wavenumber　波數　24, 114
wide application　應用廣泛　282
working curve　工作曲線　67
working electrode　工作電極　207

X

X-ray　X射線　26, 45

Z

zone broadening　加寬效應　321